高等学校土木工程专业"十四五"系列教材

军事工程地质

范鹏贤　代晓青　赵跃堂　王　波　编著

中国建筑工业出版社

图书在版编目（CIP）数据

军事工程地质/范鹏贤等编著. —北京：中国建筑工业出版社，2023.7
高等学校土木工程专业"十四五"系列教材
ISBN 978-7-112-28786-4

Ⅰ.①军… Ⅱ.①范… Ⅲ.①军事工程-工程地质-高等学校-教材 Ⅳ.①E95

中国国家版本馆CIP数据核字（2023）第098886号

本书较为系统地介绍了工程建设和作战环境中涉及的地质学基础知识、理论和技术方法，主要内容包括绪论、地球的基本特征与演化历史、矿物与岩石、构造运动和地质构造、地表地质作用、岩体与围岩、第四纪沉积物与土的工程性状、地下水与水文地质基础、岩土工程勘察方法与技术及重要地区地质条件概述。

本书内容兼顾了地质工程、作战环境工程、土木工程和人防工程等专业的需求，根据军事院校的育人目标和特色要求，补充了一些具有军事特色的内容和案例，强调基础知识的综合运用，并在军事应用和课程思政两方面进行了拓展和强化。如在绪论中系统论述了现代战争的地质保障需求，在主要章节中采用经典战例凸显地质环境对战役进程的重要影响，并选用鲁迅、李四光等爱国人士的事迹和珠峰测高等实例弘扬爱国精神。

为了更好地支持教学，我社向采用本书作为教材的教师提供课件，有需要者可与出版社联系，邮箱jckj@cabp.com.cn，电话（010）58337285。

责任编辑：仕　帅　吉万旺
责任校对：芦欣甜

高等学校土木工程专业"十四五"系列教材
军事工程地质
范鹏贤　代晓青　赵跃堂　王　波　编著

*

中国建筑工业出版社出版、发行（北京海淀三里河路9号）
各地新华书店、建筑书店经销
北京龙达新润科技有限公司制版
建工社（河北）印刷有限公司印刷

*

开本：787毫米×1092毫米　1/16　印张：21　字数：518千字
2023年9月第一版　　2023年9月第一次印刷
定价：58.00元（赠教师课件及配套案例解析）
<u>ISBN 978-7-112-28786-4</u>
（41210）

版权所有　翻印必究
如有内容及印装质量问题，请联系本社读者服务中心退换
电话：（010）58337283　　QQ：2885381756
（地址：北京海淀三里河路9号中国建筑工业出版社604室　邮政编码：100037）

前　言

地质学是一门古老的科学，它的形成几乎与人类文明的诞生同步。近代以来，学界先后经历了水成论与火成论、灾变论与均变论、固定论与活动论等不同观念和论点的激烈交锋，逐步形成了现代地质学的基本框架。时至今日，地质学基础知识，不仅成了我们世界观的基石，而且是人类开展各类活动的基础。尤其是在工程领域和军事领域，我们每时每刻都在与地球表面的各种物质和地质过程打交道。

然而在多年的教学过程中，我校相关专业的师生长期难以获得合适的教材。在国防工程和作战环境相关领域，虽然历史和现实均显示了地质学在军事活动中的重要性，但是相关案例和分析仅零散见于文献中，鲜有结合军事需求和地质背景的系统性论述。对于刚刚入门的大学生，这显然是远远不够的。

我们赶上了一个充满变革的伟大时代。为响应习近平总书记的要求，本书试图对原有理工科教材仅关注知识和技术的局限进行突破，引进了一些具有军事特色的内容，强调战斗精神与专业技术的结合，以适应新时代立德树人总目标的要求。

本书综合考虑了地质工程、作战环境工程、军事设施工程、土木工程等专业的特点，涵盖了地质学基础知识和工程地质学的主要内容，并在地质学知识军事应用和课程思政两方面进行了拓展和强化。如在绪论中系统论述了现代战争的工程地质需求，在主要章节中采用经典战例的解读凸显地质环境对战役进程和结果的重要影响，并选用鲁迅、李四光等爱国人士的事迹和珠峰测高等实例弘扬爱国精神与战斗精神。在第10章还概述了重要区域的地质背景和地质环境特点，为读者拓展眼界、锻炼分析能力提供了基础资料。

在本书的成文过程中，得到了学校的大力支持。更幸运的是，教材出版的想法得到了三位出色的合著者的一致认可，最终通力合作，共同完成了本书的编著。

本书内容涉及面广，但由于篇幅所限，很多内容只能做基本概念、基本原理的阐述，对于很多内容根据教学对象的需求进行了增删。由于编著者水平所限，内容难免有所错漏。不妥之处，恳请读者批评指正。

范鹏贤

2023 年 3 月 12 日

于中国人民解放军陆军工程大学海福巷校区

目 录

第1章　绪论 … 1
关键概念和重点内容 … 1
1.1　地质学的研究内容、方法与目的 … 1
 1.1.1　地质学的研究对象、内容与学科划分 … 1
 1.1.2　地质学及其研究方法的特点 … 2
 1.1.3　地质学的研究目的 … 2
1.2　地质学发展简史 … 3
 1.2.1　地质知识积累和地质学萌芽时期（远古时期至1450年代） … 3
 1.2.2　现代地质学的形成和发展（1450年代至1910年代） … 4
 1.2.3　20世纪以来地质学的发展（1910年代至今） … 6
 1.2.4　中国近代地质学的肇始与发展历程 … 8
 1.2.5　现代地质学的发展趋势 … 11
1.3　工程地质学 … 12
 1.3.1　工程地质学的主要任务 … 13
 1.3.2　工程地质条件和工程地质问题 … 13
 1.3.3　工程地质学的研究方法 … 15
1.4　军事地质环境和军事工程地质 … 15
 1.4.1　地质学与战争的关系 … 15
 1.4.2　地质学在军事中的典型应用案例 … 16
 1.4.3　战场环境及其主要地质要素 … 17
 1.4.4　现代战争的工程地质需求 … 18
 1.4.5　军事工程地质主要任务和学科特点 … 22
 1.4.6　军事工程地质的工作方法 … 23
1.5　本书主要内容 … 23
思考题 … 24

第2章　地球的基本特征与演化历史 … 25
关键概念和重点内容 … 25
2.1　地球的起源与早期演化 … 25
 2.1.1　地球的起源 … 25
 2.1.2　地球的早期演化 … 27

2.2 地球的表面特征和圈层结构 28
2.2.1 地球的形状和基本参数 28
2.2.2 地球的表面特征 29
2.2.3 地球的外部圈层 31
2.2.4 地球的内部圈层 33
2.3 地球的物理性质 35
2.3.1 地球的密度和重力 35
2.3.2 地球的磁性 36
2.3.3 地热与地热梯度 37
2.4 地层与地质年代 38
2.4.1 地层学理论的建立 39
2.4.2 绝对时间标尺 39
2.4.3 地质年表 40
2.5 全球地质发展简史与重大地质历史事件 41
2.5.1 地壳历史的研究方法 41
2.5.2 前寒武纪 42
2.5.3 寒武纪生命大爆发及生物界的演化 44
思考题 45

第3章 矿物与岩石 46
关键概念和重点内容 46
3.1 矿物与造岩矿物 46
3.1.1 矿物的分子结构、结晶习性和形态 46
3.1.2 矿物的物理性质 48
3.1.3 矿物的分类和命名 51
3.1.4 主要造岩矿物 51
3.2 地质作用与岩石循环 54
3.2.1 地质作用概念与分类 54
3.2.2 岩石的分类与循环 56
3.3 火成岩 56
3.3.1 岩浆作用 56
3.3.2 火成岩的成分 58
3.3.3 火成岩的结构和构造 60
3.3.4 火成岩的分类 61
3.3.5 主要火成岩简介 62
3.4 沉积岩 63
3.4.1 形成过程和物质组成 63
3.4.2 陆源碎屑岩 65
3.4.3 火山碎屑岩 69

3.4.4 生物化学岩 ··· 69
3.5 变质岩 ··· 71
　　3.5.1 变质作用类型 ··· 71
　　3.5.2 变质岩的物质成分 ······································· 72
　　3.5.3 变质岩的结构和构造 ···································· 72
　　3.5.4 变质作用及其代表性变质岩 ························· 74
案例解析（扫描二维码观看） ·· 77
思考题 ·· 77

第4章 构造运动和地质构造 ·· 78

关键概念和重点内容 ·· 78
4.1 构造运动、岩层产状与地层接触关系 ······················ 78
　　4.1.1 构造运动的基本特征 ···································· 78
　　4.1.2 构造运动的证据 ··· 79
　　4.1.3 岩层产状及其要素 ······································· 80
　　4.1.4 地层接触关系 ··· 81
　　4.1.5 岩石的受力、变形与破坏 ····························· 82
4.2 褶皱构造 ·· 84
　　4.2.1 褶皱的成因 ·· 84
　　4.2.2 褶皱的基本类型 ·· 85
　　4.2.3 褶皱的要素 ·· 85
　　4.2.4 褶皱的分类 ·· 86
　　4.2.5 褶皱的野外识别 ·· 87
　　4.2.6 褶皱的工程地质评价 ···································· 88
4.3 断裂构造——节理 ··· 89
　　4.3.1 节理概述 ·· 89
　　4.3.2 节理的分类 ·· 89
　　4.3.3 节理发育程度评价 ······································· 91
　　4.3.4 节理的野外观测及调查统计 ························· 92
4.4 断裂构造——断层 ··· 92
　　4.4.1 断层要素 ·· 93
　　4.4.2 断层的基本类型 ·· 94
　　4.4.3 断层的组合 ·· 95
　　4.4.4 断层的野外识别 ·· 96
　　4.4.5 断层对工程的影响 ······································· 97
4.5 活断层与地震 ··· 97
　　4.5.1 活断层的基本特征 ······································· 97
　　4.5.2 地震相关基本概念 ······································· 99
　　4.5.3 地震的成因和类型 ······································· 101

		4.5.4 地震的时间和空间分布	102
		4.5.5 地震效应	103
		4.5.6 地震的工程地质评价	105
	4.6	大地构造学说	107
		4.6.1 早期理论	107
		4.6.2 大陆漂移说	107
		4.6.3 海底扩张说	109
		4.6.4 板块构造说	110
		4.6.5 其他学说	112
	案例解析（扫描二维码观看）		114
	思考题		114

第5章 地表地质作用 ··· 115

	关键概念和重点内容		115
	5.1	风化作用	115
		5.1.1 物理风化	116
		5.1.2 化学风化	117
		5.1.3 生物风化	118
		5.1.4 风化作用之间的关系及其主要影响因素	118
		5.1.5 岩石风化的勘察与防治	119
	5.2	地表水流的地质作用	122
		5.2.1 暂时流水的地质作用	122
		5.2.2 河流水动力学特征	123
		5.2.3 河流的侵蚀、搬运与沉积	126
		5.2.4 河流地貌	129
		5.2.5 河流侵蚀、淤积作用及其防治	132
	5.3	岩溶作用	135
		5.3.1 基本概念与研究意义	135
		5.3.2 岩溶作用的基本条件	135
		5.3.3 岩溶地貌	137
		5.3.4 岩溶区的主要工程地质问题	139
	5.4	斜坡与边坡地质作用	141
		5.4.1 崩塌	141
		5.4.2 泥石流	143
		5.4.3 滑坡及其工程地质勘测	145
		5.4.4 斜坡稳定性评价	148
		5.4.5 斜坡变形破坏的防治	151
	思考题		152

第6章 岩体与围岩 ········ 153
关键概念和重点内容 ········ 153
6.1 岩石的工程地质性质 ········ 153
6.1.1 岩石的主要物理性质 ········ 153
6.1.2 岩石的主要力学性质 ········ 154
6.1.3 影响岩石物理力学性质的因素 ········ 155
6.1.4 岩体结构面的类型 ········ 156
6.1.5 结构面基本特征 ········ 157
6.2 岩体的工程分级 ········ 159
6.2.1 岩体工程分级的目的 ········ 159
6.2.2 影响岩体工程性质的主要因素 ········ 160
6.2.3 代表性的工程岩体分级方案 ········ 161
6.2.4 工程岩体分级标准 ········ 162
6.2.5 坑道工程围岩分类 ········ 166
6.3 岩体中的应力及其测量 ········ 170
6.3.1 概述 ········ 170
6.3.2 地应力的成因及其基本分布规律 ········ 171
6.3.3 地应力测量的基本方法 ········ 174
6.3.4 水压致裂法 ········ 175
6.3.5 套芯解除法 ········ 178
6.4 地下洞室稳定性评价 ········ 180
6.4.1 影响地下洞室稳定性的因素 ········ 180
6.4.2 地下洞室稳定性评价 ········ 182
6.5 防护工程中的一些岩体力学问题 ········ 183
6.5.1 岩体完整性的动力学评价指标 ········ 183
6.5.2 岩体结构特征对应力波传播的影响 ········ 184
6.5.3 地冲击荷载下围岩的稳定性 ········ 185
6.5.4 地质条件对爆破的影响 ········ 188
思考题 ········ 190

第7章 第四纪沉积物与土的工程性状 ········ 191
关键概念和重点内容 ········ 191
7.1 第四纪土的地质成因及特征 ········ 191
7.1.1 第四纪地质概况 ········ 191
7.1.2 第四纪沉积物的分类 ········ 193
7.1.3 主要第四纪沉积物简介 ········ 193
7.2 土的物理性质 ········ 195
7.2.1 土的基本组成特征 ········ 196

7.2.2　土的物理性质指标 ································· 197
　7.2.3　土的粒度组成 ····································· 199
　7.2.4　土的水理性质 ····································· 200
7.3　土的基本力学性质 ·· 203
　7.3.1　土的压缩性 ······································· 203
　7.3.2　土的抗剪强度 ····································· 206
　7.3.3　土的流变性 ······································· 209
　7.3.4　土的动力特性 ····································· 210
7.4　土的工程分类 ·· 211
　7.4.1　土的工程分类系统和分类标准 ······················· 211
　7.4.2　我国土的工程分类 ································· 212
　7.4.3　我国主要特殊土的工程性质 ························· 215
案例解析（扫描二维码观看） ···································· 219
思考题 ··· 219

第8章　地下水与水文地质基础 ································ 220

关键概念和重点内容 ·· 220
8.1　水循环及淡水资源分布特点 ································ 220
　8.1.1　地球上水的来源 ··································· 220
　8.1.2　自然界的水循环 ··································· 221
　8.1.3　淡水资源的时空分布特点 ··························· 222
8.2　岩土的水理性质 ·· 224
　8.2.1　岩石的空隙 ······································· 224
　8.2.2　地下水在岩石空隙中的存在形式 ····················· 225
　8.2.3　岩石的容水度、给水度与持水度 ····················· 225
　8.2.4　岩石的透水性 ····································· 226
8.3　地下水的赋存与分类 ······································ 227
　8.3.1　按埋藏条件分类 ··································· 227
　8.3.2　按空隙类型分类 ··································· 229
　8.3.3　地下水类型综合分类法 ····························· 230
　8.3.4　潜水等水位线图 ··································· 230
　8.3.5　承压水等水压线图 ································· 232
8.4　地下水系统及其循环特征 ·································· 232
　8.4.1　地下水系统 ······································· 232
　8.4.2　地下水的补给 ····································· 233
　8.4.3　地下水的排泄 ····································· 234
　8.4.4　地下水的径流及其运动规律 ························· 234
8.5　储水构造 ·· 236
　8.5.1　储水构造及其基本要素 ····························· 236

8.5.2 水平储水构造 ·· 237
8.5.3 单斜储水构造 ·· 237
8.5.4 向斜（或背斜）储水构造 ································· 237
8.5.5 断层（带）储水构造和断块储水构造 ····················· 238
8.5.6 岩溶（喀斯特）储水构造 ···································· 238
8.6 水文地质勘察 ·· 239
8.6.1 水文地质勘察的目的和阶段划分 ·························· 239
8.6.2 水文地质测绘 ·· 240
8.6.3 水文地质物探 ·· 242
8.6.4 水文地质钻探 ·· 244
8.6.5 遥感技术 ·· 245
8.7 地下水资源的开采与利用 ··· 246
8.7.1 地下水资源分类 ·· 246
8.7.2 允许开采量的组成与计算 ································· 247
8.7.3 地下过量开采引起的问题 ································· 248
案例解析（扫描二维码观看）····································· 250
思考题 ··· 250

第9章 岩土工程勘察方法与技术 ······································ 252

关键概念和重点内容 ·· 252
9.1 岩土工程勘察、测绘的基本要求与工作流程 ···················· 252
9.1.1 工程勘察阶段 ·· 252
9.1.2 工程勘察分级 ·· 253
9.1.3 工程地质测绘 ·· 255
9.2 工程地质勘探 ·· 256
9.2.1 物探 ······························ ····························· 256
9.2.2 钻探 ··· 259
9.2.3 井探、槽探和洞探 ··· 260
9.2.4 岩土取样 ·· 261
9.3 岩体现场原位测试方法 ·· 262
9.3.1 岩体变形测试 ·· 262
9.3.2 岩体强度测试 ·· 266
9.4 土体原位试验 ·· 268
9.4.1 静力荷载试验 ·· 268
9.4.2 静力触探试验 ·· 271
9.4.3 标准贯入试验 ·· 279
9.4.4 旁压试验 ·· 284
9.4.5 波速测试 ·· 286
9.5 室内试验分析方法简介 ·· 288

9.5.1 室内岩土测试 ········ 288
9.5.2 室内试验指标的选取 ········ 289
案例解析（扫描二维码观看） ········ 290
思考题 ········ 290

第10章 重要地区地质条件概述 ········ 291
关键概念和重点内容 ········ 291
10.1 海岸带和岛屿 ········ 291
10.1.1 海岸带和海岸地貌的分类 ········ 291
10.1.2 海岸侵蚀地貌 ········ 292
10.1.3 海岸堆积地貌 ········ 294
10.1.4 岛屿类型及其地质特点 ········ 296
10.1.5 海岸地貌的动态性及人类活动的影响 ········ 298
10.2 西太平洋地区及我国近海海域 ········ 298
10.2.1 西太平洋地区大地构造 ········ 298
10.2.2 中国近海海洋自然地理和地形地貌 ········ 300
10.3 台湾省及台湾海峡 ········ 302
10.3.1 台湾岛的自然地理特征 ········ 302
10.3.2 台湾岛的地质成因 ········ 303
10.3.3 台湾岛主要地貌形态及其地貌分区 ········ 304
10.3.4 构造剥蚀、侵蚀地貌 ········ 305
10.3.5 构造侵蚀、堆积地貌 ········ 306
10.3.6 海成地貌 ········ 307
10.3.7 火山地貌与风成地貌 ········ 308
10.3.8 台湾海峡 ········ 308
10.4 青藏高原和喜马拉雅造山带 ········ 309
10.4.1 地球之巅——珠穆朗玛峰 ········ 309
10.4.2 青藏高原隆升过程 ········ 311
10.4.3 地质作用与典型地貌 ········ 313
10.4.4 主要地质灾害和工程地质问题 ········ 315
10.4.5 高原高寒地区战场环境特点 ········ 317
思考题 ········ 318

主要参考文献 ········ 319

第1章

绪 论

 关键概念和重点内容

地质学的研究对象和研究内容、地质学的研究方法、地质学发展历程中的关键事件、工程地质学的主要任务、地质学与军事活动的关系。

地质学是一门古老的科学，它是关于地球的物质组成、内部构造、外部特征、各圈层之间相互作用及演化历史的知识体系，它的形成几乎与人类文明的诞生同步。毛主席的诗词《贺新郎·读史》中的名句"人猿相揖别。只几个石头磨过，小儿时节"生动地说明了人类对于岩石的认识和利用是文明诞生的标志。现代地质学形成于文艺复兴后的欧洲，于19世纪末20世纪初传入中国。鲁迅曾在《中国地质略论》中第一次使用中文"地质"一词，并给出了地质学的早期定义："地质学者，地球之进化史也。凡岩石之成因、地壳之构造，皆所深究。"经过数百年发展，地质学虽然在广度和深度方面远远超出了其诞生之初的范围，但在研究对象和研究方法上仍然一脉相承。

1.1 地质学的研究内容、方法与目的

1.1.1 地质学的研究对象、内容与学科划分

"地质学"一词原意指关于地球的知识。广义的地球科学包括地理学、气象学等内容，是"数理化天地生"六大基础学科之一。通常情况下，狭义的地质学，研究对象为从地核到外层大气在内的整个地球，但主要是固体地球部分。

地质学的研究内容可以概括为三个主要的方面：一是地球的物质组成和结构构造，如元素、矿物、岩石及由此形成的建造、构造单元的相互关系和行为特征；二是地球的形成和演化，如地球及类地行星的起源、地球各圈层的形成、生命起源及演化规律等地球的动态特征；三是与社会经济发展相适应的各类应用技术，如人类开发和利用自然资源、进行工程建设、规避地质灾害的分支学科和技术等。

根据研究对象和研究内容，地质学主要可以分为基础研究领域和应用研究领域，其主要分支学科包括地球物质学科（矿物学、岩石学、地球化学、沉积学、矿床学等）、地球动力学科（构造地质学、大地构造学、动力地质学、地震地质学、地貌学等）、地球历史

学科（古生物学、地层学、岩相古地理学、第四纪地质学等）、应用地质学科（工程地质学、水文地质学、军事地质学、油气地质学、煤田地质学、灾害地质学等），以及其他综合、交叉、边缘学科。不同分支学科以某类问题或现象为研究对象，建立相应的理论和研究技术方法，获得系统的知识成为独立的分支学科。

1.1.2 地质学及其研究方法的特点

地球有46亿年漫长的演化历史，同时又处在不断的变化之中。有些变化非常剧烈，如火山喷发、地震、山体滑坡等，有些变化则异常缓慢，以至于在人的一生都难以察觉。与时间跨度相对应，地质学研究的空间范围也具有跨尺度特征，小到微观层面的原子和晶体，大到天体尺度的构造与演化。因此，理解地球的运作机制具有很大的挑战性。

由于研究对象和研究内容的复杂性，地质学具有以下三个突出特点：

一是地质学的研究对象涉及悠久的时间和广阔的空间。在时间方面，自形成以来，地球经历了数十亿年的沧海桑田、翻天覆地的发展演化，大到海陆格局的形成，小到一块石头的成岩，往往要经历数百万年甚至数亿年的周期。对这些变化和事件的研究，只能依靠遗留下来的各种地质记录，而这些地质记录往往会被后续多期多次的变化所销蚀和改变。在空间方面，地球具有巨大的空间和复杂的环境，不同地点和尺度条件下，具有不同的物质基础和影响因素，因而有不同的发展过程。如海洋和大陆、地表和深部，都有其不同的发展过程。

二是地质现象具有多因素互相制约的复杂性和相互影响的系统性。地质学所研究的对象和内容，小到岩石和矿物的物质组成，大到整个地球的宏观构造和演化历史，涉及的因素、环境和过程，既包含无机界的物理和化学变化，也包含有机生命的复杂演化，充满着各种矛盾和相互作用的复杂过程。地球的各个圈层之间、碳循环和水循环、地球表层和地球内部均有着系统性的相互影响与相互作用。任何一种地质过程，都不可能是单一的物理或化学过程。地球诞生以来形成的多姿多彩的地貌、种类繁多的生物界，都是多因素耦合、多系统相互影响的结果。

三是地质学是来源于实践而又服务于实践的科学。地质学与人类文明的发展息息相关。使用石质工具，是人类文明诞生的标志之一；对铜、铁等矿物的认识和利用，大大增强了人类改造自然的能力；对煤和石油的开发利用，使人类走进了工业时代。某种程度上可以说，人类文明的发展史，就是人类对地球和环境认识不断深化、实践不断进步的历史。现代地质学源于人类认识世界、改造世界的实际需求，客观上也促进了人类利用资源、能源和自然环境的能力。只有通过调查实践，才能对地球上的各种过程进行分析对比归纳，不断修正补充和丰富已有的认识，进而指导生产实践。

1.1.3 地质学的研究目的

地质学研究的最终目的是为人类的生存和发展服务。

在精神方面，地质学帮助人类更好地认识自然，正确认识地球及其发展历史，满足人类的好奇心和探索未知的精神需求。

在物质方面，地质学帮助人类利用自然，合理开发利用矿产、地下水、油气等自然资源和能源，为人类社会的可持续发展提供物质基础。

在安全方面，地质学帮助人类改造自然，查明与防治地质灾害，为改造、改善人类生存环境服务。

1.2 地质学发展简史

"在过去的时间里，科学之手对于人类朴实的自恋有过两次重要的打击。第一次是认识到我们的地球不是宇宙的中心，而是大到难以想象的世界体系中的尘埃……第二次是生物学的研究剥夺了为人类特创的特殊的优越性，将人类废黜为动物的后裔。"

——弗洛伊德

人类对地质现象的观察和描述有着悠久的历史。根据地质知识发展的程度，地质学发展简史可以大致分为三个主要阶段。在不同的历史时期，由于人类对自然的认识与世界观相互促进，推动了科学和文明的进步。

1.2.1 地质知识积累和地质学萌芽时期（远古时期至1450年代）

在现代地质学诞生前，人类对赖以生存的客观环境的认识、了解和利用过程中积累的知识和经验，是孕育近现代地质学的土壤。

石器的制造是人类认识和利用地质材料的开始。奥杜威峡谷出土的石器表明，距今260万年前的东非古人类已经掌握了比较粗糙的石器加工技术。距今170万年前出现的阿舍利传统石器表明当时的人类已经具备了知识和经验的代际传承，并且出现了对称思维。莫斯特传统石器则表明人类已经具备了想象力和抽象规划能力。在制作石器时，古人需要思考和解决三个问题：①这块石头适合做成石器吗？②我想要这块石头变成什么样子？③如何把石头变成预期的样子？石器的发展锻炼和促进了人类大脑的发育，也见证了人类幼年时期一步一步走向智慧的艰难进步，见图1-1。

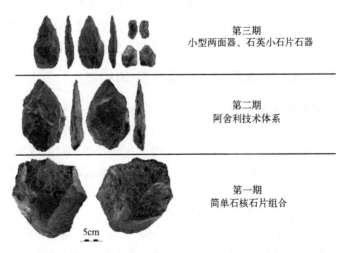

图1-1 四川稻城皮洛遗址出土旧石器的三个技术模式（根据国家文物局修改）

几千年前陶器的出现，标志着人类对黏土的性质有了较深的认识。而青铜器、铁器的使用，更是大大促进了人类文明的发展进程。在古代人类与自然作斗争的过程中，人们逐渐认识到地质作用,并给予思辨性、猜测性的解释。随着人类进入信史时代,很多古人的思想因文字的记载而得以妥善地保存,使我们可以管窥人类知识积累的过程。

中国早期地学典籍记载了许多关于岩石和矿物的知识。《山海经》将矿物分为金、玉、石、土4类,并记述了它们的色泽、特征、产地。春秋时期《管子·地数》论述了金属矿产的共生关系。秦汉以来,人们发现并开始开发和利用石油、天然气、煤和盐。中国古代有关海陆变迁的最早描述见于晋代葛洪所著的《神仙传》,其中载有"东海三为桑田"。《诗经·小雅·十月之交》描述了"高岸为谷、深谷为陵"的地貌变动现象。

世界其他民族在文明早期也积累了一些岩石矿物知识。古希腊的《石头论》是最早有关岩石的专门著作,亚里士多德在《气象学》中讨论了矿物成因。古希腊人从远离海洋的山岩中发现海生贝壳,提出了海陆变迁的猜测。色诺芬尼认为,化石是海生动物被大水挟带泥砂冲到陆地而形成。亚里士多德认为"陆地和海洋的分布不是永恒的",海陆变迁是"按一定规律在一定时期发生的"。

古代学者一般持有整体地球观。如古希腊的原子论学派用原子的旋涡运动来解释地球的形成,毕达哥拉斯学派认为地球、天体和宇宙都呈完美的球形。亚里士多德则通过对月食的观察,以及星辰高度向北逐渐增加的现象,给予球形大地观以经验证明。古希腊人逐步形成了地球中心思想,尽管阿利斯塔克一度提出地球每年沿圆周轨道绕日一周的日心说,但由于亚里士多德和托勒密等人的巨大影响,地心说(又名天动说)逐渐发展成为统治千年之久的正统学说,并成为天主教教会唯一认可的世界观。

中国古代有盖天说、浑天说、宣夜说3种对地球观有影响的假说。浑天说是比较进步的宇宙学说,在汉代得到很大发展。浑天说认为全天恒星都布于一个"天球"上,日月五星附丽于"天球"上运行。东汉张衡所著《浑天仪图注》中说:"浑天如鸡子。天体圆如弹丸,地如鸡子中黄,孤居于天内……天之包地,犹壳之裹黄。天地各乘气而立,载水而浮。"不过,浑天说并不认为"天球"就是宇宙的外部界限,它认为"天球"之外还有别的世界,即张衡所谓:"过此而往者,未之或知也。未之或知者,宇宙之谓也。宇之表无极,宙之端无穷。"这与现代天文学的天球概念十分接近。遗憾的是,由于缺乏适合的社会土壤,中国古代朴素的地质学萌芽没有发展成为近代科学体系。

1.2.2 现代地质学的形成和发展(1450年代至1910年代)

1. 近代地质学科学体系的形成

欧洲的文艺复兴是科学与文化发展的转折点。文艺复兴后西欧各种学会和学院的建立与发展蔚然成风,极大地促进了近代科学的发展。这一时期,对地球历史开始有了比较科学的解释。德国的康德和法国的拉普拉斯先后提出太阳系起源的星云假说,该学说直至今日仍被广为接受。意大利的达·芬奇、丹麦的斯泰诺、英国的伍德沃德和胡克都对化石的生物成因作了论证。胡克还提出可以用化石来记述地球历史。斯泰诺则进一步提出了地层层序律,对地质学的发展有着深远的影响。

在英国工业革命、法国大革命和启蒙思想的推动和影响下,科学考察和探险旅行在欧洲逐渐兴起,使人们对地球的认识从思辨性猜测转变为以野外观察为主的实证性研究。来自不同地区的野外观察材料,使研究者们形成了不同的观点、不同的学派。其中具有里程碑意义的两次大的学术思想交锋促成了近代地质学科学体系的形成。

2. 水成论与火成论

在近代地质学史上，关于岩石的成因曾有一场长期的争论。水成论者认为水对地表的改变起决定因素，所有的岩石都是水成岩。德国的维尔纳（1749—1817）是水成论的集大成者，他认为地球是一个被原始大洋包围的球体，所有的岩石，包括花岗岩和玄武岩，都是由原始海水结晶沉淀而成或是洪水沉积物变成。水成论叙述的不只是岩石的成因，更重要的是对地层层序和地质历史的解释。由于维尔纳在矿物学领域的突出贡献及教会的支持，水成论曾盛极一时，在很长一段时期里成为不可推翻的信条。

火成论始于18世纪中叶的法国。苏格兰的赫顿（1726—1797）是火成论的代表人物，于1795年发表了经典著作《地球的理论、证据和说明》。他认为结晶岩是地下深处熔融物质上升到地表后冷却结晶形成的。按照赫顿的观点，地球历史由无数个旋回组成，旋回是长期的，旋回中火成岩的喷出和侵入相互交替，而层状岩石是海底沉积物受上部压力和地心热力作用，固结成岩后抬升，并最终形成陆地。

水成论与火成论的争论在19世纪初期达到高潮，随着地质考察范围的扩大，人们对地质现象了解地逐步深入，火成论逐渐胜出。"水火之争"大大促进了地质学从宇宙起源论和自然历史中分离出来，并逐渐形成一门独立的学科。

3. 灾变论与均变论

灾变论与均变论之争是地质学史中第二次涉及世界观和方法论的具有深远意义的论战。一般将1812年法国地质学家居维叶发表"地球表面的革命"视为论战之始。

灾变论认为地球上的绝大多数变化是突然、迅速和灾难性的。法国地质学家、古生物学家居维叶（1769—1832）是灾变论最有影响的代表。居维叶及他的支持者们认为，生物组合在地层界线上的改变是突发和剧烈的；每个时代都有自己的生物界，这些生物都被"超自然力"所毁灭。根据灾变论的观点，在地质史中经常发生各种突如其来的灾害性变化，例如，海洋干涸成陆地，陆地隆起为山脉或下沉为海洋，还有火山爆发、洪水泛滥、气候剧变等。每经一次灾变，原有生物被毁灭，新的物种则被创造出来。居维叶推断，地球上已发生过四次灾难性的变化，最近的一次灾难是大约距今5000多年前的诺亚洪水泛滥。这次大灾难使地球上生物几乎被灭绝，因而上帝又重新创造出各个物种。

与此同时，拉马克大力倡导生物均匀演化的思想，他提出了用进废退和获得性遗传两个法则，并认为这两者既是变异产生的原因，又是适应形成的过程。他提出生物进化的原因是环境条件对生物机体的直接影响，在外部环境改变的影响下，一些生物灭绝了，而另一些生物出现了。据记载，1830年（拉马克刚去世不久），圣提雷尔与居维叶在法国科学院的会议上爆发了激烈地辩论，辩论持续了长达6周时间。

均变论思想首先由赫顿阐述，而"现代地质学之父"英国地质学家莱伊尔（1797—1875）首次提出均变论一词，对均变论的形成和确立做出了重要贡献。均变论又称渐变论，其精髓是认为现今正在改变地壳形态的力量，也同样以基本相同的强度和方式作用于地质历史的整个时期。因此，以往的地质事件可以用现今所观察、认识到的因素和力量加以解释。由此引出"古今一致"的地质思想和"将今论古"的地质学基本方法。莱伊尔始终一贯地表示"现在是了解过去的钥匙"（The present is the key to the past）。他的三个基本观点为：第一，改变地球面貌的力在全部的地球历史过程中就其性质和强度来看是一样的；第二，这些力作用缓慢，但不间断；第三，漫长地质时代里的缓慢变化合起来，就导致了地球上的巨变。这一系列的观点奠定了现代地质学的基础。恩格斯给予莱伊尔高度评价,"第一次把理性带进地质学中,因为他以地球的缓慢变化这样一种渐进作用,代替了造物主的一时兴起所引起的突然革命"。虽然较之居维叶等人的灾变论前进了一大步,但莱伊尔始终坚持古今一致的极端均变的思维,并坚持创世论。

在地质历史中,到底有没有过造成毁灭性后果的"巨大力量"? 答案是肯定的。生命无疑对环境极为敏感,地球历史中有过多次生物"集群式"灭绝和"大爆发式"的产生过程,这些都是地球环境曾发生剧烈变动的反映。地质历史中的剧变是只有短暂历史的人类所未曾经历,也无法通过直观的方法去认识的。学者们只能根据每一次的剧变所残留下来的"记录"去推测事变的面貌,找出事变的原因。例如小行星撞击地球、全球性的岩浆事件。这种地质历史中"极端环境"领域的探索才处于开始阶段。

尽管灾变论具有明显的缺陷,但在论战初期,却压倒了拉马克的演化主义,直到苏格兰地质学家莱伊尔在1830~1833年出版了三卷本的《地质学原理》,这种状况才有所改观,达尔文的进化论提出之后,均变论的思潮才逐渐地占了上风。有关灾变论和均变论的争论,为现代地质学的建立扫清了思想上的障碍,对地质学的思想方法产生了历史性的影响。《地质学原理》的出版成为地质学作为一门独立学科诞生的标志。

1.2.3　20世纪以来地质学的发展(1910年代至今)

1. 地质学分支学科的形成和发展

到19世纪中期,现代概念中的显生宙地层表逐步建立。地层表的建立,使不同地点出露的地层有可能通过对比而连接起来,相对时间"标尺"使构造变动、岩浆事件、沉积序列等按先后顺序排列起来,从而得到一个地区的地质发展历史。从19世纪后半叶起,古生物地层学、构造地质学和岩石学就构成了区域地质工作的三根支柱,从欧洲开始的区域地质研究,迅速地扩展到美洲、亚洲。大量区域地质研究的成果,又大大丰富了地质科学的内容,分支学科不断涌现。从20世纪开始,物理学和化学的一系列伟大发现,如天然放射性物质、伦琴射线、原子结构、元素周期表等,深刻影响着地质学的发展,到20世纪中期,地质学已经发展成为一个内容极其丰富的学科体系。

在古生物学方面,微体古生物学得到了发展,同时,与生物史、地球史的研究相结合,发展了理论古生物学、古生态学,主要成果有生物演化的系谱和方式、古生物门类在地史中大规模的灭绝和新生等。在地层学方面,大气圈、水圈、生物圈、岩石圈等被作为地球的整体,并引入沉积旋回的概念,强调了岩相横变在地层对比中的重要性,地层的岩性与时代双重划分概念得以建立,1976年赫德伯格的《国际地层指南》进一步提出多重地层划分的概念。

地质年代学在放射性元素被发现之后获得了空前的发展。美国的博尔特伍德(1907)和英国的霍姆斯(1911)先后应用含铀矿物中的U/Pb比测量矿物的年龄,1913年霍姆斯发表了专著《地球的年龄》。20世纪30~50年代,逐步出现了钾-氩法、铷-锶法、碳-14法等同位素地质测年方法,20世纪70年代,又出现了钐-钕法。1947年,霍姆斯建立了显生宙地质时代表,其后几经修正,最后于1989年形成国际地质科学联合会颁布的全球地层表。

在地壳物质组成方面,矿物学、岩石学、地球化学都有了前所未有的发展。偏光显微镜的发明，使火成岩的结构-矿物分类成为现实；岩石的化学成分得到了越来越多的关注。关于岩浆岩的研究，20世纪初克罗斯、伊丁斯等提出了根据标准矿物的重量百分比对火成岩进行分类的CIPW法；鲍温提出岩浆反应系列，得到广泛的引用。在变质岩方面，变质岩被划分为区域变质、接触变质、热变质、动力变质等类型；1920年，埃斯克拉将矿物相概念引入到变质岩分类中，提出重要的变质相概念。葛利普、裴蒂庄对沉积岩提出了系统的特征和成因分类，沉积岩石学逐渐从岩石学中分离出来。

20世纪以来，化学的理论、方法被系统地引入到地质学中，并逐渐形成地球化学。美国的克拉克收集了岩石圈、水圈、气圈的化学分析值，提出了各元素在地壳中的含量数值（克拉克值）。苏联费尔斯曼在20世纪30年代对伟晶岩进行了系统研究，发展完善了地球化学元素迁移过程的循环理论。地球化学还衍生出了一些新的方向，如生物地球化学、水文地球化学、宇宙化学等。

地球物理学在19世纪后半叶开始得到发展。为了解释喜马拉雅山麓重力没有明显增加的奇怪现象，英国的艾里和普拉特分别提出了重力补偿或地壳均衡假说。对地震波在地球内部传播特征的研究，以及对人工爆炸引发的弹性波在地球内部传播的研究，打开了确立地球圈层结构的道路，并最终建立了整个地球结构的现代模型。从20世纪二三十年代开始，地球物理方法日益成功地用于地壳上层，特别是沉积层的构造解释和有用矿产的寻找。这些应用地球物理方法包括重力勘探、磁法勘探、电法勘探和地震勘探。

随着社会经济的发展，应用地质学在资源、工程、水文及军事问题上的应用获得了持续发展。矿床学的系统研究开始于20世纪，进行了成矿规律的基本总结，并在水热作用和侧向分泌矿床成因假说的支持者之间展开了争论。在石油地质学方面，石油生成、储集、运移和油田形成等一系列观点使石油地质研究日臻完善。煤地质学沿着两个方向发展，一是与沉积和地层有关的煤盆地质学，二是煤岩学研究。在水文地质学方面，进入20世纪，特别是第一次世界大战以后，大量兴起的防洪、灌溉和农业、林业乃至城市建设向水文科学提出越来越多的新课题，解决这些课题的方法也逐渐理论化和系统化。美国的迈因策尔是水文地质学的奠基人之一，对地下水的开采补给作了广泛的理论研究。苏联的卡明斯基在20世纪30年代研究地下水动力学，涉及区域水文地质和工程地质，他的地下动态分析和渗漏计算方法有重要的实用意义。工程地质、军事地质、遥感地质等也得到了长足发展。近年来，由于资源及土地利用而引起的地质灾害及水质污染等问题逐渐受到重视，环境问题亦成为应用上的重点之一。

2. 大地构造学说的诞生及发展

对地球构造史的研究必然会同全球构造和大陆的历史演变联系起来。20世纪初，地球冷缩说占统治地位，海陆固定论仍是正统的观点，但活动论已经开始兴起。固定论同活动论的争论成为20世纪地质学界最重要的发展事件之一。

1859年美国地质学家霍尔首次提出了地槽的概念，后逐渐形成了地槽-地台说，并在20世纪60年代前一直在大地构造学说中占据统治地位。地槽-地台说认为，地壳运动方式以垂直运动为主，根据地壳各个地区在升降运动、沉积建造、构造变动、岩浆活动、变质作用等方面的差异，槽台说把地壳划分为相对活动的地槽区和相对稳定的地台区，以及介于其间的过渡区。该学说对褶皱山脉的演化过程及展布规律、地壳演化阶段、成矿作用方式及过程等，都做出了合理的解释，但其整个观点是固定论的，认为地球上的陆地和海洋只在原来位置做升降运动，其相对位置不发生明显变化。这和20世纪60年代以来的活动论观点恰好相反。

板块构造说是在大陆漂移说和海底扩张说的基础上发展起来的，与后两者一起被称为全球大地构造理论发展的"三部曲"。

1910年，德国气象学家魏格纳无意间发现，大西洋两岸的非洲和南美洲大陆轮廓非常吻合，由此猜想两块大陆曾贴合在一起。之后，他不断收集证据，在1912年提出大陆漂移说，1915年出版了《海陆的起源》，书中阐述了大西洋两侧的古大陆原来联合在一起，后因大陆漂移分开而出现海洋的观点，并列举了古生物、岩石、构造、冰川等证据。大陆漂移说的主导思想无疑是正确的，但是限于当时的科学水平，魏格纳的大陆漂移机制仍存在多处明显缺陷。因此，大陆漂移说虽轰动一时，却在提出不久后就遭到欧美地质学界的批评和抵制。1930年，魏格纳在格陵兰岛野外考察时意外身亡，此后这一理论陷入沉寂。

第二次世界大战结束后，美英等国广泛开展海洋科学研究，获得了大量新的海底地质资料。例如，发现和进一步弄清了大洋中脊的形态、海底地磁条带异常情况、海底地震带及震源分布规律、岛弧及与其伴生的深海沟、海底岩石年龄及其对称性等。1960～1962年，美国地质学家赫斯和迪茨在此基础上正式提出了海底扩张说。海底扩张说较好地解释了一系列海底地质现象，它的确立使大陆漂移说衰而复兴，进而主张地球表层存在大规模水平运动的活动论取得了稳固的地位。随着海底地质资料的不断更新和海底扩张证据的不断积累，1967年美国的摩根、英国的麦肯齐和派克、法国的勒皮雄等人，在大陆漂移说和海底扩张说的理论基础上联合提出了板块构造说。

该学说认为地球的岩石圈不是完整的一块，而是被地壳的生长边界洋中脊和转换断层，以及消亡边界海沟和造山带、地缝合线等一系列构造带，分割成许多构造单元（即板块）。板块在不停地做水平运动，并在板块边缘产生各种机理的岩浆活动、构造地震等。正因为板块运动与上述地质现象的良好对应性，该学说可用以解释世界火山带和地震带的形成和分布规律、矿产的分布和各种地貌的成因等。

板块构造说是传统地质学领域的一场根本性革命。目前来说，板块构造说是最能为人们所接受、最为合理的用于解释地壳运动和演化的地球科学基本理论。但是依然存在不少悬而未决的问题，比如：板块驱动机制问题、大洋中存在大陆地壳碎片的问题、海底磁异常条带问题、转换断层和洋底高原的成因、大陆板块内部强烈变形的解释，以及以中新生代地质事实为主要依据的板块构造说能否适用于整个地球演化过程等。

以板块构造说为中心的地学革命引发和推动了许多地质学科的革新。20世纪60年代发生的地学革命，特别是板块构造说的兴起及其对一系列地质分支学科的影响，使整个地质学和地球观发生了深刻的变化。

1.2.4　中国近代地质学的肇始与发展历程

1. 发展历程

中国古代创造了灿烂的技术文明，但实用主义的原则和中国近代的社会环境没有为近代科学在我国的自然形成提供土壤。中国近代地质学是在直接吸纳西方近代地质学学术思想、学术成果和科学模式的基础上产生的。19世纪下半叶开始，一些外国地质学者相继来中国考察或传经布道,带来了地质学知识。地质科学的传入,对中国社会产生了广泛的影响,达尔文"物竞天择,适者生存"的生物进化理论,也激发了一代进步知识分子的危机感,成为推动社会变革的思想武器。

中国近代地质学的建立有三个标志:一是人才培养的嚆矢,即 1909 年京师大学堂在格致科创办地质学门;二是地质调查和学术研究机构的设立,即 1912 年中华民国实业部设立地质科和 1928 年中华民国中央研究院创建地质研究所;三是学术共同体的形成,即 1922 年成立中国地质学会。这三者共同支撑了中国地质学科的早期发展。

从 20 世纪初到 1949 年,中国地质学科从无到有,在重重困难中艰难前进,在政局动荡、百业凋零的大环境下,我国地质学科在追赶中得以快速发展,并取得了令人瞩目的成就。以章鸿钊、丁文江、翁文灏、李四光为代表的老一辈地质学者,为我国地质学科的创立和发展作出了历史性的贡献。在这一历史时期,中国学者在古生物学、地层学、构造地质学、矿物岩石学等方面的很多成就引起了世界的注意。

中华人民共和国成立后,百废待兴,党和政府十分重视地质工作。1950 年成立了以李四光为主任的中国地质工作计划指导委员会,1952 年成立了地质部,同年 11 月召开了全国地质工作计划会议。毛泽东题词并发表重要讲话,指出"地质工作搞不好,一马挡路,万马不能前行"。地质科学和地质事业因"建设尖兵"的地位而备受重视。1949 年中国科学院成立,随后建立了地质研究所,设立各类地质研究机构,强调理论与实际密切结合、服务于国家需要和经济建设大局,解决国家建设的迫切问题。地质勘察、科学研究和地质教育三位一体的建设方针,使中华人民共和国的地质事业得以快速发展。

中华人民共和国成立至 1978 年的近 30 年里,中国形成了比较完整的地质科学体系。这一时期地质工作和地质学学科发展成就,难以枚举,谨以管窥所及概述如下:①大规模区域地质调查带动各地质学科的快速发展,积累了大量的实际资料;②大庆油田等陆相盆地油气田的发现,不仅使我国脱掉了"贫油"的帽子,而且形成了完整的陆相盆地生油和成藏理论;③大量矿产资源的发现和勘探开发,为我国经济建设发展提供了基本保障;④区域性水文地质调查查明了全国地下水的分布和形成规律,其成果对国土规划、农业规划、地下水开发等起了重要作用;⑤众多重大工程成功的地质勘测和监测网络,地质学与工程学的交融为国家基础建设提供了可靠的地质资料与技术保证;⑥地质力学、多旋回学说、断块构造、地洼说等大地构造学派在地质实践中得以发展和提高,构造地质学说百花齐放,学术争鸣使大地构造成为地质学学科体系中最为活跃的领域。

1978 年全国科学大会召开,邓小平关于"科学技术是第一生产力"的讲话使中国地质科学的发展像寒武纪生命大爆发那样,走上了大繁荣、大发展的道路。改革开放的 40 余年,我国确立了科教兴国战略和可持续发展战略,政府大规模支持科学技术进步,国家科学研究新体系和机制开始运行,不仅使中国地质科学获得了大发展,并且形成了中国特有的地质文化。近年来,我国地学界在全球层型剖面、生命演化、青藏高原及大陆动力学、全球变化、蓝色国土调查、大陆科学钻探、南北极地研究等方面取得了一系列有影响力的成果,农业地质、城市地质、灾害地质、环境地质、地震地质、地热地质等也飞速发展。我国仅用 70 余年的时间已成为地质学大国,并向地质学强国大步迈进。

2. 代表人物

鲁迅(1881—1936),原名周樟寿,后改名周树人,浙江绍兴人,著名文学家、思想家、革命家、教育家、新文化运动的代表人物，中国现代文学的奠基人之一。鲁迅一生在文学创作、文学史研究、古籍校勘等多个领域有重大贡献。毛泽东曾评价："鲁迅的方向，就是中华民族新文化的方向。"然而，他在早年学过地质科学而且颇有成绩，其中的细节可能仍鲜为人知。

鲁迅先生在赴日本求学之前，曾就读于南京矿路学堂，比较全面地学习了近代自然科学知识。《矿学》所用的课本现存放在绍兴鲁迅纪念馆的展厅内，书页的空白处，多留有鲁迅先生的手迹，有的是听老师讲授时摘录的笔记，有的则是自己对问题的理解。《地质学》所用的教材是现代地质学之父莱伊尔的《地质浅说》，因刻译本不易得到，鲁迅先生发挥了他幼年在"三味书屋"影写画谱的本领，非常细心地照样手抄了一部，订成两大册，连书中的地质构造图也描绘得十分准确。他这种一丝不苟的学习精神，令当时一起读书的同学们叹为观止。

鲁迅先生在矿路学堂于1902年1月毕业，学习成绩名列前茅；但毕业后不久，他为了寻求救亡图存的正确道路，于同年8月去日本求学，先是学医，后几经曲折，立志以改造"国民精神"为己任，最终成为伟大的文学家和自觉的共产主义战士。

鲁迅对地矿的研究一部分原因是出于兴趣，另一部分原因出于拳拳的爱国之心。晚清时期，中国饱受列强欺侮，许多国外探险家打着游历和科学研究的幌子，在中国境内肆意考察，为帝国主义在华攫取利益做探路先锋。在那个积贫积弱的年代，他在《中国地质略论》中饱含爱国之情和忧国之心地写道："当强种鳞鳞，蔓我四周，伸手如箕，垂涎成雨……而亦惟地质学不发达故。""中国者，中国人之中国。可容外族之研究，不容外族之探险；可容外族之赞叹，不容外族之觊觎者也。"

鲁迅先生撰写的《中国地质略论》于1903年8月发表在《浙江潮》杂志，堪称近代地质学的启蒙之作。出于对"广漠、美丽、最可爱之中国"的深沉大爱，《略论》不仅痛斥清政府和买办商人，而且明确提出了"谋所以挽救之法"。鲁迅与矿路学堂同学顾琅1906年合著的《中国矿产志》是晚清首部全面介绍、分析中国矿产资源状况的专著，被晚清、民国初期的教育部门指定、推荐为国民必读和中学堂参考书。《中国矿产志》是中国第一部关于矿产分布的著作，书中爱我中华、为我中华的赤子之心闪亮在中国的近代史上。除此之外，鲁迅第一次使用中文"地质"一词，首次翻译并使用侏罗纪、白垩纪等沿用至今的地质年代中文名称，在中国地质学史上留下了浓墨重彩的一笔。

著名地质学家、中国科学院学部委员黄汲清评价鲁迅："鲁迅是第一位撰写讲解中国地质文章的学者，《中国地质略论》和《中国矿产志》是中国地质工作史中开天辟地的第一章，是中国地质学史上的开拓性创举。"

李四光（1889—1971），原名李仲揆，我国地质事业的创始人和奠基人之一。他不仅是杰出的地质学家和教育家，而且是一位强烈的爱国主义者；李四光创建了地质力学学派，创造性提出新华夏构造体系三个沉降带有广阔找油远景的认识，为中国石油工业的发展作出了重要贡献；1928年任中华民国中央研究院地质研究所所长，1950年任中国科学院副院长，1952年任中华人民共和国地质部部长，1955年被选聘为中国科学院学部委员（院士），1958年任中国科协主席。

李四光先生出生在中华民族遭受帝国主义、封建主义双重压迫的年代，自幼勤奋好学，15岁东渡日本学习造船机械，1905年在东京加入中国同盟会。1910年，李四光学成归国。1911年辛亥革命推翻清政府后出任湖北军政府实业部长。袁世凯窃取革命果实后，他愤而辞职，远渡重洋，赴英国伯明翰大学深造。即使身在国外，他也一直热切关注祖国命运，奋发学习，把为富民强国寻找和开发地下资源，当作终生奋斗的目标；面对那些藐视中国的外国人，他不卑不亢，以显赫的科学成就著称于国际学术界。

1919年毕业后，他拒绝外国高薪聘请，接受蔡元培校长的邀请回国，到北京大学地质学系先后任教授、系主任等职；1928年以后，长期担任中华民国中央研究院地质研究所所长。他首创古生物蜓科化石的分类，是中国第四纪冰川研究的奠基者，其最大的贡献之一，是用力学的观点研究地壳的构造和运动规律，划分了中国及世界主要地区的构造体系，在指导找煤、石油、地热及防治自然灾害等方面做出了重要贡献。

1935年初，在英国讲学时，他针对英帝国主义觊觎西藏的企图，首章开宗明义，从西藏是中国神圣不可分割的领土讲起，然后，根据他划分的中国自然区划由西向东、由高向低讲述。在抗日战争的烽火中，虽颠沛流离，但他仍坚持科研，在广西等地找煤、找铁、创办科学实验馆等，支援抗日。

1949年10月1日，中华人民共和国成立。李四光闻讯，欣喜若狂。他克服了一系列艰难险阻，终于在1950年春天，化名回到了祖国。他先后担任中国科学院副院长、中国地质工作计划指导委员会主任、中华人民共和国地质部部长、中国科学技术协会主席、中国人民政治协商会议全国委员会副主席等职，成为中华人民共和国地质事业的主要奠基人。

李四光是中国近代科学的先驱，是中国爱国知识分子的典型代表之一。他以毕生的精力致力于地球科学的研究，在科学史上留下了深深的足迹。在长期的科学实践中，特别是在创立地质力学理论过程中，李四光形成了一套具有独特风格的却又有一般方法论意义的研究方法。他的一生，蕴藏着非常丰富、值得探究的文化历史内涵，尤其是他的自主意识和创新思维，对弘扬民族创新精神，树立民族创新意识，尤为重要。

李四光是中国地质界的骄傲。毛泽东、周恩来等老一辈无产阶级革命家均给予李四光很高评价，称赞他是科学界的一面旗帜。在中华人民共和国成立60周年举办的"100位中华人民共和国成立以来感动中国人物"评选活动中，李四光光荣当选。1989年，为纪念李四光对中国科学事业和地质事业的巨大贡献，继承和发扬他从国家建设需要出发，积极从事科学、技术和教育实践，不断开拓创新，勇于攀登科学高峰的精神和爱国主义精神，鼓励广大地质科技工作者为社会主义现代化建设和科技进步多做贡献，国家设立了李四光地质科学奖。该奖获奖者一生只能被授予一次，并作为终身荣誉。2009年，经国际天文学联合会小天体提名委员会批准，中国科学院和国家天文台将一颗小行星命名为李四光星。

1.2.5 现代地质学的发展趋势

20世纪70年代以来，一方面，人类社会对获取自然资源和改造自然环境日益增加的需求对地质学研究提出了更高的要求；另一方面，大量地质观测和研究资料的积累，学科之间的深度交叉融合，尤其是航空、航天、计算机、深部钻探等科学技术手段的广泛应用，使得地质学获得了更为有利的发展机遇。现代地质学的发展呈现出以下特点：

1）观察与研究的范围和领域日益扩大。在空间上，不但能通过直接或间接的方法更加深入到岩石圈深部，而且对月球、火星等天体的地质特征有了更多的了解。在时间上，数亿年以前底栖微生物群的发现，以及其他古生物遗迹的证实，加深了人们对地球的了解。同时与人类社会最接近的一段时间（第四纪）的地质历史的研究更加精细。

2）研究的精度与深度随着多学科的介入和合作而不断提升。数学、物理学、化学、生物学、天文学等其他学科的发展和向地质学的进一步渗透，先进技术方法在地质研究和工作中的使用，同精细、深入、系统的野外地质工作相结合，使人们有可能对更多的地质现象和规律做出更精确、科学的解释。

3）实验与模拟成为地质学研究的重要手段。实验地质学的发展使地质学研究从以对现象和规律的观察、描述、归纳为主，逐步发展到归纳与演绎并重的阶段。实验技术的进一步改进，使得科研工作者可以在实验室中获得一些极端地质条件，如高温、高压环境，从而可以在可控条件下模拟更为复杂的多因素地质作用，并把时间因素也纳入观察之中。随着计算机技术的发展，数值模拟方法也在不断地完善，为了解地球演变历史和预测未来变化提供了有力的工具。

4）全球构造理论不断发展完善。板块构造理论树立了全新的地球观，开创了地质学的新时代。然而，板块构造理论仍然存在一些缺陷，以海洋地质为主要证据的板块理论，对大陆构造历史的解释存在很大局限性。来自各大陆各个地质历史时期的新资料将在很大程度上检验和发展板块构造说，进而会产生一些新的理论和学说。地幔柱说、地球大龟裂说等新的学说也在不断地涌现，为人类认识地球提供新的视角。

5）应用地质学与社会发展的结合更加紧密。合理开发地球资源与能源是人类社会可持续发展的内在需要，矿产、能源、工程地质、地质灾害等领域的研究仍处于非常重要的地位。非金属矿床、放射性矿床、地热资源以及其他矿产的综合利用将由于新的发展要求而得到显著发展。同时，由于区域成矿研究的需要，区域地质的综合研究将进一步加强，并促进地层学、沉积学、构造地质学、地质年代学以及区域岩浆活动研究、变质地质研究等迈向新的发展水平。

6）更加注重人与自然的和谐共生。人类的生存与发展不仅需要资源，而且需要良好的环境。在一段历史时期内，人类在资源开发、经济发展的过程中，对自然环境越来越强的干扰和破坏，直接导致了自身生存环境的恶化。如矿产资源和地下水的过度开采、化石能源的大量消耗、废弃物的无序排放等，都曾产生一系列严重的环境地质问题。人与自然是共生关系，对自然的伤害最终会伤及人类自身。人类必须尊重自然、顺应自然、保护自然。坚持经济效益、社会效益和生态效益的统一兼顾，加强环境地质调查研究，是当前地质学应用新的广阔领域。

1.3 工程地质学

工程地质学是工程科学与地质科学相互渗透、交叉而形成的一门分支交叉学科，主要研究工程活动与地质环境之间的相互作用，即研究人类经济活动及工程活动中与工程规划、设计、施工和运用相关的地质问题。它把地质学理论与方法应用于工程活动实践，目的是通过工程地质调查、勘察和研究建筑场地的地形地貌、地层岩性、地质构造、岩土体工程特性、水文地质和地表地质作用等工程地质条件,查明建设地区或建筑场地的工程地质条件,预测和评价可能发生的工程地质问题及对建筑物或地质环境的影响,并在此基础上提出防治措施,以保证建筑物的安全和工程建设的正常进行。

1.3.1 工程地质学的主要任务

工程地质学在国民经济建设和国防工程建设中的应用非常广泛。早在20世纪30年代就获得迅速发展,逐渐成为一门独立的学科。我国工程地质学的发展始于中华人民共和国成立初期,经过70多年的努力,逐步建立了具有我国特色的学科体系。

工程地质研究的基本任务主要可归结为三个方面:一是区域稳定性研究与评价,即由内力地质作用引起的断裂活动、地震对工程建设地区稳定性的影响与评价;二是地基稳定性研究与评价,即地基的牢固、坚实性;三是环境影响评价,即人类工程活动对环境造成的影响。

工程地质学的具体任务主要包括:

1) 评价工程地质条件,阐明建筑工程兴建和运行的有利和不利因素,选定适宜的建筑场地和适宜的建筑形式,保证规划、设计、施工、使用、维修的顺利进行。

2) 从工程建筑与地质条件相互作用的角度出发,论证和预测相关工程地质问题发生的可能性、发生的规模和发展的趋势。

3) 提出及建议改善、利用相关工程地质条件的措施、防治工程地质问题的方法,以及加固岩土体和防治地下水不利影响的方法。

4) 研究岩体、土体分类和分区方法及区域性物理力学性质特点。

5) 研究工程活动与地质环境之间的相互作用与影响。

工程地质学在工程规划、设计前以及在解决各类工程建筑物的具体问题时必须开展工程地质勘察和岩土工程勘察工作,通常称为工程勘察工作。工程地质勘察的目的是取得工程场地相关地质条件的基本资料,以进行工程地质论证。

1.3.2 工程地质条件和工程地质问题

1. 工程地质条件的基本要素

为了保证地基稳定可靠,必须全面地研究地基及其周围的有关工程地质条件,以及工程竣工后某些地质条件可能诱发的工程地质问题。工程地质条件是指与工程建设有关的地质要素的综合,它主要包括岩土类型及其工程地质性质、地形地貌、地质结构与构造、水文地质条件、物理地质作用和天然建筑材料六个方面。

1) 岩土类型及其工程地质性质:是工程地质条件最基本的要素,不同类型的岩土,其物理、力学及化学性质大不一样,其工程地质意义也有很大差别。一般而言,软土、软岩及破碎岩体不利于地基的稳定,滑坡、洞室的塌方等也往往由软弱岩体引起。对水利工程,渗透性好的土石,如砂砾层、岩溶体、破碎岩体等也应特别重视。在工程地质勘察中必须仔细地勘察、试验,查清这类岩土的分布和变化规律。

2) 地形地貌:对地形地貌的勘察尤其重要,可以帮助合理利用地形的直接影响,同时地形地貌还能反映地区的地质结构、构造和水文地质情况;具体内容包括地形形态的等级、地貌单元的划分、地形起伏、沟谷发育体系、山脉体系、阶地状况等。

3) 地质结构与构造：主要包括地质构造、岩土单元的组合关系及各类结构面的性质和空间分布特征。土体结构主要指土层的组合关系，即由层面分隔的各层土的类型、厚度及空间分布。岩体结构主要指岩层的构造变化及其组合关系，也包括各种结构面的组合，尤其是层面、不整合面等。地应力也应作为一项重要因素加以考虑。

4) 水文地质条件：对工程建设有较大影响的水文地质因素有地下水的类型、水质、补给、排泄、水位及其变动幅度，含水层和隔水层的分布及组合关系，岩土层的渗透性、富水性，承压含水层的特征及水头，岩石裂隙的特征、水动力及分布。

5) 物理地质作用：指对工程建设有影响的自然地质作用和现象，它是工程地质条件中一个很重要的活动性因素，如地震、断层活动、渗漏、泥石流等。要研究物理地质作用产生的原因、形成条件和机制、发展规律、主要影响因素等，以便作出正确的评价，制定合理的防治措施。对这方面的研究应将勘探试验与长期观测结合。

6) 天然建筑材料：许多建筑物的建筑材料是取之于岩土的，称为天然建筑材料。土石坝、路堤、路基、码头等都需要大量的天然建筑材料。各种用途的天然建筑材料应符合一定的质量和数量要求，且要尽可能就地取材。

2. 工程地质问题

工程地质问题是指工程建筑与地质环境相互作用引起的，对建筑物的施工和运行或对周围环境可能产生影响的地质问题。工程地质问题与工程活动区的自然条件和环境有着密切的联系，其形成、发展和变化，都是工程活动对自然地质条件和环境影响的结果。已有的工程地质条件在工程建筑和运行期间也会发生一些新的变化，构成威胁、影响工程和建筑安全的地质问题称为工程地质问题。

由于工程地质条件极其复杂多变，不同类型的工程对地质条件的要求又不尽相同，所以工程地质问题多种多样。就一般土木工程而言，主要的工程地质问题包括：

1) 地基稳定性问题：是各类工业与民用建筑工程、交通工程（路基）、水利工程（坝基）等常遇的主要工程地质问题，它主要包括强度和变形两个方面。此外岩溶、土洞等不良地质条件也会影响地基稳定。

2) 斜坡（边坡）稳定性问题：斜坡（边坡）稳定对防止滑坡及保证地基稳定十分重要。斜坡（边坡）地层岩性、地质构造特征是影响其稳定性的物质基础，风化作用、地应力、地震、工程震动、地表水和地下水等对斜坡（边坡）的作用往往破坏其稳定性，而地形地貌和气候条件也是影响其稳定的重要因素。

3) 洞室围岩稳定性问题：地下洞室结构被包围于岩土体介质（围岩）中，在洞室开挖和建设过程中，地下岩体原始平衡和构造被破坏，可能出现一系列不稳定现象，甚至导致围岩塌方、地下突涌水、岩爆等严重工程灾害。一般在建设规划和工程选址时要首先进行区域稳定性评价，分析区域内地质体在地质历史中的受力状况和变形过程，探查岩体结构特性，预测岩体变形破坏规律，进行岩体稳定性评价以及考虑支护结构和围岩的相互作用，防治可能发生的工程地质灾害。

4) 区域稳定性问题：活断层、地震以及震陷和液化对工程稳定性具有极其不利的影响，自 1976 年唐山地震后，该问题越来越引起土木工程界的注意。对于城市建设规划、大型水电工程和重要地下工程建设等，区域稳定性问题是需要首先论证的问题。

1.3.3 工程地质学的研究方法

工程地质学的研究对象是拟开展工程活动及其附近区域的复杂地质体，其研究方法一般是综合研究方法，即地质分析法与力学分析法、工程类比法与实验法、定性与定量相结合的方法。

要查明建筑区的工程地质条件，首先必须以地质学和自然历史的观点分析研究周围其他自然因素和条件，了解在历史过程中对它的影响和制约程度。地质分析法是工程地质学基本研究方法，也是进一步定量分析评价的基础。

对大多数工程的设计和建设来说仅有定性的论证是不够的，往往还要求在阐明主要工程地质问题形成机制的基础上，建立模型进行计算，对一些工程地质问题进行定量预测和评价。例如地基稳定性分析、地面沉降量计算、地震液化可能性计算等。

当地质条件十分复杂时，还可根据条件类似地区已有资料采用类比法对研究区的问题进行定量预测。

采用定量分析方法论证地质问题时需要采用实验测试方法，即通过室内或野外现场试验，取得所需要的岩土的物理性质、力学性质、水理性质数据。对地质现象的长期监测也属于常用的试验方法。

综合应用上述定性分析和定量分析方法，才能取得可靠的结论，进而对可能发生的工程地质问题制定出合理的防治对策。

1.4 军事地质环境和军事工程地质

1.4.1 地质学与战争的关系

阿富汗战争不仅让世人看到了阿富汗的历史和宗教，而且彰显了复杂地质环境对战争的影响。阿富汗战争检验了美军编纂、分析地图、卫星图像和估计岩石性质的能力。军事地质学家必须评估部队和车辆穿越复杂地形的能力，确定地下水的来源，选择获取建筑材料或适合修建机场的地点，为保护关键军事设施、人员和更好地运用精确制导武器，他们还必须分析关于洞穴位置和特征的"地质情报"，以及对隧道入口抵抗常规和钻地炸弹的能力进行评估。

地质学应用于军事领域，并不是近年来才出现的新事物。中国古代在构筑城池、修筑长城等工程时，十分注意利用地质条件和天然建筑材料。公元前214年，秦始皇充分考虑了岩溶地区的地质特点，开凿灵渠，沟通了长江和珠江两大水系，解决了50万秦军进军岭南的粮草运输问题。有记录的最早利用地质学对战场进行评估的案例发生在1813年的卡兹巴克之战，地质学家出色的地貌地形分析帮助普鲁士军队打败了拿破仑的军队。

第一次世界大战期间，美、英、德、俄等国都征召地质学家到军队服务，担负勤务保障任务，负责提供构筑军事工程所需的工程地质、水文地质资料和咨询意见，寻找地下水和建筑材料等；无论是在资源、战略和后勤方面，还是在了解战场地形特征方面，地质学家都对战役胜负具有重要影响。第二次世界大战期间防御阵地体系和筑城工事的结构都发生了显著变化，对军事工程地质和军事水文地质调查的要求也相应提高。当时的主要参战国军队都设有地质勤务部门。德国军队还使用了特种地质图，上面标有不同地区岩土分布及各季节坦克、摩托化部队通行的可能性等情况。在卫国战争期间，苏联地质学家们提供了构筑水工建筑物和军用道路的工程地质与水文地质资料，并为作战部队提供了地面可通行性、土壤性质以及其他自然地质条件的资料。

第二次世界大战以来，由于导弹、核武器等新式武器的出现，军队机动能力的提高，防护性的地下工事埋深逐渐增大，军事工程防护抗力要求更高，野战给水任务更加繁重，这些都增大了地质勤务保障的复杂性，对军事工程地质学提出了更高的要求。主要军事强国的军队将新的科学技术与地质学理论应用于军事工程地质学，取得了一定的成果。如美军研制的工兵圆锥仪和空投圆锥仪，可以快速测定地面土壤的通行能力；德国研究了利用卫星测定无路地区车辆可通行性的方法。一些国家还根据地下水的形成理论，运用各种先进的技术和探测手段，为大兵团作战的给水保障提供可靠的水文地质资料。

随着工程地质学、水文地质学等相关学科的理论与技术在军事上的广泛应用，在第二次世界大战及其以后，军事工程地质学逐步形成了一门独立的学科。在 2007 年出版的《中国大百科全书》军事卷中，军事地质学被列为基本条目之一。

我国在革命战争中学习和应用工程地质学知识也有较长的历史。如抗日战争期间华北平原的地道战、朝鲜战争中志愿军大量构筑的坑道工程都是在掌握和运用了朴素的军事工程地质学知识的基础上完成的。中华人民共和国成立以后，军事工程地质学虽然也得到了一些局部发展，但是我国目前军事工程地质学的现状和研究水平与日新月异的战争形态的实际需求相比还存在着明显的差距。

1.4.2 地质学在军事中的典型应用案例

《战争论》的作者克劳塞维茨指出："在战争中组成整体的一切都是彼此联系着的。因此每一个原因，即使是很小的原因，它的结果也会对行动的结局发生影响。"地质条件是影响战争进程和结果的主要因素之一，已经越来越引起指战员们的重视。在近代战争史中，有不少将地质学原理成功地运用于作战的经典战例。

1. 诺曼底登陆

诺曼底登陆，代号"霸王行动"，是第二次世界大战中盟军在欧洲西线战场发起的一场大规模攻势。1944 年 6 月 6 日早 6 时 30 分，盟军先头部队总计 17.6 万人，从英国跨越英吉利海峡，抢滩登陆诺曼底，成功开辟了欧洲大陆的第二战场。诺曼底战役是世界上最大规模的两栖登陆作战，使第二次世界大战的战略态势发生了根本性的变化。

英国地质学家花了一年多时间策划"霸王行动"。在行动开始之前，他们根据公开出版的地图及地质图、航空照片和秘密侦察资料绘制了 1∶5000 比例尺的滩头阵地地图，明确了海滩和悬崖的地质地貌特征，沿岸地区不同沉积物的分布规律，以及其他可能影响跨海登陆的因素。他们绘制了机场适宜性地图，以显示在敌人控制地域快速建设机场的候选位置的分布情况。登陆后，基于这些信息，在 1944 年 6 月 7 日至 8 月 13 日，盟军占领的诺曼底地区建成了 20 个简易机场。地质信息还在筑路材料的获取方面起到了重要作用。在卡昂西南地区发现的更坚固的古生代石英岩取代了最初的脆弱的侏罗纪石灰岩。1944 年 8 月，英军在诺曼底的石头产量达到每月 14 万 t 的峰值。供水情报和井位钻探也是地质学家的基本职责。在第 1 军团地区，大约建立了 50 个供水点。地质学家也被用来评估空袭的影响、地表的越野通过性、渡河的地基条件以及英吉利海峡海底的自然环境。诺曼底登陆战役为英国军事地质学提供了一个"卓越"的历史案例。

2. 第二次世界大战中德军的地质工作

基于第一次世界大战的经验，德国军队十分重视地质工作，在1932~1939年间，他们重新建立了德国陆军地质学小组，并发表了多篇关于军事工程地质学的出版物，出版了一份被广泛研究的野外手册，其中包含了对岩土材料的定量分类，以及对野外部队有用的基本地质原理的总结。从这些资料中可以看到德国人意识到将地质学应用于战争的可能性，一些之前没有尝试过的应用将有助于推动他们正在计划的战争类型（装甲战）。

德国武装部队有三个最高级别的地质相关机构。1939年之前建立的Mil-Geo是最大和最有名的组织。该部队最初编制了关于欧洲、亚洲、北非和印度洋地区的军事地理手册；到1943年底，共编制了102卷，覆盖39个地区。军事地质单位（MGU）是德军最高司令部发展得最成功的组织之一。该小组成立于1942年，它的第一个任务是调查埃及-利比亚沙漠，完成了一份由18幅1∶20万地图和文本组成的三卷地图集。这些资料提供了主要地形特征、供水和车辆可通行性的详细资料。对地形、地质信息的了解对德国在北非战役的早期胜利至关重要。海洋地质小组（Mar-Geo group）在1942年末由海军高级司令部建立，目的是编制特定沿海地区的特殊航海地质图，显示地形、土壤和植被，以及水下条件。当涉及海岸工程、建筑、防御工事或防洪潜力时，海洋地质小组与陆军Mil-Geo等其他单位密切合作。

德国陆军和海军在规划和建设大型野外工程时，无论是防御工事、地下设施、军事基地或秘密指挥设施，都会咨询地质指导技术小组。两个面临着不利地质条件项目的成功建设和运行，说明了德国地质学专家和工程师的地质洞察力和现场指导的作用。德国海军决定在挪威北部卑尔根、特隆赫姆和纳尔维克建造潜艇基地。在这些地点都遇到了极其不利的地质条件：海沙和承载力弱、敏感、黏性的海洋沉积物。德国陆军地质学家和工程师，在详细调查了地质条件后，成功利用电渗透技术和板墙来加固了敏感海相黏土和粉砂沉积物的稳定性。这为后续的大体积混凝土结构施工提供了稳定的基础。第二个项目涉及在挪威纳尔维克沿海地区的花岗岩体中挖掘大型地下洞穴。这些地下洞室的位置和布局使得开挖体补偿了主动残余应力和由于区域松弛现象导致的地基回弹，对于保持花岗岩岩体中这些大跨度地下洞穴的稳定性至关重要。

1.4.3 战场环境及其主要地质要素

战场环境是战场及其相关空间地域对作战活动有影响的各种客观情况和条件的统称。战场环境影响武器装备的使用、战斗力的发挥、战场态势的变化和战斗结局，是进行战役筹划、确定作战方案、制定作战计划和研究战役、战术必须掌握的基本条件。合理地利用战场环境，有助于作战行动目标的达成，提高作战效能，而忽视战场环境的影响则必然会给作战行动带来巨大的负面影响，甚至会带来灭顶之灾。

战场环境主要包括自然要素、社会要素和军事要素，如地形、地貌、水文、气象等自然条件，交通、行政区划、人口、民族、宗教等社会人文条件，以及国防工程构筑、作战物资储备等战场建设情况。

战场环境的自然要素主要包括气候要素、地理要素、地质要素等，其中地质要素中对军事行动影响较大的主要有地球物理环境、地貌特征、地质构造、水文地质、矿产能源和建材资源、岩土体的性质以及地质灾害等。其中尤以地貌和第四纪地质、工程地质和水文地质对军事活动影响最为广泛（图1-2）。对于现代战争的战场环境建设保障体系而言，战场的军事地质环境分析研究具有十分重要的现实意义。

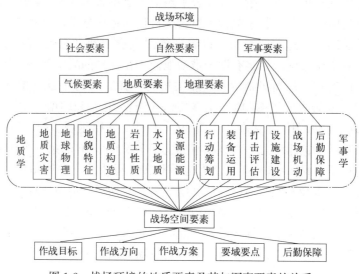

图1-2 战场环境的地质要素及其与军事要素的关系

1.4.4 现代战争的工程地质需求

1. 不同形式战争的地质保障需求

自19世纪以来，地质原理和咨询对军事活动和相关工程的规划和建设作出了重要贡献。地质学家已经成为制定战斗策略的关键人员。第一次世界大战的参与者利用经验丰富的地质学家对地形特征进行评估，以确定水源和建筑材料的来源，并就壕沟和地下工事建设提供建议。一些战场的地形特征（如凡尔登）被巧妙地融入区域防御和前线防御工事中。在第二次世界大战期间，德国、美国、英国、法国以前所未有的规模应用了地质咨询和地质学原理。地质学为军事需要提供的服务包括：区域通行情况图和对现有资源的评估，以及指导大规模地面和地下军事工程的建设。美国海军陆战队同时为整个太平洋岛屿地区建立滩头阵地、突击登陆、机场和供应基地建设提供指导。

事实上，地质学的每一个学科都以某种方式被用来为军事活动和相关的国家安全项目服务，从微型古生物学到地震学和火山学，从地貌学到第四纪地质，沉积岩石学和岩石力学，从海洋地质学到冻土学，不一而足。未来的作战行动和武器运用，包括进攻性和防御性，都将涉及地球科学的各个分支。例如，精确制导武器需要对目标区域的地形地貌、地磁、甚至重力特征有较深入的了解；钻地弹需要在松散的沉积物或坚实的上覆岩层中侵彻足够的深度，必须对目标区域地质材料的物理力学特性有合理的评估。

军事工程地质是将地质学基本原理和工程地质、水文地质等专门知识应用于军事工程构筑以及其他相关军事活动的学科，是应用地质学和军事学相结合的一门边缘交叉学科。其主要任务是调查、研究预定战区的地质构造和水文地质条件，论证阵地工程、地下防护工程、军用道路和桥梁、军用机场和水工建筑物（包括港口、潜艇洞库、护岸等）及其他工程设施构筑的适宜性；为各种军事工程设施的选址、设计和施工提供地质资料；调查天然建筑材料、水源和溶洞的分布情况，提出建材、矿产、能源开采和利用的意见等。随着遥感技术、数值模拟和地质力学、岩石力学和土力学等理论在地质学各个领域的广泛应用，军事工程地质学的研究，向着快速、准确、平战结合的方向发展。不同战争形式对地质工程保障的具体需求见表1-1。

不同战争形式对地质工程保障的具体需求 表1-1

战争形式	接触式战争				非接触式战争
	冷兵器时代	热兵器时代	机械化战争时代	核威慑时代	现代化战争阶段
形成阶段	古代		近代		现代
作战空间	地表、江河、滨海		地表至浅地下 中深海、中低空		地表至深地下、深海、深空、电磁空间、网络空间
能量来源	机械能、火炸药		化石能源、火炸药		化石能源、核能、电磁能
主要武器装备	冷兵器	枪炮	坦克、飞机、舰船、导弹、核弹等		精确制导武器、无人化武器、电磁武器、钻地武器、超高速武器等
军事地质 内容	地理、地貌		地理、地貌和第四纪地质、工程地质、构造地质		地质学各分支
军事地质 保障	城池、通路		地形地貌利用、战壕、地下防护工程、飞机和舰艇洞库		地表、水域、深地、深海、深空、电磁空间等全方位保障
军事地质 资源	石材、金属矿、硝石、饮用水		煤炭、石油、橡胶、铀矿、各类常规矿产资源、饮用水		煤炭、石油、矿石、稀土、近地表空间、卫星轨道、电磁频谱、水资源等

2. 情报收集与战略战役谋划

《孙子兵法》中云，"地者，远近、险易、广狭、死生也"，说的就是地形、地貌对作战行动的影响以及与后勤保障的关系。在现代战争条件下，战役的胜败，在很大程度上取决于对复杂战场环境的深刻了解和对包括地质信息在内的战场环境多元信息的娴熟运用。军事地质信息是立体化、信息化战场环境的关键组成部分，对于战略筹划、指挥控制、驻屯集结、野战机动等将产生十分重要地影响。越是高新技术战争，越要关注战场环境，越要重视军事工程选址及建设中的水文地质条件、地质环境等的科学评估。

长期以来，西方国家无不十分重视潜在战场的地质信息的收集、储备和运用。英、美等国开展的军事地质工作广泛运用大数据、云计算、地理信息系统、遥感等先进技术，主要研究领域正从战略战术分析、地面通行性评估、野外给水保障、战场工程建设、武器装备试验、地质灾害规避、资源获取利用等传统领域，拓展到海洋地质环境、自然重力和电磁环境、核试验与核生化监测监控、战场态势感知和战后生态环境重建，以及地质地球物理武器研究与应用等新兴领域。

知己知彼，方能百战不殆。我军地质调查起步晚、欠账多，专业队伍建设不系统，尚不能满足新时期军事行动的需要，无法为作战决策提供科学定量的数据支撑。全面搞清地缘战略环境、战场全域环境、作战任务环境、火力运用环境，加快形成全要素多领域立体战场环境保障能力，迫切需要补齐地质环境短板。对战场地质环境的充分认知与熟练运用，掌控潜在战场的地面、地下甚至水下地质环境，以及空间地球物理特征等信息权，已成为新时期军事竞争焦点之一。

3. 军事设施建设

军事设施是主要用于军事目的的建筑物、构筑物、场地和设施，包括地面和地下的指挥工程、阵地工程，军用机场、港口、码头，营区、训练场、试验场，野战给水设施、工程伪装设施，军用洞库、仓库，军用通信、侦察、导航、观测台站，军用道路、军用桥梁、铁路专线、军用输油、输水管道等。军事设施是国防建设的主要组成部分之一，是国家安全和军队履行使命的关键依托，也是国家战略能力的重要支撑。

军事设施的修建和维护，既与普通民用设施有很多共通之处，又有其自身的特点。如军事设施除了必须考虑平时荷载以外，还必须考虑军事打击的后果。军事设施是为军事活动服务的工程设施，在很多情况下，需要在极其不利的环境下开展作业或服役。军事活动的特殊需求催生了军事工程地质研究，如对地表和地下工事构筑适宜性的研究、对爆炸冲击作用下岩体稳定性的研究、对天然地面承载力和通行能力的评估、核威慑下的地下深埋防护结构相关地质问题等。军事地质环境与越野机动、防护工程构筑、水源勘察等军事活动关系密切。处理好相关的地质环境问题不仅关系到军事设施建造的时间和成本，而且是保证其战时可靠性的基础。

4. 攻击与防御战斗

孙子曰："地形有通者，有挂者，有支者，有隘者，有险者，有远者……凡此六者，地之道也；将之至任，不可不察也。"在冷兵器时代，地形（地貌的外在表现）是"兵之助也"，根据所处地形地貌环境制定作战方案已经是善战者的基本素质。进入火药武器时代后，进攻与防御战斗更加受到地形地貌的制约。第一次世界大战中，结合永备工事的堑壕防御体系给进攻部队造成了巨大的杀伤，确立了防御一方的相对优势。第二次世界大战中，飞机、坦克等兵器的广泛使用以及弹药威力的提升，使得作战行动更加依赖于战场的地质条件。如"二战"初期德军的闪电战，利用地貌条件，充分发挥了装甲兵团的机动和火力优势，取得了快速的突破；在太平洋战场上的硫磺岛战役，日军利用有利的海洋侵蚀地貌，依托修筑在玄武岩中的大量坑道工事，给具有压倒性火力优势的美军造成了严重的伤亡。

朝鲜战争中历时43天的上甘岭战役，是依托野战工事粉碎优势敌军进攻的经典案例。志愿军战士以死不旋踵的坚定信念和优秀的战术素养战胜了常人难以想象的困难，采用坑道战术与敌军反复争夺阵地达59次，最终粉碎了敌军的"金化攻势"。在上甘岭战役中，所谓的"联合国军"伤亡率高达40%，超过了"二战"中最惨烈的硫磺岛战役。上甘岭战役是整个抗美援朝战争的缩影。经此一役，中华人民共和国在无数英勇无畏的身影中真正地屹立起来。自此之后至整个朝鲜战争结束，所谓"联合国军"再也没有主动发起过营级以上规模的进攻，朝鲜战场的战线终于稳定在了"三八线"附近。

坑道防御战术属于群众性发明。针对敌人重炮、坦克和飞机的狂轰滥炸，坑道工事利用岩土体削弱爆炸碎片和冲击波的毁伤，减少兵力消耗并寻找机会反击。这种战术能够把美军的远程炮火以及轰炸机的作用降低到最低。上甘岭阵地主要由537.7高地和597.9高地组成。597.9高地共有3条大坑道、8条小坑道和30多个简易防炮洞，其中位于1号阵地下面的1号坑道是主坑道，呈"H"形，全长近80m，顶部是厚达36m的石灰岩。

坑道的两个洞口都位于反斜面，朝向五圣山。纵横交错的坑道网络既易于隐蔽又方便进攻，成为上甘岭战役期间战术反击的有力依托。到1952年夏，中朝军队共构筑了9519条总长达287km的坑道，形成了以坑道为骨干、同各种野战工事相结合的坚固阵地防御体系。

坑道战术对于整个抗美援朝战役影响是极为深远的。志愿军与美军相比，攻击力弱、武器装备差，按照传统的军事理论根本无法进行阵地战。但是拥有一整套完善的坑道防御体系以后，解决了以前"能打不能守"的问题，获得更多战略上的主动。同时，坑道战术消耗能力极强，每次防御战都能浪费掉敌人的大量资源，让美军深陷战争的泥潭。

但是坑道战术也面临着很多困难，如防护层较薄的坑道面临着被"掏顶"的威胁，2号坑道在一天内被炸塌近30m，而由于没有消波减震措施，6号坑道里一个排的战士被重磅航弹引起的震动震死，即使是埋深36m的1号坑道，也发生了靠"墙"的通信员被震死的情况。同时，由于十五军在战前并没有充分意识到坑道在防御战中的重要性，工事的体系性较差，与后方缺乏有效连接，导致战役中期援兵和补给极为困难。

随着现代化作战中精确制导炸弹和深钻地炸弹的广泛使用，反斜面战术也已经部分失去了其本来的优势。面对钻地能力可达40m的MOP炸弹和爆炸威力更大的航弹，简单的反斜面工事难以起到曾经的效果。现代化的反斜面作战如果没有防空火力的支持，也已经很难获胜。但科索沃战争和阿富汗战争同时也表明，对于地质条件的合理运用，仍然是现代战争中获得战术优势的关键所在。

5. 战场机动和通行性评估

机动是指为达到一定目的而有组织地转移兵力和火力的行动。军事活动中，机动通行能力对作战力量投送、后勤物资补给等具有决定性的制约作用。地表各类地貌、地物和地质材料的物理力学性质直接影响着地域的通行性。

越野机动通行主要取决于地面高度、坡度和断绝程度，以及土壤性质和承载力、植物的分布、湖泊、沼泽等的分布。深入研究影响战场机动和通行能力的地质因素，形成定性定量认识，有助于指挥员在选定任务地域和路线时趋利避害。尤其在修筑急造军路时，必须对相关地区的地质地貌特征和自然建筑材料资源等有充分地了解。

长征是人类战争史上的伟大奇迹。在长征中，最悲壮的莫过于过草地。松潘草原属于典型的高原湿地，为泥质沼泽，地面承载力极低。红军装备落后，雪山草地对红军机动虽然造成了很大困难，但凭借顽强意志和牺牲精神还能够克服。国民党军队装备相对比较精良，在沼泽地区完全无法越野机动。从战场地质环境的角度看，红军利用草地地形复杂、地面承载力低、不利于摩托化机动的特点，甩开了国民党军队的围追堵截。

1939年国民党军队组织的长沙保卫战，也充分借助了地面承载力的帮助。薛岳采取"化路为田、运粮上山"的作战策略，将长沙周边、湘北正面100km之内所有的铁路、公路、乡村道路全部彻底破坏，使日军机动通行完全没有现成的道路可以使用。从军事工程地质的层面分析，薛岳正是利用了广阔的淤泥地形承载力极低的特点有效迟滞了日军的攻击行动，抵消了日军装备和训练方面的优势，最终取得了长沙保卫战的胜利。

第二次世界大战初期，德国采用闪击战战法，在不到一年时间里，先后攻占了丹麦、挪威、荷兰、比利时和法国。从战场地质环境的角度分析，德军实施闪击战之所以在西欧战场取得如此骄人的胜利，除了拥有较大规模的机械化部队外，还得益于西欧广阔平坦的地形、具有良好承载力的土壤地质条件以及秋冬季干旱少雨的气候条件。

历史上，在地形地质条件的运用上趋利避害，提高自身机动通行能力的同时，迟滞阻碍敌人的机动通行，以实现作战意图的战例还有很多。

从上述战例可以看出，地质条件对越野机动的影响是决定作战行动最终成功与否的关键因素之一。地质条件影响越野机动，除了受制于作战区域地形地貌，以及植被繁疏和河流、湖泊、沼泽等天然障碍物的分布以外，主要取决于土体的可通行性，或者说取决于岩土体的性质和承载力。因此，了解掌握地表各类岩土体的可通行性，不仅对于战术指挥员十分重要，而且是战役、战略指挥员需要考虑的关键战场环境因素。在多数情况下，分析土体的可通行性，还要注意将其与土壤特性和季节变化、地形地貌等自然条件联系起来。现代高科技战争中，尤其是在陆战场，由于装备种类和数量大大增加，后勤补给任务更加繁重，对战场地面的承载力和通行能力评估的要求更高。

1.4.5 军事工程地质主要任务和学科特点

军事工程地质学研究的主要内容包括：

1）依据预选区域的战略位置、地域特点和作战要求，按照作战方向、主要通道、军事要地、军事目标等战场空间分层次和重点进行分析，获取岩土体、地下水、地质灾害等关键地质要素信息，为战略战役筹划提供地质情报支持。

2）在战争爆发前对战区的军事工程地质条件进行研究，总结组成战场空间关键节点或关键区域的地质要素类型、空间分布、物理强度与化学性质等基本特征，为进攻和防御作战提供工程地质保障。

3）根据地质体空间分布特征，研究地质构造、地形地貌和不良地质区域（例如滩涂、软土、淤泥、沼泽等）的分布特性对可通行性造成的影响，规避不良地质条件与地质灾害，利用地形地质特点为作战行动服务。

4）论证不同地质条件下野战工事、道路桥梁、防护工程、机场、障碍物等军事工程构筑的适宜性，提出基于战场环境的场地选择、急造军路、工事构筑、基础资源获取等的工程地质保障方案。

5）搜集、分析敌我双方重要战略资源，例如军用矿产、能源等的分布、产地、储量及开采等情况。

6）寻找供水水源，查明水质、水量，提出找水、取水和野战给水保障方案。

7）总结提炼地质条件的特点和对军事活动的影响规律，针对作战区域与作战环境提出运用地质条件的指导原则和针对性建议。

军事工程地质学研究的主要特点包括：

1）为军事活动服务。军事地质学因军事需要而产生，一切研究均围绕军事行动需要的相关地质问题而开展。地质环境是进行军事行动的客观基础，军事行动是军事地质生存与发展的基础。军事地质学的一切问题，都是源于战争、服务于战争。

2）学科交叉性强。军事地质学不但涉及军事科学的理论、技术与方法，而且涉及地质学的理论、技术和方法，是一门综合性学科。开展军事地质学研究，必须掌握现代军事科学的理论体系、高科技武器装备的运用与发展，同时必须掌握地质环境的区域特征、发展演变规律、区域地质构造，各种岩石、地层的物理化学性质等。

3) 平战衔接密切。相对于战争持续时间，地质体的形成发展是漫长的，故军事地质研究对象具有相对稳定性和客观性。军事地质工作具有平时调查积累为战时使用提供保障的特点。军事行动对地质的需求又有其特殊性，与此同时，战场环境对于地质信息的获取造成了很大的障碍，因此军事地质又具有与普通地质学不同的研究特点。

1.4.6 军事工程地质的工作方法

军事地质学与工程地质学都是地质学分支学科。从某种意义上来说，军事地质学包含了工程地质学，军事工程地质学以工程地质学为基础，以军事应用为导向，是为军事工程所开展的工程地质工作。军事工程的形式与民用工程有很大共性，包括地面工程、地下工程、桥梁、港口，除此之外还包括一些特殊军事工程，如掩体、碉堡等。

与此同时，军事工程地质的工作方法需要针对和适应军事需求，因此有其特殊性，如对于防护工程，需要额外考虑武器毁伤效应，因此注重岩土中冲击爆炸效应的研究和防护；通行性对于作战行动至关重要，因此要对岩土体的通行承载力进行评估。和平时期，军事工程的勘测程序与民用的相同，不过其安全性、适用性要优先于经济因素。

1.5 本书主要内容

过去几十年间，工程地质学和军事地质学均得到了长足的发展，但具有军事背景或特色的地质学教材建设十分滞后。考虑到我校的专业特色和人才培养目标，学员不仅需要对地质学基础知识和工程地质有深入了解，为成为一名合格的工程师储备基础知识，而且需要了解一般地质学理论、知识、技术等在军事活动中的具体应用，充分认识到地质因素在战场环境中的重要地位。

本书涉及地质学基础理论、工程地质的原理和实践以及地质学知识在军事活动中的应用，强调基础知识的综合运用。全书分为10章。第1章绪论和第2章地球的基本特征与演化历史主要由范鹏贤编写；第3章矿物与岩石主要由范鹏贤和王波编写；第4章构造运动和地质构造主要由范鹏贤和代晓青编写；第5章地表地质作用主要由代晓青和范鹏贤编写；第6章岩体与围岩主要由赵跃堂编写；第7章第四纪沉积物与土的工程性状主要由范鹏贤和王波编写；第8章地下水与水文地质基础主要由范鹏贤编写；第9章岩土工程勘察方法与技术主要由代晓青和赵跃堂编写；第10章重要地区地质条件概述主要由范鹏贤和王波编写。全书由范鹏贤统稿，由董璐审核。研究生邹智彬、严鹏志、王宇、王灿林等参与了资料收集、插图绘制、文稿校对等工作。

该书的主要目的是为工科背景的本科生提供一本集地质学基础知识、工程地质理论与技术和军事应用案例的基础教材。本书在普通工程地质教材主要内容的基础上，向基础理论和军事应用两个方面做了拓展和强化，纳入了大量的地质学基础理论，同时补充了大量军事应用案例，以便学员更好地将地质学基础知识和未来应用场景结合起来。

本书的主要使用对象为地质工程、作战环境工程、军事设施工程、阵地工程等专业的本科学员，以及土木工程、工程管理等相关专业的本科学生。不同专业的学员在学习过程中可以有所取舍和侧重。

思考题

1.1　地质学的研究对象和研究内容是什么？地质学的研究方法有哪些？

1.2　试说明地质学的发展脉络及其关键发展节点，期间发生了哪些重要的论战？

1.3　试说明工程地质学与地质学相互间的关系，它们在研究内容、研究对象和研究方法等方面有哪些异同？

1.4　试论述地质学与军事活动的关系。

1.5　试论述中国地质学学科的发展历史并了解典型人物的主要事迹。

第 2 章
地球的基本特征与演化历史

 关键概念和重点内容

地球的形状和表面特征、地球的圈层结构（内部圈层和外部圈层）、重力和重力异常、地磁和磁偏角、地层、地层层序律、地质年代、生物演化过程。

地质学的研究对象主要为固体地球，无论是研究地球的物质组成和结构构造、地球的形成和演化，还是开发和利用自然的各类应用技术，均需要对地球有整体的认识。本章主要介绍地球的总体特征和简要演化历史。

2.1 地球的起源与早期演化

地球的起源自古以来一直是人们关心的哲学和科学问题。在信史之前人们就在探讨包括地球在内的天体万物的形成问题，关于创世的各种神话传说广为流传。直至 1543 年波兰天文学家哥白尼提出了日心说之后，关于天体演化的讨论才开始步入科学范畴。

2.1.1 地球的起源

地球形成于几十亿年以前，初期的痕迹在地面上已很难找到。任何地球起源的假说都包含有待证明的假设。正由于此，不同的假说常常分歧很大。

1. 地球起源的哲学观

由于生产力的限制，古代人类对于宇宙的认识充满着迷惑和敬畏，以至于产生了无数的创世传说。如我国古代盘古开天，古希腊卡俄斯创世等。

关于宇宙的起源，我国古代哲学家老子有一段为后世所推崇的论述，《老子》中所述，"有物混成，先天地生，寂兮寥兮，独立不改，周行而不殆，可以为天地母。吾不知其名，字之曰'道'"，"道生一，一生二，二生三，三生万物"。如把"道"理解为能量的话，从道生一到万物的形成，生动地描绘了宇宙的起源问题。可以说老子的思想，已经包含了现代宇宙起源理论的最本质的内容。

公元 2 世纪，古希腊哲学家托勒密总结了前人的认识后提出了"地心说"理论体系，这一理论流传了 14 个世纪，极大地推动了天文学的研究。直到今天，天文学家仍在使用托勒密"天球"的概念。经过哥白尼、伽利略、开普勒等著名天文学家不断地努力，人类终于在牛顿力学体系下对宇宙有了逐步深入的认识。

1686年牛顿发表了《自然哲学的数学原理》一书，并论证了万有引力定律。牛顿力学体系下的宇宙观可以归结为以下3点：①宇宙空间是无限的；②时间既没有起点也没有终点；③天体在万有引力作用下做有规律的运动。恩格斯把当时的这一科学论断写入了他的著作中，成为自然辩证法的组成部分。牛顿的万有引力定律在当时对天文学的研究起到了巨大的推动作用，但这种看似运动的宇宙认识论实际上是一种静态的宇宙观，因为宇宙在万有引力的作用下进行着永恒不变的运动。

2. 大爆炸理论

20世纪30年代，美国天文学家哈勃在对比研究各星系的红移资料时发现，距离我们越远的星系，其退行的速度越大，即红移的大小与星系的距离成正比。这一红移和距离的关系被称为"哈勃定律"。哈勃的这一发现使人们对宇宙有了一个全新的认识，宇宙并不是静态的和永恒不变的，而是动态的、膨胀的。

1946年俄裔美国天文学家加莫夫根据宇宙膨胀的现象提出150亿年前宇宙发生了一次大爆炸。大爆炸发生后宇宙依次经历了"普朗克时代""强子时代""轻子时代""辐射时代"和"物质时代"。当温度下降到3000~4000K时，电子和质子几乎全部结合成氢原子。这一理论能够较好地解释宇宙的膨胀和宇宙中氢和氦的原始丰度问题。两年之后，加莫夫预测了大爆炸余烬的背景辐射，该预测在1965年得到证实，大爆炸理论也得到了普遍认同。当然，大爆炸理论中的爆炸并不是以一个确定点为中心的爆炸，而是一开始就充满宇宙空间的膨胀，宇宙中的所有星系都远离其他星系而去。宇宙物质如何从极端均匀的分布状态发展到如今极不均匀的状态，还没有令人满意的解释。

3. 太阳系起源的假说

太阳系的起源同样存在很多问题有待澄清，从18世纪起，先后出现的各种太阳系起源的假说至少有几十种，如灾变假说、星云假说、俘获假说等。

德国哲学家康德于1755年提出了星云假说。该假说认为，充满宇宙的物质最初以元素质点的形式均匀分布于空间之中，然后，在万有引力的作用下逐渐形成物质凝聚中心，同时开始旋转，继而环绕太阳运动的尘埃云形成了行星。法国数学家拉普拉斯完善了星云假说，并建立了数学模型。因此，该假说后来被称为康德-拉普拉斯假说。按拉普拉斯的理论，最初旋转着和收缩着的气状星云中有一个凝聚的中心，后来演化为太阳，随着旋转和收缩的加强，星云团逐渐变得扁平，并分出了环，环进一步形成凝聚中心，即未来行星的胚胎。行星周围的卫星以类似的方式形成。

近30年来，随着天文观测技术的巨大进步，许多太阳系起源的问题已基本清楚。人们惊讶地发现，现代太阳系起源理论似乎又回到了康德最初的设想上。天文学家成功地观测到了星际间等离子体的成星过程。现代太阳系起源假说包括以下四个主要阶段：

第一阶段，原始太阳气尘云邻近的一颗恒星即将成为超新星。

第二阶段，邻近的超新星爆发，原始太阳气尘云从超新星的爆发中获得能量和重元素、放射性同位素等物质。

第三阶段，在超新星能量的推动下，太阳气尘云开始旋转并逐步向中心聚集形成太阳，当太阳达到一定规模的时候，内部开始发生热核反应。年轻的太阳开始向外抛射物质,在太阳系的外围形成环绕太阳的环。

第四阶段,环绕太阳的环逐渐凝聚形成星子,并以星子为中心逐渐形成行星,行星的卫星也有类似的形成过程。

太阳系是一个以太阳为中心,受太阳引力约束在一起的天体系统,包括太阳、行星及其卫星、矮行星、小行星、彗星和行星际物质等。截至2022年,太阳系包括太阳、8个行星、近500个卫星和至少120万个小行星。太阳系的八大行星按物理性质可以分为两组:一组为类地行星,该类行星体积较小,平均密度较大,自转速度较慢,卫星较少,包括地球、水星、金星和火星;另一组为类木行星,该类行星体积庞大,平均密度较小,自转速度较快,卫星较多,包括木星、土星、天王星和海王星。

2.1.2 地球的早期演化

地球刚诞生时,温度极高,类似一个巨型的岩浆团。随着时间的流逝,地球不断吸积、冷却,质量也逐渐增加。就在幼年的地球试图在太阳系寻求一席之地时,临近轨道的一颗火星大小的行星受地球质量的影响,在万有引力的作用下于约45亿年前与地球相撞,使得地球的部分物质喷出,那些喷出的物质聚集在地球周围,逐渐形成了月球。

地球形成之初的阶段如同炼狱:火山爆发,岩浆横流,毒气遍布,外界众多活跃的小行星、陨石也无时无刻不在撞击着地球。此时灼热的地球内部的物质开始分异:在万有引力的作用下,较重的物质逐渐聚集到中心部位,形成地核;较轻的物质则浮于地球表层,形成地壳;介于两者之间的物质则构成了地幔。这样就形成了圈层结构。

最原始的地壳大约出现在40亿年前,以地壳出现作为时间界线,地壳出现之前称为天文时期,地壳出现之后则进入地质时期。

地球形成早期曾经存在一个原始大气圈,其成分以氢氦为主。由于类地行星离太阳近,质量和引力比较小,加之氢氦密度小容易逃逸,在太阳风的作用下很快就消失了。现今地球大气圈的形成与地球的内部析气作用密切相关。早期大气圈成分和现今最明显的区别是氧的含量极低和二氧化碳含量远高于现在的大气圈。水圈的形成与大气圈的形成相似,在陨石撞击下,陨石和地球岩石中大量的结晶水从矿物分子结构中分离出来,当陨石撞击事件逐渐减少后,地球表面的温度也开始下降,气态水凝结最终形成水圈。由此可见,地球的大气圈和水圈都是地球演化的结果,而液态水圈的形成则略晚于大气圈。

生命的起源问题是自然科学的三大基础理论问题之一,目前尚无明确的答案。20世纪60年代,科学家发现宇宙中存在大量有机分子,说明有机物质可以在自然条件下的宇宙空间形成。从地球早期大气圈的成分推测,由于氧和臭氧的含量很低,无法有效阻止太阳紫外线辐射对生命的伤害,而海洋中富含各种生命繁殖所必需的元素,同时深深的海水可阻挡紫外线,因此早期的生命很可能诞生于海洋。有证据表明,地球在水圈形成之后不久生命就诞生了,在南非巴布顿地区发现的最古老的生命记录距今已经38亿年。因此地球上的生命应该诞生在距今38亿年或者更早的时间。地球生命在30多亿年的历史中基本上以很低级的单细胞形式存在,直到5.4亿年前的寒武纪才发生了地球生命史上的第一次大爆发,地球生物从此发生了突飞猛进的变化。

2.2 地球的表面特征和圈层结构

2.2.1 地球的形状和基本参数

1. 地球的形状

在长期的生产实践中，人类对于地球形状的认知经历了从猜测到逐渐精确的过程。古代人们模糊地认识到地球的形状或许为圆球形。到 18 世纪末，人们已经意识到地球各处的半径并不相等，可以近似看作椭球，"旋转椭球体"这一几何形体被用来代表地球的形状。地球因自转而变扁，这基本符合事实，但地球并不是流体，表面有高山大海和高低起伏，所以真实形状与旋转椭球体并不一致。

地球表面分布有大陆和海洋，地势各不相同，其表面形状非常不规则。后来通过重力测量采用"大地水准体"来代表地球的形状（图 2-1）。大地水准体是指由平均海面所封闭的不规则球体。平均海面上的重力势处处相等，即海面在重力作用下是一个等势面。假设海水面处于平静状态，把这个等势面延伸至大陆区域，形成一个封闭曲面，这个曲面即为大地水准面。大地水准面所包围的形体称为大地体。大地水准面代表了地球的形状，是大地测量的基准之一，但它仍然是介于旋转椭球体和地球真实形状之间的一个近似形态。由于地球表面起伏不平，地球内部质量分布不均，故地球的重力场分布也是不一致的，从而导致大地水准面是一个略有起伏的不规则曲面。

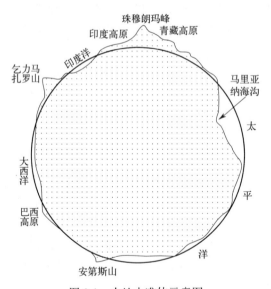

图 2-1 大地水准体示意图

近年来，人造卫星等空间探测技术的发展，极大地推动了关于地球形状的研究，取得的新的数据加深了人们的认识。概括说来，主要有以下两个方面：①大地水准面不是一个稳定的旋转椭球面，而是有的地方隆起，有的地方凹陷，相差可达 100m 以上；②地球赤道横截面不是正圆形，而近似于椭圆形，长短轴之差约为 430m，赤道面也不是地球的对称面。地球的形状反映了内部物质还处于不断调整的动态平衡状态。

2. 地球的形状和大小的相关数据

从表 2-1 数据可知，地球表面不仅海陆并存，而且地面起伏最大高差近 20km。但最高点与最低点的高差仅占地球平均半径的不足 1/300。若把地球缩小到篮球大小，则地表的起伏将不超过 0.5mm，看起来将十分光滑；同时，由于地球扁率约为 1/298，无论是旋转椭球体还是大地水准体从宏观上看仍然十分接近球体。

固体地球的各项参数　　　　　　　　　　　表 2-1

参数	数值	参数	数值
平均半径	6378.137km	质量	5.976×10^{27}kg
赤道半径	6356.752km	平均密度	$5.517g/cm^3$
两极半径	6371.004km	大陆平均高度	875m
扁率	1/298.257	海洋平均深度	-3795m
赤道周长	40 075.36km	大陆和海洋的平均深度	-2448m
子午线周长	40 008.08km	地表最高点(珠穆朗玛峰)海拔高程	8848.86m
表面积	$5.1006\times10^8km^2$		
海洋面积占比	70.8%	海洋最深处(马里亚纳海沟)海拔高程	-11 034m
陆地面积占比	29.2%		
体积	$1.083\times10^{12}km^3$	平均重力加速度	$9.81m/s^2$

2.2.2 地球的表面特征

地球表面形态的最显著特征是可以分为陆地和海洋两大部分。大陆面积约占地球表面积的 29%，海洋面积约占 71%，而且大陆部分地球的表面起伏不平，南北分布不均，约 65% 的大陆集中分布于北半球。地表最高处位于青藏高原的珠穆朗玛峰，雪面海拔为 8848.86m，地表最低处位于太平洋西侧的马里亚纳海沟，深约 11 034m。地表有两个面积较大、起伏较小的台阶，其中一个位于大陆上，由海拔低于 1000m 的平原、丘陵、低山构成；另一个位于海洋中，为深 4~5km 的大洋盆地。

1. 大陆地形的基本特征

依高程和起伏特征，大陆地形可分为山地、丘陵、高原、平原、盆地、裂谷等地貌类型。海拔高度 500m 以上，地形起伏高差超过 200m 的地区称为山地。呈线状延伸的山地称为山脉，如喜马拉雅山脉、太行山脉。在成因上相联系的若干相邻的山脉称为山系，如西南地区的横断山系。丘陵是大陆地表海拔高度 500m 以下，切割深度不超过 200m 的起伏地形，如东南沿海丘陵、山东丘陵等。高原是海拔高度 600m 以上，地势较为平坦或有一定起伏的广阔地区，如青藏高原、内蒙古高原、云贵高原等。平原是面积广阔、地势平坦或略有起伏、海拔高度一般在 200m 以下的地区，如华北平原、东北平原、长江中下游平原等。四周是山地或高原、中间相对下凹且较平坦的地形称盆地，如四川盆地、塔里木盆地、柴达木盆地等。裂谷是大陆上规模宏大的线状低洼谷地，延伸可达数千千米，宽仅数十千米，两壁或一壁为断崖；如著名的东非大裂谷全长超过 6500km，其底部分布一系列峡谷和湖泊。地表地形的基本特征见图 2-2。

大陆最主要的地形特征之一是有一系列呈弧形或线形展布的山系。现今最重要的山系

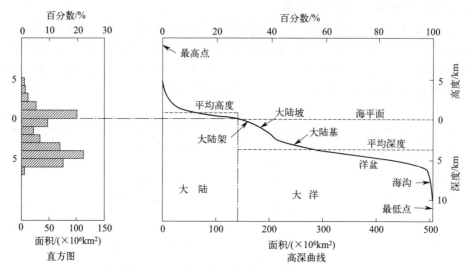

图 2-2 地表地形的基本特征（据宋青春等）

有两条：地中海-印尼山系和环太平洋山系。

地中海-印尼山系西起地中海西端北非的阿特拉斯山，经欧洲的阿尔卑斯山、高加索山，东至亚洲的兴都库什山、喜马拉雅山，这一段总体上呈东西向延伸，略呈弧顶南凸的弧形，至我国横断山脉向南转折直抵印度尼西亚。

环太平洋山系沿太平洋东、北、西侧展布。在太平洋东岸有北美的阿拉斯加山脉、海岸山脉、落基山脉等及南美的安第斯山脉，这些山脉因其紧靠海岸发育有深海沟，其相对高差相当大；太平洋北岸分布有阿留申群岛、西岸有千岛群岛、日本群岛、琉球群岛、菲律宾群岛、马里亚纳群岛等，这些群岛均呈弧形展布，弧顶凸向海洋，岛弧外缘也多分布有海沟，故它们的海拔虽不算高，但高差也较大。

2. 海底地形的基本特征

海洋由海和洋两部分组成。洋是远离大陆、面积宽广、水深较大的水域，是海洋的主体。海是分布于大洋的边缘与陆地毗邻，并与大洋有一定程度隔离的水域。世界有五大洋，即太平洋、印度洋、大西洋、北冰洋和南大洋（以南纬 60°为界环绕南极洲的大洋，2000 年由国际海道测量组织划定，2021 年正式被美国国家地理学会承认）。

海底地形的复杂性尤胜于大陆地形。根据海底地形特征，可把海底地形划分出大陆边缘、大洋盆地和洋脊三大地貌单元。

大陆边缘指大陆与大洋盆地之间被海水覆盖的地带。虽然其面积占比仅 1/5 有余，但和人类活动关系极其密切。大陆边缘依据海底地形特点可分为两大类：大西洋型大陆边缘和太平洋型大陆边缘。大西洋型大陆边缘海底地形可进一步划分出大陆架、大陆坡和大陆基三种地貌单元。该类大陆边缘主要分布于大西洋、印度洋和北冰洋周边。太平洋型大陆边缘海底地形发育有大陆架、大陆坡、岛弧与海沟等地貌单元。海底地形单元见图 2-3。

岛弧是呈弧形延伸的火山列岛，宽数十千米，长可达数千千米，弧顶凸向海洋。岛弧主要分布于北、西太平洋沿岸，如阿留申群岛、琉球群岛、马里亚纳群岛等。

海沟指岛弧靠大洋一侧发育的弧形延伸的海底凹槽，剖面上不对称。

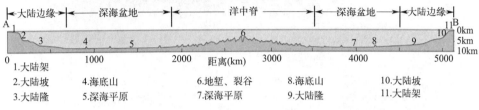

图 2-3　海底地形单元示意图

大洋盆地是介于大陆边缘与洋脊之间的地带，水深一般为 4000～5000m，是海底的主要地貌单元，可大致分为深海丘陵和深海平原两个次级地貌类型。在深海平原或盆地中分布有海山和海岭地貌。

大洋中脊指分布于大洋底部的巨大山脉，它延伸于四大洋，长达数万千米。最早被发现的洋脊位于大西洋中部，故被称为洋中脊，它呈 S 形展布并贯穿整个大西洋。洋中脊高出海底 1～2km，宽可达上千千米，洋中脊中部存在着一条明显的裂缝，两侧为断崖。印度洋、北冰洋的洋脊特点与大西洋基本相同，太平洋洋脊中央裂谷不明显，且洋脊并不位于太平洋中部而是偏于其东南部，这与大西洋洋中脊不同，故称之为洋隆。

2.2.3　地球的外部圈层

地球可认为是由不同状态和物质的同心圈层所组成的球体。这些圈层可以分成内部圈层与外部圈层，外部圈层包括大气圈、水圈和生物圈，内部圈层包括地壳、地幔和地核。

1. 大气圈

从地表（包括地下岩石裂隙中的气体）到 16 000km 高空都存在气体或基本粒子，构成大气圈。其主要成分中氮占 78%，氧占 21%，其他如二氧化碳、水蒸气、惰性气体、尘埃等约占 1%。大气层的空气密度随高度增加而减小，温度变化则复杂得多。

大气圈的形成与地球的形成和演化密切相关。地球形成和演化的过程中分异出的较轻物质上升并被地球引力束缚在地表附近，形成一个同心状的大气圈（图 2-4）。

大气圈是地球的重要组成部分，其重要作用主要包括：①大气圈供给生物生存所必需的碳、氢、氧、氮等元素；②大气圈可以保护地球，使其免受宇宙射线和陨石的危害；③大气圈可以防止地球表面温度发生剧烈变化和水分的散失；④大气是地质作用的重要媒介，一切天气的变化，如风、雨、雪、雹等都发生在大气圈中；⑤大气圈与人类的生存和发展关系密切，大气环境的质量直接关系着人类的健康；⑥大气圈是人类活动的主要场所之一，影响着包括军事活动在内的各种活动的基本条件。

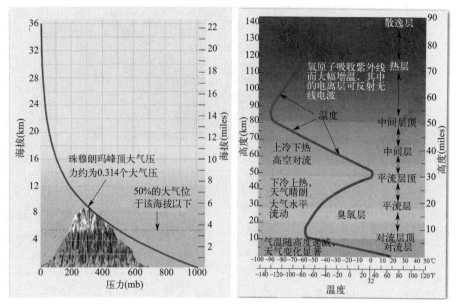

图 2-4　大气圈的气压和温度变化情况

2. 水圈

水圈包括海洋、江河、湖泊、冰川、地下水等，形成了一个连续而不规则的圈层，主要是液态呈现，部分呈固态出现（如冰川）。

水圈的质量约为 1.41×10^{18} t，仅占地球总质量 0.024%，虽比大气圈的质量要大得多，但与其他圈层相比仍相当小。水圈中海水约占 96.5%，盐湖和地下咸水约占 1%，所有的淡水（包括江河、湖泊、冰川、地下水、大气水和生物水）仅占 2.5% 左右；而在淡水资源中，约 68.6% 被冰川和冰盖占据，可以利用的淡水资源占比极小，见图 2-5。此外，水也存在于大气中、地下的岩石和土壤中以及各种生物中。可见，水圈既是独立存在的，又和其他圈层互相渗透。

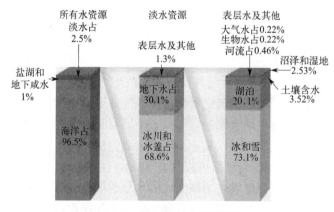

图 2-5　水圈中水的分布情况

大气圈中存在的水分只占水圈总量的十万分之一左右，但其意义非常重要。大气中的水汽是水循环的关键环节，而水循环对于生物界的生存和发展关系重大。

水圈是地球有机界的组成部分，对地球的演化和人类生存有很重要的作用，主要表现在：①水是生命之源，没有水就没有生命；②水是改造与塑造地表面貌的重要动力；③淡水是人类发展最重要的物质资源；④水能是目前可利用的最重要的清洁能源之一；⑤水圈也是人类活动（如航运、海战）的主要场所，关系着社会经济的发展。

3. 生物圈

生物圈是指地球表面有生物存在并受生命活动影响的圈层。地球中有多少物种？不同研究者用不同方法得到的物种估计数在 50 万～1 亿不等。直到今天，生物学家也不能给出一个确切的数目。生物圈包括大气圈的下层、岩石圈的上层和整个水圈，最大厚度可达数万米，但是其核心部分为地表上方 100m 至水面下方 200m 之间的空间范围。该范围内具有适于生物生存的温度、水分和阳光等基本条件。

生物圈是在地球演化过程中形成的一个特殊圈层。大约 38 亿年以前，地球上才开始有了最原始的生命，大约 6 亿年前进入生命演化的飞跃阶段。生物在地球上的出现对地球的发展起着重要且特殊的作用。由于生物的生长、活动和死亡，使生物和空气、水、岩石、土壤之间，进行着多种形式的物质和能量的交换、转化和更替，从而不断影响和改变着周围的环境。如植物的光合作用和生物固碳作用（叠层石、珊瑚礁等）对大气圈中的 CO_2 和 O_2 的影响。可以说，没有生物也就没有今天的地球面貌。

2.2.4 地球的内部圈层

内部圈层指从地表往下直至地球中心的各个圈层，包括地壳、地幔和地核。俗话说"上天容易入地难"，虽然人们十分渴望了解地球的内部状况，但目前世界上最深的钻井仅 12 262m，只占地球半径的不足 1/500，所以难以用直接观察的方法研究地球内部构造。目前通常采用地球物理方法，如利用地震波来间接探查地球内部构造。地震波可分为纵波（P波）和横波（S波）。纵波可以通过固体和流体，速度较快；横波无法通过流体，速度较慢。同时地震波的传播速度随着所通过介质的变形模量和密度的变化而改变。地震波的传播特征表明：地球内部存在两个一级波速不连续面、若干个次级波速不连续面和一个低速带。当前主要依据地震波在地球内部传播过程中存在的主要波速不连续面来划分地球的内部圈层。

1. 划分依据

地球内部的物质是不均匀的，存在许多界面。地震波在地下若干深度处，传播速度发生急剧变化的界面，称为不连续面。根据地震波传播的测试数据，可以绘制地球内部地震波传播速度曲线图（图 2-6）。从图 2-6 中可以看出，该曲线有两个变化显著的一级不连续面，分别为莫霍面和古登堡面。

莫霍面于 1909 年由南斯拉夫学者莫霍洛维奇首先发现。该不连续面在大陆地区埋深约 33km，大洋地区埋深约 6～7km。纵波由上往下穿越此界面，波速由 7.6km/s 增加到 8.0km/s；横波由上往下穿越此界面，波速由 4.2km/s 增加到 4.4km/s。

古登堡面于 1914 年由美国地球物理学家古登堡发现。该不连续面埋深约 2900km。纵波由上往下穿越此界面，波速由 13.32km/s 突降到 8.1km/s；横波由上往下穿越此界面，波速由 7.11km/s 降为 0。

依据莫霍面和古登堡面，可将固体地球内部划分为地壳、地幔和地核三个圈层。根据次一级不连续面还可以划分出次一级圈层，如上地幔、下地幔、外核、内核等。

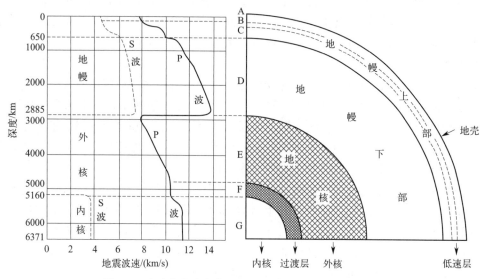

图 2-6　地球的波速变化及内部圈层结构（据宋青春等）

2. 地壳

地壳是莫霍面以上的固体硬壳，属于岩石圈的上部，主要由硅酸盐类岩石组成。地壳的厚度变化较大，大陆地壳较厚，大洋地壳较薄，地壳平均厚度约 16km，其体积约占地球总体积的 1.55%，地壳的平均密度约为 $2.6 \sim 3.0 \text{g/cm}^3$，其质量约占地球总质量的 0.8%。

地壳中含有元素周期表中所列的绝大部分元素，而其中氧、硅、铝、铁、钙、钠、钾、镁、氢、钛等 10 种主要元素占 99% 以上，其他元素共占不足 1%。化学元素在地壳中的平均含量称克拉克值。地壳中化学元素的克拉克值相差极为悬殊，其中氧几乎占一半（49.52%），硅约占 1/4（25.75%），而占比最大的金属元素铝约占 1/13（7.51%）。

地壳是地球表面的一层薄壳，其平均厚度大致为地球半径的 1/400，但各处厚度不一。大陆部分平均厚度超过 37km，而海洋部分平均厚度只有约 7km。一般说来，高山、高原部分地壳较厚，如我国青藏高原区域地壳最厚可达 70km。

根据地壳的物质组成和结构特点，地壳可以分为大陆型地壳和大洋型地壳。

大陆型地壳是大陆及大陆架、大陆坡部分的地壳，其面积约占地壳总面积的 40%，由地史时期形成的各类岩石组成。大陆型地壳可以分为上下两层。上层叫硅铝层，其物质组成与花岗岩的成分相似，故又称为花岗岩质层，下层为硅镁层，其物质组成与玄武岩的成分相当，故又称为玄武岩质层。

大洋型地壳以大陆坡脚处为界，主要指大洋盆地与洋脊部分的地壳，其面积约占地壳总面积的 60%，平均厚度约 6～7km，平均密度约 3.0g/cm^3，主要由近 2 亿年以来形成的岩石组成，包括上覆的沉积层和硅镁层（玄武岩质）。

在大陆型地壳和大洋型地壳交会处还可分出过渡型地壳，又称次大陆型地壳，其特点介于大陆型地壳和大洋型地壳之间。沿北纬 40° 的地壳剖面见图 2-7。

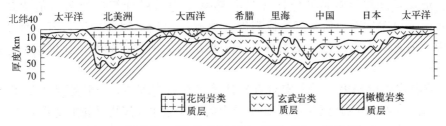

图 2-7 沿北纬 40°的地壳剖面图（据孙广忠，吕梦林）

3. 地幔

地幔是地球内介于莫霍面和古登堡面之间的部分，深度从地壳底界至地下约 2900km 处，平均密度约为 $4.5g/cm^3$，主要由固态物质组成。其体积约占地球总体积的 82.3%，质量约占地球总质量的 67.8%。依据地幔内次级波速不连续面，可将其划分为上地幔和下地幔。

上地幔的平均密度约为 $3.5g/cm^3$，其中的地震波波速与在橄榄岩中的数值相似，所以也被称为橄榄质层，和地壳相比其中所含的 SiO_2 减少，镁铁成分增加。

下地幔的平均密度约为 $5.4g/cm^3$，与地球的平均密度接近。当前一般认为其化学成分为镁铁的硅酸盐矿物，与上地幔并无差别。但由于下地幔压力显著增大，可能形成晶体结构更加紧密的高密度矿物。由于地震纵波和横波都能通过地幔，一般认为地幔呈固态。

4. 地核

地核是地球内部自古登堡面至地心的部分，可分为外核、过渡层和内核三个次级圈层。地核的体积约占地球的 16.2%，质量约占地球的 31.3%。地核物质非常致密，密度变化范围为 $9.7\sim13.0g/cm^3$。根据横波不能通过外核的事实，可以推断外核物质呈液态；过渡层中波速变化复杂，可检测到横波，故推断此层呈液态和固体的混合状态；内核可检测到稳定的横波和纵波，故推断内核呈固态。地核密度与铁陨石密度相近，推测其成分也与铁陨石相近，主要由铁、镍组成，此外还含有少量的硅、硫等元素。

2.3 地球的物理性质

2.3.1 地球的密度和重力

地球的质量可以根据万有引力定律计算出来，用地球的质量除以地球的体积，便可得出地球的平均密度约为 $5.52g/cm^3$。地壳上部岩石的平均密度约为 $2.65g/cm^3$，由此可推测地球内部物质必然具有更大的密度。根据地震资料可知，地球的密度随着深度的增加而增大，并且在地下若干深度处呈跳跃式变化，推测地核部分密度可达 $13.0g/cm^3$ 左右。

地球的重力是地心引力和地球自转产生的惯性离心力的合力。由于地球自转产生的惯性离心力相对于地心引力来说相当微弱，故重力的方向大致指向地心。

地表重力受地球自转产生的离心力、与地心的距离、所处位置与地球之间物质分布情况等因素的影响，故各地并不相等，且随海拔和纬度的不同而发生变化。地球表面的重力加速度值在两极最大，向赤道方向逐渐减小，在赤道最小。

假设地球是理想的旋转椭球体并且内部密度均匀所计算出的重力值称理论重力值。但实际测试得到重力值受到海拔高度、测点周围地形以及地下岩石密度不均的影响，与理论值有所不同，称为重力异常。比理论值大的称正异常，比理论值小的称负异常。

重力异常产生的原因有：①实测点与计算点存在高程差，导致距地心的距离不同；②实测点与计算点之间的物质层产生附加重力值；③地球内部物质的密度并不是理想的均匀状态，而是分布不均的。

在分析重力数值时需要考虑地形及高出或低于大地水准面（即平均海平面）部分的岩石质量引起的附加重力值对重力位的影响。地形高低导致距地心距离不同，比海平面高的地方重力值减小，比海平面低的地方重力值相应增加，在计算地面某点的重力时，首先需扣除这一影响，把实测的数值换算为假设在海平面上测量时应得的数值，这一工作称为高度校正。此外，高出或低于海平面部分的岩石质量引起的附加重力值，也需加以扣除，这一工作称为中间岩层校正。高度校正和中间岩层校正合称为布格校正，经过布格校正后的重力异常称为布格重力异常。文献中的重力异常一般指布格重力异常。

经过高度校正和附加重力值校正后的布格重力异常可反映地下物质密度的分布及其不均匀性，是研究地下矿产资源分布及地壳结构的重要手段。实测重力值经布格校正后若大于标准值则称为正异常，说明地内物质密度大于平均密度；反之则称为负异常，说明地内物质密度小于平均密度；由此可分析地下物质的分布状况。

利用局部地区重力异常帮助寻找地下矿产资源的方法称为重力勘探，是地球物理勘探的方法之一。其原理可简述为：地面上显示局部重力正异常的地区，其地下浅处埋藏有密度较大的物质，如铁矿、铜矿、铅锌矿等金属矿产；反之，其地下浅处埋藏有密度较小的物质，如石油、天然气、煤、盐类等非金属矿产。

地球表面重力异常是普遍存在的。大陆地区多呈现重力负异常，大洋地区多呈现重力正异常，由此推断，大陆地壳物质密度较小而大洋地壳物质密度较大。从我国东部沿海地区到西部高原，布格异常数值是逐渐降低的，这反映了我国地壳厚度变化的总趋势是东薄西厚。中国重力异常图呈现的重力梯度与地形分界线大致吻合。

2.3.2 地球的磁性

地球的磁场简称地磁场，其基本特征类似于将一条磁棒放置于地磁轴的位置产生的磁场，地磁轴在空间上与地理轴存在一个约11.5°的交角（图2-8）。地磁场包围整个地球，地磁场的成因是值得探索的课题之一。一般认为外核中液态流动着的物质，如铁、镍等，在地球自转过程中产生感应自激形成地磁场。地磁场是地球的第一道防护屏障，使地球上的生物免受宇

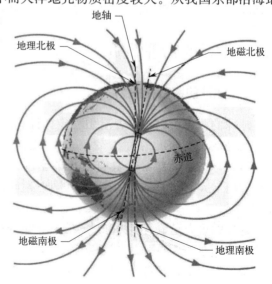

图2-8 地球磁场示意图

宙高能射线和太阳风的严重危害。

1. 地磁要素

描述地磁场特征的若干参数统称地磁要素。常见的地磁要素有磁偏角、磁倾角和地磁场强度。仿照地理子午线的设定，设想通过地磁轴的平面与地面相交得到一系列交线，称之为地磁子午线，用其描述地磁场磁力线的方向。由于地磁轴与地理轴在空间上不重合，故大多数地区地磁子午线与地理子午线之间存在着一个交角，即磁偏角。

磁偏角分东偏与西偏两种情况。以地理子午线为参照物，在北半球指南针指北一端若位于地理子午线的东北方向叫东偏，反之，指北一端若位于地理子午线的西北方向叫西偏。我国中东部大部分地区磁偏角属于西偏。在野外，使用罗盘来测定地理方位时，需要首先做磁偏角的校正。若位于磁偏角东偏的地区，校正时在测量结果上加上磁偏角的度数；若位于西偏区，校正时在测量结果上减去磁偏角的度数。

磁倾角指地磁场磁力线与地面的交角。磁倾角的大小随纬度而发生变化。在两个磁极地区磁倾角可达90°，由两极向赤道方向磁倾角逐渐减小，到达赤道上空时为0°。

地磁场中磁力的大小叫地磁场强度，它是一个具有方向和大小的矢量。地磁场是一个弱磁场，其平均磁场强度仅0.6奥斯特（6×10^{-5}特斯拉）。

2. 地磁的变化

地磁场的变化可以分为短期变化和长期变化。地磁场的短期变化主要由地球的外部因素引起，多呈周期性，如太阳黑子的活动、地球公转等。地磁场的长期变化主要由地球内部物质的运动引起，具体情况还不清楚，一般认为是外核液态物质流动方式的改变导致的。地磁场长期变化会导致地磁极发生周期性的倒转。研究表明地磁场磁极周期性倒转是地磁场演化的基本特征。

3. 地磁异常

地磁要素值消除地磁短期变化的影响，可以建立全球地磁场的基本数值，进而计算出地球表面任意位置的地磁场数值，这样得到的某处地磁场数值为理论值。而在地表上实际测得的地磁场要素值，在消除地磁的短期影响后得到的数值叫实测值。通常将地磁场实测值与计算值不一致的现象称为地磁异常。地磁异常可分为地磁正异常和地磁负异常两类。前者实测值大于理论值，后者实测值小于理论值。地磁异常现象是由于地壳中局部埋藏有强磁性、弱磁性或反磁性的物质而引起的。利用局部地区的地磁异常寻找地下的矿产资源的方法叫磁法勘探，是常用的地球物理勘探方法之一。

2.3.3 地热与地热梯度

地球内部储存着巨大的热能，其来源主要来自地球内部放射性元素衰变产生的能量，其次来自地球的旋转能、重力能以及化学能等。

1. 地温分层

从地表往下，依据地温的来源，可将地球划分为外热层、常温层和内热层。

外热层位于地球的表层，该层热能主要来自太阳的辐射，太阳到达地面的热能绝大部分通过反射或散射回到空中，只有极少数（约5%）透入地下使地面温度提高。由于岩石或土层的热导率小，温度向下迅速降低，到一定深度后趋于稳定。该层的厚度不大，一般陆地地区厚约10～20m，内陆干旱地区可达30～40m；该层的温度有季节、昼夜的变化，变化的幅度随深度递减，至该层底部消失。

常温层是位于外热层之下的一个厚度不大的层带，该层温度与当地年平均温度相近，不受季节变化影响。该层埋深在中纬度及内陆地区较深，在滨海地区或高纬度地区较浅。

内热层位于常温层下，温度随深度而增加，其热能来自地球内部。人们习惯用地热梯度来描述地温随深度增加而升高的状况。

2. 地热梯度

地热梯度是指内热层中深度每增加100m所提高的温度，单位为"℃"。实测表明，海底的平均地热梯度约为4℃，大陆的地热梯度为0.9~5℃，全球地表浅层平均地热梯度约为3℃。由于各地岩石的密度、热导率、离局部热源的远近以及所处的地质构造等条件的不同，地热梯度也不尽相同，如华北地区地热梯度约1~2℃，东北大庆地区可达5℃。

值得注意的是，地热增温的规律只适用于地壳部分或岩石圈，不能以地壳浅层的平均地热梯度去推算整个地球内部的温度变化。岩石的热导率随温度升高而降低。因此地热梯度随着深度增加、温度升高而降低。

3. 大地热流和地热异常

地球内的热能可以通过不同形式进行释放，如火山喷发、热水活动以及构造运动等。但地热释放最常见和持续的形式是地球内部热能从地球深部向地表的传导。这种热传导现象称为大地热流，单位时间内通过单位面积的热量称为地热流值。地球通过大地热流放热的现象十分普遍，虽然单位面积的放热量很小，但整个地球表面在一年中的放热总量可达燃烧300多亿吨煤放出的热量。

地热流值的分布具有明显的空间差异。有很多地方的地热流值或地热梯度高于平均值，这些地方称为地热异常区。在地热异常区，地热传导给地下水，使之变成热水或蒸汽，然后再沿断层或裂隙上升到地表，就会形成温泉、热泉、沸泉或者喷汽孔等。

4. 地热能源的开发利用

地热是一种清洁能源，对于人类的可持续发展具有重要意义。地热能的利用可分为地热发电和直接利用两大类。人类很早以前就开始直接利用地热能，例如利用温泉沐浴，利用地下热水取暖、建造农作物温室等。可以直接利用的中、低温地热资源十分丰富，南京汤山即建有全国闻名的温泉度假区。地热能直接利用技术要求较低，因此发展十分迅速，已广泛地应用于工业加工、民用供暖和空调、洗浴、医疗、农业等多个方面。

若地热资源的温度足够高，则可以利用它来发电。地热发电是利用地下热水或蒸汽为动力源的一种新型发电技术，其基本原理与火力发电类似，首先把地热能转换为机械能，再把机械能转换为电能。地热资源在全球的分布主要集中在3个地带：第一个是环太平洋带，第二个是大西洋中脊带，第三个是地中海到青藏高原。中国最著名的地热发电在西藏自治区当雄县羊八井镇。目前地热发电方法主要有地热蒸汽发电和干热岩发电。

2.4 地层与地质年代

地壳的发展历史简称地史。地球在演化过程中通过岩石记录了自己的发展历程。地层留下了重要历史事件的痕迹，保存了不同地质年代的生物遗体和遗迹，是古地理环境变化的物质凭证。全球统一的、客观的时间标尺是重建地球历史的基础。

2.4.1 地层学理论的建立

地层即地壳上部成带状展布的层状岩石或堆积物,是在地壳发展过程中形成的各种成层岩石的总称,不仅包括沉积岩,而且包括变质和火山成因的成层岩石。

丹麦学者斯泰诺在 1669 年公开的《天然固体中的坚质体》一文中,论述了地层、山脉的形成过程,并提出了地层学的重要基础原理——地层层序律,其核心观点主要包括:①叠置律,地层未经变动时上新下老;②原始连续律,地层未经变动时呈横向连续延伸并逐渐尖灭;③原始水平律,地层未经变动时呈水平产状。

根据不同岩层所含化石的出现顺序确定地层相对年代的原理称为化石顺序律。法国的吉罗·苏拉威于 1777 年首先发现这一原理。欧洲当时正处于水成论与火成论激烈争论的年代,这一原理没有引起应有的重视。1796 年,英国的史密斯独立提出"每一岩层都含有其特殊的化石,根据化石可以鉴定地层顺序"的论断,系统地阐述了化石顺序律的原理及其应用方法,并指出相同的地层总是有相同的叠覆次序并且包含相同的特有化石。这说明化石顺序律与地层层序律是一致的。

1859 年达尔文发表《物种起源》提出了生物进化论,赋予化石顺序律以科学性。生物进化不可逆性和阶段性的规律与化石顺序律的结合,奠定了生物地层学的理论基础。

19 世纪末,人们发现同时期形成的地层在不同地点往往具有不同的岩性,这种变化引出了岩相横向变化的概念。1894 年德国学者瓦尔特把岩相横向变化与海侵作用联系起来,说明了沉积环境随时间的推移在空间上的变化,解释了时间界面同岩相界面的关系,进而提出了著名的岩相对比定律。

19 世纪 40 年代,从寒武系到第四系的地层层序已经初步建立。此后,随着古生物、地层研究新成果的大量涌现,地质学家们应用地层层序律、化石顺序律、岩相对比定律等原理和方法,不断完善各地区乃至全球的地层系统。

20 世纪 30 年代以来,学术共同体陆续制定了许多地区性和国际性的地层规范。地层学也形成了包括岩石地层学、生物地层学、年代地层学、磁性地层学、事件地层学、地震地层学、层序地层学等传统领域与新兴分支的学科体系,从而为重建地球演化历史奠定了基础。

2.4.2 绝对时间标尺

追溯地球的演化历史,是地质学主要研究任务之一。但要想反演地球的历史,时间标尺是需要解决的关键难题。

斯泰诺提出的"地层三定律",即地层叠置律、原始水平律和原始连续律,以及化石顺序律和岩相对比定律为相对时间标尺的建立奠定了基础。赫顿 1788 年提出的"大地质旋回"的理论(地球表面永远处于连续不断变化的状态,它的历史可从成层岩石的研究中得到答案)为研究地球历史指明了方向。1830~1833 年,莱伊尔在《地质学原理》中论述了利用沉积地层建立地质相对时间年表的依据。至此,以欧洲地质调查资料为基础的地质相对时间年表经过数十年的努力才初步建立起来,使地质学进入了有相对时间标尺的时代。确定相对地质年代,还可以利用地质体在空间上的接触关系和切割关系来判定事件发生的先后顺序。

仅仅知道事件发生的先后顺序是远远不够的,确定地质事件发生、延续和结束的确切时间始终是地质学研究的重要目标。绝对地质年代是以绝对的天文单位"年"来表达地质时间的方法,但通过纯地质学的方法,例如冰缘区季候泥计年法,只能解决极其短暂的时间区段,对漫长的地球演化历史而言,它完全可以略而不计。

1896 年贝克勒尔首次发现了铀的放射性,1902 年居里夫人提出了利用放射性同位素测量矿物和岩石年龄的可能性,1907 年波特伍德等利用铀铅法测出第一批沥青铀矿的年代数据,标志着地质学进入同位素地质年代研究的崭新阶段。

经过百余年的发展,目前已可以根据被测对象的具体情况选择不同半衰期的放射性同位素,以获得理想的结果。常用的同位素测年方法主要有铀铅法、钐钕法、钾氩法、铷锶法、铀镁法、放射性碳法、热释光法等。

2.4.3 地质年表

地质年表(或称地质年代表、地质时代表)的编制标志着地球演化时间标尺的建立。在相对地质年代的基础上,应用同位素测年方法对地质年代进行准确地测年,两者相辅相成,所得到的地质年表不仅可以反映地球历史发展的顺序、过程和阶段,而且能够确立地质时代无机界和生物界的演化速度。

目前较通用的地质年表见表 2-2。表中按照生物演化阶段及地层形成的时代顺序,将地质时代划分为冥古宙、太古宙、元古宙和显生宙,宙又进一步划分为代和纪,如显生宙可以划分为古生代(包括早古生代和晚古生代)、中生代和新生代。需要指出的是,随着研究的深入和区域性的地层差异,不同学者给出的地质年表会有所区别。

地质年代简表(据《中国地层表(2014)》)   表 2-2

宙(字)	代(界)	纪(系)	起始时间/Ma	延续时间/Ma	符号	生物发展阶段
显生宙	新生代	第四纪	2.6	2.6	Q	人类出现
		新近纪	23	20.4	N	动植物接近现代
		古近纪	65.5	42.5	E	哺乳动物和被子植物繁盛
	中生代	白垩纪	145	79.5	K	爬行类动物大量减少
		侏罗纪	199.6	54.6	J	裸子植物繁盛,鸟类出现
		三叠纪	252.2	52.8	T	恐龙大量繁衍
	古生代	晚古生代 二叠纪	299	66.8	P	裸子植物、爬行动物出现
		晚古生代 石炭纪	359.6	60.6	C	两栖动物出现
		晚古生代 泥盆纪	416	56.4	D	节蕨植物出现,鱼类繁盛
		早古生代 志留纪	443.8	27.8	S	裸蕨植物出现
		早古生代 奥陶纪	485.4	41.6	O	海生无脊椎动物繁盛
		早古生代 寒武纪	541	55.6	ϵ	生命大爆发
元古宙	新元古代	—	1000	459	Pt_3	裸露动物出现
	中元古代	—	1800	800	Pt_2	真核细胞生物出现
	古元古代	—	2500	700	Pt_1	—
太古宙		—	4000	1500	Ar	早期生命和叠层石出现
冥古宙		—	4600	600	—	无生命

地质年代是时间单位。与地质年代单位宙、代、纪、世相对应的地层单位分别是宇、界、系、统,指相应地质年代所形成的地层。如太古宙形成的地层称太古宇,古生代形成的地层称为古生界,寒武纪形成的地层称为寒武系,依此类推。

2.5 全球地质发展简史与重大地质历史事件

2.5.1 地壳历史的研究方法

地层记录了地壳演化的历史信息。从时代上讲,地层有老有新,根据"地层三定律"、化石顺序律、岩相对比定律和放射性测年,科学家可以建立不同岩层地层层序。地层层序就像一本书的页码,为人类解译地壳历史信息提供了基本依据。

1. 地层划分

如果地层形成后没有受过扰动,岩层就符合地层层序律,即下部的地层时代老、上部的地层时代新,称为正常层位。但是,地层的形成过程非常复杂,地壳运动可能造成地层缺失,构造变动会使得层序颠倒,岩浆活动和变质作用也可能改变了地层的产状和面貌。地层犹如一本年代久远并保管不善的古籍,残篇断简,字迹模糊,必须进行一番考证,分章划段,才能读懂其中内容。划分地层既要整理出上下顺序,又要划分出不同等级的阶段并确定其时代。

划分地层的主要根据包括沉积旋回和岩性变化、地层接触关系、生物化石等。

1)沉积旋回和岩性变化

对某个地区的地层进行划分时,一般首先建立标准剖面。标准剖面通常是地层出露完全、顺序正常、接触关系清楚、化石保存良好的剖面。如果是海相地层,往往表现出岩相由粗到细又由细到粗的重复变化,这样一次变化称为一个沉积旋回。根据沉积旋回划分地层应注意:第一,因为地壳升降运动是波动性和阶段性的,所以沉积旋回的级别大小不一;第二,旋回中海侵层位容易保存,而海退层位则难以全部保存或者根本没有保存下来,因此沉积旋回往往是残缺的;第三,沉积旋回一般总是由粗碎屑岩开始,通常称底砾岩,因此,底砾岩的下部层面往往是地层单位的分界面。若地层中的沉积旋回不是很清楚,也可以根据地层岩性来划分。岩性变化在很大程度上反映了沉积环境的变化,而沉积环境的变化又往往与地壳运动密切相关。因此,根据岩性划分的地层单位,基本上可以代表地方性的地史发展阶段。

2)地层接触关系

地层划分的对象一般是沉积岩。地层之间的不整合面(上下地层产状或时代的不连续面)反映了地理环境的重大变化,是划分地层的重要标志。沉积旋回之间往往存在一个不整合面,根据不整合面和沉积旋回所划分出来的地层界限在一定范围内常是一致的。对于喷出岩,可以通过其上下的沉积岩的时代确定其年代;对于侵入岩,则可以根据侵入岩和围岩的接触关系确定时代。如果发生了多次侵入,侵入体互相穿插切割,则被穿过或被切割的岩体时代较老,穿越其他岩体者时代较新。

3)生物化石

保存在地层中的生物遗体(如动物的骨骼、硬壳等)和遗迹(如动物足印、虫穴、蛋、粪便、人类石器等）等称为化石。生物界是从简单到复杂，从低级向高级逐渐发展的，生物演化具有不可逆性和阶段性。特定种类的生物或生物群总是埋藏在特定时代的地层里，与此同时，相同地质年代的地层里必定保存着相同或相近种属的化石或化石群。根据生物化石可以确定地层的地质年代，但并不是所有化石都具有同等的价值，那些演化最快（地层中垂直分布距离短）、水平分布最广的化石，是鉴定地质年代最有价值的化石，这样的化石称作标准化石。

2. 地层对比

地层对比是指不同地区的地层进行时代的比较。通过地层对比可以了解不同地区地史发展过程的共性和区别。地层对比的客观标准是时间或地质年代。换句话说，在地层划分和层序建立的基础上，必须对同一时代在各地区形成的地层进行比较和研究，以确定海陆分布情况和生物演化过程，并重塑地壳演化历史。

地层对比首先是地质时代的对比，而地质时代的划分和确立，则主要依据古生物化石。每个物种只会出现一次，且只能出现在特定地质时代的地层里。假如不同地区的地层剖面中含有相同的标准化石或化石群，这些地层必然属于同一地质年代。近年来，同位素地层学、事件地层学、磁性地层学、地震地层学等有了较大的进展，其研究成果逐渐用于地层的划分和对比，对于生物化石极度缺乏或稀少的地层对比起到了非常重要的作用。

3. 地层系统

由于地层划分的目的、根据和适用范围不同，地层系统可有两大类：一是区域性或地方性的，以岩性变化为主的地层划分，称为岩石地层分类系统，地层单位为大群、群、组、段等；二是国际性的、全国性的，以时代为依据的地层划分，称为年代地层分类系统，其单位有宇、界、系、统、阶等，与其相对应的地质时代为宙、代、纪、世、期等（表2-3）。在同一时期生物界总体面貌大体与全球或大区域一致，生物门类（纲、目、科、属、种）的演化阶段与年代地层单位基本对应。

地层分类系统表　　　　表2-3

地质时代单位	年代地层单位	岩石地层单位	对应生物门类
宙	宇	大群	界
代	界	群	纲、目
纪	系	组	目、科
世	统	段	属、种
期	阶	层	

2.5.2 前寒武纪

前寒武纪指寒武纪或古生代以前的地质时代。这一时期形成的地层称前寒武系。地球自约距今40亿年前形成地壳进入地质时期，前寒武纪持续约34亿年，约占地质历史85%的时间。前寒武纪划分为太古宙和元古宙。

1. 太古宙

太古宙大约经历了15亿年（40亿～25亿年前），大约占地球历史的1/3。这一时期

已经形成了薄而活动频繁的原始地壳,形成了水圈和大气圈,孕育和诞生了低级的生命。其地史的一般特征主要有:

1)缺氧的大气圈及水体。在太古宙,地球表面形成了岩石圈、水圈和大气圈,但它们的性质和规模跟现今的有明显不同。海水的盐分比现在低,大气成分以水蒸气、二氧化碳、硫化氢、氨、甲烷、氯化氢等为主,二氧化碳含量比后来要高得多。太古宙地层中含有丰富的由低价铁沉积而成的铁矿,说明当时大气和水体都处于缺氧的还原状态。

2)薄弱的地壳和频繁的岩浆活动。太古宙形成的地壳厚度还不大,原始陆壳的组分可能与上地幔更为接近,尚未进行充分的分异。由于地壳厚度较小,幔源物质容易沿裂隙上行,常有大规模的超基性、基性断裂喷溢活动,也有频繁的中酸性岩浆活动和火山活动,以及火成岩和硬砂岩、泥岩等一起经变质形成特殊火山沉积组合的岩层。

3)岩石变质很深。在漫长的时间中,多次的岩浆活动、构造运动,使岩石普遍发生热变质、深变质(区域变质)和强烈的混合岩化,改变了原来的岩相特征,再加上缺少生物化石,因而给恢复古地理面貌和沉积环境造成很大困难。

4)海洋占绝对优势,陆核开始形成。陆壳长期处于活动不稳定状态,陆地面积不大,不易形成分异充分的沉积。陆壳经过多次的岩浆喷出、侵入、变质、混合、塑性变形等,某些局部开始固结硬化,趋于稳定,终于在太古宙中、晚期形成了稳定的基底地块——陆核。陆核的形成标志着地壳构造发展的第一大阶段的结束。

5)原始生命萌芽。地球上有了水和空气以后,开始出现最原始的生物——原核生物。大约在31亿年前,蓝绿藻类已经开始繁殖,并形成了大型化石叠层石。由于原始生命缺少硬体部分和强烈的变质作用,太古宙地层中保存下来的化石非常贫乏。但地球上生命的从无到有,是地球发展史中最重要的事件之一。

2. 元古宙

元古宙同位素年龄从25亿~5.41亿年前,共19亿年有余,可划分为古元古代、中元古代、新元古代三个代(表2-2)。元古宙地史的一般特征主要有:

1)从缺氧大气圈到贫氧大气圈。由于藻类植物的日益繁盛,持续20多亿年的光合作用不断吸收大气中的二氧化碳并释放氧气,终于改变了地球表面的还原环境,使大气圈和水体从缺氧发展到含有较多氧的状态。大约从中元古代开始,地层中有紫红色石英砂岩及赤铁矿层出现,说明当时大气中已含有相当多的游离氧。大气及水体中游离氧的增多,不仅影响岩石风化及沉积作用的方式与进程,而且给生物发展和演化准备了物质条件。

2)从原核生物到真核生物。太古宙已出现的菌类和蓝绿藻在元古宙得到进一步发展。在岩层中广布蓝绿藻经生物作用和沉积作用形成的综合体。这种综合体常保存在石灰岩和白云岩中,从横剖面上看呈同心圆状、椭圆状等,从纵剖面上看呈向上凸起的弧形或锥形叠层状,就像扣放着的一摞碗,称作叠层石。从原核生物到真核生物,从单细胞到多细胞,标志着地球发展史和生命演化过程进入新的阶段。

3)由陆核到原地台和古地台。经过一系列构造运动,陆核进一步扩大,形成规模较大的稳定地区,称为原地台,在原地台上开始沉积了类似盖层的沉积类型。到中元古代晚期原地台进一步扩大,在世界上终于出现了若干大规模稳定的古地台。

4)藻类繁盛和后生动物大量出现。震旦纪是元古宙最后一段时间,距今6.8亿~

5.41亿年，具有承前启后的特色。震旦纪生物界的演化更加迅速，是寒武纪生物群发展的前奏。后生动物大量出现和高级藻类的繁盛，预示着地质历史即将进入一个新纪元。

2.5.3 寒武纪生命大爆发及生物界的演化

在距今约5.41亿年前开始的寒武纪，地球上在2000多万年时间内突然涌现出各种各样的动物，形成了多种门类动物同时存在的繁荣景象。由于化石中最多的是节肢动物中的三叶虫，其次为腕足类动物和其他无脊椎动物，因此寒武纪又被称为"三叶虫时代"。这就是至今仍被国际学术界列为"十大科学难题"之一的"寒武纪生命大爆发"。中国云南澄江生物群、贵州凯里生物群和加拿大布尔吉斯生物群构成世界三大页岩型生物群，为寒武纪生命大爆发提供了证据。

在寒武纪以前，生物界是低级原始的，分布面积不广，分布密度也不大，特别是还未形成硬体（骨骼或外壳），很难保存成为化石。寒武纪之后，生命演化迅速。从奥陶纪开始，主要是志留纪，出现了原始的鱼类（无颌类脊椎动物），说明一个新的时代已经来临。在植物界方面，寒武纪、奥陶纪都是以海生藻类为主，到了志留纪，出现了半陆生的裸蕨植物。

晚古生代距今4.16亿～2.52亿年，包括泥盆纪、石炭纪和二叠纪，随着陆地面积的不断扩大，陆生生物逐渐开始繁盛。植物界从水生发展到陆生，蕨类植物达到极盛，出现了裸子植物。动物界从无脊椎动物发展到脊椎动物，鱼类和无颌类广布于泥盆纪，两栖类全盛于石炭纪和二叠纪。晚古生代发生了两次生物集群绝灭，第一次是发生在晚泥盆世的生物量突然变化和生态系的更替；第二次发生在二叠纪末，许多无脊椎动物（如三叶虫、蜓、四射珊瑚和床板珊瑚、大部分腕足动物）的绝灭，成为划分古生代和中生代的标志。晚古生代陆生植物繁盛，是地史上大规模形成煤炭的时代。

中生代距今2.52亿～0.65亿年，包括三叠纪、侏罗纪和白垩纪。中生代是生物界大变革的时代，无论是古植物还是古动物均进入新的演化阶段。中生代时陆地面积空前扩大，气候条件远比海洋占优的时代复杂。蕨类植物由于不适应多变的大陆环境，逐渐趋向衰退；而更适应复杂环境的裸子植物，从二叠纪末期初露头角，到中生代迅速地发展起来。早白垩纪晚期，地史上第一次出现了被子植物，到晚白垩纪终于取代了裸子植物在大陆的统治地位。中生代动物界发展的突出标志是以恐龙为代表的爬行动物的崛起，因此中生代也称爬行动物时代。在晚侏罗纪出现了原始鸟类。在晚三叠世，还发现了从爬行动物到哺乳动物的过渡类型。从三叠纪开始，海生无脊椎动物发生了大量更替。腕足类在古生代末及三叠纪初一度趋于衰落，但从中三叠纪又开始激增；属于软体动物的菊石类和箭石类在中生代分布很广，演化十分迅速，成为中生界海相地层划分的标准化石；由于陆地面积不断扩大，适应各种生态环境的淡水软体动物也十分发育，和这些软体动物伴生的还有各种昆虫、淡水轮藻等，以及属于硬骨鱼类的狼鳍鱼等。到中生代末，也就是白垩纪结束时，称霸中生代的菊石类和恐龙类突然全部绝灭，成为这一地质时代最具话题性和热度的生物演化事件（表2-4）。

新生代是地球历史最近6500万年的地质时代，包括古近纪（旧称早第三纪、老第三纪）、新近纪（旧称晚第三纪、新第三纪）和第四纪。新生代逐渐演化成现代海陆分布和地表形态，生物界也逐渐演化成今天的面貌，被称为被子植物时代和哺乳动物时代。人类在第四纪的出现是地球生物发展史中最重要的事件。经过二百余万年的发展，人类已经成为地球的主宰，同时，迄今为止，在广阔无垠的宇宙中，人类是已知的唯一智慧生命。

地球历史上的五次生物灭绝事件　　　　　　表 2-4

序号	名称	时间	可能原因	特点	结果
1	奥陶纪-志留纪灭绝事件	约 4.50 亿~4.40 亿年前	全球温度变化	第一次物种灭绝事件	约 27% 的科与 57% 的属灭绝
2	泥盆纪后期大灭绝	约 3.75 亿~3.60 亿年前	尚无定论	海洋生物遭重创	约 19% 的科与 50% 的属灭绝
3	二叠纪末期物种灭绝	约 2.51 亿年前	海平面下降大陆漂移等	规模最大影响最深远	约 57% 的科与 83% 的属灭绝
4	三叠纪末期大灭绝	约 2.0 亿年前	尚无定论	爬行类动物遭重创	约 23% 的科与 48% 的属灭绝
5	白垩纪末期恐龙大灭绝	约 6500 万年前	陨石撞击	恐龙灭绝	约 75%~80% 的物种灭绝

过去的几百年，人类改造自然的能力以前所未有的速度快速发展。由于人类活动导致的生态环境破坏、自然资源过度开发、空气和水的污染、气候变化以及碳循环的失衡，物种正以比过去快得多的速度灭绝。一些研究认为，自人类文明诞生以来，83%的野生动物生物量、50%的野生植物生物量已经被人类摧毁。按照现在人类破坏环境的速度，在公元 2100 年之前，地球上现有的一半物种将会灭绝。有科学家已经发出了第六次生物大灭绝的预警。如何与自然相处已经成为摆在人类面前最重要的课题。

党的十八大以来，以习近平同志为核心的党中央高度重视绿色发展，坚持倡导绿色、低碳、循环、可持续的生产生活方式，把生态环境保护摆在更加突出的位置，并将"增强绿水青山就是金山银山的意识"写入党章，将"生态文明"写入宪法。我们要秉持人类命运共同体理念，着力构建绿色发展观，促进经济社会发展全面绿色转型，切实降低碳排放强度，推动构建人与自然生命共同体。

思考题

2.1　地球是球形的吗？人类对地球形状的认识经历了哪些阶段？

2.2　试论述地球的圈层结构，并说明岩石圈和其他圈层是什么关系。

2.3　什么是重力和重力异常？重力异常有什么规律？

2.4　什么是地磁和磁偏角？磁北、地理北和坐标北之间是什么关系？

2.5　确定地质年代的主要依据是什么？什么是相对时间标尺和绝对时间标尺？

2.6　地质时代和年代地层的单位主要有哪些？地球经历了哪些重要的地质年代？

2.7　寒武纪以来生物界发生了哪些标志性的重大事件？

2.8　如何看待人类与地球的关系？

第3章 矿物与岩石

 关键概念和重点内容

矿物与岩石的基本概念、矿物的物理性质、主要造岩矿物特征、地质作用的概念与分类、岩石的循环、火成岩的结构与构造、沉积岩的结构与构造、变质岩的结构与构造、代表性岩石的主要特征与鉴别方法。

地壳的物质组成可分为三个大的层次，即元素、矿物和岩石。元素形成矿物，矿物组成岩石，岩石则构成了包括地壳和上地幔在内的岩石圈。岩石及由其组成的各类地貌决定了战场环境的主要要素。

3.1 矿物与造岩矿物

矿物是在各种地质作用下形成的具有相对固定化学成分和物理性质的均质物体，是组成岩石的基本单位。这一定义主要有两层含义：①矿物是在地质作用或各种自然条件下形成的自然产物；②矿物具有相对固定和均一的化学成分。除此之外，矿物通常还是无机的、固体形态的，而且具有一定的分子/原子结构。

自然界已知的矿物达3000多种，最常见的矿物约50～60种，构成岩石主要成分的矿物大约20～30种，称为造岩矿物。熟悉矿物（尤其是造岩矿物）的基本性质和鉴定特征是进一步开展岩石鉴定的依据，也是野外工作的基础。

3.1.1 矿物的分子结构、结晶习性和形态

在地壳中，含量最多的八种元素分别是O、Si、Al、Fe、Ca、Na、K、Mg，这8种主要元素合计占地壳质量的98%以上。各种元素主要以化合物的形式存在。

1. 矿物的微观结构

按内部质点结构的不同，固态物质可分为晶体和非晶体。晶体是内部原子、离子或分子在空间作三维周期性规则排列的固体物质；内部原子或分子在三维空间无序排列的固态物质通常称为非晶体。绝大部分矿物是晶体。矿物中离子、原子或分子在晶体内的排布方式决定了矿物的物理、化学性质，也决定了矿物的结晶习性。

矿物中最常见的原子结构是硅氧四面体，它由位于中心的一个硅原子与围绕它的四个氧原子所构成。在该结构中，各硅氧四面体既可以各自孤立地存在，也可以通过共用四面体上的一个、两个、三个以至全部四个氧原子相互连接而形成多种不同形式的络阴离子，进而形成不同结构类型的硅酸盐晶体。

硅酸盐晶体种类繁多，是构成地壳的主要矿物。各种硅酸盐晶体结构以硅氧四面体作为基本结构单元，相互连接构筑起来。它们之间的不同连接方式，决定了硅酸盐晶体的结构类型。硅酸盐晶体的结构类型主要有岛状、组群状、链状、层状和架状等（图 3-1）。

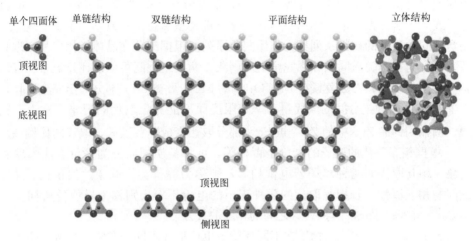

图 3-1　硅氧四面体的常见连接方式

2. 晶体和晶体结构

自然凝结的、不受外界干扰而形成的晶体拥有整齐规则的几何外形。矿物晶体的形态是矿物重要的宏观特征之一，也是鉴定矿物的重要依据。矿物的晶体外形若由同形等大的晶面组成，称为单形；若由两种或两种以上形状、大小均不相同的晶面组成则称为聚形。单形和聚形又可组合形成不同的晶体形态。晶体中出现的几何单形的种类相对有限，总数为 47 种，最常见的有 13 种。在自然晶体中，常发现两个或两个以上的晶体有规律地连生在一起，称为双晶。最常见的有接触双晶、穿插双晶、聚片双晶三种。

3. 矿物的结晶习性和形态

每种矿物都有自己的结晶形态，在相同条件下形成的同种晶体经常具有的形态，称为结晶习性。根据单个晶体三维空间相对发育的比例不同，可将晶体形态特征分为单向延伸型（柱状、针状、纤维状，如石棉、石膏等）、二向延伸型（片状、板状、鳞片状，如云母等）和三向延伸型（粒状、块状、球状，如黄铁矿、石榴子石等）三种。

有些矿物晶体的晶面上常具有一定方向和形式的条纹，称晶面条纹。如水晶晶体的六方柱晶面上具有横条纹，电气石晶体的柱面上具有纵条纹，黄铁矿的立方体晶面上，具有互相垂直的条纹，斜长石晶面上常有细微密集的条纹（双晶纹）。

自然界中大多数矿物以晶体、晶粒的集合体或胶体形式出现。集合体的形态往往具有鉴定特征，同时能反映矿物的形成环境。

主要的集合体形态包括显晶集合体和隐晶及胶态集合体。

显晶集合体主要形式有柱状集合体（如普通角闪石、电气石、红柱石、石英等）、纤维状集合体（如石膏、石棉等）、片状集合体（如云母、石膏、镜铁矿等）、晶簇（如石英、方解石等）、粒状集合体（如黄铁矿、橄榄石、石榴子石等）。

隐晶及胶态集合体主要形式有结核状（如钙质结核、黄铁矿结核）、鲕状及豆状（如鲕状赤铁矿）、杏仁体和晶腺（如玛瑙）、钟乳状和葡萄状（如钟乳石、方解石）、土状（如铝土矿、高岭土）、被膜（如孔雀石、蓝铜矿）等。

4. 类质同象与同质多象

类质同象是指晶体结构中的某些离子、原子或分子部分或全部被性质相近的其他离子、原子或分子所占据，但晶体结构形式、化学键类型保持不变或基本不变的现象。

由类质同象形成的矿物系列称为类质同象系列。根据组分在晶体结构中相互取代的数量关系，可分为完全类质同象和不完全类质同象。两种组分间可以以任意数量相互取代的现象称为完全类质同象。如菱镁矿 $MgCO_3$ 中的 Mg^{2+} 可被 Fe^{2+} 部分乃至完全取代而形成菱铁矿 $FeCO_3$。两种组分间的取代量有一定限度而不能完全取代的现象，称为不完全类质同象。例如闪锌矿 ZnS 中的 Zn^{2+} 被 Fe^{2+} 部分取代变成磁黄铁矿，取代的比例一般不超过26%。根据相互取代的离子的电价是否相等，可将类质同象分为等价类质同象和异价类质同象。相互取代的两种离子若电价相等，则称为等价类质同象。如正长石中 K^+ 与 Na^+ 之间的相互取代。若相互取代的两种离子的电价不等，则称为异价类质同象，如斜长石中 Ca^{2+} 与 Na^+ 及 Si^{4+} 与 Al^{3+} 之间的相互取代。

自然界中相同化学成分的物质在不同环境下也可形成不同的矿物。如碳单质可以形成石墨和金刚石，$CaCO_3$ 可形成方解石和文石等。这些具有相同化学成分的不同矿物，其晶体结构不同，形态和特征可能完全不同。这种化学成分相同的物质在不同条件下形成晶体结构、形态和特征等方面具有明显差别矿物的现象，称为同质多象。

3.1.2 矿物的物理性质

矿物的化学成分和晶体构造不同，因而表现出不同的物理性质。矿物的物理性质主要包括：光学特性（颜色、条痕、光泽、透明度）、硬度、解理与断口等。

1. 颜色

矿物颜色由矿物的化学成分和内部结构决定。组成矿物的离子的颜色、矿物晶体中的结构缺陷，以及矿物中的杂质和包裹体等，也都可影响矿物的颜色。根据颜色产生的不同原因可分为自色、他色、假色。

具有鉴定意义的主要为自色，即矿物本身的颜色，它取决于矿物的化学成分及结构。他色指由非矿物本身固有因素所引起的颜色，与矿物本身性质无关，对鉴定矿物的意义不大。假色为矿物受到污染或氧化后所呈现的颜色，有时也可作为鉴定矿物的参考依据。描述矿物颜色时，应以新鲜干燥的矿物为准，如果矿物表面遭受风化或蚀变而颜色发生了变化时，则需刮去风化表面后再进行观察描述。

2. 条痕

条痕是指矿物粉末的颜色，一般是指矿物在白色无釉瓷板上擦划所留下的痕迹的颜色。由于矿物的粉末可以消除少量杂质和物理作用方面的影响，所以条痕比矿物的颜色更为固定。有些矿物如赤铁矿,其颜色可能为赤红、黑灰等,但其条痕均为樱红色;另一些矿物如黄金、黄铁矿等,其颜色大体相同,但条痕却相差很大。条痕对不透明金属、半金属光泽矿物的鉴定很重要,而对透明、玻璃光泽矿物来说,意义不大,因为它们的条痕都是白色或近于白色。

3. 光泽和透明度

矿物的光泽指矿物表面对可见光的反射能力,其强弱取决于矿物的反射率、折射率或吸收系数,一般由强到弱分别为金属光泽、半金属光泽和非金属光泽(由于矿物表面的平滑程度或集合体形态的不同,可呈金刚光泽、玻璃光泽、珍珠光泽、脂肪光泽等)。

矿物的透明度是指矿物透过光线的程度,一般是以矿物厚度 0.03mm 的薄片为准,分为透明、半透明和不透明三级。透明度受颜色、杂质、包裹体、气泡、裂隙、解理以及单体和集合体形态的影响。

4. 硬度

硬度是矿物抵抗外力刻划、压入、研磨的程度。硬度有绝对硬度和相对硬度之分。在矿物学或宝石学中一般使用摩氏硬度,即德国矿物学家 Friedrich Mohs 根据矿物抵抗外力刻划的能力选择了 10 种软硬程度不同的常见矿物作为标尺建立的硬度标准。摩氏硬度值并非绝对硬度值,而是按硬度的大小顺序表示的相对值。由于摩氏硬度使用方便,目前是野外工作和岩矿肉眼鉴定常用的试硬方法(表 3-1)。

在野外经常用简易工具进行初步硬度判别:如指甲约 2~2.5、铜钥匙约 3、钢刀约 5~5.5、玻璃约 5.5~6。刻划矿物时用力要均匀。测试矿物时须选择新鲜面,并尽可能选择矿物的单体,同时要注意区分刻痕和粉痕(以硬刻软,留下刻痕;以软刻硬,留下粉痕)。对于一些常见的外观接近的造岩矿物,可以利用硬度快速鉴别,如方解石和石英。

硬度等级代表性矿物及其野外简易鉴别　　表 3-1

硬度等级	代表矿物	野外简易鉴别
1	滑石	用软铅笔划时可留下条痕,用指甲容易刻划
2	石膏	用指甲可刻划
3	方解石	用黄铜制品刻划可留下条痕,用小刀很容易刻划
4	萤石	用小刀可刻划
5	磷灰石	用铅笔刀刻划时可留下明显划痕,不能刻划玻璃
6	正长石	用小刀可勉强留下看得见的划痕,能刻划玻璃
7	石英	用小刀不能刻划
8	黄玉	能刻划玻璃,难于刻划石英
9	刚玉	能刻划石英
10	金刚石	能刻划石英

5. 解理与断口

由于内部格架构造各有不同,在外力作用下,矿物晶体按一定方向破裂并产生光滑平面的性质称作解理,所形成的光滑平面称为解理面。按发育程度(根据劈开的难易)解理可分为极完全解理、完全解理、中等解理、不完全解理和极不完全解理。

常见的解理形式有:一组平行解理(如云母、石墨等)、两组垂直解理(如正长石等)、两组斜交解理(如角闪石、斜长石等)、三组垂直解理(如方铅矿、黄铁矿、食盐等)、三组斜交解理(如方解石、胆矾等)和四组斜交解理(如萤石等)。不同的矿物,解理程度一般不一样。同一种矿物不同方向的解理也常表现出不同的程度。

同种矿物的解理方向和解理程度总是相同的,性质很固定,因此,解理是鉴定矿物的重要特征之一。肉眼观察矿物的解理一般只能在显晶质矿物中进行。确定解理组数和解理夹角必须在一个矿物单体上观察。鉴定时,一般按照观察解理等级、观察解理组数、观察解理面间的夹角的顺序进行。

当矿物解理发育不完全时,其受力断裂后产生的不规则破裂面称为断口。断口出现的程度和解理发育的程度互为消长,解理程度越低的矿物越容易形成断口。

根据破裂面的形态,断口可分为贝壳状、参差状、土状、锯齿状等类型。贝壳状断口断裂面呈具有同心圆纹的规则曲面,状似蚌壳(图 3-2)。石英、蛋白石和火山玻璃(黑曜岩)上常出现贝壳状断口。参差状断口指断口形状呈参差不平的形状,多数矿物的断口属于此类,如正长石的断口。

图 3-2 石英(左)和黑曜岩(右)的贝壳状断口

6. 其他特性

对于一些特殊的矿物,可以通过其他特性进行鉴别,如弹性和挠性、脆性和延性、磁性和电性、发光性、相对密度、可燃性、化学反应性等。

受力发生变形,作用力卸载后又恢复原状的性质,称为弹性,而不能恢复原状的性质,则称为挠性。如云母屈而能伸,是弹性最强的矿物;而绿泥石是挠性明显的矿物。受力后极易破碎,很小的变形即发生破坏的性质称为脆性;而可以承受较大的塑性变形而不破碎的性质称为延展性。脆性矿物用刀尖刻划即可产生粉末,延性矿物则可以锤成薄片或拉成细丝,如金、自然铜等。少数矿物(如磁铁矿)具有被磁铁吸引或本身能吸引铁屑的性质。有些矿物受热、受压或摩擦后可以生电,如电气石、压电石英等。有些矿物在外来能量的激发下可发生可见光,外界作用消失后停止发光,称为荧光,如萤石;若在外界作用消失后还能继续发光,称为磷光,如磷灰石。有些矿物可以和稀盐酸剧烈反应,如方解石;有些矿物具易燃性,如石墨;有些矿物具有滑腻感,如滑石。

3.1.3 矿物的分类和命名

1. 矿物的分类

矿物的分类方法有很多，最常用的方法是根据矿物的化学成分为大类，主要包括自然元素类、硫化物类、卤化物类、氧化物及氢氧化物类、含氧盐类。根据阴离子或络阴离子还可把大类再分为若干子类，如含氧盐大类的矿物可以细分为硅酸盐矿物、碳酸盐矿物、硫酸盐矿物、磷酸盐矿物等（表3-2）。

矿物的晶体化学分类　　　　　　表3-2

大类		主要矿物举例	种数	占地壳质量百分比
自然元素		金、银、铜、石墨、金刚石	~40	0.10%
硫化物及类似化合物		方铅矿 PbS、黄铁矿 FeS_2、黝铜矿 $Cu_{12}(Sb,As)_4S_{13}$	~350	0.25%
氧化物及氢氧化物		石英 SiO_2、玉髓 $SiO_2 \cdot nH_2O$、铝土矿 $Al_2O_3 \cdot H_2O$	~300	17.00%
卤化物		氟化物萤石 CaF_2、氯化物石盐 $NaCl$	~120	—
含氧盐	硅酸盐	长石族:正长石 $KAlSi_3O_8$	>2000	82.50%
	硫酸盐	石膏族:石膏 $CaSO_4 \cdot 2H_2O$		
	碳酸盐	方解石族:方解石 $CaCO_3$		
	其他	磷灰石族、硝石族、硼砂族等		

2. 矿物的命名

一般来讲，矿物的命名遵循以下原则：

1) 根据矿物或矿物解理块的形态命名。如石榴石得名于其晶形形似石榴籽，方解石的名称与其受敲击后呈"块块方解"状，长石的名称与其具长方形的解理块有关。

2) 根据矿物的化学成分命名。如自然金、自然铜。

3) 根据矿物的物理性质命名。如橄榄石得名于其橄榄绿的颜色，电气石名称与其具热电性有关，金刚石的含义是其具有特有的光泽及无坚不摧的硬度。

4) 根据产地或产出位置命名。如辰砂在历史上的产地为湖南辰州，高岭石的典型产地为江西景德镇高岭村。

5) 根据发现者人名命名。如章氏硼镁石是为纪念其发现者章鸿钊而命名的。

6) 根据文献或传说命名。如云母，出自李时珍引《荆南志》，"华容方台山出云母，土人候云所出之处，于下掘取，无不大获，此石乃云之根"，故得云母之名。

矿物名称字尾的用法也具有一定的规律。一般而言，呈金属光泽或用来提炼金属的矿物，为某矿，如赤铁矿、黄铁矿等；呈非金属光泽的矿物，称为某石，如方解石、正长石；可做宝石材料的矿物，称为某玉，如刚玉、黄玉；常呈透明晶体出现的矿物，称为某晶，如黄晶、水晶等。

3.1.4 主要造岩矿物

1. 概述

岩石是在各种地质作用下，按一定方式结合而成的矿物集合体，是构成地壳及地幔的主要物质。构成岩石主要成分的矿物大约 20～30 种，称为造岩矿物。如花岗岩主要由长石、石英、角闪石等矿物组成。识别和鉴定造岩矿物对正确地认识岩石具有重要意义。

在所有矿物中，长石类矿物占地壳总质量的 51% 左右，其次为石英（12%）、辉石类（11%）、云母类（5%）、闪石类（5%）和黏土类（5%）矿物，其他矿物（其他硅酸盐矿物和碳酸盐等不含硅矿物）仅占 11% 左右（图3-3）。

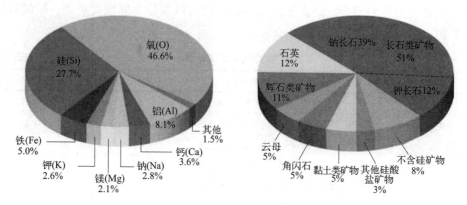

图 3-3 元素丰度（左）和主要造岩矿物所占比重（右）

2. 长石

长石有很多种，如钾长石、钠长石、钙长石等，属于浅色轻质矿物，都具有玻璃光泽，颜色和形状多种多样。长石是几乎所有火成岩的主要矿物成分，在火成岩、变质岩、沉积岩中都可出现，对于岩石的分类具有重要意义。

长石为 K、Na、Ca 等的铝硅酸盐，一般化学式可以表示为 $XAlSi_3O_8$，其中 X 代表阳离子。大多数长石都包括 $KAlSi_3O_8$—$NaAlSi_3O_8$—$CaAl_2Si_2O_8$ 的三元系列中，相当于由钾长石、钠长石、钙长石三种成分组成的混溶矿物，其中钾长石和钠长石在高温条件下形成完全类质同象，钠长石和钙长石也能形成完全类质同象，而钾长石和钙长石几乎不能混溶。在自然界中，以钾长石（正长石）和钙钠长石（斜长石）分布最广。

正长石：$KAlSi_3O_8$ 或 $K_2O \cdot Al_2O_3 \cdot 6SiO_2$，又名钾长石，晶体常呈短柱状，肉红、浅黄、浅黄白色等，玻璃或珍珠光泽，半透明，有两组直交解理，硬度 6，相对密度 2.56～2.58。正长石是花岗岩类岩石及某些变质岩的重要造岩矿物，易风化成为高岭土等。

斜长石：是钠长石 $NaAlSi_3O_8$ 和钙长石 $CaAl_2Si_2O_8$ 的类质同象混合物，晶体常呈板片状、板条状或长柱状，白至灰白色，玻璃光泽，半透明，两组解理斜交，硬度 6～6.5，相对密度 2.60～2.76。斜长石类矿物见于岩浆岩、变质岩和沉积岩中，分布最广。

3. 石英

石英是一类浅色、轻质的造岩矿物，化学方程式为 SiO_2。石英是分布最广泛的矿物之一，丰度仅次于长石，三大类岩石中均广泛存在，常见为六方柱及菱面形聚形晶，白色，油脂光泽，透明至半透明，硬度 7，无解理，贝壳状断口，相对密度 2.5～2.8，有多种同质多象变体。无色透明的石英晶体称为水晶，另外还有因含杂质而呈各种颜色的紫水晶（含锰）、烟水晶（含有机质）、蔷薇石英（又叫芙蓉石，含铁锰）等。由二氧化硅胶体沉积可形成隐晶质矿物以及重结晶后形成变质石英。白色、灰色者称为玉髓（髓玉、石髓），不同颜色组成的同心层状或平行条带状的称为玛瑙，不纯净、红绿各色的称为碧玉，黑、灰各色者称为燧石。此类矿物具有油脂或蜡状光泽，半透明和贝壳状断口。

石英类矿物化学性质稳定，不溶于酸（氢氟酸除外），抗风化能力极强。石英在自然界中几乎随处可见。酸性、中性火成岩中广泛分布石英，含石英的岩石风化后形成石英砂粒，沉积成岩后形成的石英砂岩是分布最广的沉积岩之一。

4. 云母

云母是云母族矿物的统称，是火成岩和变质岩中的主要造岩矿物之一，是钾、镁、铁、锂等金属的铝硅酸盐，都是层状结构，单斜晶系，具有连续层状硅氧四面体构造。

云母晶体呈假六方片状或板状，偶见柱状，层状解理非常完全，有玻璃光泽，薄片具有弹性；不含铁的变种，薄片中无色，含铁越高颜色越深，同时多色性和吸收性增强，具有电绝缘、抗酸碱腐蚀、韧性和滑动性、耐热隔声、热膨胀系数小等性能。云母可分为浅色云母（白云母、锂云母）和暗色云母（黑云母、金云母）两大类。

白云母：化学成分为 $KAl_2（AlSi_3O_{10}）（OH）_2$，单斜晶系，特性是绝缘，耐高温，物理、化学性质稳定，具有良好的隔热性、弹性和韧性。

黑云母：类质同象代替广泛，不同岩石中产出的黑云母化学组成成分差距很大，因为含铁高，绝缘性能远不如白云母。

5. 辉石

辉石是一类广泛存在于火成岩和变质岩中的硅酸盐矿物，其共同特点是晶体中含有硅氧四面体形成的单链结构。根据晶体结构的不同，辉石可分为斜方辉石（正辉石）和单斜辉石（斜辉石）两个亚族，前者属于斜方晶系，后者属于单斜晶系。

正辉石亚族是由顽火辉石 $Mg_2Si_2O_6$ 和正铁辉石 $Fe_2Si_2O_6$ 两个端员组分构成的完全类质同象系列，中间成员为古铜辉石和紫苏辉石，其中顽火辉石和紫苏辉石是正辉石亚族中最常见的矿物。它们既可是岩浆结晶作用的产物，也可是变质作用的产物，随Fe含量的增高，颜色加深，硬度增大。

斜辉石亚族包括普通辉石、透辉石、钙铁辉石、易变辉石、锂辉石等，属于单斜晶系，其中普通辉石形成温度范围较宽，在各种火成岩中，尤其基性火成岩中最为常见。

普通辉石晶体呈短柱状，横剖面近八边形，在岩石中为分散粒状或粒状集合体，绿黑至黑色，条痕浅灰绿色，玻璃光泽，近不透明，硬度5~6，两组解理近直交，相对密度3.23~3.52，在地表易风化分解。

6. 角闪石

角闪石的成分变化较大，但其硅酸盐骨架均为双链，形成于富含挥发组分的条件下，因此在深成岩中更为常见。其不出现在火山岩基质中的特点，往往成为鉴别火山岩和侵入岩的岩相学标志之一。普通角闪石是火成岩（特别是中性、酸性岩）的重要造岩矿物，有时见于变质岩中，在地表易风化分解。

角闪石的外形常为一向延长的长柱状或纤维状晶体，其中的一些纤维状形态变种为石棉，因其耐酸、耐高温有重要的工业意义。闪石的颜色与阳离子有关，可以呈无色、浅灰、浅绿或褐色。其根据化学成分的不同，可分为很多亚种，如直闪石、透闪石、普通角闪石、蓝闪石、钠闪石等。闪石族矿物大多数为单斜晶系，当阳离子是半径较小的Li、Mg、Fe时，属正交（斜方）晶系，摩氏硬度5.5~6，相对密度2.85~3.60。

7. 黏土矿物

最常见的黏土矿物属层状构造硅酸盐矿物，主要有高岭石、蒙脱石、绿泥石等。

高岭石是长石和其他硅酸盐矿物天然蚀变的产物，是一种含水的铝硅酸盐，常见于火成岩和变质岩的风化壳中，呈土状或块状，硬度小，一般为白色或米色，湿润时具有可塑性、黏着性和体积膨胀性，具极完全解理，相对密度2.60~2.63。

蒙脱石，又称微晶高岭石，因最初发现于法国蒙脱城而得名，由颗粒极细的含水铝硅酸盐构成的层状矿物，是火成岩在碱性环境中蚀变而成的膨润土的主要成分，一般为块状或土状，有较高的离子交换容量和吸水膨胀能力，可用于缓解腹泻。

8. 碳酸盐类矿物

碳酸盐类矿物是除含硅矿物外最常见的矿物种类，其中最常见的是方解石和白云石。

方解石主要是由$CaCO_3$溶液沉淀或生物遗体沉积而成，是石灰岩的主要造岩矿物。在泉水出口可以析出疏松多孔的碳酸钙沉淀物，称为石灰华或钙华。方解石晶体为菱面体，集合体呈块状、粒状、鲕状、钟乳状或晶簇，无色透明；因杂质渗入而常呈白、灰、黄、浅红、绿、蓝等色，玻璃光泽，硬度为3，具三组完全解理，遇稀盐酸强烈起泡。

白云石 $[CaMg(CO_3)_2]$ 主要是在咸化海中沉淀而成，或者由普通石灰岩与含镁溶液置换形成，是白云岩的主要造岩矿物（成因仍存在较大争议）。白云石晶体为菱面体，通常为块状、粒状集合体，乳白、粉红、灰绿等色，玻璃光泽，具三组完全解理，硬度3.5~4.0，相对密度2.8~2.9，在稀盐酸中分解缓慢。

9. 橄榄石

橄榄石是地幔最主要的造岩矿物，是镁与铁的硅酸盐，其化学式为$(MgFe)_2SiO_4$，因其颜色多为橄榄绿色而得名。晶体呈现粒状，玻璃光泽，透明至半透明，硬度6.5~7，解理中等或不清楚，性脆，在岩石中呈分散颗粒或粒状集合体，属于岛状硅酸盐。

橄榄石是岩浆结晶时最早形成的矿物之一，多见于辉长岩、玄武岩和橄榄岩等暗色基性或超基性火成岩，常与斜长石和辉石共生，而不与石英共生，易于风化蚀变。

3.2 地质作用与岩石循环

3.2.1 地质作用概念与分类

在漫长的地质历史中，地球内部构造和地表形态在自然力的作用下不断地发生改造和演变。通常把作用于地球使地球的物质组成、内部构造和地表形态发生变化的自然力，总称为地质作用。而把引起地质作用的自然力称为地质营力。

按照能量的来源，地质作用可分为内力地质作用和外力地质作用。

内力地质作用的动力来自地球本身，并主要发生在地球的内部，常常波及地表，其主要能量来源有地球的旋转能、重力能和地球内部的热能、化学能等。内力地质作用按其作用方式可分为构造运动、岩浆作用、变质作用和地震作用四种（表3-3）。

地质作用的分类和主要特点　　　　　　　　　　表 3-3

内力地质作用	构造运动	水平运动	缓慢而持久，时空范围大，是主导海陆格局和大中型地貌的主要因素
		垂直运动	
	岩浆作用	侵入作用	发生在地面以下，分深成侵入作用和浅成侵入作用
		喷出作用	岩浆喷出地表，又称火山作用
	变质作用	接触变质作用	大多与地壳演化进程中地球内部的热流变化、构造应力或负荷压力等密切相关，少数由陨石冲击产生。变质作用是在岩石基本上保持固体状态下进行的
		区域变质作用	
		热液变质作用	
		冲击变质作用	
	地震作用	构造地震	剧烈的能量释放、破坏力强
		火山地震	
外力地质作用	风化作用	物理风化	化学成分不发生变化
		化学风化	化学成分发生变化
		生物风化	既有物理风化也有化学风化
	剥蚀作用	机械剥蚀作用	因机械作用而被剥离或侵蚀的作用
		化学剥蚀作用	因化学作用而被剥离或侵蚀的作用
	搬运作用	机械搬运	流水、风、冰川、海浪等机械力的搬运作用
		化学搬运	呈胶体溶液或真溶液的形式被搬运的过程
	沉积作用	机械沉积作用	因搬运介质物理条件的改变而发生的沉积
		化学沉积作用	以胶体溶液和真溶液形式搬运的物质，当物理、化学条件发生变化时，产生沉淀的过程
		生物沉积作用	生物的生命活动或遗体分解过程中，引起介质的物理、化学环境发生变化，从而使某些物质沉淀或沉积的过程
	成岩作用	压实作用	沉积物沉积后至岩石固结过程中发生的物理、化学的变化，主要包括压实作用、胶结作用、重结晶作用和新矿物的生长
		重结晶作用	

地壳运动主要指由内应力引起地壳结构改变和地壳内部物质变位的构造运动，它可以引起岩石圈的演变，导致大陆、洋底的增生和消亡，并形成洋脊、海沟和山脉，同时还易导致地震、火山爆发等。关于地壳运动及其后果的具体内容详见第 4 章。

岩浆作用是岩浆的发生（形成）、运移、聚集、变化及冷凝成岩的全部过程，其主要形式有侵入作用和喷出作用。详细内容见火成岩一节。

地壳形成和演化过程中，由于受到构造运动、岩浆活动等的影响，已经形成的岩石为适应新的地质环境，在基本保持固体状态下，矿物成分、结构构造发生相应的变化，该过程称为变质作用。通过变质作用形成的岩石称为变质岩。

地震是地壳快速释放能量过程中造成的震动，是自然界经常发生的一种地质作用，也是新构造运动的重要表现形式。板块与板块之间相互挤压碰撞，造成板块边沿及板块内部岩石圈产生错动和破裂，是引起地震的主要原因。该部分内容将在后文详细论述。

外力地质作用主要由太阳热辐射、潮汐能、生物能等引起，主要发生在地壳的表层。外力地质作用按照其发生的序列可分成风化作用、剥蚀作用、搬运作用、沉积作用和固结成岩作用；按照起作用的介质或发生的场所可分为河流的地质作用、地下水的地质作用、冰川的地质作用、湖泊和沼泽的地质作用、风的地质作用和海洋的地质作用等。

外力地质作用主要发生在地球表面，也称地表地质作用，具体内容参见第5章。

3.2.2 岩石的分类与循环

岩石的种类十分多样，根据其基本成因，可以分为火成岩（岩浆岩）、沉积岩和变质岩三大类。三类岩石在岩石圈中的含量、分布有很大不同。沉积岩主要分布于大陆地表，约占陆壳面积的75%，距地表越深，火成岩和变质岩越多。据统计，整个地壳中火成岩体积约占66%，变质岩约占20%，沉积岩仅约占8%。

三大类岩石彼此之间有密切的联系，并可以相互转化。它们的相互转化关系如图3-4所示。岩浆可以直接来源于地球深处，也可以通过现存岩石的高温熔融形成，岩浆在不同环境下冷却固结即形成火成岩；三类岩石均可以在温度、压力、热液等地质因素作用下形成新的变质岩，也可以在地质作用（风化、搬运、沉积、成岩作用等）下形成新的沉积岩。这种相互循环演化并不是简单的重复，可以存在多种组合及多期多次作用，从而形成结构、构造和成分复杂多变的岩石。

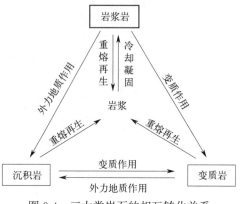

图3-4 三大类岩石的相互转化关系

3.3 火成岩

火成岩，又名岩浆岩，指高温熔融的岩浆在地下或喷出地表后冷凝而成的岩石。由于冷凝时的化学成分、温度、压力及冷却速度不同，可以形成各种不同的岩石。地球上分布最广泛的两类火成岩是大陆区的花岗质侵入岩和大洋区的玄武质喷出岩。

3.3.1 岩浆作用

岩浆作用是岩浆的发生（形成）、运移、聚集、变化及冷凝成岩的全部过程，其主要形式有侵入作用和喷出作用。

1. 侵入作用

侵入作用指地下岩浆上升侵入浅部岩层并占据一定空间的作用，由于上覆岩层的阻挡，迫使岩浆停留在地壳之中并冷凝结晶。根据岩浆侵入作用方式，可以分为深成侵入作用和浅成侵入作用。不同侵入作用所形成的岩体都具有特定的产状（图3-5）。所谓产状是指岩体的形状、大小、与围岩的接触关系，以及形成时期所处的地质构造环境。

在地下较大深处（不小于3km）发生的岩浆侵入活动，称为深成侵入作用。深成岩体处于压力大、温度高的环境下，冷凝过程很长，可以长达百万年，因此往往形成结晶良好、颗粒粗大的岩石。深成岩体一般规模很大，其主要产状有岩基、岩株等。

岩基出露面积很大，一般大于100km^2，多由花岗岩类的岩石构成，其长轴方向常平行于褶皱山脉，构成褶皱山脉的基底和核心。中国很多山脉如天山、昆仑山、秦岭、祁连山、大兴安岭等都有不同时代的花岗岩岩基出露。岩株出露面积不超过$100km^2$，主要由中、酸性岩石组成，平面形状多近似圆形，与围岩呈不和谐关系。

在地壳浅处（小于3km）发生的岩浆侵入活动称为浅成侵入作用。浅成侵入多是岩浆在压力作用下贯入断层、裂隙或层理等。浅成岩的规模较小，冷却较快，常形成结晶颗粒较细或大小不均的斑状结构。其主要产状有岩盘、岩床、岩墙等。

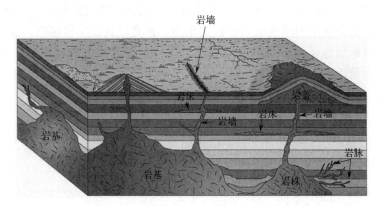

图3-5 侵入作用及侵入岩的主要产状

2. 喷出作用

喷出作用，又称火山作用，指岩浆喷出地表、冷凝固结的过程。喷出地表的岩浆在地表冷凝而成的岩石，称喷出岩（也称火山岩）。

根据岩浆喷出地表的方式，可以将火山分为中心式喷发和裂隙式喷发两种主要形式。

岩浆从延伸很长的裂隙中溢出的喷出作用称为裂隙式喷发。裂隙式喷发在地质历史时期曾广泛发生，现在主要在冰岛还有这种火山喷发形式，所以也称冰岛型喷发。

地下岩浆通过管状的火山通道喷出地表，称为中心式喷发。中心式喷发是现代火山活动的主要形式，又可细分为宁静式、暴烈式和中间式。宁静式火山喷发时，只有大量炽热的熔岩从火山口宁静地溢出，液态喷发物以基性熔浆为主，熔浆温度较高、黏度小、易流动、含气体较少、不会发生爆炸。该类火山以夏威夷诸火山为代表，因此又称夏威夷型。暴烈式火山喷发时，会产生猛烈的爆炸，同时伴有大量气体和火山碎屑物质飞出，喷出的熔浆以中酸性熔浆为主，如2022年爆发的汤加火山。中间式喷发为过渡型，以中基性熔岩喷发为主。

中心式喷发形成的地貌即为火山。根据现代火山是否还在喷发，可将火山分为活火山、休眠火山和死火山。活火山是当前还在喷发的火山（如美国夏威夷火山、埃塞尔比亚尔塔阿雷火山等）；休眠火山是指有史以来曾经喷发过，但长期以来处于相对静止状态的火山（如五大连池火山群、长白山等）；死火山指史前曾发生过喷发，但在人类历史上从来没有活动过的火山（如海口马鞍岭火山、南京六合方山、江宁方山等）。

中心式喷发形成的火山构造（或称火山机构）一般包括火山通道、火山锥、火山口等。火山通道指岩浆由地下上升的通道。火山喷出物在火山口周围堆积形成的圆锥形地貌称为火山锥。由于火山喷发物性质不同，火山锥的形状和结构也有很大区别。典型的火山锥，其上部坡度较陡，下部逐渐平缓。由于火山锥常由多次喷发形成，火山碎屑物与熔岩往往交互成层形成层状火山锥。若喷发物主要由流动性好的熔岩构成，则火山的坡度往往较缓，形成如同反扣在地面上的盾牌的盾状火山。位于火山锥顶部或其旁侧的漏斗型喷口称为火山口。若火山经过多次爆发,火山口不断破裂扩大,或由于地下岩浆冷却收缩,不断塌陷,可以形成巨大的火山口,称破火口。

喷出作用产物主要包括气体、固体和液体三类。火山气体喷发物成分以水汽为主,一般占气体总体积的60%~90%,此外还有CO_2、H_2S、SO_2等。随着气体爆炸由火山口喷射到空中的岩石碎块、火山灰和由熔浆凝固而成的碎块,总称为火山碎屑物质,可以细分为火山灰(粒径一般小于0.01mm)、火山砾(粒径较大的火山碎屑)、火山渣(一般指火山喷发时由被抛到空中的熔浆凝固而成的熔渣,多具气孔及尖锐棱角)和火山弹。各类火山碎屑物质落地后经熔结、胶结、压固等地质作用可形成火山碎屑岩。喷出地表的岩浆,挥发成分大量逸出后剩余的部分称为熔浆。熔浆冷凝后即形成熔岩。熔浆的流速取决于黏度、温度及地面的坡度。岩浆作用及其产物的关系见图3-6。

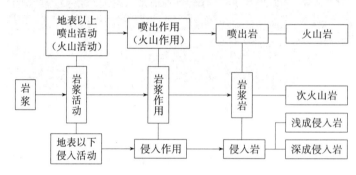

图3-6 岩浆作用及其产物

3.3.2 火成岩的成分

大部分火成岩由硅酸盐岩浆冷凝而成,在主量元素中,SiO_2的含量最高。一般随着SiO_2含量的增大,Na_2O和K_2O的含量也随之增高,而重质金属氧化物(MgO、CaO、FeO)则相应减少。因此,岩浆中SiO_2的含量是划分火成岩类型的主要依据。通常根据SiO_2的重量含量将岩浆划分为四种基本类型:①超基性岩浆($SiO_2<45\%$);②基性岩浆($SiO_2=45\%\sim52\%$);③中性岩浆($SiO_2=52\%\sim65\%$);④酸性岩浆($SiO_2>65\%$)。

火成岩大多是结晶质的,少部分是玻璃质的。不同矿物以不同的比例构成某种特定的岩石。随着矿物组成和相对含量的不断变化,形成了超基性、基性、中性、酸性等各种类型的火成岩。

根据成分和颜色,可以将火成岩中的造岩矿物分为两大类:①硅铝矿物(浅色矿物),矿物中SiO_2和Al_2O_3含量较高,几乎不含FeO和MgO,主要包括正长石、斜长石、石英、白云母等;②铁镁矿物(深色矿物),富含铁、镁的硅酸盐和氧化物,主要包括橄榄石、辉石、角闪石和黑云母等。

深色矿物在岩石中所占的体积分数称为岩石的色率,是火成岩鉴定和分类的主要指标之一。岩石整体色调的深浅,除与矿物成分相关外,还与深色矿物的粒度有关,深色矿物越细,视觉颜色越深。如辉长岩和玄武岩中辉石和斜长石的含量近乎相等,但前者因为矿物颗粒较粗而呈暗灰色,后者因成隐晶质而呈灰黑色;黑曜岩的主要成分是无色透明的流纹质火山玻璃,但由于暗色矿物颗粒极其细小而分散,所以岩石的颜色很深。

不同成分的矿物不仅颜色不同，而且在结晶环境上具有较强的规律性。1922年，鲍温模拟了玄武岩岩浆的结晶作用，总结出玄武岩浆演化过程中矿物结晶的一般规律——鲍温反应系列（图3-7）。鲍温反应系列由两支组成；一支为连续系列，反映岩浆结晶过程中斜长石的生成顺序，该系列的特点是矿物在成分上连续，而晶格结构不发生根本改变；另一支为不连续系列，反映深色矿物从岩浆中结晶的先后顺序，矿物成分和晶体结构上均有显著差别。两个分支再汇合形成简单不连续系列，石英为最后结晶的矿物。

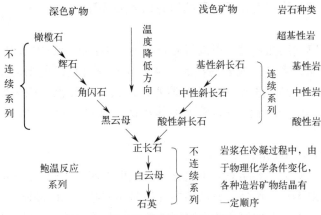

图3-7 玄武岩浆演化的鲍温反应系列

不同种类的火成岩在矿物组成上各具特点，但并不是泾渭分明的，而是呈复杂的渐变关系。图3-8给出了岩性和主要矿物成分之间的关系。矿物之间常有共生和相斥关系，如正长石与石英常常同时出现，而橄榄石、辉石一般不能与正长石和石英同时出现。在鉴定时，可以充分利用矿物之间的共生和互斥关系帮助分辨颜色和结晶习性相近的矿物。

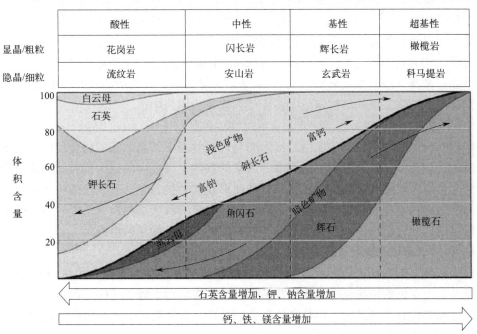

图3-8 不同类型火成岩的矿物组成特点

3.3.3 火成岩的结构和构造

1. 火成岩的结构

结构指组成岩石的矿物颗粒本身的特点（结晶程度、晶粒大小、晶粒形状等）及颗粒之间的相互关系反映出的岩石构成特征，侧重于强调矿物个体的特征。火成岩的结构主要反映岩浆固结过程中的热力学环境。划分结构的要素主要包括结晶程度、颗（晶）粒大小或相对大小、矿物的自形程度、矿物颗粒间的相互关系等。

1）结晶程度

根据岩石中矿物的结晶程度，可以将岩石分为三类：①全晶质结构——全部由矿物晶体组成，不含玻璃质，常是深成岩的特点，反映岩石具有良好的结晶条件；②半晶质结构——只有部分矿物结晶，还存在部分玻璃质，在火山岩和次火山岩中常见；③玻璃质（非晶质）结构——几乎全部由非晶质玻璃体组成，常见于喷出岩，是岩浆快速冷凝的产物。

2）颗（晶）粒大小或相对大小

矿物的颗粒有绝对大小和相对大小之分，据此可以区分不同的结构类型。

根据矿物的绝对大小，可将岩石的结构分为显晶质结构和隐晶质结构。

显晶质结构矿物颗粒在肉眼或放大镜下能够分辨晶体，按矿物的平均粒径可以进一步细分为粗粒（$d>5mm$）、中粒（$d=1\sim5mm$）和细粒（$d=0.1\sim1mm$）。

隐晶质结构矿物颗粒非常细小，只有在显微镜下才能分辨晶体。隐晶质结构的岩石在肉眼下不易与玻璃质结构的岩石区别，但它们一般不具有玻璃质结构常具有的玻璃光泽和贝壳状断口。

按照组成岩石的矿物颗粒的相对大小，岩石的结构可以细分为等粒结构和不等粒结构。等粒结构常见于深成岩中。岩石中主要矿物的粒径明显不同时为不等粒结构，按粒径的变化规律又可分为连续不等粒结构和斑状结构。

斑状结构岩石中矿物颗粒可以区分为明显不同的两部分，大的称作斑晶，小的称作基质（细晶、微晶、隐晶质或玻璃质）。如果基质为显晶质，且与斑晶的大小相差并不悬殊，则称作似斑状结构。斑状结构常见于浅成侵入岩和火山岩中。

3）矿物的自形程度

矿物的自形程度指矿物的实际产出形态与理想状态下结晶形态的吻合程度，它受矿物结晶时的物理化学条件及时间空间等多种因素的制约。火成岩的结构按照矿物的自形程度可分为全自形粒状结构、半自形粒状结构和他形粒状结构。全自形粒状结构往往由岩浆早期结晶出的矿物堆积而成，如纯橄岩、辉石岩。半自形粒状结构常见于侵入岩。最常见的他形粒状结构发育于细晶岩中，全部由不规则的他形晶矿物颗粒组成。

4）组成岩石矿物颗粒之间的相互关系

火成岩根据矿物颗粒之间或矿物颗粒与玻璃质之间的相互关系，可区分出一系列结构。侵入岩中常见的结构包括海绵陨铁结构、反应边结构、辉长结构、花岗结构等。喷出岩中常见的结构有鬣刺结构、间粒结构、交织结构、玻基交织结构、粗面结构等。

2. 火成岩的构造

火成岩的构造形式有很多，按其形成方式可以分为三类，即岩浆结晶过程中处于流动状态形成的构造、岩浆冷凝过程中形成的原生节理和裂隙构造，以及由结晶作用特点和岩石组分空间填充方式所形成的构造。

1）岩浆结晶过程中处于流动状态形成的构造

流线、流面构造：呈一维或二维延伸，矿物及捕虏体、析离体等沿延长方向定向排列，流线一般平行于岩浆流动方向，流面一般平行于岩体与围岩的接触面。

流纹构造：流纹岩的典型构造，表现为不同颜色和构造的条带及矿物斑晶、拉长气孔等的定向排列，可指示岩浆的流动方向。

块状熔岩结构：由黏度较大的玄武质岩浆被推挤破碎并杂乱堆积而成的构造。

绳状熔岩构造：由黏度较小的玄武质岩浆在流动过程中扭曲成绳索状而形成的构造。

枕状构造：熔岩流在水下凝固时，其表面先形成硬壳，壳内的熔岩从冷凝收缩形成的硬壳裂隙中流出，表面又形成硬壳，内部的岩浆再次从硬壳的裂隙中流出，循环往复，从而形成枕球体，常出现于海相基性熔岩中。

2）火成岩的原生节理构造

岩浆在冷凝固结时，因为体积收缩会产生各种节理。由于侵入岩和喷出岩结晶条件不同，因而节理形态也各具特征。侵入岩的原生节理是在有上覆围压的条件下冷凝收缩而成，根据节理与流线、流面构造的相对关系，可以分为横节理、纵节理、层节理和斜节理。喷出岩的原生节理是在没有上覆压力的条件下冷凝收缩形成的，常产生垂直于接触面的张节理，其中最常见的是截面为多边形的柱状节理。

3）由结晶作用特点和岩石组分空间填充方式所形成的构造

此类构造有很多，常见的有块状构造、斑杂构造、带状构造、球状构造、珍珠构造、石泡构造、晶洞构造、气孔构造和杏仁构造等。

3.3.4 火成岩的分类

火成岩的种类繁多，易于混淆。在进行鉴别和分类时，一般应首先排除碎屑岩、碳酸岩和一些特殊类型岩石，然后判断是侵入岩还是喷出岩，再根据初步判断结果，应用相应的分类体系进行鉴别和分类。根据形成火成岩的岩浆中的 SiO_2 含量，可将火成岩分为超基性岩、基性岩、中性岩和酸性岩。根据火成岩的成岩环境，可以将火成岩分为侵入岩和喷出岩。物质成分和成岩环境共同决定了火成岩的鉴定特征（表3-4）。

火成岩分类及代表性岩石　　　　表3-4

岩类		超基性岩	基性岩	中性岩		酸性岩
SiO_2 含量(%)		<45	45~52	53~65		>65
矿物成分		橄榄石、辉石、角闪石	辉石、斜长石	斜长石	钾长石	钾长石、斜长石、石英、黑云母、角闪石
				角闪石、黑云母等		
侵入岩	深成岩	橄榄岩	辉长岩	闪长岩	正长岩	花岗岩
	浅成岩	金伯利岩	辉绿岩	闪长玢岩	正长斑岩	花岗斑岩
喷出岩	火山熔岩	柯马提岩	玄武岩	安山岩	粗面岩	流纹岩

一般情况下，深成岩的矿物颗粒较粗，易于辨认，因而其分类一般以矿物组成和含量为基础，称为定量矿物成分分类。喷出岩由于一般呈隐晶质和玻璃质，往往难以确定矿物

组成,分类一般以化学成分为基础。浅成岩的分类一般参照深成岩或喷出岩,但在命名时突出其结构特征。

1. 超基性岩

超基性岩以侵入岩为主,在地表出露非常少,其出露面积不足火成岩出露面积的1%。很多超基性岩直接来自地幔,可以提供地幔深部的信息。代表性岩石橄榄岩,主要由橄榄石和辉石组成,橄榄石含量40%~90%,颜色多为浅绿色,粒状结构为主,岩石中橄榄石常呈自形晶,也可呈圆粒状或被其他矿物包裹。

2. 基性岩

基性岩是地球上分布最广泛的一类火成岩,代表性喷出岩为玄武岩,代表性侵入岩为辉长岩,浅成条件下的代表性岩石为辉绿岩。其矿物成分特点是,以辉石和基性斜长石为主要成分,岩石一般呈灰黑色,氧化后可呈猪肝色,密度较大。

3. 中性岩

中性岩的化学成分介于基性岩和酸性岩之间,浅色矿物以长石为主,色率一般小于40,代表性的侵入岩为闪长岩、二长岩和正长岩,相应的喷出岩为安山岩和粗面岩,相应的浅成侵入岩为闪长玢岩、二长斑岩和正长斑岩。本类岩石较少单独产出,除安山岩外分布不广,一般与其他种类的岩石共生,且往往有过渡关系。

4. 酸性岩

酸性岩的SiO_2含量高,属于过饱和岩石,富碱,矿物成分以浅色矿物为主,石英、碱性长石和斜长石的含量超过90%,因此岩石色率低、色调浅、密度小。代表性深成岩为花岗岩,代表性浅成岩为花岗斑岩,代表性喷出岩为流纹岩。

3.3.5 主要火成岩简介

玄武岩:一种常见的基性喷出岩,一般呈细粒隐晶质至玻璃质结构,少数呈中粒显晶质结构,常见斑状结构。由于玄武质岩浆含有大量挥发组分,因而普遍发育气孔构造和杏仁构造(沸石、玉髓等填充气孔形成)。大陆上喷发的玄武岩常具绳状构造、碎块构造和柱状节理,水下喷发的玄武岩常具枕状构造。其主要种属有拉斑玄武岩(一般不含橄榄石,如福建牛头山玄武岩)、碱性玄武岩(江苏六合、江宁等地的玄武岩)等。

辉长岩和辉绿岩:常见的基性侵入岩,常呈粒状结构,典型的结构是辉长结构和辉绿结构,两种结构间存在连续过渡关系,主要差别在于辉石和斜长石的相对大小及包裹关系。在辉长结构中辉石与斜长石大小相近,两种矿物几乎同时结晶形成;在辉绿结构中,辉石晶体可包含多个斜长石晶体,但斜长石自形程度高,反映斜长石结晶较早。辉长岩一般呈块状构造,色率一般为35~65。辉绿岩是矿物成分与辉长岩基本一致的浅成岩,暗绿色或灰绿色,粒度细小,常呈岩床、岩墙产出。

安山岩:一种常见的中性喷出岩,名称源于南美洲的安第斯山脉,肉眼观察为暗色的细粒或隐晶质岩石,蚀变后常呈绿色,色率一般小于40,常具斑状结构,有时可见玻璃质。安山岩往往是中心式喷发的产物,常形成火山锥,在活动大陆边缘、造山带及岛弧地区广泛分布,是除玄武岩外分布最广的火山岩,常伴生玄武岩、流纹岩等火山岩。

花岗岩:自然界中分布最广的酸性侵入岩,主要位于大陆地壳,约占大陆地壳体积的50%。花岗岩种类繁多,组成矿物主要为石英、碱性长石和酸性长石,三者占矿物总量的

90%以上；其典型结构为花岗结构，可细分为粗粒、中粒和细粒，在浅成环境中常见斑状结构；常呈块状构造。花岗岩按斜长石含量可以细分为富石英花岗岩、碱长花岗岩、钾长花岗岩（普通花岗岩）、二长花岗岩、花岗闪长岩、斜长花岗岩等。

流纹岩：酸性喷出岩的典型代表，其成分与花岗岩一致，但结构、构造有明显不同，多呈灰色或灰红色，通常为斑状结构，基质结构不一，可见球粒结构、霏细结构和玻璃质结构；常见流纹构造、气孔构造。

3.4 沉积岩

沉积岩是在地表或地表附近由母岩的风化产物、火山物质、有机质等原始物质成分，经搬运作用、沉积作用及沉积后作用而形成的一类岩石。沉积岩在地壳表层分布甚广，约75%的陆地和几乎全部海底被沉积岩（物）所覆盖，是岩石圈中与人类活动（包括军事活动）关系最为紧密的部分。由于沉积岩记录了形成过程中的地理环境信息，因此是重塑地球历史和恢复古地理环境的重要依据。

按照成因分类方案，沉积岩可概括分为碎屑岩和生物化学岩两大类。其中碎屑岩又可以分为陆源碎屑岩和火山碎屑岩，生物化学岩也可以细分为生物化学-生物有机岩和化学沉积岩。不同成因的沉积岩的形成过程迥异，结构构造等主要鉴别特征也各不相同。

3.4.1 形成过程和物质组成

1. 形成过程

沉积岩的物质成分主要来自先成岩石的风化作用和剥蚀作用产物，包括碎屑物质、溶解物质和新生物质；除此之外还可能包括生物遗体、生物碎屑以及火山作用产物。这些物质在合适的场所沉积下来，总称为沉积物。

沉积岩的形成过程一般可以分为四个互相衔接的阶段，分别是先成岩石的破坏（风化作用和剥蚀作用）、搬运作用、沉积作用和成岩作用。

2. 沉积作用

母岩风化和剥蚀作用产物在外力搬运途中，由于水体或风的运动速度降低，冰川融化或其他物理化学条件的改变，使搬运能力减弱，被搬运物质脱离搬运介质而停止移动，这种作用称为沉积作用。沉积的方式共有机械沉积、化学沉积和生物沉积 3 大类。

搬运作用中，被搬运的碎屑等在重力作用大于搬运介质（水流、风等）的搬运能力时，便会先后沉积下来，这种作用称为机械沉积作用。原本混杂在一起的粗、细、轻、重不一的各种碎屑，在沉积过程中却会按一定次序依次沉积下来，这种作用叫作机械沉积分异作用。机械沉积分异作用总体上遵循先大后小、先重后轻的原则和顺序，其结果使碎屑按照砾石、粗砂、细砂、粉砂、黏土的顺序，沿搬运的方向形成有规律的带状分布。碎屑物质固结后便分别形成砾岩、砂岩、粉砂岩、黏土岩等。由于冰川沉积没有分异作用，冰碛物颗粒大小混杂，层理不清，大部分未经磨圆作用，带有棱角。

化学沉积包括胶体沉积和真溶液沉积。胶体溶液指带有电荷，粒度介于 1~100μm 之间，多呈分子状态分散在分散剂中的溶液。胶体溶液中的胶体颗粒极小，受重力影响小，带有相同电荷的胶体质点互相排斥，可以长时间保持悬浮状态。但当胶体溶液所处化学环境发生变化,可在重力影响下引起胶体絮凝沉淀。如在近海地带,携带大量胶体的大陆淡水与富含电解质的海水相遇时,常发生胶体沉淀。在干燥气候条件下,胶体溶液因蒸发脱水也可引起沉淀。在溶液中以离子状态存在的化学物质的沉积过程称为真溶液沉积,其关键控制因素是溶质的溶解度。由于溶液的性质、温度、pH值等因素的影响,溶质的溶解度不可避免地会发生变化,导致溶质的析出,形成沉积。真溶液物质沉积也有先后远近的顺序,即化学沉积分异作用。氧化铁、氧化锰等胶体物受海水电解质影响较大,常在滨海、近海最先沉积;其次是石灰岩、白云岩等碳酸盐沉积。而石膏等硫酸盐以及石盐、钾盐、镁盐等溶解度大的卤化物只在强烈蒸发条件下才沉积下来,它们代表化学分异作用的后期产物。

生物沉积作用包括生物遗体的沉积和生物化学沉积。前者指生物死亡后,其骨骼、硬壳堆积形成磷质岩、硅质岩或碳酸盐岩的过程;后者指生物在新陈代谢中引起周围介质物理化学条件变化,进而引起某些物质的沉淀。例如,海中藻类进行光合作用,吸收海水中的 CO_2,形成 $CaCO_3$ 沉积,即石灰岩。有时生物遗体沉积后,可经过复杂的化学变化,形成新的沉积物质,如煤、石油等。

3. 成岩作用

各种沉积物最初都是松散堆积的,经过漫长年代的不断积累,上覆沉积物越来越厚,底部的沉积物越埋越深,经过压固、脱水、胶结等成岩作用,松散沉积物逐渐变成坚固、成层的岩石。现今地表未胶结的较新的松散沉积物,也包含在广义的沉积岩范畴之内。

岩石风化产物经剥蚀、搬运、沉积等作用而成的松散沉积物经过一定的物理、化学以及其他的变化和改造,变成坚固岩石的作用称成岩作用。广义的成岩作用还包括沉积过程中以及固结成岩后所发生的各种变化和改造。成岩作用主要包括以下4种方式:

压固作用:在沉积物不断增厚的情况下,下伏沉积物受到上覆沉积物的巨大压力,体积被压缩,孔隙度减少,水分被排出,密度增大,颗粒之间的联系力增强,沉积物固结变硬。压固作用对黏土岩的固结更为显著。

脱水作用:深埋地下的沉积物在经受上覆层压固的同时,受地热影响温度也逐渐增高,在压力和温度的共同作用下,不仅可排出颗粒间的吸附水,而且能使胶体矿物和某些含水矿物失去胶体水或结构水变成新矿物。矿物失水后,沉积物体积缩小,硬度增大。

胶结作用:沉积物中存在大量孔隙,在沉积过程中或在压固成岩后,孔隙被矿物质填充,从而将松散的颗粒黏结在一起,称为胶结作用。最常见的胶结物有硅质、铁质、钙质、泥质、火山灰等。胶结作用是碎屑岩的主要成岩方式。

重结晶作用:沉积物在压力和温度逐渐增大的情况下,可能发生溶解或局部溶解,使非晶质物质变成结晶物质,这种作用称重结晶作用。重结晶后的岩石,孔隙减少,密度增大,更加坚固。重结晶作用是各类化学岩、生物化学岩的重要成岩方式。

4. 物质成分

沉积岩是在外力作用下形成的一种次生岩石,其物质主要来源于各种先成岩石的碎屑、溶解物质和再生矿物,但归根结底来源于原生的火成岩,因此其元素组成与火成岩、变质岩区别不大,但由于经过风化作用、成岩作用等复杂过程,其矿物成分有其自身的特点。如沉积岩中 Fe_2O_3 多于 FeO,富含 H_2O、CO_2 和有机质等。

沉积岩中常见的矿物约有 10~20 种。由于成因及形成条件的不同,沉积岩与火成岩的矿物组成有明显的不同。岩浆岩中常见的高温、高压下结晶形成的暗色矿物，如橄榄石、辉石、角闪石等，在地表地质作用下极易被侵蚀，只有极少数能保留下来，因而在沉积岩中少见；而常见的低温结晶矿物，如石英、白云母、长石等，不易风化，随着不稳定矿物的减少，稳定矿物在沉积岩中的含量相应升高。除了继承自原岩的矿物以外，沉积岩中还有一些在形成过程中新产生的矿物，如化学风化产物（黏土矿物、铝土等），有机质、化学、生物成因矿物（方解石、白云石、铁锰氧化物、石膏、磷酸盐矿物等）。

沉积岩多种多样的颜色主要取决于它们的矿物组成或化学成分。例如，由石英颗粒组成的石英砂岩，往往呈白色或灰白色；主要由正长石颗粒组成的长石砂岩，往往呈肉红或黄白色。有时岩石的颜色由混入的某些微量成分决定，例如含少量 Fe_2O_3 会呈红色，含有机碳质则常呈灰、黑色。次生色的特点是颜色深浅不一，分布不均，或者呈斑点状。颜色是沉积岩命名的根据之一，可以提供推断沉积岩矿物成分的线索，同时可以反映岩石沉积时的古地理环境。

3.4.2 陆源碎屑岩

1. 陆源碎屑岩的成分

碎屑岩主要由碎屑和胶结物组成，其中碎屑成分不少于50%。碎屑岩的性质主要由碎屑组分和胶结物的性质决定。陆源碎屑岩的碎屑成分主要包括各种矿物碎屑和岩石碎屑。常见的矿物碎屑有十余种，但一种碎屑岩中的主要碎屑矿物通常不超过3～5种。

石英的硬度大、化学性质稳定，抗风化能力很强，同时大部分火成岩中石英的含量较高，因此石英是碎屑岩中分布最多的碎屑矿物，主要出现在砂岩及粉砂岩中。

在碎屑岩中，长石碎屑的含量一般少于石英。砂岩中长石的含量约为10%～15%。然而在火成岩中，长石的平均含量一般是石英的数倍。这种数量变化主要是由于长石的抗风化能力较弱，易水解、易破碎，因此其含量随着风化过程和搬运过程逐渐减少。长石主要分布于中、粗砂岩中，砾岩和粉砂岩中长石矿物的含量较少。

岩屑是母岩的碎块，保持着母岩的结构和矿物组合关系，因此岩屑是鉴定沉积物来源区岩石类型的直接证据。由于成岩过程中发生的复杂变化，各类岩屑含量变化极大，其含量主要取决于岩屑的粒级、母岩成分及成分成熟度等因素。

碎屑岩常以其中最稳定组分的相对含量来标志其成分的成熟程度，成分成熟度反映了碎屑组分所经历的地质作用时间、距离和强度。在构造稳定、气候湿润的沉积区，碎屑岩成熟度一般较高。在轻组分中，单晶石英最稳定，在砂岩中，常用石英、燧石与长石加其他岩屑的比率作为成熟度的衡量标志。

胶结物是碎屑岩中以化学沉淀方式形成于粒间孔隙的自生矿物，主要胶结物有硅质（石英、玉髓和蛋白石）、碳酸盐（方解石、白云石），以及部分铁质和泥质。在砂岩的胶结物中，硅质胶结分布相对较多。从时代上看，较老的砂岩以硅质胶结为主，较新的砂岩以碳酸盐为胶结物的居多。这可能是由于硅质属于难溶物质，因而更易长期保存。

2. 碎屑岩结构

碎屑岩结构包括碎屑颗粒、杂基（基质）、胶结物和孔隙。

碎屑颗粒的结构特征一般包括粒度、球度、形状、圆度及表面结构等。

粒度指碎屑颗粒的大小，是碎屑颗粒最主要的结构特征，直接决定岩石类型和性质，是碎屑岩分类的主要依据。国际上广泛采用以 1mm 为基准的二进制方案，我国则采用十进制粒级划分方案（表 3-5）。碎屑岩很少由单一粒级的碎屑组成，一般的岩石粒度其相应的粒级成分应该大于 50%。

常用的碎屑岩颗粒粒度分级表　　　　　　　　　　　　　　　表 3-5

十进制方案（我国方案）		二进制方案（国际常用方案）	
颗粒直径/mm	粒级划分		颗粒直径/mm
大于 1000 100～1000 10～100 2～10	巨砾 粗砾 中砾 细砾	砾	巨砾 中砾 砾石 卵石	大于 256 64～256 4～64 2～4
1～2 0.5～1 0.25～0.5 0.1～0.25	巨砂 粗砂 中砂 细砂	砂	极粗砂 粗砂 中砂 细砂 极细砂	1～2 0.5～1 0.25～0.5 0.125～0.25 0.0625～0.125
0.05～0.1 0.005～0.05	粗粉砂 细粉砂	粉砂	粗粉砂 中粉砂 细粉砂 极细粉砂	0.0312～0.0625 0.0156～0.0312 0.0078～0.0156 0.0039～0.0078
小于 0.005	黏土（泥）		小于 0.0039

碎屑颗粒大小的均匀程度称为分选性，可粗略划为好、中、差三级；主要粒级成分占碎屑颗粒 75% 以上时称为分选性好，占比 50%～75% 时为中等，小于 50% 则为分选性差。

胶结物或填隙物的分布状况及其与碎屑颗粒的关系称为胶结类型或支撑类型。它首先取决于碎屑颗粒与胶结物、填隙物的相对数量，其次和碎屑颗粒之间的接触关系有关；按碎屑和杂基的相对含量，可分为杂基支撑和颗粒支撑结构；按碎屑颗粒和填隙物的相对含量，可以分为基底式胶结、孔隙式胶结、接触式胶结和镶嵌式胶结（图 3-9）。

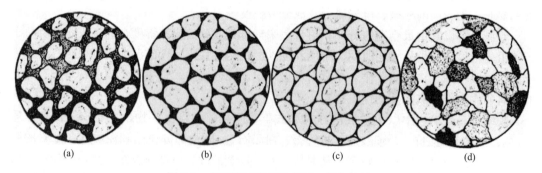

图 3-9　主要胶结类型示意图（据朱筱敏）
(a) 基底式胶结；(b) 孔隙式胶结；(c) 接触式胶结；(d) 镶嵌式胶结

基底式胶结属于杂基支撑结构，填隙物较多，碎屑颗粒之间互不接触。孔隙式胶结和接触式胶结属于颗粒支撑结构。孔隙式胶结是最常见的颗粒支撑结构，碎屑颗粒呈支架状，颗粒之间多呈点接触，较少的胶结物充填在碎屑颗粒之间的孔隙中。接触式胶结颗之间呈点接触或线接触，胶结物含量较少，仅分布于颗粒相互接触之处。镶嵌式胶结的碎屑颗粒之间由于压固作用或压溶作用接触形式发展为线接触和凹凸接触，甚至形成缝合状接触，胶结物含量很少。

3. 碎屑岩的构造

碎屑岩的沉积构造是碎屑岩的宏观特征，是碎屑岩重要的成因标志和鉴定特征。

沉积物在沉积过程中和之后通过物理化学作用和生物作用形成特定的沉积构造。沉积期形成的构造为原生构造，如层理、波痕等。沉积后形成的构造有的是在固结成岩之前形成的，如负荷构造、雨痕、龟裂；有的是在固结成岩之后产生的，如缝合线、结核等。

层理是岩石性质沿垂向变化的一种层状构造，可以通过矿物成分、结构、颜色的变化展现出来。它是碎屑岩最典型、最重要的特征之一，也是沉积物水动力环境和沉积环境的直接反映。按照层内组分和结构的性质，层理一般分为均质层理、非均质层理、递变层理和韵律层理4种类型，主要层理类型见表3-6。

主要层理类型　　　　　　　　　　表3-6

层理类型	序号	层理形态	层理类型		序号	层理形态
水平层理	1		交错层理	板状	5	
波状层理	2			楔状	6	
递变层理	3			槽状	7	
韵律层理	4		透镜状层理		8	

岩层厚度的变化范围很大，薄的岩层仅数毫米，而厚的岩层可达上百米。一般按厚度可将岩层划分为：块状层（大于1.0m）、厚层（0.5～1.0m）、中层（0.1～0.5m）、薄层（0.01～0.1m）、微细层或页状层（小于0.01m）。

均质层理也称块状层理，大致呈均质外貌，不具任何纹层构造，不显层理。递变层理是指沉积物粒度发生垂向递变的特殊层理。这种层理除了粒度变化以外没有任何内部纹层。韵律层理指成分、结构与颜色等性质不同的薄层有规律地重复出现而形成的层理，如潮汐作用形成的砂泥交替纹层。

岩层表面呈现出的各种不平坦的沉积构造的痕迹，统称为层面构造。有的层面构造保存在岩层顶面上，包括波痕、雨痕、剥离线理、泥裂等，有的层面构造保留在岩层的底面上，如槽模、沟模等。

波痕是由风、水流、波浪等介质的运动在沉积物表面形成的一种波状起伏的层面构造，它与交错层理的形成条件密切相关（图3-10a）。砂波的迁移在层内表现为交错层理，在层面表现为波痕。波痕的形状、大小差别很大，种类繁多，大致可以分为浪成波痕、流水波痕和风成波痕。雨痕指雨滴降落在松软的沉积物表面所形成的撞击凹坑，大小多为毫米至厘米级（图3-10b）。冰雹痕迹与雨痕类似，但相对较大、较深且不规则。

图3-10　波痕和雨痕
(a) 南京幕府山；(b) 南京幕棒槌山

泥裂是沉积物因干涸而产生的收缩裂缝，常见于黏土岩和碳酸盐岩中，某些覆盖在泥裂表面的砂层也可能会呈现泥裂。平面上泥裂一般为网格状龟裂纹，断面呈 V 形或 U 形，有的因压缩变形而呈肠状。泥裂的规模不一，深度一般为几毫米至几十厘米。

在各种底面构造中，最常见的是槽模。槽模主要分布在底面上，是定向浊流在尚未固结的软泥表面冲刷侵蚀形成的凹槽被砂质填充而成的一种不连续凸起构造，形态略具对称性、伸长状，起伏明显，向上游一端呈圆滑的球根状，向下游一端呈倾伏状渐趋消失。槽模的长度多为几厘米至几十厘米。

化学成因构造主要有晶体印痕和结核。晶体印痕一般在泥质沉积物中容易保存。结核指岩石中成分、结构、颜色等与围岩有显著差别的自生矿物集合体，通常为球状、椭球状、饼状等，成分主要有碳酸盐、硅质等。

生物成因构造主要包括生物遗体化石、生物活动痕迹、生物扰动构造和生长痕迹。

4. 主要陆源碎屑岩简介

砾岩：指由 30% 以上直径大于 2mm 的颗粒碎屑形成的岩石，填隙物主要为砂、粉砂、黏土物质和化学沉淀物质。由磨圆度较好的砾石、卵石胶结而成的称为砾岩；由带棱角的角砾石、碎石胶结而成的称为角砾岩。

砂岩：主要由各种砂粒胶结而成的沉积岩，颗粒直径在 0.05~2mm 之间，其中砂粒含量要大于 50%。砂岩分布广泛，约占沉积岩的 1/3。绝大部分砂岩是由岩屑、石英和长石组成的。根据三种成分的含量，砂岩可以细分为石英砂岩、岩屑砂岩和长石砂岩。黏土含量大于 15% 泥砂混杂的砂岩一般归类为杂砂岩。主要由粒级为 0.005~0.1mm 碎屑组成（含量大于 50%）的碎屑岩称为粉砂岩。砂岩具有较大的孔隙度和良好的渗透性，常常具有储集和输运地下流体（石油、天然气、地下水）的能力。

泥质（黏土）岩：由直径小于 0.005mm 的微细颗粒形成的岩石，矿物成分以黏土矿物为主，多具有致密均一、强度较低的泥质结构，是碎屑岩和化学岩之间的过渡性岩石，在沉积岩中分布很广。具有薄层状页理（厚度 1~10mm）或纹理（厚度＜1mm）结构，固结较强的泥质岩称为页岩。泥质岩宏观沉积构造主要有水平层理和块状层理，层面构造主要有干裂、雨痕、虫迹、结核、晶体印痕等。

3.4.3 火山碎屑岩

火山碎屑岩是介于火山岩和沉积岩之间的过渡岩石,常常被归为沉积岩的一个特殊类型。但两者之间存在一些明显差异,比如火山碎屑岩中岩石和矿物的碎屑多呈棱角状,碎屑物的分选性较差,结构上变化较大,常缺乏稳定的层理。再加上常有陆源碎屑混入,其成分变化也很大。

火山碎屑岩的成岩方式不同于火成岩,主要由火山碎屑物的压紧固结或高温熔结形成。在向火山岩过渡的火山碎屑岩中,火山碎屑物主要由熔浆胶结;在向沉积岩过渡的火山碎屑岩中,碎屑物由沉积物、火山灰及其次生变化产物等胶结。

火山碎屑岩在分类上需考虑四个因素:①火山碎屑物的成因和数量;②胶结类型和成岩方式;③向熔岩和正常沉积岩的过渡;④碎屑粒径和各级碎屑的相对含量。详细的火山碎屑岩分类见表3-7。

常见火山碎屑岩及其分类　　　　　　　　　　表 3-7

大类		火山碎屑熔岩	火山碎屑岩		向沉积岩过渡类型	
			熔结火山碎屑岩	火山碎屑岩	沉积火山碎屑岩	火山碎屑沉积岩
火山碎屑含量		10%～90%	>90%		50%～90%	10%～50%
成岩方式		熔岩胶结	熔结状	压结为主	化学沉积及黏土物质胶结	
结构构造		一般无定向结构	明显的似流动构造	层状构造不明显	一般层状构造明显	
粒度	>64mm	集块熔岩	熔结集块岩	火山集块岩	沉集块岩	凝灰质砾岩 凝灰质砂砾岩
	2～64mm	角砾熔岩	熔结角砾岩	火山角砾岩	沉火山角砾岩	
	<2mm	凝灰熔岩	熔结凝灰岩	凝灰岩	沉凝灰岩	凝灰质砂/泥岩

3.4.4 生物化学岩

1. 碳酸盐

碳酸盐岩是对主要由碳酸盐类矿物组成的岩石的泛称,一般碳酸盐矿物含量大于50%,主要矿物为方解石($CaCO_3$)、白云石($MgCO_3$)等。本类岩石分布很广,约占沉积岩总量的20%,在中国约占沉积岩总面积的55%。与碎屑岩相比,碳酸盐岩更易遭受沉积后变化,具有易变、易溶和易成岩的特点。

以方解石为主的碳酸盐岩称为石灰岩,以白云石为主的碳酸盐岩称为白云岩。除此之外,还有菱镁矿、菱铁矿等碳酸盐矿物。

碳酸盐岩的颜色相对单调,以灰、灰黑色(含有机质)为主,偶见白色(不含杂质)、灰绿色(含黏土)、黄褐色(含高价铁)和紫红色(含赤铁矿)。

碳酸盐岩基本组分主要包括颗粒、泥、胶结物、晶粒和生物格架。

颗粒主要可分为外颗粒和内颗粒两类。外颗粒主要指来自沉积区以外的陆源碳酸盐碎屑。内碎屑主要是沉积盆地中沉积不久的半固结或固结的碳酸盐沉积物,常具有复杂的内部结构,可含有化石、鲕粒(具有核心和同心结构的球状颗粒)、球粒。

泥(微晶、泥晶、泥屑)是与颗粒相对应的泥级碳酸盐微粒,与黏土相当,可分为灰泥（石灰石成分）和云泥（白云石成分）。

胶结物主要指沉淀于颗粒之间的结晶方解石或其他矿物，与砂中的胶结物类似。一般方解石胶结物的晶粒较灰泥的晶粒大，由于其晶体一般清洁明亮，故常称作亮晶方解石。亮晶方解石是以化学沉淀的方式生成的，故又常称作淀晶方解石或淀晶。

碳酸盐岩具有丰富的构造特征，除可见一般沉积岩构造外，还有一些特有构造类型。

1）叠层石构造，简称叠层石。叠层石由两种基本层组成：富藻纹层，有机质含量高，颜色暗淡，又称暗层；富碳酸盐纹层，藻类组分少，有机质含量少，颜色浅亮，又称亮层。叠层石主要形成于潮间浅水带，其基本结构主要有层状和柱状两种。

2）鸟眼构造。在泥晶或粉晶石灰岩中，常见一种毫米级大小、多为方解石或硬石膏填充的孔隙，因其形似鸟眼，故称为鸟眼构造；又因其形似窗格，也称窗格构造；充填或半充填的孔隙多呈白色，似雪花，也称雪花构造。

3）示顶底构造。碳酸盐岩的孔隙中常见两种不同特征的充填物。孔隙底部主要为泥晶或粉晶方解石，颜色暗淡；孔隙顶部主要为亮晶方解石，颜色浅亮。两者界线平直，且不同孔隙中相互平行。根据这一充填孔隙构造，可以判断岩层的顶底，故称示顶底构造。

4）缝合线构造。在剖面上呈现为锯齿状的曲线，即缝合线；在平面上沿此裂缝参差不齐，凹凸起伏，即缝合面；从立体上看，或凹或凸大小不等的柱体，即缝合柱。

主要碳酸盐岩简介如下：

1）颗粒-灰泥石灰岩。它是分布最广的石灰岩，其分类是两端元的，即颗粒与灰泥。根据颗粒和灰泥的含量，可以细分为颗粒石灰岩、灰泥石灰岩及多个过渡类型。颗粒泥灰岩常呈浅灰色至灰色，中厚层至厚层或块状。岩石中颗粒（生物碎屑、内碎屑、鲕粒等）含量大于50%，填隙物可以是灰泥杂基或亮晶胶结物。灰泥石灰岩主要由泥晶方解石构成，又称泥晶石灰岩，一般呈灰色至深灰色，薄至中层为主，常发育水平纹理、虫迹、生物扰动等构造。纯泥晶石灰岩常具有贝壳状断口。

2）生物礁石灰岩。生物礁石灰岩主要由造礁生物的骨架及造礁生物黏结的灰泥沉积物等组成。依据生物礁石灰岩中生物骨架及黏结物的相对含量，它可以进一步细分为障积岩、骨架岩、黏结岩及与这三类岩石有成因联系的异地沉积碎屑岩。

3）白云岩。白云岩主要由白云石组成，呈灰白色，性脆，硬度较大，用铁器可划出擦痕，遇稀盐酸缓慢起泡。白云岩外观与石灰岩非常相似，但是风化面上常有白云石粉及纵横交错的刀砍状溶沟。白云岩的孔隙度较大，常成为石油或地下水的理想储藏层。

2. 蒸发岩

海盆或湖盆水体被蒸发后，水中的盐分逐渐浓缩并发生沉淀，形成的岩石称为蒸发岩。蒸发岩主要包括卤化物岩、硫酸盐岩、碳酸盐岩等，因为它们的主要矿物都是盐类，因此也称盐岩。蒸发岩是重要的化工原料和天然化肥的来源。由于通常盐岩的透水性极差，盐岩可以成为油气盖层。利用其气密性和自愈性等优势，较厚的盐岩层或岩丘还是目前地下天然气储库的不二之选。

绝大多数蒸发岩可以用蒸发浓缩海水的方法得到。该岩类的形成方式主要有两种：一是含盐度较高的溶液直接蒸发，二是早先形成的沉积物孔隙中的卤水由于蒸发作用而结晶。两种方式形成的蒸发岩在结构构造上有重大差别。

由于盐类矿物易于溶解和沉淀，原始沉积物的结构、构造在成岩后往往发生很大改变,因此地层中的蒸发岩原始的矿物学特征和结构很难保存下来,常见的是次生结构。蒸发岩的常见构造有均匀块状构造、层理构造、条带状构造、角砾状构造、变形构造等。

蒸发岩一般根据主要矿物命名,可分为石膏岩和硬石膏岩、盐岩或石盐岩以及钾镁质盐岩三大类。

3. 煤岩

煤岩是远古时期植物遗体埋藏在地下经历了复杂的生物化学和物理化学变化逐渐转变而成的固体可燃有机岩,俗称煤炭。煤岩的物质成分主要有碳、氢、氧、氮、硫、磷等元素,碳、氢、氧三者总和约占有机质的95%以上。煤是非常重要的能源矿产,也是冶金、化学工业的重要原料,有褐煤、烟煤、无烟煤、半无烟煤等子类。

在地表常温、常压条件下,堆积在停滞水体底部的植物遗体经泥炭化作用或腐泥化作用,可转变为泥炭或腐泥;泥炭或腐泥被埋藏后,若由于盆地基底下降而沉至地下深部,可经成岩作用转变为褐煤;当温度和压力逐渐升高,可再经变质作用转变为烟煤或无烟煤。

3.5 变质岩

地壳形成和演化过程中,由于受到构造运动、岩浆活动等的影响,已经形成的岩石(原岩)为适应新的地质环境,在基本保持固体状态下,矿物成分、结构构造发生相应的变化,该过程称为变质作用。经变质作用而形成的岩石称为变质岩。

3.5.1 变质作用类型

引起变质作用的因素主要有温度、压力、化学因素、地质运动(断裂)等。根据引起变质作用的主要因素,可以将变质作用分为接触变质作用、区域变质作用、动力变质作用、气液变质作用、冲击变质作用和混合岩化作用(表3-8)。

主要变质类型及其特点 表3-8

变质作用类型		变质因素	代表岩石	特点
接触变质作用		温度	角岩、大理岩	变质程度具有一定的梯度
区域变质作用	大陆结晶基底变质作用	温度、压力、流体	花岗变晶岩、大理岩	面状展布,变质程度一般较高
	造山变质作用	构造环境	片岩、片麻岩	发育在板块碰撞边缘,具有较宽的压力和温度范围
	洋底变质作用	温度、化学势	变质辉长岩、变质玄武岩	发育在大洋中脊,变质程度较浅
	埋藏变质作用	压力、温度	板岩、千枚岩	与成岩作用类似,变质程度低,岩石一般缺乏片理
动力变质作用		构造应力	断层角砾岩、糜棱岩	发育在构造断裂带
气液变质作用		化学势、温度	蛇纹岩、云英岩、矽卡岩	多见于侵入体顶部、附近及火山活动区
冲击变质作用		陨石冲击	陨击角砾岩	常产生超高压矿物(如钻石)
混合岩化作用		温度	混合岩化岩	变质作用向岩浆作用的过渡

不同的变质作用类型虽然各具特点,但往往互相交叉,存在很多重叠,无法严格区分。如区域变质作用泛指在大范围内发生的、由多种变质因素参与下形成的变质作用,其

中不同程度地包含了接触变质作用、气液变质作用、动力变质作用和混合岩化作用；而接触变质作用往往伴随着气液变质作用。

3.5.2 变质岩的物质成分

变质岩的化学成分和矿物统称变质岩的物质成分。变质岩的物质成分是变质岩分类和命名的主要依据之一。变质岩由火成岩、沉积岩经变质作用而成，其化学成分相当于两者的总和。有些变质岩的物质成分主要继承自原岩，但另一些经交代作用形成的变质岩则与原岩成分有较大差异。按原岩化学成分在变质过程中是否发生改变，可以将变质岩大致分为两大类：一类由等化学变质作用形成，化学组分基本与原岩一致；另一类由异化学变质作用形成，化学组分在变质作用后发生了显著的改变。

1. 变质岩的化学成分

按照化学成分，可将常见的变质岩归纳为五个主要的化学类型：泥质、长英质、钙质、基性和镁质，对应的变质岩类分别为泥质变质岩类、长英质变质岩类、钙质变质岩类、基性变质岩类和镁质变质岩类。钙镁硅酸盐变质岩类也较常见。

2. 变质矿物

大部分变质岩属于重结晶的岩石，一般能辨认出其矿物成分。其中一部分矿物是其他岩石中也存在的矿物。另一部分矿物是在变质过程中产生的新生矿物，如石榴子石、蓝闪石、绿泥石、绢云母、红柱石、透闪石、硅灰石、滑石、蛇纹石、石墨等。这些矿物是在特定地质环境下生成的，只会在变质岩中出现，可以作为鉴别变质岩的标志矿物。

3.5.3 变质岩的结构和构造

变质岩从原岩变质而来，其性质不可避免地受原岩控制而具有一定的继承性；另外由于变质作用的类型和变质程度不同，在矿物成分、结构和构造上具有新的特征。变质岩最主要的特征有两点：一是岩石中矿物重结晶明显，二是常具有特定的结构和构造，特别是在一定压力下矿物重结晶形成的片理构造。

1. 变质岩的结构

1）变晶结构：原岩在固态条件下各种矿物同时发生重结晶，使原来火成岩和沉积岩的结构消失而形成新的结构，如定向排列等。其按变晶的大小和形态可进一步分为粒状变晶结构、斑状变晶结构、鳞片状变晶结构和角岩结构。

2）变余结构：变质作用不彻底，残留有原来岩石的结构。在变质岩中经常可见两种或多种结构共存的现象，主要形式有变余斑状结构、变余辉绿结构、变余砾状结构等。可根据变余结构推断变质前岩石的种类。

3）交代结构：在变质作用或混合岩化作用过程中，由交代作用形成的结构。发生交代变质作用时，原岩中的矿物被取代、消失，同时形成新生的矿物。其根据形态不同可分为交代假象结构、交代残留结构、交代条纹结构、交代蠕虫结构、交代斑状结构等。

4）碎裂结构（压碎结构）：动力变质岩石的一种结构，在应力作用下，岩石中的矿物颗粒破碎成外形不规则的棱角状碎屑，碎屑的边缘常呈锯齿状，并常具裂隙、扭曲变形及波状消光等现象。

2. 变质岩的构造

1）片理构造：岩石中长条状矿物或片状矿物，在压力的作用下定向排列形成的构造。片理构造是变质岩中最常见、最具特征性的构造，常见的片理构造有板状、千枚状、片状、片麻状等。

板状构造：泥质岩石受较轻微的压力作用，形成一组互相平行的劈理面，使岩石沿劈理面形成板状。它与原岩层理平行或斜交，劈理面常整齐而光滑，见图 3-11。

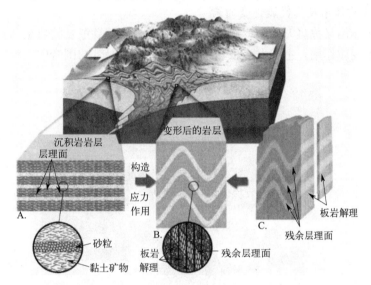

图 3-11 板岩的形成过程示意图（改自 F. K. Lutgens & E. J. Tarbuck）

千枚状构造：是区域变质岩石的一种构造，也是千枚岩的典型构造。岩石中的鳞片状矿物已重结晶、变质结晶，呈定向排列，使岩石呈薄片状，但因粒度较细，肉眼不能分辨矿物颗粒，仅在片理面上见有强烈的丝绢光泽。

片状构造：岩石中片状或长条状矿物连续而平行排列，形成平行、密集纹理，矿物颗粒较粗，肉眼可以清楚识别。

片麻状构造：是变质最深的一种构造，又称片麻理，由粒状变晶矿物（长石、石英）为主，其间杂以鳞片状矿物（黑云母、绢云母、绿泥石）、柱状变晶矿物（角闪石）断续定向分布而成，形成不同颜色、不同宽度的条带，见图 3-12。

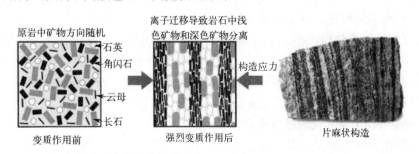

图 3-12 长英质片麻状构造的形成过程（改自 F. K. Lutgens & E. J. Tarbuck）

2）块状构造：又称均一构造，其共同点是矿物颗粒排布的非定向与相对均一，如大理岩、石英岩等的构造。

3) 变余构造：岩石经过变质后，仍保留有原岩的构造特征，又称残余构造，多见于低级变质岩中，包括变余层理构造、变余气孔构造、变余杏仁构造等。

3.5.4 变质作用及其代表性变质岩

由于原岩和变质作用的组合非常多，因而变质岩的物质组成、结构构造远较火成岩和沉积岩复杂。下文中根据变质作用对比较常见的变质岩进行简单介绍。

1. 接触变质作用及其代表性变质岩

接触变质作用又称热力接触变质作用，是由于岩浆活动散发的热量和析出的气态或液态流体引起的变质作用，主要发生在岩浆侵入体周围接触带的围岩中，见图 3-13。

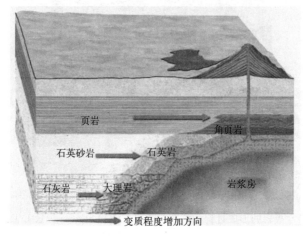

图 3-13 热接触变质作用形成的主要变质岩（改自 F. K. Lutgens & E. J. Tarbuck）

1) 大理岩：是由碳酸盐岩（石灰岩、白云质灰岩、白云岩等）经接触变质作用或区域变质作用形成，其中方解石和白云石的含量一般大于 50%。大理岩的结构主要是粒状变晶结构，岩石中的透闪石、透辉石等有时呈变斑晶产出，使岩石具有斑状变晶结构。大理岩多为块状构造，少数因承袭原岩的层理而形成条带状构造，也可形成片状或片麻状构造。一般随着变质作用温度的增加，晶体粒径会变粗，变质程度加深。大理岩分布很广，往往和其他变质岩共生。我国大理岩产地以云南大理最为知名（大理岩以此命名），点苍山大理岩色泽丰富、具有山水画花纹，是名贵的雕刻和装饰材料。北京房山白色大理岩又称汉白玉，质地均匀致密，也是名贵石材。

2) 角页岩：又称角岩，经由中高温热接触变质作用形成，具细粒状变晶结构和块状构造，原岩主要是黏土岩、粉砂岩、火成岩、灰岩和各种火山碎屑岩，变质后全部重结晶，时常具有残余结构，常见由内部变晶矿物定向排布而成的条带构造。角页岩一般为深色，致密坚硬，主要含有矽线石、堇青石、红柱石、石榴子石等变质矿物。

2. 区域变质作用及其代表性变质岩

区域变质作用泛指在大范围内发生的、由多种变质因素（温度、静压力和构造应力、化学活动性流体）参与的变质作用。以泥质岩的区域变质为例，从矿物组分上可形成绿泥石带、黑云母带、铁铝榴石带、十字石带、蓝晶石带和矽线石带；从构造上可分为板岩、千枚岩、片岩和片麻岩的系列，见图 3-14。区域变质作用常与地壳运动、构造运动和大规模岩浆活动有关,代表性岩石有石英岩、板岩、片岩、片麻岩等。

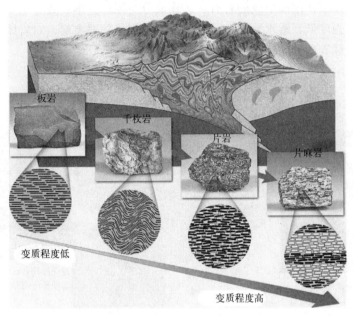

图 3-14 造山变质作用形成的主要变质岩(改自 F. K. Lutgens & E. J. Tarbuck)

1)石英岩:一种主要由石英组成的变质岩(石英含量大于 85%),一般是由石英砂岩或其他硅质岩石经过区域变质作用,重结晶而形成,也可能由岩浆附近的硅质岩石经过热接触变质作用而形成。石英岩一般为块状构造,粒状变晶结构,呈晶质集合体,颗粒细腻,结构紧密,颜色丰富,常呈现出缤纷华丽而又独特的纹理。

2)板岩:一种具有板状构造的浅变质岩,原岩为泥质、粉质或中性凝灰岩,沿板理方向可以剥成薄板。原岩因脱水而硬度增强,但矿物成分基本上没有重结晶,变余结构和变余构造,外表呈致密隐结晶,矿物颗粒细小,肉眼难以分辨。板岩的颜色随其所含有的杂质不同而变化,在板面上常有少量绢云母等矿物,使板面微显绢丝光泽。

3)片麻岩:由火成岩或沉积岩经深变质作用而成,具有浅色与暗色矿物相间呈定向或条带状断续排列的片麻状构造特征,变晶结构,主要矿物为石英、长石、角闪石、云母等。

4)麻粒岩:又称粒变岩,是在高温高压条件下形成的区域变质岩,主要由长石、石英、辉石组成,有时含石榴石、矽线石、蓝晶石等,具有粗粒花岗岩变晶结构,片理构造不清楚,块状构造。常见的类型有:①长英麻粒岩,由粉砂岩、硅质页岩、中酸性火成岩等变质而成;②辉石麻粒岩,常由基性火成岩变质而成。

3. 动力变质作用

由于构造运动产生的强烈应力作用,使岩石及矿物发生变形、破碎,并有重结晶作用,代表性岩石有断层角砾岩和糜棱岩,见图 3-15。

1)断层角砾岩(碎裂岩、构造角砾岩):指在应力作用(断层作用)下,断层断盘移动时,原岩破碎成角砾状,被微细碎屑及后生结晶物胶结而成的岩石;其中的角砾大小不一,具有棱角,无定向排列。

2）糜棱岩：由基质和碎斑构成，由原来粗粒岩石受强烈的定向压力破碎成粉末状（断层泥），再经胶结作用而形成的岩石，矿物成分与原岩基本一致，主要分布在逆断层和平移断层带内，强度低，透水性强，易引起渗漏和形成软弱夹层，对岩体稳定不利。岩石中次生面理、线理等塑性流动构造发育。

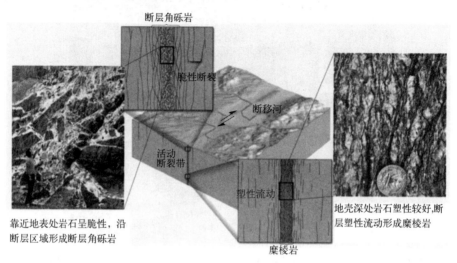

图 3-15　动力变质作用及代表性岩石（改自 F. K. Lutgens & E. J. Tarbuck）

4. 气液变质作用

气液变质作用指具有一定化学活动性的气体和热液与固体岩石进行交代反应，使岩石的矿物和化学成分发生改变的变质作用。气体和热液可以是侵入体带来的挥发成分，也可以是受热流影响而变热的地下循环水以及两者的混合物。

1）云英岩：花岗岩及长英质岩石经高温气体及热液交代作用形成的变质岩，颜色浅，多为灰色、浅灰绿色或浅粉红色，主要矿物石英常多于 50%，甚至可达 90%，中粗粒状变晶结构或鳞片花岗变晶结构，块状构造。云英岩常分布于中等深度的花岗岩侵入体的顶部、边部或接触带附近的围岩中。

2）矽卡岩：一种主要由富钙或富镁的硅酸盐矿物组成的变质岩，主要在中、酸性侵入体与碳酸盐岩的接触带，在热接触变质作用的基础上和高温气化热液影响下，经交代作用所形成的一种变质岩石，矿物成分主要为石榴子石类、辉石类和其他硅酸盐矿物，不等粒结构，条带状、斑杂状和块状构造，其名称来源于硅（旧名矽，Si 音译）和钙（Ca 音译）。

5. 混合岩化作用

在高级变质作用的某些区域，当温度足够高，使得物质发生部分熔融产生熔浆（通常为花岗质）。如果这些熔浆保持封闭，并在生成它们的岩体内结晶，从而产生混合的岩石（混合岩），这个过程称为混合岩化。混合岩化是变质作用向岩浆作用过渡的类型，这决定了混合岩具有介于变质岩和火成岩之间的地质学、岩石学特征。由于混合岩化过程中出现了部分熔浆，其性质超过了一般变质作用的范围，因此也被称为超变质作用，可进一步分为区域混合岩化作用和边缘混合岩化作用。

混合岩由基体和脉体两个基本部分组成，基体是暗色的角闪岩相或麻粒岩相变质岩，代表原岩，或多或少受到改造，又称古成体，脉体是浅色的长英质或花岗质岩石，代表混合岩中的新生部分，又称新成体。混合岩的形态多种多样，成分、结构和构造的变化也很大。泰山世界地质公园彩石溪混合岩出露非常典型。

案例解析（扫描二维码观看）

3.6节　案例解析

思考题

3.1　矿物的物理力学特征主要有哪些？试说明如何根据矿物的物理性质鉴定矿物。

3.2　常见的造岩矿物有哪些？它们分别具有什么样的鉴定特征？

3.3　总结火成岩、沉积岩、变质岩三大类岩石之间的区别和转化关系。

3.4　根据化学成分和矿物成分，火成岩可以分为哪几大类？代表性的岩石分别是什么？各具有什么特点？

3.5　如何区分喷出岩和侵入岩？

3.6　沉积岩是怎样形成的？具有哪些不同于火成岩的显著特征？

3.7　何谓变质作用？影响变质作用的因素有哪些？

3.8　如何区分以下各组岩石：粉砂岩与凝灰岩；页岩与片岩；石灰岩与白云岩、大理岩；薄层石灰岩与板岩；花岗岩与片麻岩、砂岩；石英砂岩与石英岩。

第 4 章

构造运动和地质构造

 关键概念和重点内容

构造运动、岩层的产状、地层接触关系、褶皱和褶皱要素、断裂构造、节理统计和节理发育程度评价、断层要素和断层的基本类型、活断层、地震的基本概念、地震效应、地震的工程地质评价、海底扩张说、板块构造说。

地球处于不断的变化之中,内力引起地壳乃至岩石圈变形、变位的作用,叫作构造运动。构造变动主要指岩石受内力作用所产生的岩石永久变形,如褶皱、断层和节理等地质构造。观察和分析这些地质构造有助于我们了解岩石变形的历史、推断岩层的受力状态,进而对工程地质条件进行评估。

4.1 构造运动、岩层产状与地层接触关系

4.1.1 构造运动的基本特征

1. 构造运动的方向性

地壳或岩石圈物质大致沿地球表面切线方向的运动,叫作水平运动。水平运动常表现为岩石水平方向的挤压(相向聚汇)、拉张(相互分离)或剪切错开,产生水平方向的位移以及形成褶皱和断裂构造,在构造地形上形成巨大的褶皱山系和地堑、裂谷等。

地壳或岩石圈物质沿地球半径方向的运动,称为垂直运动,也叫升降运动。垂直运动常表现为相邻块体的差异性升降,形成规模不等的隆起或拗陷,并引起海陆变化。大量的垂直运动是缓慢的,其上升或下降速度一般仅每年几个毫米。如喜马拉雅山以每年数毫米的速度不断上升。有时也会产生快速垂直运动,特别是在地震过程中,沿着断层在很短时间内可产生较大的垂直位移,如 2008 年的汶川地震中,一次垂直位移达数米。

水平运动和垂直运动在自然界中往往相伴而生。一方面,构造运动的方向不是单纯的水平或垂直方向,其中既有水平位移分量,也包含垂直位移分量;另一方面,水平运动必然会引起垂直运动,垂直运动也会导致水平运动。如岩层因挤压而发生褶皱,有些地方隆起,有些地方凹陷;岩层因拉张而发生断裂,同样有些地方上升,有些地方陷落。

在地球发展历史中,构造运动究竟是以水平运动为主,还是以垂直运动为主,曾经有

过很大争论，但目前的主流观点认为应以水平运动为主。

2. 构造运动的尺度、速度和幅度

构造运动的尺度非常宽泛，包括从全球尺度的板块运动到颗粒尺度的构造变形，其表现形式也多种多样。除去地震、火山等地质作用在短时间内可引起显著的变形、位移外，一般来说，构造运动是长期而缓慢的，其速度仅每年若干毫米或若干厘米。但由于地球演化经历了漫长的时间，因而仍会引起巨大的变化。

3. 构造运动的阶段性和周期性

在地史中，构造运动常表现为比较平静的时期和比较强烈的时期交替出现。在比较平静的时期，运动速度和幅度都小；在比较强烈的时期，运动速度和幅度都大。在漫长的地史中，曾发生过多次构造运动相对和缓与相对强烈阶段的交替，因而从总体上看构造运动表现出明显的周期性。每次构造运动从和缓到强烈的变化过程称作一次构造旋回。

每经过一次大的构造旋回，都会引起世界性的或区域性的海陆分布、气候环境和生物界的巨大变化。一次大的构造旋回往往还包含若干次级构造旋回，导致区域性的或局部性的环境变化。地史划分为许多时间长短不一的代、纪、世，就是这种阶段性的反映。

构造运动不仅具有全球的周期性，而且不同地区也有自己的周期性。例如，新近纪以来，喜马拉雅山从古地中海逐渐升起，上升幅度高达七八千米；而在同一时期，江汉平原地区却发生了持续而缓慢的下降，沉积了近一千米沉积层。

4.1.2 构造运动的证据

依据发生的时间，可以将构造运动分为老构造运动和新构造运动。一般认为，新近纪和第四纪的构造运动称为新构造运动，而之前的构造运动称为老构造运动。

1. 新构造运动的证据

地表的地形地貌是内外地质作用相互制约的产物。构造运动是控制外力地质作用进行的方式和速度的重要因素。如以上升运动为主的地区，常被侵蚀而形成剥蚀地貌；以下降运动为主的地区，常由于沉积作用而形成堆积地貌。由于新构造运动的发生时间较近，相关的地貌形态得以保留，因此地貌方法成为研究新构造运动的常用方法之一。常用的地貌证据有山体错断、断层崖、断层三角面、海蚀阶地、海底河床等。

有些现代构造运动在短期不会在地形地貌上留下可以观察到的痕迹或证据，可借助现代测量手段定期观测某点（线）高程和经纬度的变化，测出构造运动的方向和速度。

2. 老构造运动的证据

发生在很久以前的构造运动所造成的地貌证据几乎都会被后期的地质作用所破坏，因此难以通过地貌来识别和研究。但构造运动的每一进程都会留下特定的地质记录。依据地层厚度、岩相特征、构造变形以及接触关系等，可以重塑地壳构造的发展历程。

在一定历史时期内，在一定沉积区可以形成特定厚度的地层。对岩层厚度的变化进行分析，可以比较令人信服地得出地区升降幅度的定量结论。如浅海的深度通常只有200m左右，但许多地方浅海沉积地层厚度却可达上万米。如果假设海底边下沉边接受沉积，且沉积速度、幅度与海底的下降速度、幅度相当，则沉积物虽然越来越厚，却能始终维持浅海环境。该看似矛盾的事实即可得到合理的解释。

岩相是反映沉积环境的沉积岩岩性和生物群的综合特征。它是岩层形成环境的物质表现，如果沉积环境发生了变化，岩相也会随之变化。同一岩层岩相的横向变化，反映了同一时期不同地区沉积环境的差异。同一岩层岩相的纵向变化，则反映了同一地区不同时期沉积环境的变化，这种变化常常是构造运动的结果。

构造运动通常会使地层的产状发生改变，产生褶皱、断裂等构造变形、变位。根据这些构造的形态特征可以推测岩层受力的方向、性质、强度及应力场的分布情况等。地壳下降引起沉积增加，上升则引起剥蚀。因此，地壳运动在岩层中形成的各种接触关系，也是老构造运动的证据。

4.1.3 岩层产状及其要素

1. 岩层的产状

岩层在地壳中的空间存在状态称作岩层的产状。岩层沉积环境和所经受的构造运动不同，可以导致不同的产状。常见的岩层有水平岩层、倾斜岩层、直立岩层和倒转岩层。

水平岩层指层面水平或层面与水平面夹角较小的岩层。在水平岩层分布地区，如果未受侵蚀或侵蚀不够深，在地表往往只能见到最上面的较新地层；只有在受切割很深的情况下，下面较老的岩层才会出露。倾斜岩层指岩层层面与水平面有较大交角的岩层。有些岩层在形成时就是倾斜的，如某些风成、冰川形成的岩层，火山口周围的熔岩及火山碎屑层等。大多数情况下，岩层经受构造运动后发生变形、变位，才形成不同程度的倾斜产状。直立岩层指岩层层面与水平面垂直或近于垂直的岩层。直立岩层一般在强烈构造运动挤压下形成。倒转岩层指岩层翻转、顶面在下而底面在上的岩层，这种岩层一般是在强烈挤压下岩层褶皱发生倒转而形成的。

2. 岩层的产状要素

岩层的产状一般用走向、倾向和倾角三个参数来表示，统称产状要素。

岩层层面与假想水平面的交线称为走向线；走向线的延伸方向称为岩层的走向。岩层的走向表示岩层在空间的水平延伸方向。由于走向没有规定具体指向，因此岩层的走向有两个方向，两者之间相差180°。

岩层层面上与走向线垂直并且沿斜面指向下的直线叫倾斜线；倾斜线在水平面上的投影所指的方向称为岩层的倾向。倾向表示岩层向哪个方向倾斜。

岩层层面上的倾斜线和它在水平面上投影的夹角，称为倾角（图4-1），又称真倾角。倾角表示岩层的倾斜程度。层面其他斜线与其投影的夹角为视倾角，其大小恒小于真倾角。

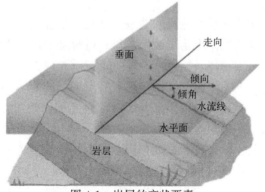

图 4-1 岩层的产状要素

3. 产状要素的测量和表示

产状要素用地质罗盘进行测量，详见实习指南。

产状要素表示方法有：①走向/倾向（象限）、倾角，如 330°/WS∠30°；②倾向、倾角，如 240°∠30°等。

4. 岩层露头及其在地形图上的投影

露头指暴露在地表的岩石，它们通常在山谷、河谷、陡崖、山腰等位置出现。未经人工作用而自然暴露的露头称天然露头，由于人为开挖而暴露的称人工露头。

露头线指岩层层面（断层面或节理面等）与地面的交线。露头线的形态取决于岩层产状和地形状况。水平岩层的露头线与地形等高线平行或重合。直立岩层的露头线呈直线延伸，不受地形的影响，其延伸方向与岩层走向相同。倾斜岩层露头线遵循"V 形法则"：①相反相同，即岩层倾向与地面坡向相反时，露头线与地形等高线弯曲方向相同，露头线的弯曲程度较小；②相同相反，即岩层倾向与地面坡向相同但倾角大于地面坡角时，露头线与地形等高线的弯曲方向相反；③相同相同，即岩层倾向与地面坡向相同但倾角小于地面坡角时，露头线与地形等高线的弯曲方向相同，但露头线的弯曲程度较大。

露头宽度指野外岩层出露宽度在水平面上的投影，是岩层露头反映在地质图上的宽度。倾斜岩层的露头宽度取决于岩层产状、地形以及岩层的厚度。当地形和岩层产状一定时，岩层厚度越大，露头宽度越大；当地形和岩层厚度一定时，岩层倾角越小，露头宽度越大；当岩层产状和厚度不变时，地形坡度越小，露头越宽。

4.1.4 地层接触关系

构造运动贯穿于地质历史发展演化的各个阶段。由于构造运动的性质和所形成的地质构造特征各不相同，新老地层之间往往形成不同的相互接触关系。地层接触关系是构造运动的综合表现。概括起来，地层（或岩石）的接触关系主要有整合接触、不整合接触（包括平行不整合接触和角度不整合接触）、侵入接触和断层接触等。

1. 整合接触

当地壳处于相对稳定下降（或虽有上升但未升出海面）的情况下，可形成连续沉积的地层。老地层在下，新地层在上，且不缺失地层的接触关系称整合接触，具体表现为地层互相平行，相邻岩层产状一致，时代连续，岩性和古生物特征是渐变的。整合地层说明在一定时间内该地区构造运动的方向没有显著改变，古地理环境也没有剧烈的变化。

2. 平行不整合接触（假整合接触）

由于构造运动或沉积环境发生巨大变化，致使沉积中断甚至发生侵蚀，形成产状基本一致但时代不连续的地层，这种接触关系称平行不整合接触或假整合接触；其具体表现为不整合面上下的地层地质年代不连续，中间缺失了某些时代的地层。由于环境的剧烈变化，不整合面上下的两套地层在岩性上以及其中包含的化石群往往有显著的不同。

平行不整合接触的形成过程可概要描述为：地壳下降，接受沉积→地壳隆起，遭受剥蚀→地壳再次下降，重新接受沉积。这种接触关系说明在地层形成的时期内沉积地区有过显著的升降运动，古地理环境发生过显著变化。

3. 角度不整合接触

发生构造运动，不仅使沉积中断，而且原有地层的产状发生显著改变并接受长期侵蚀，形成产状不一致、时代不连续的地层，这种接触关系称角度不整合接触。角度不整合接触的特点是不整合面上下的新老地层产状不一致，以一定角度相交，且地层时代不连续，岩性和古生物特征发生突变，反映地层形成期间曾发生过剧烈的构造运动，致使老地层产生褶皱或断裂，地壳上升遭受风化剥蚀，而后地壳下降至水面以下再次接受沉积，形成的新地层覆盖于倾斜地层侵蚀面之上。

角度不整合接触的形成过程可简要表示为：地壳下降，接受沉积→发生褶皱等构造运动，致使岩层产状发生显著变化并遭受长期侵蚀形成侵蚀面→地壳再次下降，接受新的沉积。构造运动发生时间介于不整合面上覆地层中最老一层的时代与下伏地层中最新一层的时代之间。

4. 其他地层接触关系

除以上三种主要接触关系之外，常见的地层接触关系还有侵入体的沉积接触、侵入接触和断层接触。侵入体的沉积接触具体表现为侵入体被沉积形成的新岩层直接覆盖，两者间存在风化剥蚀面。侵入接触是侵入体与被侵入围岩之间的接触关系，其主要标志是接触带存在接触变质现象，接触界线多不规则，侵入体边缘常有捕房体。断层接触是地层与地层之间或地层与岩体之间接触面本身为断层面的接触关系。

4.1.5 岩石的受力、变形与破坏

1. 应力、主应力和应力状态

力是物体间的相互作用，是具有指向性的矢量。外力指物体受到外界所施加的力，包括体力和面力。内力指物体内部各质点之间相互作用的力。当物体受到外力作用时，其内部必然产生与外力相平衡的内力。

内力的集度称为应力。对于任意考察点 P，作用在微面 ΔS 上内力的集度可以表示为 $\Delta F/\Delta S$，当微面面积趋近于零时，其极限即为 P 点的应力。当物体内部某截面应力均匀分布时，应力 $\sigma=F/S$，其中 F 和 S 分别为截面上的内力与截面的面积。

为了研究一点的应力，通常假想一个微小的正六面体代表该点。在该微元体上，认为应力是均匀的。在微元体的六个面上，作用有 18 个应力分量（根据平衡条件可简化为 6 个独立分量）。正六面体的取法不同，各面上的应力分量也不同，但由应力分量组成的二阶应力张量在数学上是等价的，具有相同的特征值。可以证明，总有一个特殊的六面体，在它的各个面上只有法向应力，而无剪切应力。这种剪切应力为零的截面称为主平面，作用在主平面上的正应力称主应力。三个主应力相互正交，通常按照大小写为 σ_1、σ_2、σ_3。若主应力已知，就可以通过平衡关系求出通过该点任一截面上的应力。

物体受到外力作用后，内部将产生有规律的应力。一点的应力状态指通过该点的各个截面的应力情况，可以用应力张量表示，也可以用主应力表示。根据主应力的情况可以分为三种基本受力状态：单向应力状态、两向应力状态和三向应力状态。

2. 岩石的变形

物体受到外力作用后，其内部各质点之间的位置发生改变，称为变形。变形的方式主要包括拉伸、压缩、剪切、弯曲、扭转等。

物体变形的相对程度称为应变，包括线应变和剪应变两种基本形式。线应变指物体受力发生变形后某个方向上所增加或缩短的长度与变形前长度的比值。地质学中一般规定压

缩应变为正。实验证明，当一个方向受到压缩或拉伸时，与其垂直的两个方向上也会出现线应变，即物体具有泊松效应。由泊松效应产生的横向应变与相应纵向应变的比值的绝对值称为泊松比。剪应变指物体在剪应力作用下，内部原来相互垂直的微小线段角度的改变量。在构造地质学中，通常规定逆时针旋转的剪应变为正。

岩石受力后的响应一般经历弹性变形、塑性变形和破坏三个阶段。这三个阶段虽然依次发生，但并不是截然分开的。

岩石受到外力作用发生变形，当外力完全撤除后能够恢复原状的变形称为弹性变形。弹性变形阶段单位应变所需的应力称为弹性模量，其大小表征岩石变形的难易。

当外力增加至一定程度，变形继续增大，此时若将外力撤除，变形后的岩石不能恢复至之前的形状，即有部分变形无法恢复，则这部分无法恢复的变形称为塑性变形。

若岩石所受的力进一步增加，超过了材料的承受能力，则会发生破坏。岩石破坏时所承受的应力称为强度。在工程上常用岩石的无侧限单轴抗压强度表征岩石的承载能力。

岩石的变形和强度受到岩石类型、围压条件、温度、应变速率、水、应力应变历史等因素的影响。通常情况下，水可使岩石软化，强度降低；应变速率较高时，岩石的强度会有一定的强化；常温常压下岩石破坏时的应变较小，呈现较明显的脆性，但在围压和温度提高后，往往变形能力会大大增强，呈现出不同程度的韧性。

岩石受力与变形破坏的一般规律见图 4-2。

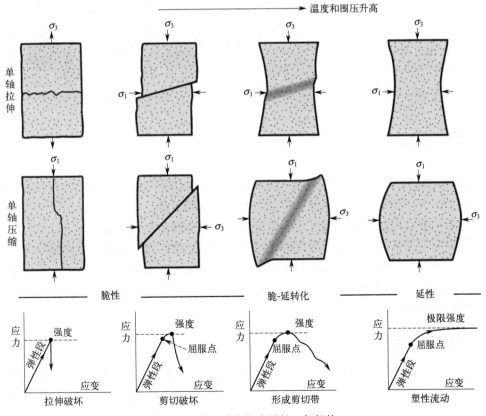

图 4-2　岩石受力与变形的一般规律

3. 构造层次

虽然地壳浅部地应力场分布规律复杂，但一定区域内的地应力场分布仍呈现一定的规律性。其特点主要表现为：①地壳浅层地应力在绝大部分地区是以垂直应力和水平应力为主应力的三向不等压应力；②在一定深度范围内，垂直地应力大致呈线性增长，与上覆岩层的自重大致相当；③埋深较浅的岩层中水平应力普遍大于垂直应力；④水平应力与垂直应力之比随埋深的增加而逐渐减小至1左右，即随着深度的增加，地应力状态逐渐从浅部的构造应力主导向深部静水压力状态转变。

由于岩层的埋深和所处的位置不同，岩石的变形破坏表现出不同的特点（表4-1）。通常将地壳内不同深度、不同温压条件和不同岩性中具有一种主要变形机制的区段，称为构造层次。埋深较浅的岩层，其应力场一般受地质构造控制，水平地应力一般大于垂直地应力，岩层表现出较强的脆性特征，易发生脆性的破坏；而埋深较深时，由于围压和温度的提高，岩石表现出更强的韧性，往往可以经受较大的变形而不破坏。

不同埋深岩层变形破坏的特点 表 4-1

深度	受力和变形特点	压缩	拉伸	剪切
浅埋	垂直应力较小、温度较低，易发生脆性破坏，常表现为断裂构造	逆断层	正断层	平移断层
深埋	围压和温度较高，易发生韧性变形或塑性破坏，常表现为褶皱构造	褶皱	拉伸	剪切

4.2 褶皱构造

构造运动使岩层发生变形和变位，形成的产物称为地质构造。常见的地质构造有褶皱和断裂构造，其中断裂构造又可进一步分为断层构造和节理。

层状岩石在构造应力的作用下形成的连续波状弯曲构造称为褶皱。

褶皱是岩石塑性变形的主要表现形式之一，是地壳中广泛发育的一种构造变动。褶皱的规模大小不一，大的褶皱长达几百千米，小的褶皱则可以出现在手标本上。形成褶皱的面大部分是层面，但也可以是变质岩中的劈理面、片理面或某些火成岩中的原生流面，甚至是节理面或断层面。

4.2.1 褶皱的成因

褶皱主要是由构造运动形成的。大多数褶皱是在水平运动下受到挤压，岩层的水平距离缩短而形成的，也可能是升降运动致使岩层向上拱起或向下拗曲而成。褶皱的形成机制与其受力方式、变形环境及岩层的变形行为密切相关。

常见的褶皱形成机制有：

1. 纵弯褶皱作用

纵弯褶皱作用指岩层受到顺层挤压作用而形成褶皱的过程。地壳的水平运动是造成这种作用的主要原因,地壳中多数褶皱是纵弯褶皱作用的产物,此类褶皱又称弯褶皱。当岩层发生褶皱时,不存在整套岩层的褶皱面,韧性不同的岩层以弯滑作用或弯流作用的方式形成褶皱。弯滑作用中多个岩层在纵弯褶皱的过程中上下坚硬岩层间发生层间滑动,各个岩层有自己的中和面,坚硬层间的塑性层常形成不对称的层间小褶皱。弯流作用则是由于岩层内部物质流动而形成褶皱的过程,大都发生在脆性厚层之间的塑性层内。

2. 横弯褶皱作用

横弯褶皱作用指岩层受到与层面近于垂直的外力作用而发生弯曲的过程。横弯褶皱作用的挤压多自下向上,如由于基底的断块升降引起盖层的弯曲,由于高塑性层重力上浮的底辟作用或岩浆上涌引起上覆地层的弯曲。横弯褶皱的特点是受褶皱的岩层整体上处于拉伸状态,不存在中和面,一般形成单个褶皱。

3. 剪切褶皱作用

剪切褶皱作用又称滑褶皱作用,是岩层沿着一系列与层面交切的密集面发生有规律的剪切滑动而形成褶皱的作用。剪切褶皱作用一般发生于韧性较大的岩系或较深层次的层状岩系的韧性剪切带中。在剪切褶皱作用中,岩层面不起控制作用,滑动也不限于层内,层面只作为差异滑动结果的标志。剪切褶皱作用多发生在变质岩地区。

4. 柔流褶皱作用

柔流褶皱作用指高塑性岩石或处于高塑性状态的岩石受应力作用而发生塑性流动并形成褶皱的作用。柔流褶皱一般形态十分复杂,产状无一定规律。

4.2.2 褶皱的基本类型

根据褶皱的形态和组成褶皱的地层特点,可将褶皱分为背斜和向斜两种基本形态。

背斜为岩层向上弯曲,中间地层老、两侧地层年轻的褶皱构造。向斜与之相反,为岩层向下弯曲,中间地层新、两侧地层老的褶皱构造。若地层的新老关系未知,则分别称为背形和向形。相邻的向斜和背斜共用一个翼部,如图 4-3 所示。

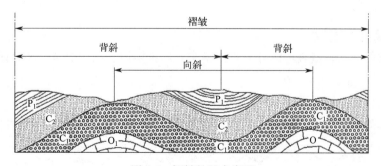

图 4-3 褶皱的基本类型

4.2.3 褶皱的要素

描述褶皱空间形态的基本褶皱要素主要包括核部和翼部、转折端、轴面、枢纽、轴迹、脊和槽等（图4-4）。

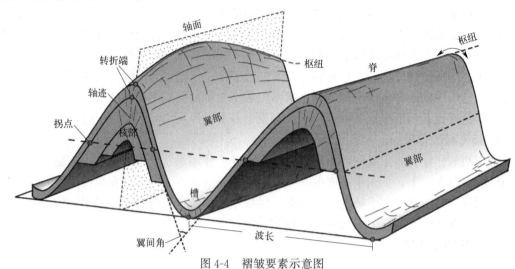

图 4-4 褶皱要素示意图

核部指褶皱中心部位的岩层，一般常指剥蚀后出露于地面的褶皱中心部分的地层，常简称为核。

翼部指褶皱核部两侧的地层，也可简称为翼。两翼之间的夹角称为翼间角。

转折端指褶皱的一翼向另一翼过渡的弯曲部分。

枢纽指同一褶皱层面上最大弯曲点的连线，代表褶皱在空间的起伏状态。枢纽可以是直线、曲线或折线，可以是水平线或倾斜线。

轴面指褶皱内各相邻褶皱面上的枢纽相连形成的面。轴面是一个假想的标志面，可以是平面或曲面。轴面与地面（或其他任何面）的交线称轴迹。

背斜的同一褶皱面上的最高点为"脊"，它们的连线为脊线；向斜的同一褶皱面上的最低点为"槽"，它们的连线称为槽线。

拐点为连续的周期性波形曲线上上凸与下凹部分的分界点。

4.2.4 褶皱的分类

1. 根据轴面产状分类

根据轴面的产状，褶皱可以分为直立褶皱、斜歪褶皱、倒转褶皱、平卧褶皱和翻卷褶皱，如图 4-5 所示。

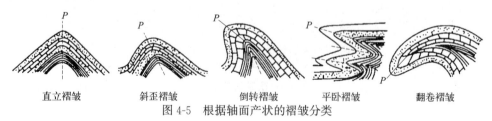

图 4-5 根据轴面产状的褶皱分类

直立褶皱轴面近于直立，两翼倾向相反，倾角大小接近。斜歪褶皱轴面倾斜，两翼岩层倾斜方向相反，倾角大小相差较大。倒转褶皱轴面倾斜，两翼岩层向同一方向倾斜，倾角大小不等,其中一翼岩层层序正常,另一翼岩层倒转,若两翼岩层向同一方向倾斜,倾角大小又相等,称同斜褶皱。平卧褶皱轴面近于水平,一翼岩层为正常层序,另一翼岩层为倒转层序。翻卷褶皱轴面为一曲面。

2. 根据截面形状分类

根据截面形状,褶皱可以分为圆弧褶皱、尖棱褶皱、箱形褶皱、扇形褶皱等,如图 4-6 所示。

圆弧褶皱

尖棱褶皱

箱形褶皱

扇形褶皱

图 4-6 根据截面形状的褶皱分类

圆弧褶皱的转折端呈圆滑的弧形。尖棱褶皱的转折端是一个尖点,呈锯齿状,常发生在岩性较坚硬且脆的岩层中。箱形褶皱转折端平直而两翼陡峭,形似箱状。扇形褶皱转折端平缓而两翼岩层均发生倒转。

3. 根据枢纽产状分类

依据枢纽产状,褶皱可分为水平褶皱、倾伏褶皱和倾竖褶皱三类。

水平褶皱的枢纽呈水平状态,水平面上两翼岩层走向互相平行。

倾伏褶皱的枢纽倾伏,水平面上两翼岩层走向不平行,沿倾伏方向延伸相交,在地质图上呈"V"字形或"之"字形弯曲。

倾竖褶皱的岩层面、轴面与枢纽均直立,这类褶皱比较少见。

4. 根据翼间角分类

翼间角是指正交剖面上两翼的夹角,根据翼间角的大小褶皱可分为平缓褶皱、开阔褶皱、闭合褶皱、紧闭褶皱和等斜褶皱五类。

5. 根据平面形态分类

依据褶皱中某一岩层在地面上出露界线的纵向长度(长轴)与横向长度(短轴)之比,可将褶皱分为线状褶皱、长轴褶皱、短轴褶皱、穹隆构造和构造盆地等类型。

线状褶皱为长宽比大于 10 的狭长形褶皱。

长轴褶皱为长宽比介于 5 到 10 之间的褶皱。

短轴褶皱为长宽比介于 3 到 5 之间的褶皱。

穹隆构造为长宽比小于 3 的背斜,褶皱层面呈浑圆形隆起。

构造盆地为长宽比小于 3 的向斜,褶皱层面从四周向中心倾斜。

4.2.5 褶皱的野外识别

褶皱构造是最常见的地质构造之一。几乎在所有的沉积岩及部分变质岩构成的山地都会存在不同规模的褶皱构造。中小型的褶皱构造可以在一个地质剖面上窥见其完整形态;而大型构造长宽可达数千米到数十千米。在野外识别和研究褶皱的方法主要有:

1. 地质方法

对拟考察地区的岩层顺序、岩性、厚度、各个露头的产状等进行调查,然后根据新老岩层对称重复出现的规律判断褶皱是否存在，确定是背斜还是向斜；进而根据轴面、两翼以及枢纽的产状等推断褶曲的形态。

野外路线考察方法主要有穿越法和追索法两种。采取穿越法时，垂直于岩层的走向进行观察，穿越所有岩层并记录岩层的顺序、产状、出露宽度及新老岩层的分布特征。追索法即沿着某一标志层的延伸方向进行观察，了解两翼是平行延伸还是逐渐汇合等情况。两种方法可以交叉使用，或以穿越法为主，追索法为辅，以便全面获知褶曲构造在三维空间的形态。

2. 地貌方法

地貌是构造运动和外力地质作用共同作用的结果。岩层的性质，构造的形式，在地貌上常有明显的反映。坚硬岩层常形成高山或山脊，软弱地层常形成缓坡或低谷等。

与褶皱构造有关的地貌形态主要有：

水平岩层。水平岩层通常不构成褶皱，但有些水平岩层并不是其原始产状，而是大型褶皱的一部分，例如褶皱的转折端、扇形褶皱的顶部或槽部、构造盆地的底部等。此类与褶皱有关的水平岩层常表现为四周为断崖的平缓台地、方山或构造盆地的平缓盆底。

单斜岩层。大型褶皱的一翼或构造盆地的边缘部分，常表现为一系列单斜岩层。单斜岩层在倾向方向上一般发生顺岩层层面进行的面状侵蚀，因而地形坡度常与岩层倾角大体一致；而在与倾向相反的方向常沿着垂直裂隙呈块体剥落，形成陡坡和峭壁。因此，如果单斜岩层的倾角较小，则易形成一边是陡坡一边是缓坡的单面山（如南京紫金山和四川剑门关）；如果单斜岩层的倾角较大，则易形成两边皆陡峻的猪背山或猪背脊。

穹隆构造、短背斜和构造盆地。前两者常形成一组或多组同心圆或椭圆式分布的山脊，有时发育有放射状或环状的水系。在构造盆地地区，四周往往是由老岩层构成的单斜山，至盆地底部转为平缓或近水平的较新岩层。如四川盆地，北部的大巴山主要由古生界和前古生界古老岩层组成，盆地中心则主要由中生界及新生界年轻岩层组成。

水平褶皱及倾伏褶皱。在水平褶皱发育地区，常沿两翼走向形成互相平行且对称排列的山脊和山谷。在倾伏褶皱发育地区，常形成弧形或"之"字形展布的山脊和山谷。

背斜和向斜。地形有时与地质构造基本一致（构造较年轻时），即形成背斜山和向斜谷。但在更多的情况下（构造形成年代较老时），背斜部位常被侵蚀成谷，而向斜部位发育成山，即形成背斜谷和向斜山。这种地形与构造不吻合的现象称为地形倒置。

4.2.6 褶皱的工程地质评价

褶皱地区多地形起伏，褶皱强烈的地区往往岩层破碎、裂隙发育。在褶皱地区进行工程建设应充分考虑褶皱岩层的特点。

1. 斜坡稳定性问题

褶皱的翼部以倾斜岩层为主。逆向坡一般岩层稳定性较好，但上部岩石破碎或有现代堆积时，对工程安全不利。如果被开挖边坡的走向与岩层走向基本一致，且边坡坡向与岩层倾向一致，岩层倾角又小于边坡坡角时，则极易造成顺层滑动；当岩层倾角大于坡角时，一般对稳定性有利，但应尤其注意坡脚开挖的情况。

2. 地下工程围岩

褶皱的核部是岩层强烈变形的部位，一般岩石较破碎、裂隙发育程度高，岩体的强度和稳定性差。在褶皱核部修建各种工程时，必须注意岩层的坍塌及漏水、涌水问题。

3. 褶皱区的地下水

向斜构造内常富含地下水，一方面在向斜地段开挖施工要特别注意漏水和涌水问题，另一方面可以作为供水水源。背斜构造核部裂隙发育，岩层向两侧倾斜，不利于蓄水。

4.3 断裂构造——节理

岩石受外力作用后发生形变，当作用力超过岩石的强度时，岩石的连续性遭到破坏而发生破裂，则形成断裂构造。断裂构造包括节理和断层，是岩体中非常常见的地质构造，在一些断裂构造发育的区域，断层和节理常成群分布，形成断裂带。

4.3.1 节理概述

岩石破裂后，沿破裂面无明显位移的断裂构造称为节理。

通俗的说，节理就是岩石中的裂隙（缝）。节理规模大小不一，一般常见的为几十厘米至几米，长的可延伸达几百至上千米。节理张开程度不一，有闭合的也有张开的。节理面可以非常平坦光滑，也可以十分粗糙。

节理在岩石中的分布十分普遍，发育极不均匀，同时又具有一定的方向性和组系性。

影响节理发育的因素很多，主要有构造变形的强度、地层的形成时代、岩石的力学性质、岩层的厚度及所处的构造部位等。在岩石变形较强的部位（如褶皱的核部），节理发育较为密集。同一个地区，形成时代较老的岩石中节理发育较多，而形成时代新的岩石中节理发育较少。岩石脆性强而厚度较小时，节理易发育。在断层带附近以及褶皱轴部，往往节理较发育。

节理的空间状态用节理面的产状要素（走向、倾向及倾角）描述。

节理常常有规律地成群出现，相同成因且相互平行的节理称为一个节理组，在成因上有联系的几个节理组构成节理系。

4.3.2 节理的分类

1. 按照形成时间的先后分类

按形成时间的先后，节理可分为原生节理（图 4-7）和次生节理两大类。

原生节理指在成岩过程中形成的节理。如沉积岩中的泥裂，火山熔岩冷凝收缩形成的柱状节理，以及岩浆侵入过程中由于流动作用及冷凝收缩产生的各种节理等。

次生节理是指岩石成岩后形成的节理，包括构造节理和非构造节理。

构造节理是地壳构造运动的产物，常常成组成群有规律地出现，与褶皱、断层在成因和产状上有一定的联系，是广泛存在的一种节理。

非构造节理指岩石在风化作用、滑坡、冰川作用及人工爆破等外动力地质作用下所产生的裂隙。非构造节理常分布在地表浅部，延伸不长，形态不规则，多为张开的张节理。非构造节理的几何规律性较差，但可成为地下水运移的通道，在一定条件下形成储水层。风化破碎带对于工程建设有很大影响。

2. 按照力学成因分类

按照力学成因，节理可分成张节理和剪节理两大类。

张节理是在张应力的作用下形成的节理，多数是张开的，节理面粗糙不平，常呈不规则树枝状或网格状，节理面上不具擦痕；发育在粗碎屑岩中的张节理往往会绕过砾石和粗砂粒，并不穿过颗粒。张节理裂缝较宽且宽度不稳定，常被矿脉填充；一般发育稀疏、节理间距大，沿走向延伸不远，但在附近不远处又会断续出现，并有分支复合现象。

剪节理是在剪应力的作用下形成的节理。剪节理一般成对出现，称为共轭剪节理（图 4-8），两共轭剪节理面的交线方向与中间主应力方向一致，两面较小交角的等分线方向一般是最大主应力的作用方向。节理面两侧岩块有微小的位移，节理面上常可见摩擦导致的擦痕；节理面一般平直光滑，产状比较稳定，常紧闭且沿走向和倾向延伸较远；一般分布均匀，间距小，常密集成带；粗碎屑岩中的剪节理往往平整地切割砾石和粗砾粒。

图 4-7 原生节理（南京六合桂子山）

图 4-8 共轭剪节理（南京紫金山）

3. 按照与所在岩层或相关构造的几何关系分类

按节理与所在岩层产状的几何关系，节理可分为走向节理、倾向节理、斜向节理和顺层节理，见图 4-9。走向节理的走向与所在岩层的走向大致平行；倾向节理的走向与所在岩层的倾向基本一致；斜向节理的走向与所在岩层的走向斜交；顺层节理的节理面大致平行于岩层面。

按节理与褶皱轴向的几何关系，节理可分为纵节理、横节理和斜节理，见图 4-10。纵节理的走向与褶皱轴向大致平行；横节理的走向与褶皱轴向大致垂直；斜节理的走向与褶皱轴向斜交。

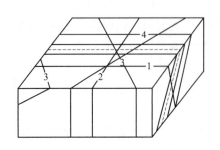

图 4-9 根据节理与岩层产状关系分类
1—走向节理；2—倾向节理；3—斜向节理；4—顺层节理

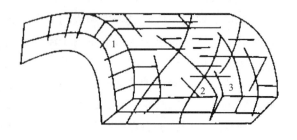

图 4-10 根据节理产状与褶皱轴向关系分类
1—纵节理；2—斜节理；3—横节理

4.3.3 节理发育程度评价

1. 节理与工程的关系

不同产状的节理与层理等一起将岩石切割成形状各异的块体。结构面的自然特征，是决定岩体强度和变形的重要因素，因此，准确识别结构面的自然特征并对其参数进行采集分析，是岩体力学特性分析的重要基础工作。

节理裂隙与工程的关系主要表现在以下几点：①节理破坏了岩体的完整性，不仅大大降低了岩石的力学特性，而且地下水容易沿裂隙渗入从而加速岩石的风化；②节理产状不利时，如主要节理组与边坡潜在滑动方向一致，容易引起滑坡、坍塌等围岩失稳现象；③节理裂隙是地下水渗流的主要通道，在岩溶地区，节理易发展成溶隙、溶洞，在其他岩性地区也对工程不利；④在一定条件下，裂隙岩体可以成为地下水储集空间。

2. 节理的自然特征

节理的自然特征主要包括节理的空间分布特征（产状、密度、连续性）、形态、张开度、粗糙度、充填与胶结情况等（表4-2）。

节理的自然特征　　　　　　　　　　表4-2

自然特征		表征参数或描述
空间分布特征	产状	走向、倾向、倾角
	密度	线密度、体密度、间距
	连续性	贯通程度、线连续性系数、面连续性系数、迹长
形态		起伏度、粗糙度、起伏差、起伏角
张开度		闭合、裂开、张开
充填与胶结		未充填或硅质、铁质、钙质、泥质充填等

3. 节理的发育程度

节理裂隙的数量评价主要有裂隙率（岩石中裂隙面积与岩石的总面积的比值）统计法。裂隙率越大，则岩石中的节理裂隙越发育。

评价节理裂隙危害性时应注意裂隙的力学性质，一般情况下，张节理比剪切节理的工程性质差。在评价节理裂隙危害性时，还应注意节理裂隙的闭合程度及充填情况。一般情况下，闭合的或由硅质、铁质、钙质胶结的节理裂隙对岩体的强度和稳定性危害较小，而张开的或由泥质胶结的节理裂隙对岩体的强度和稳定性危害较大。

根据节理裂隙的成因类型、密度、组数、闭合及填充等自然特征，将节理裂隙发育程度分为不发育、稍发育、发育和很发育四个等级，具体见表4-3。

节理裂隙发育程度分级　　　　　　　　　　表4-3

发育程度等级	基本特征	附注
不发育	节理裂隙1~2组,规则,构造型,间距在1m以上,多为紧闭裂隙,岩体被切割成巨块状	对基础工程无影响,在不含水及无其他不良因素时,对岩体稳定性影响不大
较发育	节理裂隙2~3组,呈X形,较规则,以构造型为主,多数间距大于0.4m,多为紧闭裂隙,少有填充物,岩体被切割成大块状	对基础工程影响不大,对其他工程可能产生相当影响

续表

发育程度等级	基本特征	附注
发育	节理裂隙3组以上,不规则,以构造型或风化型为主,多数间距小于0.4m,大部分为张开裂隙,部分有填充物,岩体被切割成小块状	对工程建筑物可能产生很大影响
很发育	节理裂隙3组以上,杂乱,以风化型和构造型为主,多数间距小于0.2m,以张开裂隙为主,一般均有填充物,岩体被切割成碎石状	对工程建筑物产生严重影响

4.3.4 节理的野外观测及调查统计

1. 节理的野外观测

为了评价岩体的完整性和稳定性,需要对节理性质、分布规律、形态产状进行观测与统计。观测点一般选择在构造特征清楚、发育良好的露头上,露头面积不宜小于$10m^2$。

节理野外观测的主要内容:

1) 观察地层岩性及具体的地质构造,测量地层产状以及确定测点所在的构造部位。观测点的数目根据地质构造的复杂程度确定,构造越复杂,测点数目应越多。

2) 观察节理的性质及其发育规律。首先分辨节理类型是非构造还是构造节理,然后区分其力学性质是张节理还是剪节理。

3) 测量与登记。测量与登记的内容主要包括节理的产状、粗糙度、节理密度、节理充填物、节理壁距以及节理的持续性。观测节理粗糙度时,一般分成平直、波状、阶梯状三种形态,并进一步分为光滑、平滑、粗糙三种分级。节理密度(线密度)指在垂直于节理走向方向1m距离内节理的数目(条数/m),线密度的倒数即为节理的平均间距,两者都是评价岩体质量的重要指标。节理的充填物一般有泥土、方解石脉、石英脉和长英质岩脉。除泥土外,其余充填物一般对节理裂隙起胶结作用,有利于节理的稳定。泥土遇水软化起润滑作用,不利于稳定。因此还要同时观察统计含水状态(干、湿、滴水、流水)和裂隙张开程度,后者对估计地下水涌水量是重要参数。节理持续性是指节理裂隙的延伸程度,一般:<3m,差;3~10m,中等;>10m,好及很好;持续性越好对工程影响越大。

2. 节理产状的统计

室内资料整理与统计常用的方法是制作节理玫瑰图。

在节理研究中,为简明、清晰地反映不同性质节理的发育规律,常需根据统计数据对节理参数制图。节理玫瑰图是最常用地反映观测地段各组节理发育程度和优势方位的统计图件。节理走向玫瑰图用节理的走向编制,节理倾向玫瑰图用节理倾向编制,具体编制方法可参见《南京及周边地区地质实习指南》[①]。

4.4 断裂构造——断层

断层指岩层或岩体受外力作用破坏后,破裂面两侧的岩块发生了明显位移的断裂构

---

① 范鹏贤,王波,赵跃堂,等.南京及周边地区地质实习指南[M].南京:南京大学出版社,2021.

造。断层是地壳中最重要的一种地质构造，分布广泛，形态和类型多样，规模大小悬殊，大断层可延长数百至数千千米。

4.4.1 断层要素

断层的各个基本组成部分称为断层要素，主要包括断层面和断层线、断盘和位移等。

1. 断层面和断层线

断层面指相邻两岩块断开或沿其滑动的破裂面，它的空间产状可由走向、倾向、倾角确定。断层面可以是平面或弯曲面，常常表现为具有一定宽度的破裂带。许多破裂面组成的破裂带称为断层带，其宽度自数米至数百米不等，一般断层规模越大，形成的断层带越宽。

断层面与地面的交线称为断层线，断层线的分布规律与地层露头线相同。

2. 断盘

断盘是指断层面两侧发生相对移动的岩体或岩块，见图4-11。

若已知断层面的倾向，则可将断盘分为上盘和下盘。上盘位于断层面之上，下盘位于断层面之下；若已知断层的相对移动方向，可将断盘分为上升盘和下降盘。当断层面直立或断层倾向不明时，则以方位表示断层盘。例如断层走向为东西方向，则可分出北盘与南盘，断层线呈北东-南西走向时，断盘分北西盘和南东盘。

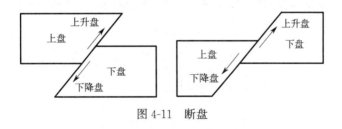

图4-11 断盘

3. 位移

断层的位移指断层两盘相对错动的距离。

假设断层面上有一点，错动后分成的两个对应点并分别位于两个断盘之上，这样的点称为相当点，相当点之间的实际距离称滑距（图4-12中的AA'），它反映了断层两盘的真实位移，也称总滑距。而沿着断面走向、倾向以及水平和垂直方向的总滑距的分量则分别称为走向滑距（图4-12的中BA'）、倾向滑距（图4-12中的AB）、水平滑距（图4-12中的AD）和铅直滑距（图4-12中的DA'）。

断层未发生断裂前属同一层的岩层称为相当层。断层发生后，该地层之间在垂直于地层走向的截面上移动了一定的距离。在垂直于地层走向的截面上测得的相当层的位移，一般称为断距。视断距即断层两盘上相当层的同一层面错开后的位移量（图4-13中的AB）。地层断距即断层两盘相当层层面之间的垂直距离（图4-13中的CE）。铅直地层断距即断层两盘相当层层面在铅直方向上的距离（图4-13中的CF）。水平断距即在同一高度上断层面两侧相当层层面之间的距离（图4-13中的CD）。水平断距代表断层面两侧相当层位移拉开的水平距离。

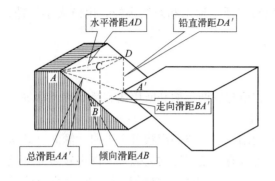

图 4-12 断层的位移

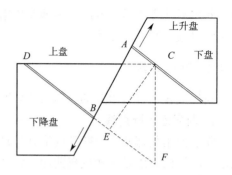

图 4-13 断层的断距

4.4.2 断层的基本类型

断层的分类涉及地质背景、运动方式、力学机制和几何关系等因素，本书仅介绍两种基本的分类方式，相关解释可参照节理的分类。

1. 按断层与相关地质构造的几何关系

按照断层产状和所在岩层产状的关系，断层可以分为走向断层、倾向断层、斜向断层和顺层断层。

按照断层走向与褶皱轴向的关系，断层可以分为纵断层、横断层和斜断层。

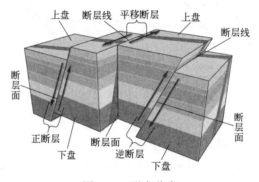

图 4-14 形态分类

2. 按断层两盘的相对运动方向

按断层两盘的相对运动方向，断层可分为正断层、逆断层和平移断层（图4-14）。

正断层指沿断层面的倾向，上盘相对下降，下盘相对上升的断层。正断层一般是在水平张力作用或重力作用下形成的，一般断层面倾角较陡。正断层带内岩石破碎相对不太强烈，角砾岩多带棱角，通常没有挤压形成的复杂小褶皱。

逆断层的断盘位移方向与正断层相反，即上盘相对上升，下盘相对下降。逆断层一般是在两侧受到近于水平的挤压力作用下形成的，多与褶皱伴生。断层面倾角大于45°的逆断层称为高角度逆断层或冲断层，反之则称为低角度逆断层或逆掩断层。规模巨大，断层面倾角平缓（一般小于30°）且呈波状起伏，推移距离远（数千米至数十千米）的逆掩断层，又称为推覆构造或辗掩构造，多出现在地壳强烈活动的地区。

大规模的逆掩断层或推覆构造的突出特征是：老岩层推覆在新岩层之上。推覆构造的上盘常由于差异侵蚀而局部露出下盘较年轻的原地岩块，这种构造称为构造窗。与此相反的，如果上盘的外来岩块受到强烈侵蚀，只有局部残留于较新的下盘地层之上，这种构造称为飞来峰。构造窗和飞来峰，在平面地质图上均表现为和周围的岩层呈断层接触，构造窗表现为新岩层被老岩层环绕，飞来峰则是老岩层被新岩层包围。

平移断层是断层两盘沿断层走向方向发生位移的断层。平移断层的倾角通常很陡，近于直立。根据断层两盘的相对位移方向，可进一步区分为右行平移断层和左行平移断层。当垂直断层走向观察断层时，对面断盘向右手方滑动（顺时针方向）的为右行平移断层；对面断盘向左手方滑动（逆时针方向滑动）的为左行平移断层。

大型平移断层又称走向滑动断层或简称走滑断层。走滑断层规模巨大，延伸长达数百千米甚至数千千米。如北美西部的圣安德列斯走滑断层，延伸约2000km，右行平移距离达500km，至今仍在活动，形成了世界著名的地震活动带。

断层两盘相对移动并非完全地上、下或者沿水平方向进行，而经常出现沿断层面的斜向滑动。这时的断层兼具有正（逆）及平移性质，斜向滑动断层根据位移特点分出主次，常采取组合命名，如称为左（右）行正（逆）-平移断层或平移-正（逆）断层。复合命名中在后的一种运动方式是主要的。

4.4.3 断层的组合

同一地区在同一地应力场的作用下，断层往往形成有规则的排列组合。常见的断层组合形式有阶梯状断层、地堑与地垒、叠瓦构造、Y字形断层等。

1. 阶梯状断层

阶梯状断层由若干条产状大致相同的正断层平行排列而成（图4-15），一般发育在上升地块的边缘。

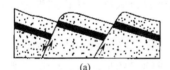 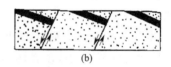

　　　　　(a)　　　　　　　　　　　　(b)

图4-15　阶梯状断层
（a）未经剥蚀；（b）经受剥蚀

2. 地堑与地垒

地堑与地垒均由走向大致相同、倾向相反、性质相同的两条或数条断层组成。如图4-16(a)所示，如断层中间有一个共同的下降盘，称为地堑；如图4-16(b)所示，如断层中间有一个共同的上升盘，则称为地垒。地堑与地垒两侧的断层一般是正断层，有时也可以是逆断层。地垒常表现为断块隆起的山地，如江西的庐山；地堑在地貌上一般呈狭长的谷地、盆地或湖泊，如我国的汾渭地堑、欧洲的莱茵地堑和西伯利亚的贝加尔湖地堑等。

3. 叠瓦构造

叠瓦构造是一系列产状大致相同平行排列的逆断层的组合形式（图4-17）。多个断层的上盘依次逆冲形成如叠覆的瓦片般的构造。叠瓦构造中各断层面的倾角一般上陡下缓，在深处有时收敛于一条主干大断层。

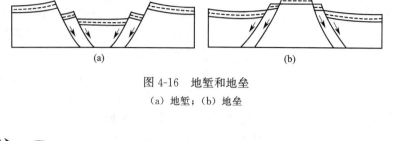

图 4-16 地堑和地垒

(a) 地堑；(b) 地垒

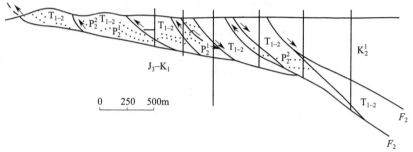

图 4-17 江苏茅山南段花山剖面的叠瓦构造（据江苏煤田地质勘探公司）

4.4.4 断层的野外识别

大部分断层在形成后遭受外力地质作用剥蚀和被松散沉积物覆盖，需要依据一些标志来判断断层是否存在。断层存在的标志，主要体现在地层和构造方面，其次是地貌、水文等方面。本书仅作简要介绍，具体可参见《南京及周边地区地质实习指南》[①]。

1. 地形地貌特征

1) 负地形（带状低凹地带）。由于断层附近岩石破碎，在长期外力作用下，容易形成沟谷和冲沟等地形地貌。

2) 断层崖、断层三角面。大而陡的断面出露呈陡崖状，通常断层崖的走向线平直。断层三角面通常是断层崖被冲沟或溪谷切割而成的三角形陡崖。断层两侧地貌差异十分明显，从平原陡然进入山区，面向平原一侧断层三角面发育。三角面的前面常形成一系列的冲积扇、洪积扇。

3) 其他断层指示地貌。如地貌的突然改变；河流、河谷方向的突变；山脊、山谷、阶地、洪积扇等被错开（断移山脉等）；线状分布的泉、崩滑体等。

2. 断层面（带）的构造特征

它主要包括地质体错断、断层岩、镜面、擦痕与阶步、牵引构造等。

3. 地层特征

地貌或构造只能作为断层存在的指示特征，要真正确定断层，还需要满足：①岩层或矿层沿走向突然中断；②地层重复或缺失。断层造成地面上某些地层的重复或缺失。根据地层的重复或缺失情况可以判断断层性质。

---

① 范鹏贤, 王波, 赵跃堂, 等. 南京及周边地区地质实习指南 [M]. 南京：南京大学出版社, 2021.

4. 其他特征

大断层尤其是切割很深的大断裂常常是岩浆和热液运移的通道和储聚场所。矿体、矿化带等热液蚀变带线状断续分布，常指示有大断层或断裂带的存在。一些放射状或环状岩墙、沉积岩相和厚度沿某条线发生急剧变化，也可能是断层活动的结果。

4.4.5 断层对工程的影响

地下洞室工程被包围于称作围岩的岩土体介质中，常会遇到比较复杂的工程地质条件。断层构造对工程的影响主要有：

（1）断裂破碎带常因构造破坏、岩脉穿插、风化强烈、裂隙面夹泥而呈碎裂状，或局部因风化和强烈破碎成散体状，岩石的强度和承载力显著降低，地上工程的基础和地下洞室工程不宜布置在断裂破碎带或断裂交汇处。

（2）断层上下盘的岩层物理力学性质常有所不同，如果工程基础或地下工程围岩跨越两盘，有可能因受力和变形的不均匀而带来一系列问题；隧道工程不宜沿断裂走向布置而应以垂直走向穿过，尽量缩短穿越断裂破碎带的距离。

（3）断层（尤其是张性断层）带岩层破碎，有可能显著改变岩层的透水性，导水断层是地下水流动的通道，施工中遇到导水断层，易发生突水突泥事故。

（4）阻水断层可以降低岩层的透水性，阻止地下水的渗流；导水断层则可以成为地下水的储集空间，也可以沟通不同的含水层，改变地下水系的结构，因此断层性质和分布是找水和开采地下水时必须考虑的重要因素。

（5）在新构造运动强烈的地区，有的断层可能发生活动（活动性断裂），引起断层两盘的持续相对移动，甚至造成强烈的地震。

（6）在工程施工的扰动下，由于应力场和边界条件的改变，原已稳定的老断层有可能重新活化，引起工程性地震或新的错动位移，影响工程围岩的稳定性。

（7）作为岩层宏观不连续界面，断层带可以反射和削弱应力波，从而对地下爆炸的毁伤效应起到遮蔽作用，合理安排防护工程与断层带的空间关系可以利用其作为防护结构的一部分。

4.5 活断层与地震

活断层指现今仍在持续活动的断层。在最近的地质历史时期曾经活动过且在近期极有可能重新活动的断层称为潜在的活断层。活断层与地质灾害（尤其是地震）密切相关，对工程安全的影响非常大。

4.5.1 活断层的基本特征

1. 活断层的活动方式

活断层按基本活动方式可以分为黏滑断层和蠕滑断层。

黏滑断层两盘的岩体强度高，断裂带锁固能力强，在大部分时间里两盘黏结在一起，不产生或仅有极其微弱的相互错动，不断积累应变能，当应力或变形达到岩体的承受极限后，突然发生较大幅度的相互错动，释放大量应变能，从而引发较强地震。这种瞬间发生的强烈错动间歇性地、周期性地发生，沿该类断层有周期性的地震活动。

蠕滑型断层两盘岩体强度低，断裂带内常含有软弱充填物，断裂带的锁固能力弱，难以积累较大的应变能，在构造应力的作用下会持续不断地缓慢滑动。该类断层活动一般不会导致较大地震，有时可产生小震。

2. 活断层的继承性、反复性和分段性

区域性活断层一般规模大，活动延续时间长，具有继承性、反复性和分段性。

活断层往往是继承老断裂活动的历史和特征而继续发展的，而且现今发生断层活动的地段往往在地史中曾经反复地发生过相似的断层活动。我国活断层的分布总体上继承了老的断裂构造，尤其是中生代和古近-新近纪以来的断裂构造。在板块相互作用产生的现代地应力场中，这些老断裂继续活动，并在一定程度上发育了新的活动部位。活动构造带的地震震中，总是沿活动性断裂有规律地分布，其中尤以走滑断层最为明显。

大型活断层不同段的规模和活动性具有显著不均性。大型断层尺度大，在延伸方向上岩性、构造应力场、几何参数等条件并不一致。在空间上的不均匀性体现在同一断层的不同分支或区段的活动强度具有显著差异。在一些岩体强度较高，利于应力积累段，当应变能积累达到其岩体极限强度时，会产生突然错断而产生地震，这就是典型地震断层的分段性。在时间上的不均匀性主要体现在断层活动强度随时间有较大变化，在某段时间活动强烈而在另一段时间活动微弱。

3. 活断层的主要参数

活断层的参数主要有产状、长度、断距、错动速率、错动周期和活动年龄等。这些参数是在活断层分布区进行地震预报和设防的重要数据，对它们的了解和分析有助于把握活动断裂的活动规律性，也是评价建设场地区域地壳稳定性的重要依据。

活断层的产状，包括断层面的走向、倾向和倾角，可通过遥感影像判读、宏观地质调查、震源机制断层面分析，以及对等震线几何特征、地表地震断层和裂缝带、现场测量等多种途径获取。

活断层的长度和断距可以根据地震时地表断裂带长度和断层最大位移值来推断。一般地震的震级越大，震源深度越浅，则地表断裂越长，断层位移量也越大。大于7级的浅源地震一般均伴有地表错断。地震时地表错断的长度可从数百米至数百公里，地表错动位移量从几厘米至十余米。一般认为，地面上产生的最长地震断裂最能代表震源断层的长度。

活断层的错动速率一般可通过重复精密地形测量和第四纪沉积物年代及其错动位移量而获得。重复精密地形测量可以直接测定活断层不同地段的错动速率。而第四纪沉积物年代及其错动位移量的研究可以确定活断层在最新一段地质时期内的平均错动速率。

地震断层两次突然错动之间的间隔称作活断层的错动周期。活断层同一部位发生大地震的重复周期往往长达数百至数千年。不过整条断层发生地震的重复周期一般较短，只有几十年，甚至数年。地震断层的错动周期主要取决于断层周围地壳应变速率和断层面锁固段的强度。一般情况来说，应变速率越小，锁固段强度越大，则错动周期越长。地震强度越大的活断层，其错动周期越长。

确定活断层最新一次活动的地质年代和绝对年龄，对工程建设至关重要。判定活断层的地质年代或年代范围主要以第四纪地质学和地层学研究为基础。在此基础上，应用现代测龄技术进行现场地层或断层带取样，在实验室测定绝对年龄。

4.5.2 地震相关基本概念

1. 基本概念

地震又称地动、地震动，是地壳快速释放能量造成地面震动的一种内力地质作用。

地壳内部发生震动的地方称为震源。震源是一个区域，但常被看成一个点。

震源在地面的垂直投影称震中。震中可以看作地面上震动的中心，围绕震中一定范围的地区称为震中区，它是地震时震害最严重的地区。强烈地震的震中常被称为极震区。

从震中到地面上任意一点的距离称为该点的震中距。

从震源到地面的垂直距离叫作震源深度。通常地震源深度在70km以内的地震称为浅源地震；70～300km的称为中源地震，300km以上的称为深源地震。深度超过100km的地震，通常在地面上不会引起灾害，多数破坏性地震是浅源地震。

在同一次地震影响下，地面上破坏程度相同各点的连线称为等震线（图4-18）。

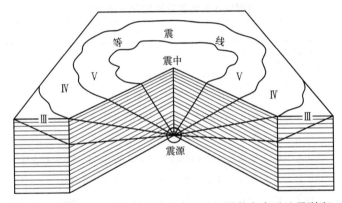

图4-18 震源、震中、等震线示意图（罗马数字表示地震烈度）

2. 地震震级

地震震级是表征地震释放能量大小的定量指标。它是根据地震波记录测定计算出来的一个无量纲数值，用来在一定范围内表示各个地震的相对大小（强度）。

我国目前使用的震级标准是国际上通用的里氏震级。该震级标准最早由两位美国地震学家里克特和古登堡在1935年共同制定，以发生地震时产生的水平位移作为判断标准。在三种主要的地震波（横波、纵波、面波）中，里氏震级以对地面破坏最大的面波作为主要判断依据。里氏震级根据距震中100km处的标准地震仪所记录的地震波最大振幅值的对数来表示，其计算公式为：

$$M_L = \lg\left(\frac{A_{\max}}{A_0}\right) \tag{4-1}$$

式中 M_L——里氏震级；

A_0——距震中100km处接收到的0级地震的地震波的最大振幅；

$A_{\max}$——被评估地震在距震中100km处接收到的地震波的最大振幅。

在实际测量时，由于很大一部分能量会消耗在地层错动、摩擦所产生的位能和热能中，测得的地震波主要是以弹性波形式传播的能量。实际上在100km处也不一定有符合条件的标准地震仪，因此必须根据实际记录对数据进行修正。我国目前规定对小于

1000km 的近震用体波震级，而对于远震则多使用面波震级。

震级代表地震自身的强弱，只与震源发出的地震波能量有关。释放的能量越大，震级就越高。两者的关系为 $\lg E = 1.5 M_L + 4.8$。震级每提高一级，地震仪记录的地震波幅值增大至原来的 10 倍，地震释放的能量增加至原来的 31.6 倍。

按震级大小，通常把小于 2.5 级的地震称作小震，2.5～4.7 级的地震称作有感地震，大于 4.7 级的地震称作破坏性地震。4.5～6.0 级的地震称为中强震，等于或大于 6.0 级的地震称为强震，其中震级大于或等于 8.0 级的又称为巨大地震。目前世界上已测得的最大等级地震是发生于 1960 年的智利大地震，震级为里氏 9.5 级。

3. 地震烈度

地震烈度是表征地震产生破坏程度的定量指标。它不仅与地震震级有关，还和震源深度、震中距以及地震波的传播介质等多种因素有关。我国将地震烈度划分为 12 级，以罗马字母表示，烈度越高，破坏性越强。不同烈度的主要表现如表 4-4 所示。

中国地震烈度鉴定标准表（简要） 表 4-4

烈度	名称	地震情况
Ⅰ	无震感	无感,仅仪器可以记录到
Ⅱ	微震	个别敏感的人在完全静止中可以感觉到
Ⅲ	轻震	室内少数人在静止中有感,悬挂物轻微摆动
Ⅳ	弱震	少数在室外的人和大多数在室内的人有感觉。悬挂物摆动,不稳定器物作响
Ⅴ	次强震	室外大多数人有感觉,树木摇晃,悬吊物来回摆动,窗户玻璃出现裂纹
Ⅵ	强震	人站立不稳,家具移动位置或翻倒,墙壁表面出现裂缝,简陋房屋受损
Ⅶ	损害震	房屋轻微损坏,装饰大量脱落,烟囱破裂,简陋房屋严重损伤
Ⅷ	破坏震	房屋多有损坏,路基塌方,树木发生摇摆有时摧折,地表出现裂缝及喷沙涌水
Ⅸ	毁坏震	房屋大多数破坏,少数倒塌,铁轨弯曲,地上裂缝很多
Ⅹ	大毁坏震	房屋倾倒,道路毁坏,地面开裂,山石崩塌,水面涌起大浪
Ⅺ	灾震	房屋大量倒塌,路基堤岸大段崩毁,地面开裂甚大,山崩滑坡多发
Ⅻ	大灾震	一切人工建筑物普遍毁坏,山川地形剧烈变化,动植物遭毁灭

震级与地震烈度相互联系而又有所区别。一次地震只有一个震级，但在不同地区其烈度大小是不一样的。部分浅源地震（震源深度 10～30km）中，震级和震中烈度（最大烈度）的关系，根据经验大致如表 4-5 所示。

震级与震中烈度关系 表 4-5

震级(级)	<3	3	4	5	6	7	8	8 以上
震中烈度(度)	1～2	3	4～5	6～7	7～8	9～10	11	12

地震烈度可分为基本烈度、场地烈度和设防烈度。

基本烈度指一个地区在今后 100 年内，在一般场地条件下可能遇到的最大地震烈度。它是在研究了区域内毗邻地区的地震活动规律后，对地震危险性做出的综合性评估和对未来地震破坏程度的预报。场地烈度又称小区域烈度，它是指建筑场地内基于地质条件、地貌地形条件和水文地质条件等对基本烈度修正后的烈度，通常比基本烈度提高或降低半度至一度。设防烈度又称设计烈度,是指抗震设计所采用的烈度,是考虑建筑物的重要性、永久性以及工程经济等条件对基本烈度进行适当调整后的烈度。对于大多数建筑物基本烈度即设防烈度,特别重要的工程建筑可提高一度,对次要建筑,如仓库或辅助建筑,设防烈度可降低一度,但基本烈度为Ⅶ度时不降。

4. 地震波

地震时从震源释放的能量以弹性波形式向四周传播,称为地震波(图 4-19)。它具有振幅和周期,在地面表现为距震中越远,震动强度越小,地面破坏程度越轻的等震线。按传播方式地震波可分为纵波(P 波)、横波(S 波)和面波三种主要类型。

通过地球内部介质传播的地震波称为体波,分为纵波(P 波)和横波(S 波)。纵波的质点震动方向与地震波传播方向一致,在固态、液态及气态物质中均能传播,传播速度最快,平均约 7~13km/s。横波的质点震动方向与地震波传播方向垂直,传播速度较小,平均速度约为纵波速度的 0.5~0.6 倍,只能在固体介质中传播。

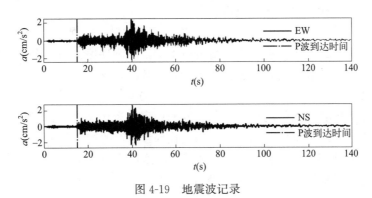

图 4-19 地震波记录

面波,是体波到达地面后激发的次生波,又分瑞利波(R 波)和勒夫波(L 波)。面波只在地表传播,它振幅大,传播速度慢。

地震发生后最先到达的是纵波,其次是横波,最后是面波。当横波和面波到达时,地面震动最强烈,对建筑物破坏性最大。

4.5.3 地震的成因和类型

根据引起地震的具体原因,可分为构造地震、火山地震和冲击地震,人类活动也可以导致发生地震,称为诱发地震,如水库地震。

1. 构造地震

构造地震是由构造变动特别是断裂活动所产生的地震。全球绝大多数地震是构造地震,约占地震总数的 90%,其中的大多数又属于浅源地震。构造地震的特点是活动频繁,持续时间长,波及范围广,破坏性强,常引起生命财产的重大损失。

世界上的大地震和我国的强震绝大部分是浅源构造地震,其中 80% 以上与断裂活动有关。如 1906 年美国旧金山大地震(8.3 级)、1923 年日本关东大地震(8.3 级)、2005 印度尼西亚地震(8.7 级)、2012 年我国四川汶川大地震(8.0 级)等。

构造地震的成因和震源机制是地震预报理论中最核心的难题。由于地壳及上地幔物质不断运动,经常在地壳中产生很大的构造应力,地壳岩石在地应力作用下发生变形,积累了大量的应变能。当积累的能量超过岩石所能承受的极限时，就可能使岩石发生突然断裂，释放出大量能量，其中一部分以地震波的形式传播出来，引起地震。目前关于地震发生机制的理论和假说主要有弹性回跳说、蠕动说、黏滑说、相变说等。

从已发生地震的统计资料来看，地震跟已经存在的活动构造（特别是活断层）关系密切，大部分强震的震中分布在活动断裂带上。从全球范围来看，地震带的分布主要受板块结构和运动的控制，大多分布在板块边界上，尤其是汇聚边界上。

2. 火山地震

火山地震指火山活动引起的地震。有些火山地震是直接由火山爆发引起的；也有一些是因为火山活动引起构造变动，从而发生地震；或者是因构造变动引起火山喷发，继而导致了火山地震。因此，火山地震与构造地震常有密切关系。

火山地震约占地震总数的7%，是仅次于构造地震的地震类型。但火山地震一般震源深度不大（一般不超过10km），多发生在火山附近，常与地下岩浆或气体状态变化所产生的地应力分布的变化有关，影响范围较小。

3. 冲击地震

冲击地震产生的原因主要有山崩、滑坡或地下溶洞洞顶塌落等。由地下溶洞洞顶塌落导致的地震又称塌陷地震。本类地震为数较少，震源浅，影响范围小，震级也不大。

4. 水库地震

由于大型水库库容或水位的较大变化引发的地震称为水库地震。该类地震与水的作用密切相关，可能由于地下水位或孔隙水压的变化导致原有的构造和地层稳定性受到了不利影响，但目前水库地震的机理和诱因还不明确。除水库水位变动之外，深井注水、地下抽水活动等也可能触发地震。

4.5.4 地震的时间和空间分布

1. 地震序列

任何一次地震的发生都要经过长期的孕育过程，这一过程可能长达数十年甚至数百年。但在较短的时间内（几天至几年），在同一地质构造带上或同一震源体内，却可能发生一系列具有成因联系的大小地震，这样的一系列地震叫作地震序列。

地震序列是构造地震的重要特征之一。这种序列特征可能和构造地震发生的物理机制有关。一般说来，岩石的破坏是渐进的，在地应力达到地质构造的强度极限之前，岩层内部会发生渐进损伤，产生一系列较小的错动，释放的能量形成许多小震，即前震。随着地应力的继续增大，达到岩层的承受极限时，会引起岩层沿已有构造面的整体滑动或产生新的断裂，伴随着巨大能量的释放，形成主震。主震发生后，岩层的平衡状态不会立刻实现，还需要经过一段时间的变形和调整，在应力场和变形场调整的过程中，岩层还会有少量能量释放出来，从而引起一些小的余震。

虽然构造地震具有前震→主震→余震的序列性，但受岩石和构造的均匀程度及复杂性、多样性的影响，地震能量释放的比例、大小地震的活动时间、不同地震之间的时间间隔又常各不相同。研究地震序列类型，有助于预测、预报地震活动的趋势。

根据地震统计资料，地震序列主要有3种类型：①单发型地震（孤立型地震），前震和余震都很少而且与主震震级相差悬殊，一般比较少见；②主震型地震，主震震级特别突出，前震或有或无，但有很多余震，该型地震序列最为常见；③震群型地震，地震序列由许多震级相似的地震组成，没有突出的主震，前震和余震多而且震级较大，常成群出现，活动时间持续较长，衰减速度较慢，活动范围较大。

2. 地震的周期性

根据地震的历史资料，在全世界、某地区或某地震带，常在一段时间内表现为地震多发的活跃期，而在另外一段时间内表现为地震较少的平静期。这种活跃期和平静期交替出现的现象称为地震的周期性或地震的间歇性。

具体到一个活动断裂带或地震带，活跃期和平静期交替出现的规律性也很明显。这种地震活动的周期性现象，是地震带内岩层应变能积累和释放过程周期性的表现。

3. 地震的空间分布规律

地震活动的空间分布有很大的不均匀性。过去多次发生强烈地震而平时中小地震又比较密集的地带称为地震带。

全球性的地震带有环太平洋地震带、欧亚地震带（喜马拉雅-地中海地震带）、海岭地震带（大洋中脊地震带）、大陆裂谷地震带等。

全世界约90%的浅源地震、80%的中源地震和几乎全部的深源地震都发生在环太平洋地震带。该地震带，在太平洋西部大抵从阿留申群岛，向西沿堪察加半岛、千岛群岛、日本诸岛、琉球群岛，经中国台湾岛过菲律宾群岛，南至新西兰。在太平洋东部大致从美国阿拉斯加西岸，向南经美国加利福尼亚、墨西哥、秘鲁，沿智利至南美的最南端。

欧亚地震带是横跨欧亚大陆大致呈东西方向的地震带，包括非洲北部海岸地带、欧洲南部（西班牙、意大利、希腊等）、土耳其、伊拉克、伊朗、阿富汗、印度北部和喜马拉雅山，经中南半岛与环太平洋地震带相接，总长约15 000km。太平洋地震带外几乎其余的较大浅源地震都发生在这一地震带。

我国位于环太平洋和欧亚两大地震带之间，是一个地震多发的国家。在华北地区，地震带主要分布在郯城-庐江断裂、燕山、太行山东麓、山西（主要沿汾河地堑）、渭河平原（主要沿渭河地堑）。东南沿海地区的地震带主要分布在福建省、广东潮汕地区和台湾省。西北地区的地震带主要分布在银川附近、六盘山、天水至兰州一带、河西走廊、塔里木南缘和天山南北两侧。西南地区的地震带主要分布在武都-马边带、康定-甘孜带、安宁河谷带、滇东带、滇西带、腾冲-澜沧带、西藏察隅带等。

4.5.5 地震效应

在地震作用下，地面出现各种震害称为地震效应，主要有震动破坏效应、地面破裂效应、地基基底效应和地震激发的次生地质灾害等。

1. 震动破坏效应

地震力，即地震波传播时施加于建筑物的惯性力。假如建筑物所受重力为W，质量为m，g为重力加速度，则在地震波作用下，建筑物所受到的地震力P为：

$$P = m \cdot a_{max} = W \cdot a_{max}/g = WK \tag{4-2}$$

式中　a_{max}——地面最大加速度；

　　　K——地震系数。

地震时，地震的加速度具有方向性，有水平分量与垂直分量，因而地震力也有水平方向和垂直方向。从震源发射出来的体波，传播到震中位置时，垂直方向的地震力最大。到达地表的地震波，传播越远，则垂直方向的地震力越小。此外，面波的质点在地平面内成表面波动，其水平方向的分量相应地超过垂直分量。所以在地震区，离震中越远，作用于建筑物的地震力就越以水平方向为主。因此，一般抗震设计中，必须考虑水平地震力的影响。而地震烈度表所示的加速度也是水平方向加速度值。

从震源发出的地震波，经过不同性质介质的衰减，将出现不同周期的地震波。若某一周期的地震波与地基土层固有周期相接近，由于共振作用，地震波的振幅将得到放大，此周期称为卓越周期。卓越周期是按地震记录统计的，一定时间间隔内出现频数最多的震动周期为卓越周期。岩土体对地震波有滤波和选择作用。剪切波经过松散沉积物时，高频成分被过滤吸收，剩余长周期地震波振幅大，因此松散沉积层上的建筑物的破坏常比基岩上的严重。一般卓越周期随着沉积厚度的增大而增大，随波速的减小而减小。地基土随其软硬程度的不同，而有不同的卓越周期。常见沉积物的卓越周期见表4-6。

不同岩土体的卓越周期 表4-6

岩土类型	坚硬岩石	强风化岩	洪积黏土	冲积黏土	厚软土层
卓越周期/s	0.1~0.2	0.25	0.2~0.4	0.4~0.6	0.6~3

地震时，由于地面运动的影响，使建筑物发生自由震动。一般高层建筑物刚度小，自由震动周期大多在0.5s以上。因此一般软土场地上的高层（柔性）建筑比坚硬场地上的刚性建筑的震害更严重，这与厚软土层的卓越周期与建筑物自振周期相近有关。因此，为了降低震害，应使工程设施的自振周期避开场地的卓越周期。

2. 地面破裂效应

地面破裂效应指的是强震导致地面岩土体直接出现破裂和位移，从而引起跨越破裂带及其附近的建筑物变形或破坏。强烈地震发生时，在地表一般会出现地震断层和地裂缝。地震断层和地裂缝一般沿着一定方向展布在狭长地带内，绵延数十至数百千米。

地裂缝是指因强烈地震而在高烈度区地面上出现的非连续性变形破坏现象。按形成机制，地裂缝可分为构造性地裂缝和非构造性地裂缝。构造性地裂缝具有明显的力学属性和一定的方向性，其分布受地震断层控制。非构造性地裂缝，也称为重力性地裂缝，主要由于地震作用而使某一部位岩土体沿重力作用方向产生相对位移，该型地裂缝的分布常与微地貌界限一致。

构造性地裂缝与深部地震断层大体一致，但它们并不是深部震源断层发生错动的直接产物，而是强震震中区地面激烈震动的结果。许多强震资料表明，当第四纪覆盖层大于30m时，在震中区出现的地裂缝多属于这种类型。例如1976年唐山地震时在市区的中心部分出现了总体走向为N20°~30°E的地裂缝，绵延约8~10km，与地震断层的走向一致，这些裂缝向下延伸不大于2.5m。构造性地裂缝的错动效应可引起跨越地裂缝的某些刚度较小的地面工程设施发生结构性损坏，也可能导致地基失稳或失效。

重力性地裂缝的表现形式主要有两种：一是由于斜坡失稳造成土体滑动，在滑动区上部边缘产生张性地裂缝；二是平坦地面的覆盖层沿着倾斜的下卧层层面滑动，导致地面产生张性地裂缝，此种形式大多发生在土质软弱的古河床内填筑土层的边界上。重力性地裂缝的错动效应虽可能造成跨越其上的建筑物发生严重破坏，但由于地面岩土体产生的大幅度塑性变形可吸收震动能量，从而减轻邻近建筑物的震害。

3. 地基基底效应

地基基底效应指的是地震使松软土体震陷、砂土液化、淤泥土塑流变形等，从而导致地基失效，上部建筑物破坏。根据表现形式，地基基底效应又可分为地基强烈沉降或不均匀沉降、地基水平滑移和砂土液化。

地震时地基强烈沉降主要发生在疏松砂砾石、软弱黏性土以及人工填土等地基中，不均匀沉降主要发生在地基岩性不同或层厚相差较大的情况下。地基水平滑移主要发生在发生滑坡可能性较大的地基之上，如较陡的斜坡上、下的建筑物，由于地震附加水平震动力作用使斜坡失稳，从而造成建筑物破坏。在地震过程中饱和砂土中的孔隙水压力骤然上升，使原来由砂粒通过其接触点传递的压力（有效应力）减小。当有效应力完全消失时，砂土层完全丧失抗剪强度和承载能力，呈现出类似液体的力学表现，这就是砂土液化现象。地震液化的宏观表现有喷砂冒水和地下砂层液化两种。这两种液化现象会导致地表沉陷和变形。

4. 地震激发的次生地质灾害

地震作用造成岩土体内部的松动、损伤，是一种更为广泛的破坏形式。经过地震后，岩土体松动，原有的节理、裂隙进一步扩张；同时，地震显著地降低岩土体的稳定性，为崩塌、滑坡、泥石流等次生灾害提供可能，使多种山地灾害复合叠加，形成了地震-崩塌滑坡-泥石流、地震-崩塌滑坡-堰塞湖-溃坝等灾害链。我国一些著名的强震带，大多是山地灾害的主要发育地带。海底或海边地震还会形成地震海啸，对沿海人口密集区域造成巨大破坏。如2004年印度尼西亚大地震引起的海啸造成了二十余万人的死亡。

4.5.6 地震的工程地质评价

场地地震效应受许多因素的制约，其中场地的工程地质条件对宏观震害的影响尤为重要。在一个范围较大的场地内，对震害有重大影响的工程地质条件主要包括岩土类型及性质、地质构造、地形地貌条件和地下水。

1. 震害与场地工程地质之间的关系

造成强震区岩土体破坏的地震力是一种作用时间短、强度大、方向交替变化的力。地震作用的这种特征决定了地震造成的岩土体破坏极为复杂。

岩土类型及性质对震害的影响最为显著。在相同的地震作用下，一般情况下，基岩上震害最轻，其次为硬土，而软土上的震害较为严重。松软沉积物厚度的影响也很明显。冲积层越厚，房屋的震害越严重。地基岩土体类型及性质和松软沉积层厚度对震害的影响，其本质是岩土体卓越周期的影响。土质越松软、厚度越大，特征周期就越长，与自振周期较长的高层建筑的固有频率越接近，从而更可能引起共振效应，加重震害。厚土、软土的共振历时较长，也会使震害加重。若地表分布有饱水细砂土、粉土和淤泥，则常会因震动液化和震陷，而导致地基失效。地层结构对震害也有较大影响。一般情况是下硬上软的地层结构上震害重，而地层下软上硬时的结构震害则可减轻，当硬土中有软土夹层时，可更好地削减地震能量。

地质构造主要是指场地内断裂对震害的影响。发震断裂是地震波能量的来源，又由于断裂两侧的相对错动，因此引起的地基失效和建筑物结构震动破坏等震害一般较其他地段更严重。对发震断裂，跨越其上的建筑物的震害是不可抵御的，应在选址时避开。而非发震断裂若破碎带较好，则并无加重震害的趋势。因此，非发震断裂应根据断裂带物质的性质，可按一般岩土对待，不提高设防烈度。

工程场地内微地形对震害也有明显的影响，总的趋势是突出孤立的地形震害加重，而低洼平坦的地形震害则相对减轻。地下水影响的基本规律是饱水的岩土体会使场地烈度增高，地下水的埋深越小，则烈度增加值越大。

2. 地震烈度区划

地震烈度区划是根据国家抗震设防需要，按照长时期内各地可能遭受的地震危险程度对国土进行划分，展示地区间潜在地震危险性差异的图件。它为国家经济建设和工程设计提供合理的抗震设防指标。我国曾于 1956、1977、1990 年三次编制全国性的地震烈度区划图。2016 年 6 月 1 日《中国地震动参数区划图》GB 18306—2015 正式实施。新一代地震动参数区划图，将抗倒塌作为编图的基本准则，充分吸收了近年有关地震活动性、地震构造的新资料、新认识，结合四川汶川地震、青海玉树地震等重大地震事件的经验教训，综合考虑了国民经济技术发展水平和地震安全需要，适当提高了我国整体抗震设防要求，取消了不设防区域。

地震小区划是为了防御和减轻地震灾害，估计未来各地可能发生破坏性地震的危险性和地震的强烈程度，按地震危险程度的轻重不同而划分不同的区域，以便对建设工程按照不同的区域，采用不同的抗震设防标准。目前国内外地震小区域划分方法主要有烈度小区划和调整反应谱小区划两种。烈度小区划在调查场地地质条件的基础上，使场地不同地质条件的各地段烈度较基本烈度有所增减，将基本烈度调整为场地烈度。调整反应谱小区划将场地划分为大致等间距的网格，每一网格中取代表性地层柱状图计算地震反应，得到加速反应谱曲线并将计算所得的曲线与标准反应谱比较，以确定场地类型而加以划分，可以非常直观地判定地面运动加速度反应谱随场地差异的变化规律。

3. 抗震设计原则和抗震措施

在建筑场地选址前，必须了解历史震害情况，综合分析场地对抗震有利和不利的条件。对抗震有利的场地条件主要有：地形较平坦开阔；岩石坚硬均匀，若土层较厚，则应较密实；无发震断裂，且断裂带胶结较好；地下水埋深较大；滑坡、崩塌、岩溶等不良地质现象不发育。在选择建筑场地时应注意：①避开活动性断裂带和大断裂破碎带；②尽可能避开强烈震动效应和地面效应的地段，如淤泥层、厚填土层、可能产生液化的饱水砂土层以及可能产生不均匀沉降的地基；③避开不稳定的斜坡或可能受斜坡效应影响的地段；④避免选择孤立突出的地形位置；⑤尽可能避开地下水埋深过浅的地段；⑥在岩溶地区，应避开地下溶洞等可能会塌陷的区域。

场地选定后，应根据场地工程地质条件选择适宜的持力层和基础方案。基础的抗震设计需注意：①基础要砌置于坚硬、密实的地基上；②基础深度应大些，以防止倾倒；③同一建筑物不宜并用多种不同形式的基础；④同一建筑物的基础不要跨越性质显著不同或厚度变化很大的地基土；⑤建筑物的基础宜以刚性强的联结梁连成一个整体。

在建筑的抗震设计时应尽可能地考虑：①结构的布置要力求使几何尺寸、质量、刚度、延性等均匀、规整，平立面形状以简单方整为好，避免突然变化；②提高结构和构件的强度和延性；③使结构中各构件都具有近似相等的安全度，不要存在局部薄弱环节；

④使结构物具有多道支撑和抗水平力的体系，避免倒塌，超静定结构优于同种类型的静定结构；⑤防止脆性与失稳破坏，增加延性和整体性。

4.6 大地构造学说

大地构造学是研究地球岩石圈构造的发生、发展、演化及其运动的科学，是研究地壳大型的乃至全球构造的构造组合及其几何学、运动学和动力学特征的学科。李四光院士在1956年曾把构造的研究概括为两个方面：建造和改造。建造代表形成，是地壳运动的物质基础；改造代表形变，是地壳运动的结果或具体表现。大地构造学是地质科学中综合性很强又具探索性的学科，蕴含丰富的哲学内涵，被称为地球科学中的哲学。

4.6.1 早期理论

大地构造学从作为独立学科起就假说众多，学派林立，不同学派对地球的组成及演化有着不同概念和理论体系，形成截然不同的方法论，甚至有着完全对立的地球观。百余年来，曾有过隆起说、收缩说、膨胀说、均衡说、脉动说、旋回说、潮汐说、大陆漂移说、重力褶皱说、底辟说、底流说、地壳震动说等各种构造地质学假说。

最早有关地球构造讨论的著述，见于法国地质学家埃德·博蒙在1830年发表的《地球变动的研究》。他认为地球处于一种冷却收缩状态，其外壳冷却到可能的限度，体积已不再缩小，而地球内部继续冷却收缩，地壳内外不相适应迫使地壳"下沉"、表面缩小而形成褶皱，并把褶皱作用当作主要作用，主张水平挤压力作用形成褶皱。

1859年美国地质学家霍尔通过对阿巴拉契山地区的研究，提出了沉积重力负荷导致阿巴拉契山脉呈槽形特征的古生代沉降区。1883被丹纳纳入冷缩造山理论体系之中，把这种槽形构造命名为地槽。一般把霍尔1859提出的地槽说，作为大地构造学的序幕。地台的概念由奥地利地质学家修斯提出，他认为地台是地壳上稳定的、自形成之后不再遭受褶皱的地区。这种地区岩层产状十分平缓，故称之为地台。1900年奥格在研究阿尔卑斯山时，丰富和发展了地台概念，并将地壳区分为地槽和地台两大基本构造单元，地槽-地台说便逐渐形成。地槽-地台说的建立，是构造地质学、大地构造学理论研究的标志性成就，是20世纪前半叶占据统治地位的地壳垂直论、固定论的理论基础。

4.6.2 大陆漂移说

1. 大陆漂移说的提出和基本内涵

进入20世纪，近代构造地质思想已成为地球科学中最活跃的学科。1912年，德国的魏格纳提出了一个崭新学说——大陆漂移说，向占统治地位的固定论及以莱伊尔为代表的进化论学派提出了严峻挑战，掀起又一场持久的学术论战。

魏格纳作为一位气象学家，常常为一些古气候问题所困扰，如：为什么热带的羊齿植物过去会在伦敦、巴黎，甚至在格陵兰出现呢？而巴西、刚果这些处于热带的地区又为什么曾被冰川所覆盖？1910年，他发现非洲南美洲大陆边缘拼接恰好吻合，刚好可以用来回答这些悬而未决的问题。

他在1915年正式出版了《海陆的起源》，对大陆漂移说作了全面地阐述。他认为在中生代以前，地球上所有的大陆紧密联结在一起，称之为泛大陆（联合古陆），其周围是一片广阔无垠的海洋，称之为泛大洋；大约两亿年前（中生代以来）泛大陆开始分裂，它的碎块（现今的各大陆）一直漂移到今天所见的位置，泛大洋也分裂成四大洋和一些边缘海，最后形成现今的地理格局。

大陆漂移说的出现，对当时占统治地位的大陆固定论和海洋永存论提出了直接的挑战，因而引起了激烈的争论。为了深入论证这个学说，魏格纳一方面集中精力收集有关地球科学的资料，还4次亲赴寒冷荒凉的格陵兰岛考察，试图测定格陵兰岛相对于欧洲大陆的漂移速度，最终于1930年献身于考察途中。

2. 大陆漂移说的证据

一是在地形方面，非洲和南美洲的地形互补，特别是巴西东端的突出部与非洲西岸凹进的几内亚湾非常吻合。如此完美的大陆拼合，为大陆漂移说提供了直观形象的依据。

二是大西洋两侧的褶皱山系和岩层分布遥相呼应。如北美洲纽芬兰一带的褶皱山系与西北欧斯堪的纳维亚半岛的褶皱山系走向一致；美国阿巴拉契亚山的海西褶皱带，其东北端没入大西洋，至英国西南部一带又再次出现；北美东部和西欧部分地区都分布着同一种古生代的红岩；非洲西部的古老岩石分布区可以与巴西的相近地质年龄岩石分布区衔接，而且两者之间的岩石结构也彼此一致。

三是非洲、南美、澳大利亚等地的古生物面貌具有相似性或亲缘关系。如中龙是一种以淡水生活的小型水生爬行类（无法跨越大洋），它既见于巴西石炭—二叠系的淡水湖相地层中，也出于南非的同类地层中，迄今为止也只见于这两个区域；又如舌羊齿植物化石广布于澳大利亚、印度、南美、非洲等南方诸大陆的晚古生代地层中。

四是古冰川在各大陆的分布具有一定的规律性。距今约3亿年前的晚古生代，在南美洲、非洲中部和南部、印度、澳大利亚和南极洲都发生过广泛的冰川作用，其中非洲中部和南部、印度、澳大利亚目前都处于热带或温带。而南美、印度和澳大利亚的古冰川遗迹残留在大陆的边缘地区，冰川的运动方向都是从岸外向着内陆，说明古冰川不是源于本地。假设各大陆在当时曾连接为一个统一的冈瓦纳古陆，并处在南极附近，冰川中心位于非洲南部，那么在组合起来的古陆上，这种古冰川分布即可得到很合理的解释。

五是其他证据也与大陆漂移的假说相印证。如作为古气候标志的蒸发盐、珊瑚礁、红层等可用来推断它们形成时所处的古纬度。魏格纳等曾将石炭纪蒸发盐、煤等的分布标示在联合古陆上，结果显示岩盐、石膏、沙漠砂岩均集中在干燥的亚热带，与它们所要求的古气候条件完全相符。

总之，从海岸线形状、地层、构造、岩石、古冰川、古生物和古气候几个方面的证据，魏格纳系统提出并详细论述了大陆漂移说。由于他的系统论述和巨大的贡献，地质学界公推魏格纳为大陆漂移说的创始人。

魏格纳大陆漂移说的根本弱点在于大陆漂移的机制。魏格纳认为较轻的硅铝质的大陆块就像桌状冰山一样漂浮在较重的硅镁质岩浆里，大陆就在硅镁层上漂移。事实上，洋底硅镁层并不具有塑性和流动性，大陆像船一样航行在洋底或硅镁层之上的现象在力学上难以实现。离极力和潮汐摩擦力太小，并不足以推动深厚而庞大的陆块。

由于缺少具有说服力的动力学机制，大陆漂移说在问世后遭到了占有统治地位的固定论支持者的激烈反对。1930年魏格纳在格陵兰冰原上探险遇难去世后，他所创立的大陆漂移说也随之衰落。20世纪50年代以来，人们又发现了一些新的支持大陆漂移的证据，如通过古地磁确定的古纬度的变迁、不同大陆极移曲线的一致性、前寒武麻粒岩分布区的拼接以及关于南极地区的相关研究等。新的研究证据的出现，再次引起了人们对于大陆漂移的兴趣。二战后海洋地质和地球物理调查地迅速推进，为大陆漂移说提供了新的资料，一定程度上弥补了其动力学机制方面的不足，并催生了海底扩张说。

4.6.3 海底扩张说

1. 海底扩张说的提出与基本内容

美国地质学家赫斯于1960年首先提出洋盆的形成模式。一年后，迪茨用海底扩张讨论了大陆和洋盆的演化。赫斯于1962年发表了他的著名论文——《大洋盆地的历史》，对洋盆形成作了系统地分析和解释，并阐述了洋盆形成、洋底运移更新与大陆消长关系。赫斯和迪茨提出了关于大洋岩石圈生长和运动方式的大地构造学说，较好地解释了一系列海底地质地球物理现象，逐渐形成了十分具有革命性的海底扩张说。

海底扩张说的要点是：①全球规模的洋中脊是洋壳生长的地方，称为增生带，地幔物质由洋中脊轴部裂隙涌出，冷凝成为新的洋壳，后形成的洋壳将先形成的洋壳从洋中脊轴部依次向两侧推移，因此海底洋壳的年龄随着与洋脊距离的增加而增大；②当洋壳到达海沟时俯冲、下沉、熔融，重返软流圈；大洋岩石圈一面生长、一面消亡，不断更新，洋底基本没有比中生代更老的洋壳岩石；③海底扩张的动力来自于地幔对流，洋中脊是对流体上升带或发散带，海沟是对流体下降带或汇聚带；④扩张运动最主要的动力也来自于地幔物质的对流，大陆硅铝层驮于地幔对流体之上，犹如坐在传送带上一样被输送，运动的速度每年约一厘米至几厘米，整个大洋底每三四亿年更新一次。

可见，海底扩张说可概括为：地幔物质在大洋中脊随地幔上升流上涌冷凝形成新的大洋地壳，新生的洋壳随着软流圈的侧向流动推挤着原有的洋壳从洋中脊向两侧移动，在海沟处洋壳随着地幔下降流而俯冲消亡于地幔之中。进一步地研究证明，海底扩张不仅存在于大洋中脊，同样也发生于边缘海盆地之中。

海底扩张说的诞生，解决了大陆漂移机制问题，被人们一度冷落的大陆漂移说又重新受到人们的重视，同时也为板块构造说奠定了最主要的理论基础。

2. 海底扩张说的主要证据

海底扩张说的证据主要有大洋洋壳层厚度的均一性、洋底年龄自洋中脊向两侧逐渐变老、洋底沉积物向洋中脊轴部变薄、海底磁异常平行洋中脊延展和转换断层的存在等。

1）大洋地壳的成分和结构特征

第二次世界大战以来，美、英等国对大洋底进行了大量地仔细探测和制图工作，对洋底地壳及上地幔结构有了更明确地观测依据。通过大规模的人工地震测深，大致确定了大洋岩石圈的成分和结构。大洋地壳自上而下可分为3层。第一层相当于沉积层，在区域上厚度差别很大，洋脊处很薄，向洋盆边缘逐渐变厚。第二层为火山岩层，又称基底层，各处成分并无差异。第三层为大洋层，是洋壳的主体，其厚度基本不变，基本保持了其在洋中脊处形成时的厚度。

2）大洋底的地形特征

大洋底部主要由洋中脊、深海沟和大洋盆地三大地形单元组成。

大洋中脊又称中央海岭，贯穿各大洋，多位于大洋中部呈线状延伸，其轴部有中央裂谷，热流值较高。洋中脊是世界上最大的环绕全球的海底山系。

深海沟简称海沟，是大洋边缘的线形深海凹地。海沟比周围洋底深 2km 以上，最深处逾 11km，可长达几千千米；大多具有不对称的 V 字形横断面，靠大陆一侧较陡，靠大洋一侧较缓；它与岛弧构成现代地壳的活动地带，常与火山带和地震带伴随，多发育于太平洋边缘。海沟是年轻的地貌单元，底部有近现代沉积物，多与一系列火山和弧形列岛毗邻。

大洋盆地是大陆坡以外水深 4000~6000m 的深海底，包括中央海岭、海山、深海平原、深海丘陵等地形，具大洋型地壳，沉积物以红黏土和生物软泥为主，以及少量浊流携带的深海砂、宇宙尘等。

3）海底磁异常特征

20 世纪 50 年代，海上磁测工作快速发展，美国进行了详细的海上磁测。在他们编制的海底磁异常图中，磁异常图呈现黑白相间的"斑马条带"，并平行洋中脊延展，每个条带长数千米、宽数十千米。1966 年，欧普迪克发现，海底沉积岩不但有可与地磁年表对应的交替磁化的现象，而且各个沉积层的厚度与对应的海底磁异常条带宽度和磁极性年表上对应的极性时间间隔成正比。若假定一个合适的海底扩张速度，根据地磁年表的时间间隔，可以计算出了海底磁异常剖面。理论剖面与实测剖面相当一致。这种一致性在东太平洋中隆、大西洋中脊和印度洋脊的许多地方都存在。

1963 年，瓦因和马修斯用海底扩张作用和地磁场倒转解释了海底磁异常现象，得到了普遍赞同。他们认为，在海底扩张过程中，软流圈物质沿中脊上涌，在其冷却过程中经过居里温度时，新生洋底便获得了与当时地磁场方向一致的极性。随着扩张作用继续进行，新生的洋壳不断将先形成的洋壳向两侧推移，若此时地磁场发生了倒转，熔岩流形成的洋底便获得相反的极性。由于在地质历史时期地磁场频繁倒转而海底岩石固结后的磁性又相对稳定，所以在扩张的海底形成正、负相间的磁条带。

4）大洋底岩浆岩和沉积物的年龄特征

大洋底岩浆岩的年龄具有从洋中脊向大洋两侧逐渐增大的特征。如大西洋的火山岛，离洋中脊越远的岛屿年龄越老。印度洋和太平洋的岛屿，也存在类似的规律。

美国 1968~1973 年开展的深海钻探计划中，沉积层底部标本和磁异常年龄都显示，大洋底最底部沉积物具有越接近洋中脊越新的特征，这对海底扩张说是一个有力的验证。按照海底扩张说，如果对流的运动速度为 1~2cm/a，则洋底便可每 2 亿~3 亿年完全更新一次，这可以解释洋底的年龄为什么比较年轻、洋底的沉积物厚度为何较小。

4.6.4 板块构造说

1. 基本论点

20 世纪 60 年代中，在大量海洋地质、地球物理和海底地貌等资料分析的基础上，威尔逊、麦肯齐、摩根、勒皮雄等人提出了板块构造说。

板块构造说认为岩石圈板块的相互作用是大地构造活动的基本原因。"板块"表示地球表层岩石圈被活动带分割而成的大小不一的球面盖板，它们的面积很大、厚度很小，并按地球表面轮廓弯曲。

初期的板块构造说的基本论点包括：①固体地球上层在垂向上分成刚性的岩石圈和塑

性的软流圈；②岩石圈在侧向上分成数目有限的刚性和相对稳定的大、小板块，它们不断改变着彼此之间的相对位置；③板块边界分为分离扩张型、俯冲汇聚型和平移剪切型（或转换型）3种主要类型；④板块在离散边界处的扩张增生得到汇聚边界处俯冲消减的完全补偿，因此地球体积保持不变；⑤地幔中的热对流是板块运动的驱动力。

2. 板块的划分

板块的划分主要依据地震活动的分布。在板块构造说建立初期，勒皮雄将全球岩石圈划分为欧亚板块、非洲板块、美洲板块、印度洋板块、南极洲板块和太平洋板块六大板块。随着板块构造说的发展，划分的板块逐渐增多。后来较流行的有12板块方案。该方案将美洲板块分为南美洲板块和北美洲板块，在东太平洋中隆以东地区分出纳斯卡板块和可可斯板块，在加勒比地区分出加勒比板块，在西太平洋分出了菲律宾板块，在红海、亚丁湾和波斯湾之间分出了阿拉伯板块。20世纪90年代以来，开始流行14板块方案，即又将印度洋板块分为印度板块和澳大利亚板块，并增加了北美西缘的让德富卡板块。在不同的板块划分方案中，有时还会存在其他一些次一级的板块。

3. 边界的类型

根据板块边界的性质、特征和板块间相互运动的方式，可以将板块边界划分为离散型边界、汇聚型边界和转换型边界3种基本类型（表4-7）。

板块边界的基本类型及其特点　　　　　　　　　　　表4-7

类型	运动方向	应力状态	在岩石圈演化中的作用	两侧板块的地壳性质		构造带实例
离散型边界	垂直于边界的背离运动	拉张	大陆岩石圈分裂 大洋岩石圈生长	陆壳-洋壳	裂谷带	东非大裂谷
				洋壳-洋壳		大洋中脊
汇聚型边界	垂直于边界的相向运动	挤压	大洋岩石圈消亡 大陆岩石圈生长	洋壳-洋壳	俯冲带	洋内弧沟系(岛弧型)
				陆壳-洋壳		陆缘弧沟系(安第斯型)
				陆壳(过渡壳)-洋壳		陆-陆碰撞带(喜马拉雅、阿尔卑斯等)
转换型边界	平行于边界的走滑运动	剪切	不生长,不消亡	各种类型		圣安德烈斯断层

离散型边界又称生长边界，是两个相互分离的板块之间的边界，见于洋中脊或洋隆。洋中脊轴部是海底扩张的中心，由于地幔对流，地幔物质在此上涌，两侧板块分离拉开，上涌的物质冷凝形成新的洋底岩石圈，添加到两侧板块的后缘上。

汇聚型边界又称消亡边界，是两个相互汇聚、消亡的板块之间的边界，其地质表现主要是海沟和年轻的造山带。在汇聚型边界两侧，板块彼此做相向运动，地壳强烈变形，可进一步分为两个亚型：俯冲边界和碰撞边界。俯冲边界主要分布于太平洋的周缘，在俯冲带，大洋板块与大陆板块或另一较小的大洋板块做汇聚运动，由于大洋板块密度大、厚度小、位置低，一般俯冲、消亡在密度小、厚度大、位置高的大陆板块或较小的大洋板块之下。碰撞边界又称碰撞带或缝合带，以阿尔卑斯-喜马拉雅褶皱山系为代表，在该类型边界两侧，大陆板块和大陆板块相互汇聚，由于两者均密度较小、厚度较大，最终发生碰撞，使两个大陆碰接在一起。

4. 大洋的演化——威尔逊旋回

威尔逊旋回指大陆岩石圈裂解、产生大洋，直至大洋消亡、出现造山带，并最终拼合成陆的全过程，为纪念加拿大地质学家威尔逊的贡献而命名。威尔逊旋回可分为6个阶段，即胚胎期、幼年期、成年期、衰退期、终了期和遗迹期，各阶段特征见表4-8。威尔逊旋回主导了地球表层演化的全局，在某种程度上可以看作是板块构造说的总结。上述过程在地质历史中反复出现，体现了构造运动具有周期性。

威尔逊旋回各阶段特征　　　　　　　　　　　　　　　表 4-8

阶段	主导作用	特征形态	实例
胚胎期	抬升并扩张	大陆裂谷	东非大裂谷
幼年期	扩张	狭窄的海湾、陆间海	红海、亚丁湾
成年期	扩张	大洋中脊向两侧不断增生,未出现俯冲、消减现象	大西洋
衰退期	收缩	大洋中脊虽继续扩张增生,但大洋边缘一侧或两侧出现强烈的俯冲、消减作用,海洋总面积渐趋减小	太平洋
终了期	收缩并抬升	两侧陆壳地块相互逼近,仅存残留小型洋壳盆地	地中海
遗迹期	收缩并抬升	海洋消失,大陆相碰,大陆边缘原有沉积物隆起成山	喜马拉雅山

4.6.5 其他学说

板块构造说虽然获得了广泛认同，但仍然存在很多未能解决的问题。如大陆软流圈不具有全球性、威尔逊旋回难以解释造山运动的全过程、大陆垂向增生和消减问题、大陆结构的分层性及大陆构造变形力源的多元性等。这些问题，既是一些学者反对板块构造说的依据，又是地球科学的研究前沿。在研究不同问题的过程中，许多其他的大地构造学说也在不断兴起。

1. 地幔对流说

近现代大地构造发展的历程就是寻找驱动大陆板块运动动力机制的历程，无论大陆漂移说还是海底扩张说和板块构造说，都是在寻找这个驱动力的驱使下一步步发展的。经过几代地质学家的不断发展完善，板块构造说在解释全球板块边缘的构造运动等问题上取得了巨大成功，但最基本的驱动力问题一直没有得到很好地解决。

霍姆斯为解释大陆漂移的机制和原动力，1928年曾提出过地幔对流理论，推测在地核和地幔中发生有物质对流，认为对流可发生于有强温度梯度的流体中，在地幔深部，由于高温和高压的结果使物质具有流动性，有可能发生对流。

地幔对流的基本假说是：两股方向相反的平流，经一定流程相遇，它们一起转为下降流回到地幔深处，形成一个封闭的循环体系。在上升流分为两股方向相反的平流的地方，产生隆起和岩浆活动。地壳因受张力作用发生大断裂和大规模的水平运动，海底不断地扩张，大陆地块也因此分裂。在下降流汇合处形成地壳（岩石圈）的碰撞和俯冲带，在这里沉积物遭受挤压，产生强烈褶皱。这个假说启发了人们从地球内部物质寻求地壳运动的原因，为大陆漂移说和板块构造说提供了驱动机制和理论基础。

2. 地幔柱构造说

地幔柱构造说源自热点假说，尽管威尔逊提出热点概念主要是用于解释夏威夷群岛火山岛链的成因,但却引起了地质学家的广泛关注,并发展成为地幔柱构造说。

地幔柱构造说是一种地球内部物质运动方式和全球动力学假说,是以支配地幔大部分领域的地幔柱垂直流作为物质主要流动形式的大地构造学说。因地幔柱构造说能较好地解释板块构造中有关板块运动的驱动力、远离板块边界的大陆玄武岩省、大洋内巨大火成岩省和火山岛链、陆壳与洋壳垂直运动、超级大陆聚合与裂解、地球自转在地质历史时期中非线性变慢及地磁极性反转等疑难问题,被誉为超板块构造说或后板块构造说。

地幔柱构造的基本涵义是:在深部地幔热对流过程中,一股上升的热塑性物质流从地核与地幔交界处或上、下地幔边界处涌起,并穿透岩石圈而成的热地幔物质柱状体,称为热地幔柱;与热地幔柱上升流相平衡的、通过地幔其他部分缓慢向下运动的回流,称为冷地幔柱。目前,地球中存在3个大的、垂直的地幔柱,分别位于南太平洋、非洲地区和中亚-东亚地区(图4-20),它们控制着地幔的热作用和构造再造等动力学过程。

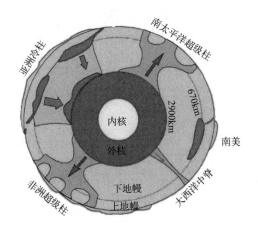

图4-20 现代地球中超级地幔柱示意图(据 Maruyama,1994)

地幔柱构造中并存的热地幔柱和冷地幔柱的运动,导致超级大陆的聚合与解体,驱动板块运动,引起地球各圈层的相互作用,特别是壳-幔相互作用。热地幔柱的上升,导致岩石圈减薄和超级大陆解体,对应着热点、超级大陆裂解、大陆裂谷、大洋扩张、伸展盆地等各种张性-离散环境。冷地幔柱的下降,引起超级大陆的聚合、大陆裂谷夭折造山、洋壳俯冲消减和碰撞造山,对应着各种汇聚-碰撞-挤压环境。

3. 中国的大地构造学说

中国的现代地质学虽然起步较晚,但中华人民共和国成立之后的前30年期间,我国地质学家提出了多个大地构造学说,一时间出现了百家争鸣的学术繁荣景象。形成的学说与学派主要有:以李四光为倡导者的地质力学派,以黄汲清为倡导者的多旋回构造运动说,以陈国达为倡导者的地洼说,以张文佑为主要倡导者的断块构造说、以张伯声为主要倡导者的波浪状镶嵌构造说等。

案例解析（扫描二维码观看）

4.7节　案例解析

思考题

4.1　何谓构造运动？构造运动具有什么特点？新构造运动又具有什么特点？

4.2　如何证明不同时代构造运动的存在并分析其性质与特征？

4.3　岩层的产状如何表达？在野外怎样测量和记录岩层的产状？

4.4　何谓褶皱？褶皱要素有哪些？各要素是如何定义的？

4.5　在野外如何识别向斜和背斜？向斜山、背斜谷是如何形成的？如何利用地形倒置现象分析构造运动的历史？

4.6　如何区分节理与断层？根据两盘的相对位移，断层分为哪几类？根据力学性质，断层分为哪几类？两种分类体系中的断层类型有何联系？

4.7　描述地震特征的基本概念有哪些？地震效应主要有哪些？地震工程地质评价的主要依据是什么？

4.8　大地构造学说的发展主要经历了哪些阶段？目前主流的板块构造说的主要观点有哪些？

第 5 章

地表地质作用

> 💡 **关键概念和重点内容**
>
> 风化作用的定义和分类、物理风化、化学风化、风化的勘察与防治、暂时性水流的地质作用、河流的侵蚀、搬运与沉积、河流地貌、岩溶作用的基本条件、典型岩溶地貌、岩溶区的主要工程地质问题、崩塌及其防治、泥石流形成的基本条件、滑坡的一般特征、斜坡稳定性评价方法。

地表是人类工程和军事活动的最主要场所。发生于地球表面的地质作用，形式多样，成因复杂，对人类各种活动的影响深广。地表地质作用，按照营力作用的介质类型，可以分为河流地质作用、地下水地质作用、冰川地质作用、湖泊和沼泽地质作用、风力地质作用、海洋地质作用等；按照发生的序列和作用的性质，可分为风化作用、剥蚀或侵蚀作用、搬运作用、沉积或堆积作用、成岩作用等。人类的工程与经济活动也已成为一种工程地质作用，常引发矿山采空区地面塌陷、岩溶地面塌陷及地面沉降等地质灾害。

本章就几种常见的地表地质作用，阐述其作用特点、形成规律和对工程的不良影响及其防治措施。

5.1 风化作用

原本坚硬的岩石，如果暴露于地表，长期处在太阳辐射的作用下，或与水圈、大气圈和生物圈长期接触，为适应地表的物理、化学环境，都必然会发生变化。这种变化虽然极其缓慢，但在漫长的岁月中，岩石仍会逐渐崩解，分离为大小不等的碎屑。这种岩石在地质作用下发生的物理、化学性质的变化称为风化，而引起岩石风化的地质作用称为风化作用；被风化的岩石表层称为风化壳。经过风化作用后，岩石表层的风化壳中形成了大小不一的松散岩屑和土层（图 5-1），残留在原地的堆积物称为残积土；而尚保留原岩结构和构造的风化岩石称为风化岩。

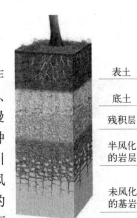

图 5-1 风化壳示意图

风化作用大大削弱了岩石的强度，放大了结构的弱点，进一步促进了岩石的破碎。风化作用本身不能把岩屑从岩体表面运送出去。因此，除非岩石废料被移走，否则它最终会起到保护层的作用，防止进一步风化。如果风化作用是连续的，新的岩石必须不断暴露出来，这意味着风化的岩屑必须在重力、流水、风或移动的冰的作用下被移走。

风化作用也受到不连续面的控制，因为它们为风化剂提供进入岩体的通道。风化作用的一些早期影响是沿不连续面出现的。然后风化继续向内进行，岩体可能发育明显的不连续面，在高度风化的岩石中，芯岩为相对未风化的物质。最终，整个岩体可以被还原为残积土。碳酸盐岩体中的不连续面由于溶蚀作用而扩大，导致岩体内部形成沉陷洞和空洞。

5.1.1 物理风化

物理风化，又称机械风化，指地表岩石因温度变化、孔隙中水的冻融以及盐类的结晶等物理作用而产生的机械崩解过程。物理风化使岩石从比较坚硬完整的状态变为松散破碎状态，使岩石的孔隙度和比表面积增大。

1. 热力风化（温度风化）

岩石是不良导热体，当环境温度发生变化而导致岩石不同部位温度不一时，会由于热胀冷缩而产生温度应力。地球表面的温度受太阳辐射昼夜和季节交替的影响而起伏波动，受温度频繁变化的长期影响，岩石表层易产生裂缝以至呈片状剥落。受阳光影响的岩石昼夜温度变化以及由此产生的胀缩一般限于岩石的表层。岩石薄片从母岩中剥落脱离的过程称为剥落作用。在炎热的半干旱地区，昼夜温差很大，剥落作用可以发生在较大尺度上，大的岩块从母岩分离。此外，岩石由多种造岩矿物组成，不同矿物具有不同的热胀系数，在多矿物岩石结构中，温度变化会导致不同矿物颗粒间产生温度应力，也可能导致岩石结构的解体，如图5-2所示。

2. 冻融风化

岩石中包含大量的空隙。孔隙或裂隙中的水因温度降低而冻结成冰时，体积会膨胀约9%，因而对包围限制它的岩石孔隙和裂隙施加很大的压应力，使岩石孔隙率增大，裂隙加宽加深。当温度升高而冰融化时，水又会沿扩大了的空隙渗入，温度降低后再次冻结成冰，对岩石造成更大的损伤。冻结、融化的不断循环进行，逐渐使裂隙加深扩大，最终使岩石崩裂成为岩屑。这种作用又叫冰劈作用（图5-3）。通常，冻融风化发生在温度经常在冰点附近波动的地区，粗粒岩石比细粒岩石更耐冻。

图 5-2 温度风化形成的剥落实例

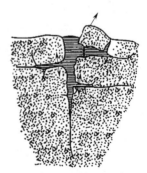

图 5-3 冻融风化（冰劈作用）示意图

3. 盐风化

在一定条件下，某些盐类可能结晶或重结晶成不同的水合物，这些水合物占据较大的空间（密度较小），并施加额外的压力。易溶盐类如氯化钠、硫酸钠或氢氧化钠的结晶经常导致岩石表面的破碎，如石灰岩或砂岩。在含钙质胶结物的多孔石灰岩或砂岩中，盐的作用可导致蜂窝状风化。

5.1.2 化学风化

化学风化指岩石在水、水溶液、氧与二氧化碳等因素的作用下所发生的溶解、水化、水解、碳酸化和氧化等化学变化的过程。化学风化导致矿物蚀变和岩石的溶解，削弱了岩石结构，扩大了结构缺陷，使岩石中可溶的矿物逐步被溶蚀流失或渗到风化壳的下层。残留残积物或新形成的物质多是难溶的稳定矿物。化学风化使岩石中的裂隙加大，孔隙增多，破坏了原来岩石的结构，改变了岩石的矿物成分，最终使岩层变成松散的土层。化学风化的主要方式如下：

1. 溶解作用

水是很好的溶剂，尤其是酸化或碱化的水。水分子具有偶极性，它能与极性型或离子型的分子相互吸引。离子型分子矿物遇水后，会不同程度地被溶解，组成矿物的离子或分子逐步离开矿物表面，溶入水中，被水带走而从岩石中流失。

2. 水化作用

岩石中的大部分矿物不含水分子，但某些矿物在地表与水接触后易形成新矿物，尤其是某些盐类矿物和水接触后，其离子与水分子互相吸引结合得相当牢固，形成了新的含水矿物。如一个硬石膏分子和两个水分子水化成为生石膏（二水石膏）：

$$CaSO_4 + 2H_2O \longrightarrow CaSO_4 \cdot 2H_2O$$

硬石膏经水化成为生石膏后，硬度降低，相对密度减小，体积增大 60%，对围岩会产生巨大的压力，从而促进物理风化的进行。

3. 水解作用

岩石中的大部分矿物属于硅酸盐和铝硅酸盐，它们多是弱酸强碱化合物，因而在水中发生水解作用较为普遍。如正长石发生水解作用变为高岭土：

$$K_2O \cdot Al_2O_3 \cdot 6SiO_2 + nH_2O \longrightarrow Al_2O_3 \cdot 2SiO_2 \cdot 2H_2O + 4SiO_2 \cdot (n\text{-}3)H_2O + 2KOH$$

风化过程中释放的二氧化硅大部分形成硅酸，但当大量释放时，其中一些可能形成胶体或无定形二氧化硅。

4. 碳酸化作用

CO_2 溶于水中形成 CO_3^{2-} 和 HCO_3^-，它们能不同程度上夺取岩石中盐类矿物的 K^+、Na^+、Ca^{2+} 等金属离子，结合成溶解度较大的碳酸盐而随水流失，使原有矿物分解，这种作用称为碳酸化作用。如石灰岩经过碳酸化作用而随水迁移的过程（岩溶作用）：

$$CaCO_3 + H_2CO_3 \longrightarrow Ca(HCO_3)_2$$

正长石经碳酸化作用变成高岭土的过程如下：

$$K_2O \cdot Al_2O_3 \cdot 6SiO_2 + CO_2 + 2H_2O \rightarrow Al_2O_3 \cdot 2SiO_2 \cdot 2H_2O + K_2CO_3 + 4SiO_2$$

5. 氧化作用

氧化作用是最常见的一种化学风化。大气中的含氧量约为 21%，而溶在水里的空气含氧达 33%～35%。氧是一种比较活泼的元素，经常在水的参与下，通过空气和水中的游离氧而对岩石发生作用。氧化作用主要体现为两种情况：一种是矿物中的某种元素与氧结合形成氧化物；第二种是变价元素在缺氧条件下形成的低价矿物在地表氧化环境下进一步被氧化而转变成高价化合物。第一种情况的例子如黄铁矿经氧化后形成硫酸亚铁和硫酸，进一步氧化形成硫酸铁。无水硫酸亚铁的形成可使矿物体积增加约 350%。硫酸可以与方解石反应生成体积膨胀约 100% 的石膏。第二种情况的例子如含有低价铁的磁铁矿经氧化后转变成为褐铁矿。地表岩石风化后多呈黄褐色就是因为风化产物中含有褐铁矿的缘故。

5.1.3 生物风化

生物风化指生物在其生长、活动和分解的过程中，直接或间接地对岩石所起的物理和化学的风化作用。

生长在岩石裂缝中的植物的作用是典型的生物的物理风化。植物在成长过程中，根系扎入裂隙，逐渐变粗、增长和变多，这些根须像楔子一样对裂隙壁施以强大的压力，将岩石劈裂，这种作用也称根劈作用。而草的不定根系统则将小的岩石碎块分解成更小的颗粒，进而形成土壤。其他如动物的挖掘和穿凿活动也会加速岩石的破碎。

生物的化学风化作用更为普遍和活跃。生物在生命周期中，一方面不断从土壤和岩石中吸取养分，改变岩石的化学成分，同时也分泌出各种化合物，如碳酸和各种有机酸等，促进了岩石的破坏作用。如红石滩的细菌可以分泌有机酸腐蚀岩石表面的矿物，细菌和真菌的活动导致死亡有机物的腐烂，有些细菌甚至可使铁或硫化合物还原。

5.1.4 风化作用之间的关系及其主要影响因素

1. 不同类型风化作用之间的关系

岩石的风化作用，究其本质，只有物理风化和化学风化两种基本类型，它们彼此紧密联系，并相互促进。物理风化加大岩石的孔隙度，使岩石破碎并提高了岩石的渗透性，更有利于水分、气体和微生物等的渗入。岩石崩解为较小的颗粒，使比表面积增加，也更有利于化学风化作用的进行。在化学风化过程中，岩石不仅发生化学性质和矿物组成的变化，而且包含着岩石完整性、强度等物理性质的变化。物理风化一般只能使岩石破碎成一定粒径的粗碎屑，机械崩解的粒径下限约为 0.02mm，化学风化却能进一步破坏矿物之间的连接，使颗粒分解成颗粒更细小的土壤。物理风化和化学风化在自然界中往往同时进行、互相影响、互相促进。生物风化也是通过物理或者化学作用起作用。

因此，风化作用是一个复杂的、统一的过程，只是在具体条件和阶段上，物理风化、化学风化、生物风化等具体作用才有主次之分。

2. 风化作用的主要影响因素

对风化作用影响较大的因素主要有岩石类型、气候、地形等。

影响岩石风化特征与风化速度的内在因素主要有岩性、成分、结构、构造等。岩石抗风化能力的强弱，主要由组成岩石的矿物成分决定。造岩矿物对化学风化的抵抗能力是不同的。在火成岩中，鲍温反应序列中先结晶的造岩矿物一般对化学风化的抵抗力较弱，而后结晶的矿物抗化学风化能力较强，如橄榄石、角闪石和辉石的抗化学风化能力远低于石英。从岩石结构上看，矿物颗粒粗大的岩石比细粒的岩石容易风化，多种矿物组成的岩石比单一矿物组成的岩石容易风化，有斑晶的岩石比均粒的岩石容易风化。从岩石构造上看，断裂、裂隙、节理、层理与页理等不连续界面都是便于风化营力侵入岩石内部的通道，这些不连续界面在岩石中的分布密度越大，岩石就越容易遭到风化。

气候对风化的影响很大，这种影响主要通过温度和雨量变化以及生物繁殖状况实现。昼夜或寒暑温度变化幅度较大，有利于物理风化作用的进行。温度变化的频率和速度，比温度变化的幅度影响更大，因此昼夜温差大的地区，岩石的温度风化作用较强烈，而炎热夏天的暴雨使岩石表面温度突降导致的破坏更剧烈。温度的高低，除了导致热胀冷缩，影响水的相态，还对矿物在水中的溶解度、化学反应的速率等有很大影响。水是化学风化作用最重要的媒介。降雨较少的地区，易溶矿物也不易完全溶解，溶液容易达到饱和，从而限制了物质的迁移；多雨环境十分利于各种化学风化作用的发生，化学风化的速率在很大程度上取决于淋溶的水量，而且雨水多又有利于生物的繁殖，也加速了生物风化。因此，气候在很大程度上决定了风化作用的主要类型及其发育的程度。

在不同的地形地貌（如高度、坡度和切割程度）条件下，风化作用强度也有明显差异。地形高低错落的山区，风化的深度和强度一般大于地形平缓的地区；由于斜坡上的岩石风化破碎后很容易被剥落、搬运，所以风化层一般都很薄，且颗粒较粗，黏粒较少。在平原或低缓的丘陵地区，水的流动比较慢，风化残积物容易被保存下来。强烈的剥蚀区和堆积区，都不利于化学风化作用的进行。侵蚀切割强烈的地区，水循环条件虽好，风化作用一般也比较强烈，但因为剥蚀和搬运作用强烈，风化层厚度往往不大。山地向阳坡的昼夜温差较阴坡大，因此一般风化作用更为强烈，风化层厚度较厚。

3. 球状风化实例

岩石露出地表接受风化作用，由于棱角突出易受风化，角部受三个方向的风化，棱边受两个方向的风化，而面上只受一个方向的风化，因而棱角逐渐缩减，最终趋向球形。节理破坏了岩石的连续性和完整性，提高了岩石的渗透性，是促进岩石风化的重要因素，因而岩石中节理密集之处，往往风化作用最强烈，尤其是在几组节理交汇的地方，风化及剥蚀作用的叠加，往往形成各种特殊地貌。几个方向的节理将岩石切割成多面体岩块，岩块的边缘和棱角从几个方向受到温度及水溶液等因素的作用，而最先被侵蚀，久而久之棱角逐渐消失，变成球形或椭球形，这种现象叫球状风化（图5-4、图5-5）。它是物理风化和化学风化联合作用的结果。

5.1.5 岩石风化的勘察与防治

1. 风化作用对工程的影响

风化作用会改变岩石的物理化学性质，改变的程度随风化程度的强弱而有所不同。随着风化程度的增加，岩石矿物变色程度加深，同时岩石的裂隙度、孔隙度、透水性、亲水性、胀缩性和可塑性等一般都随风化程度加深而增加，而岩石的抗压和抗剪强度等力学指标一般随风化程度加深而降低，风化壳物质成分的不均匀性、产状和厚度的不规则性都随风化程度加深而增大。因此，岩石风化程度越深的地区，工程基岩或建筑物地基的承载力越低，岩石边坡越容易失稳。风化程度对工程设计和施工都有直接影响，如矿山建设、水库坝基、大桥桥基和铁路路基等地基开挖深度、浇灌基础应到达的深度和厚度、边坡开挖

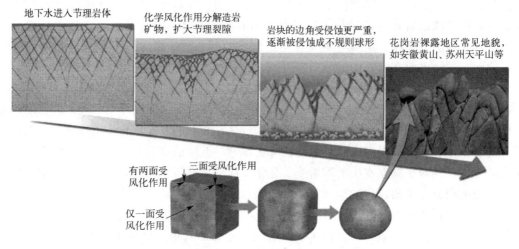

图 5-4 球状风化示意图

图 5-5 球状风化实例（据星球研究所改）

的坡度以及防护或加固的方法措施等，都必须根据岩石风化程度的不同而做适当调整。因此，工程建设前必须对相关区域岩石的风化程度、速度、深度和分布情况进行调查和分析。

岩石风化对石窟寺等文物已形成地质病害。岩石的物理、化学和生物风化作用，时刻在侵蚀石雕，危害石窟寺的保存。例如干旱、半干旱气候区的山西云冈、新疆克孜尔等石窟，是以冻融、巨大温差、干湿交替作用等物理风化为主。而位于雨量充沛、湿热气候条件下的重庆大足石刻、四川乐山大佛，除化学风化外，植物根系腐植酸损害石雕，所以生物风化作用也十分明显。由于石窟所处自然环境复杂多变，采用的保护和防治方法不尽相同。

2. 岩石风化的勘察与评价

对岩石风化的调查内容主要有：

1) 查明风化程度,确定风化层的工程性质,以便在工程设计和施工中加以考虑。在野外一般根据岩石的颜色、结构和破碎程度等宏观地质特征,结合岩石强度,将风化层分为5个带(表5-1)。

岩石风化程度的划分　　　　　　　　　表5-1

按风化程度分带	鉴定标准				
	岩矿颜色	岩石结构	破碎程度	岩石强度	锤击声
全风化带	岩矿全部变色,黑云母不仅变色,并变为蛭石	结构全被破坏,矿物晶体间失去胶结联系,大部分矿物变异,如长石变为高岭土、叶蜡石、绢云母,角闪石绿泥石化,石英散成砂粒等	用手可压碎成砂或土状	很低	击土声
强风化带	岩石及大部分矿变色,如黑云母呈棕红色	结构大部分被破坏,矿物变质形成次生矿物,如斜长石风化成高岭土等	松散破碎,完整性差	单块为新鲜岩石的1/3或更小	哑声
弱风化带	部分易风化矿物如长石、黄铁矿、橄榄石变色,黑云母呈黄褐色,无弹性	结构部分被破坏,沿裂隙面部分变质,可能形成风化夹层	风化裂隙发育,完整性较差	单块为新鲜岩石的1/3~2/3	哑声
微风化带	稍比新鲜岩石暗淡,只沿节理面附近部分矿物变色	结构未变,沿节理面稍有风化现象或有水锈	有少量风化裂隙,但不易和新鲜岩石区别	比新鲜岩石略低,不易区别	清脆声
新鲜岩石	无风化现象				

在野外工作基础上,还需对风化岩石进行矿物组分、化学成分分析或声波测试等进一步研究,以便准确划分风化带(表5-2)。

岩石按风化程度分类　　　　　　　　　表5-2

风化程度	野外特征	风化程度参数指标	
		波速比(K_v)	风化系数(K_f)
未风化	岩质新鲜,偶见风化痕迹	0.9~1.0	0.9~1.0
微风化	结构基本未变,仅节理面有渲染或略有变色,有少量风化裂隙	0.8~0.9	0.8~0.9
中等风化	结构部分破坏,沿节理面有次生矿物、风化裂隙发育,岩体被切割成岩块,用镐难挖,岩芯钻方可钻进	0.6~0.8	0.4~0.8
强风化	结构大部分破坏,矿物成分显著变化,风化裂隙很发育,岩体破碎,用镐可挖,干钻不易钻进	0.4~0.6	<0.4
全风化	结构基本破坏,但尚可辨认,有残余结构强度,可用镐挖,干钻可钻进	0.2~0.4	—
残积土	组织结构全部破坏,已风化成土状,锹镐易挖掘,干钻易钻进,具可塑性	<0.2	—

注:1. 波速比K_v为风化岩石与新鲜岩石压缩波速度之比;
2. 风化系数K_f为风化岩石与新鲜岩石饱和单轴抗压强度之比;
3. 岩石风化程度也可根据当地经验划分;
4. 花岗岩类岩石,可采用标准贯入试验划分,$N \geq 50$为强风化,$30 \leq N < 50$为全风化,$N < 30$为残积土;
5. 泥岩和半成岩,可不进行风化程度划分。

2) 查明风化厚度和分布情况,以便选择最适当的工程地点,合理地确定对风化层的处理方案及工程土石方量,确定地基加固处理的合理措施。

3) 查明风化速度和引起风化作用的主要因素，对直接影响工程质量和风化速度快的岩层，必须制定预防风化的合理措施。

4) 对风化层进行划分，尤其需要对直接影响地基稳定性的黏土的含量和成分进行必要分析，确定其工程性质。

3. 岩石风化的防治

岩石风化的防治方法主要有：

1) 挖除法，通常适用于风化层较薄的情况，当厚度较大时一般只将严重影响工程稳定的部分剥除。

2) 抹面法，用封闭性好的材料（如沥青、水泥、黏土层）对岩层进行覆盖，隔绝空气和水分。

3) 胶结灌浆法，用水泥、黏土等浆液灌入岩层或裂隙中，以提高岩层的强度，降低其透水性。

4) 排水法，适当做一些排水工程，及时疏干岩石中的水，减少具有侵蚀性的地表水和地下水对岩石中可溶性矿物的溶解。

5.2 地表水流的地质作用

地表水分为暂时流水和长期流水。暂时流水是季节性、间歇性流水，以大气降水为水源。长期流水终年流动不息，即通常所说的河流，它的水量虽然也随季节发生变化，但一般不会干枯。

5.2.1 暂时流水的地质作用

1. 淋滤作用和残积物

大气降水和地表水渗入地下时，会将地表附近的细小颗粒带走，同时也将所经之处的易溶成分溶解带走，而不易溶解的风化产物则松散地残留在原地，这个过程称为淋滤作用。淋滤作用的长期作用结果是使地表附近的岩石逐渐失去其完整性和致密性。

岩石风化产物经过淋滤作用后残留在原地的松散碎屑称为残积物。残积物位于地表和基岩风化带之间，从地表向下破碎程度逐渐降低。残积物的物质成分主要取决于下伏基岩的成分，其厚度与地形、降水量、水的化学成分等多种因素有关。残积层孔隙率较大，含水量一般较高，力学性质通常较差。

2. 冲刷作用和洪积层

地表流水汇集后，水量增大，其搬运能力和侵蚀能力加强，携带的泥砂碎石使沟槽不断下切、加宽，这个过程称为冲刷作用。冲刷作用使地面进一步遭到破坏，形成冲沟。短时强降雨或突然升温导致的积雪大量融化，都会在短时间内形成巨大的地表暂时性流水，一般称为洪流或洪水。洪流所携带的大量泥砂、碎石被搬运到一定距离后，随着流水速度的降低而沉积下来，形成洪积层。

洪积层多位于沟谷进入山前平原、山间盆地、流入河流等水流流速降低的地方。从外貌上看洪积层多呈扇形，因此也被称为洪积扇。洪积物的成分主要取决于上游汇水区的岩石种类和风化产物。在平面上，颗粒粗大的砾石、块石等一般在山口处即沉积下来；向扇缘方向，洪积物颗粒逐渐变细，主要由砂、黏土等组成。在断面上，底部颗粒较粗大而地表附近颗粒较小。洪积物具有一定的分选性和不甚明显的层理，颗粒具有一定的磨圆度。由于洪水大小不同，洪积作用规模也有差别。冲、洪积扇顶部沉积物颗粒粗大、透水性强，是地下水的补给带，而扇缘带一般由颗粒较细的黏土和细砂组成，透水性较差，可以一定程度上阻止地下水过快排泄。因此，冲、洪积扇往往是良好的地下水储集空间。如由于构造运动形成的山间凹陷和山前凹陷，凹陷中覆盖着深厚的第四系砂卵砾石层，是非常良好的地下水储水构造，只要施以必要的人为调控措施即可成为山间或山前凹陷地下水库，发挥巨大的调蓄作用。

暂时性流水先在低凹处将坡面土粒带走，冲蚀成小穴，逐渐扩大成浅沟，进一步冲刷可发展成为冲沟。如果地表土质比较疏松，地面坡度较陡，且缺少植物覆盖，则该地区极容易形成冲沟。黄土地区易于形成冲沟（图5-6）。

图5-6　南京江宁区佘村附近的冲沟地貌

5.2.2　河流水动力学特征

河流是河谷中经常性的地表径流。河谷通常由河床、谷底、谷坡等几个要素组成（图5-7）。常年有流水通过的部分称为河床；河床及两旁的平缓部分称为谷底（包括河床和河漫滩）；谷底两侧的斜坡称谷坡，经常发育台阶状的河流阶地。河水流动时具有动能，河床的纵坡陡则流速快，坡度缓则流速慢。在动能的作用下，水流对河谷中的地质材料进行侵蚀和搬运，并在特定的条件下发生沉积。

1. 河水水流的紊流特征

由于流速较快，流动中又受到各种因素的扰动，河水水流一般都处于紊流状态，水流中的各质点强烈混淆，流线复杂多变，常形成大大小小的涡流，并具有脉动特征。

实际观测和室内实验证明，河水的平均流速一般在水流中心水面处最大，向河床和两岸逐渐递减（图5-8），对于规则且平滑的边界，在紧靠边界处存在一层很薄的层流区，称为边界层；对于不规则或粗糙的边界，边界层往往被旋涡流所破坏。

在紊流中，水流瞬时流速的方向和大小都在不断变化，称为流速的脉动。通常所说的

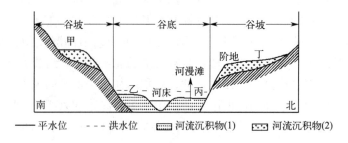

图 5-7 典型河谷剖面图及其要素

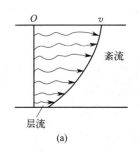 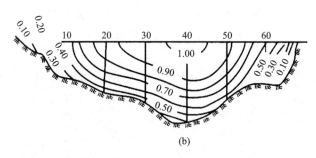

图 5-8 河水流速特点
(a) 河流的流速剖面；(b) 等速线图

水流流速，是在较长时间间隔（如 2~5min）内测得的瞬时流速的平均值。

流速的上述脉动特点对水流的侵蚀、搬运能力有十分明显的影响。流速较大的水流，特别是底床糙凸明显时，靠近底部的水流可因流速梯度大或糙凸处的搅动而产生轴线近于水平且与水流方向近于正交的旋涡流。旋涡流使旋涡上部水流流速增大，底部则因反向旋涡流的阻挡而减速（图 5-9）。流速的这种差异造成垂线方向上的压力差，它使旋涡离开河底上升，并随水流向下游扩散逐渐消失。旋涡流的产生加强了水流在垂直方向的交替，增强了水流的冲刷能力。

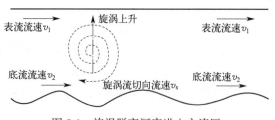

图 5-9 旋涡脱离河床进入主流区

2. 横向环流与螺旋流

河流中的水流受到河槽边壁的限制，其平均流动方向取决于槽线的方向。槽线的弯曲和过水断面的改变，会使水流形成一种规模较大的旋转运动。这种环流与前述的小型旋涡不同，它不仅规模较大，而且比较稳定。引起环流的原因主要有弯道离心力作用和地球自转影响等。

河床弯曲处的水流为了维持平衡，水面会形成横比降，使得凹岸水面抬高，凸岸水面降低（图 5-9）。根据牛顿第二定律，单位长度弯道内，水流离心力的大小为：

$$P_l = ma = \frac{G}{g}\frac{v^2}{R} \tag{5-1}$$

式中　P_l——单位长度弯道内水流的离心力（kN/m）；
　　　G——水的重力（kN/m）；
　　　v——水流的平均流速（m/s）；
　　　R——弯道的平均半径（m）；
　　　g——重力加速度（m/s²）。

由于离心力的作用，引起的水面横比降（J_l）（河道横断面左右岸水面的高程差与相应断面的河宽之比）为：

$$J_l = \tan\alpha = \frac{v^2}{Rg} \tag{5-2}$$

由于离心力与河水流速的平方成正比，而流速分布规律是表面大底部小，因而离心力一般也是随着深度的增加而减小（图 5-10 中 a）。倾向凸岸的横比降在水中产生附加压力，其方向与离心力相反，但大小在所有深度上均相等（图 5-10 中 b）。两者纵向分布规律的差异使水流中产生不平衡力。在水面上部，离心力与附加压力的合力指向凹岸，而在下部则相反，合力指向凸岸（图 5-10 中 c）。上述作用的综合结果使上层水流产生指向凹岸的分流，而下层水流产生指向凸岸的分流，最终形成螺旋状的横向环流（图 5-11）。

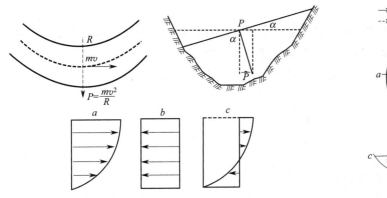

图 5-10　弯道环流的形成

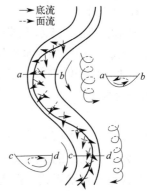

图 5-11　河流螺旋状横向环流

地面上运动的物体，由于地球自转的影响，受到科里奥利加速度的作用，使运动方向发生偏离。在北半球，若一河流由南往北流，其流速为 v(m/s)，则重力为 G(kN) 的水体因科里奥利加速度所产生的惯性力为：

$$P_c = ma = \frac{2G}{g}\omega v \sin\varphi \tag{5-3}$$

式中　P_c——科里奥利力（kN）；
　　　ω——地球自转角速度（1/s）；
　　　φ——河流流经点的纬度。

科里奥利力的作用方向是：在北半球，顺着水流的流向看，作用于河流的右岸；在南半球则恰好相反。

在科里奥利力的作用下,水面同样会产生横比降,其大小为:
$$J_c = ma = 2\omega v \sin\varphi / g \tag{5-4}$$

因此,科里奥利力也会引起横向环流。在中高纬度地区,科里奥利力引起的横向环流,与弯道离心力相比可以是同一数量级。

横向环流的存在使得弯道水流的流速在同一断面上表现出有规律的变化。在表流下沉转变为底流的区域,由于重力的促进作用,水流流速加快;而在底流上升为表流的区域,则需要克服重力,水流流速减小。水流流速的上述变化规律是河流在同一断面上既有侵蚀又有淤积的一个极为重要的原因(图 5-12)。

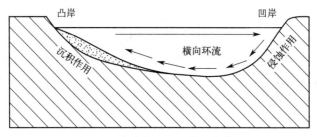

图 5-12 曲流断面上的侵蚀与淤积

5.2.3 河流的侵蚀、搬运与沉积

1. 侵蚀作用

河流侵蚀指河道水流破坏地表原有结构,并冲走地表物质的过程。除了水流本身的侵蚀作用外,其携带的大量碎屑物质也会对河床产生侵蚀。

是否发生侵蚀可以根据泥砂起动条件来判断。在垂直于流向的断面上,流水中的物体受到的动水压力为:
$$p = \gamma_0 K S v^2 / 2g \tag{5-5}$$

式中 p——动水压力(kN);

γ_0——河水的重度(kN/m³);

K——形状系数,由实验测定;

S——水流作用面积(m²);

v——水流的平均流速(m/s)。

由式(5-5)可知,流速的增减对动水压力的大小起着很重要的作用,呈二次方的关系。若凸起岩体受动水压力作用而沿图 5-13 所示虚线所示的滑动面产生破坏,则由于动水压力而在滑动面上产生的剪应力 τ 为:

$$\tau = \frac{p}{bl} = \frac{\gamma_0 K v^2}{2g} \frac{h}{b} \tag{5-6}$$

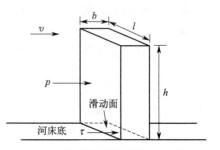

图 5-13 突起河床岩体侵蚀示意图

若岩石的抗剪强度为 τ_f,而 $\tau < \tau_f$,即流速较小时,岩体不会破坏;当流速增加到临界流速时,即

$\tau=\tau_f$，则岩体处于极限平衡状态；而当流速超过临界流速，即 $\tau>\tau_f$ 时，岩体遭受侵蚀破坏。于是，据库仑定律可导出临界流速的公式：

$$\gamma_0 K \frac{v_{cr}^2}{2g}\frac{h}{b}=\sigma\tan\varphi+C \tag{5-7}$$

$$v_{cr}=\sqrt{\frac{2g}{\gamma_0 K}\frac{b}{h}(\sigma\tan\varphi+C)} \tag{5-8}$$

式(5-8)说明了各种因素对河流侵蚀作用的意义，特别是岩体的形态和强度的影响。不同强度的岩石，所要求的侵蚀临界速度不一样。完整岩石的黏聚力很大，自然河流的最大流速远远小于其侵蚀临界流速。因此，自然河流难以侵蚀完整的岩石，只能沿岩体中的节理和裂隙进行侵蚀，而未固结的疏松沉积物黏聚力很小，较容易被流水侵蚀。

上面的侵蚀临界流速是在水流方向垂直于冲刷面的假定下推导的。如果流向与冲刷面斜交，则应根据斜交角度换算出实际流速在垂直于冲刷面方向上的流速，然后再与临界流速相比较。显然，在同样的流速条件下，冲刷面越平行于流向，则其所受的冲刷力越小；相反，越近于垂直，冲刷力越大。桥墩等处于河床中的建筑物，顶冲部分常做成流线型（图5-14），使冲刷面平行于流向，就是为了减小水流的作用力。

图5-14 做成流线型的桥墩

河流中水的流速主要取决于河流的宽度和纵坡度。一般情况下，上游河谷狭窄陡峭、比降和流速较大、侵蚀强烈、纵剖面多呈阶梯状，多急滩和瀑布；中游河谷变宽，比降逐渐和缓，侵蚀和堆积作用大致保持平衡，河床位置比较稳定，纵剖面往往呈平滑下凹曲线；下游河谷宽大、河道曲折，河水流速小而流量大，淤积作用明显，沙滩和沙洲较多。

按照流水对河床冲蚀作用主要方向的不同，可以分为下蚀、侧蚀和溯源侵蚀。流水加深河床、增长河谷的侵蚀作用称为下蚀。河流对河岸两侧的侵蚀作用，使河道曲率加大、河谷加宽的侵蚀作用称为侧蚀，多发生在河流的中下游。河流向其源头方向侵蚀而加长的侵蚀作用称为溯源侵蚀，主要发生在河谷的中上游。

2. 搬运作用

河流在流动的过程中将河床上剥蚀下来的固体物质移动使其离开原地的作用称为搬运作用。河流搬运作用方式主要有机械搬运和化学搬运。机械搬运主要通过推移、跃移和悬移三种方式实现（图5-15），化学搬运则主要有胶体溶液和真溶液两种搬运形式。

据式(5-5)，河床上直径为 d 的球状砂砾，所受水流的动水压力为：

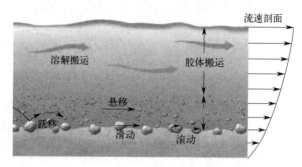

图 5-15 水流搬运作用的主要形式

$$p=\frac{\gamma_0 K v^2}{2g}\frac{\pi d^2}{4} \tag{5-9}$$

而阻止泥砂滚动的阻力 T 为：

$$T=fW=f\pi(\gamma-\gamma_0)d^3/6 \tag{5-10}$$

式中 f——滚动摩擦系数；

W——颗粒有效重量（kN）；

γ——颗粒重度（kN/m³）。

土粒处于极限平衡状态时的水流速度称为颗粒起动流速，根据平衡条件有：

$$p=\frac{\gamma_0 K v^2}{2g}\frac{\pi d^2}{4}=\frac{f\pi(\gamma-\gamma_0)d^3}{6} \tag{5-11}$$

由此可得泥砂开始被推移的临界流速，即由松散土构成的河床的侵蚀冲刷临界流速为：

$$v_{cr}=\sqrt{\frac{4g}{3K}f\left(\frac{\gamma}{\gamma_0}-1\right)d}=C\sqrt{d} \tag{5-12}$$

若临界流速以"m/s"为单位，则据实际观测有：

$$v_{cr}=0.2\sqrt{d} \tag{5-13}$$

当 $d<400\text{mm}$ 时，在进行工程地质调查时，可根据这个经验公式由粒径估算流速，也可根据流速估计粒径。

由式(5-13)可以看出，水流的搬运力与粒径和流速的平方成正比，而砂粒的体积或重量与其粒径的三次方成正比，因此，水流可搬运颗粒的重量与流速间是 6 次方的关系，即流速增加一倍，搬运泥砂的最大颗粒重量可增加至 64 倍。这就是为什么山区河流能够搬运那么粗大砾石的原因。

3. 沉积作用

沉积作用指被运动介质（水流、风等）搬运的物质到达特定的环境后，由于物理、化学等条件发生改变而发生堆积、沉淀的过程；按沉积作用方式可分为机械沉积、化学沉积和生物沉积三类。狭义的沉积作用指搬运介质中悬浮状物质的机械沉淀作用。

地面水流的沉积作用以机械沉积作用为主。当水流的流速低于搬运泥砂的临界流速时，泥砂颗粒便沉积下来。沉积物的多少取决于河流含砂量与搬运能力。导致沉积的原因有流速和流量减小、河床底部局部地形变化、搬运物增多、水化学性质改变等。

河流沉积作用总体上遵循先重后轻、先粗后细的规律。河流发生沉积作用有三个主要场所：一是河流汇入其他相对静止的水体处，如河流入海、入湖以及支流汇入主流处，流速会明显降低，从而降低水流的搬运能力，使较粗的颗粒沉积下来；二是河床纵剖面坡度由陡变缓处，或河道由狭窄变为开阔的地段，流速也会明显降低，如河流中、下游地势较平坦，易发生沉积作用；三是河流的凸岸，由横向环流侵蚀凹岸产生的碎屑，被搬运至凸岸沉积。

流量减少的原因很多，如遇枯水期、河流被袭夺、在干旱区河水遭受强烈蒸发等。山崩、滑坡以及洪水等短时将大量碎屑物注入河床，或单纯由于流量减少，均可导致河流中的碎屑超过其搬运能力，使较粗的碎屑物在河床中沉积下来，这种沉积过程称为加积作用。

河床因加积作用而被抬高，朝宽、浅、平的方向演化。河水在宽而浅的河床上流动，会频繁发生分散与汇聚作用，形成辫状河（图5-16）。辫状河的岔道及岔道间的沙坝均不稳定，其位置和宽度易于改变。单纯因流量的减少所形成的辫状河是很普遍的。流量的减少与搬运量的增大具有同样的沉积效果。

图 5-16　辫状河（朱旻摄）

当水的化学条件发生变化时，以胶体溶液和真溶液形式搬运的物质到达适宜场所后，产生沉淀、堆积的过程称为化学沉积。化学沉积主要发生在较大的湖泊和河流入海口。生物沉积作用包括生物遗体沉积和生物化学沉积，与河流沉积关系较小，不再赘述。

5.2.4　河流地貌

河流的侵蚀、搬运与沉积作用是改变地形地貌的重要地质作用，形成了很多典型的地貌。河流地貌中与工程关系密切的有河漫滩、阶地等。

1. 河床及河床沉积物（图5-17）

一般在山区河床中基岩暴露，坚硬的岩石表现为凸起地段，软弱的岩石表现为下凹地段，使河床在纵剖面上显示出坎坷不平的阶梯状。在坡度较陡的地段形成急流深谷，高差大的陡坎形成瀑布（如贵州黄果树大瀑布）。山区河流的河床中还堆积许多巨大石块，石块来自谷坡崩塌坠落或滑坡，或来自旁侧冲沟洪流冲出的洪积物之中，形成石滩。

平原区河流，河床中常出现心滩。心滩平水时高出水面，洪水期被淹没，一般呈梭形，长轴平行河流，主要由粗沙、细沙、砾石组成。心滩在洪水期被淹没，大量河床沉积物覆盖其上，形成黏土覆盖层。沉积作用不断继续，使心滩加高、加宽，变成江心洲。江心洲只有在特大洪水时才会被淹没。江心洲常发展成农业区和居民区。

图 5-17　典型河床沉积物

2. 河漫滩及河漫滩沉积物

河漫滩指靠近河床主槽、洪水时淹没、平水时出露的平缓滩地。河漫滩可以起到削减洪峰、储存泥沙、影响主槽冲淤等作用。河漫滩沉积物的特点还在很大程度上决定了河流的边界条件。平原河流一般都有较宽大的河漫滩。

河谷的发育一般是从 V 形谷开始的，在河流的上游，比降较大，谷底几乎全部为河床占据，只有在河弯凸岸才会形成雏形边滩（图 5-18a）。随着侧向侵蚀的发展，河谷不断拓宽，凸岸沉积增加，边滩不断延伸、堆高、变长，形成雏形河漫滩（图 5-18b）。雏形河漫滩形成后，洪水时河水漫过，由于河漫滩上水浅，加之植被阻挡，滩面上的流速远低于河床，因而搬运能力较小，河水中的悬移质在河漫滩上沉积下来，即河漫滩相沉积物（图 5-18c）。河漫滩下部一般为河床相砂砾层，因而形成了典型的二元相结构。河漫滩二元相结构是河流侧蚀和河床侧向移动的结果。河曲自然裁弯取直后，形成废弃河道和牛轭湖，河漫滩相覆盖层加厚，并出现牛轭湖相沉积物（图 5-18d）。

河床的横向移动是形成河漫滩地貌的空间条件，它决定了河漫滩的规模和类型。山区河流水流速度快，河床的横向移动缓慢，河漫滩狭窄，当洪水漫滩后，滩面上的流速仍然比较大，只有砾石才能沉积下来，形成砾石河漫滩。砾石河漫滩上沉积物的粒径较粗，厚度很薄。如果遇到较大的洪水，流速增大，沉积在滩面上的泥沙常被冲走。所以砾石河漫滩上的沉积物很不稳定。在冲积性河床上，河床横向移动较快、幅度较大，易形成宽大的河漫滩，洪水漫滩后，由于滩面上水流动力条件和泥沙条件的差异，河漫滩上的流速离河床越远越小，使水流的挟砂力也随之降低，在滩面上沉积的泥沙的平均厚度与粒径随着远

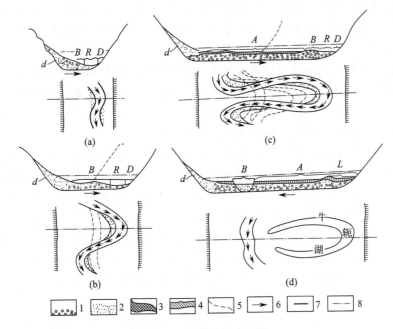

图 5-18 河漫滩形成过程

1、2—河床相冲积物（1—砾石，2—沙）；3—牛轭湖相；4—河漫滩相；5—早期谷坡的位置；
6—河床移动方向；7—平水位；8—洪水位；
R—河道；A—河漫滩；B—河岸沙堤；d—坡积物；L—牛轭湖；D—谷坡

离河床逐渐减小，这样首先在近岸处形成河岸沙堤（图 5-19）。此外，在河岸沙堤与河床之间，有时还有边滩。河漫滩形成后，如果河床横向移动继续进行，为河漫滩的发展提供新的空间，原来河岸沙堤前的边滩又可以继续发展成新的河漫滩。新、老河漫滩组合在一起，使河漫滩结构复杂化。由于河床演变过程的不同，河漫滩有多种组合形式。如河曲自然裁弯取直后，牛轭湖就与原来的河漫滩组合在一起；分汊河床的某一汊道衰亡后，则江心洲及古汊道便与原来的河漫滩组合在一起。

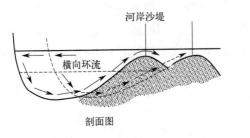

图 5-19 河岸沙堤及其形成过程示意图

3. 牛轭湖及牛轭湖沉积物

呈横向环流运动的水不断对凹岸进行冲蚀，掏空谷坡下部，上部岩石因失去支撑而崩塌，使谷坡后退，凹岸不断地向旁侧和下游方向推移；凹岸侵蚀的产物又被沿河底横向流动的水流带到凸岸沉积下来，使凸岸不断增宽并向下游推移，使河流曲率增大而形成河曲，同时加宽了谷底；河曲进一步发展，河床越来越弯曲，洪水期水量增大时可将河道裁弯取直；被抛弃的旧河道两端被冲积物淤塞后形成牛轭湖。牛轭湖长年处于静水环境，其沉积物为富含有机质的黑色黏土、粉质黏土和粉土，有时有薄层砂与粉砂的透镜体。

4. 河流阶地

河流阶地是地壳构造运动与河流的侵蚀、沉积作用综合作用下形成的地貌。由于地壳上升或侵蚀基准面（河流所注入水体的表面，如海平面、湖水水面、主流水面等）相对下降，已形成河漫滩的河流重新下切侵蚀，形成新的河床，而原来的谷底呈阶梯状残留在新的谷坡上，在河谷两坡形成的阶梯状地形，称为阶地。

阶地由一个称作阶地面的平坦表面和一个称作阶地斜坡的陡坎两部分组成。阶地面大多向河谷轴部和河流下游微有倾斜，表面往往并不十分平整，后缘堆积有各种坡积物和洪积物，且常受地表径流的切割，有些甚至只剩下一些孤立的小丘。阶地斜坡是阶地面朝向河谷轴部的坡地。阶地面和阶地斜坡代表了阶地发育过程中两个不同的时期。阶地面的形成意味着河流仍以侧蚀和沉积作用为主；阶地斜坡的形成则标志着河流转向下切侵蚀，这一阶段河流水面降低，河漫滩逐渐脱离河流的作用，最终超过最高洪水位，成为阶地。

在地史中，如果地壳发生多次升降运动，引起河流的侵蚀作用与沉积作用交替发生，可形成多级阶地。阶地的级数一般由下而上按顺序计数，高于河漫滩的最低的阶地为一级阶地，向上依次为二级阶地、三级阶地等。在同一河谷横剖面上，较高的阶地年龄老，而较低的阶地年龄较新。

根据物质组成，河流阶地可分为侵蚀阶地、堆积阶地和基座阶地。

侵蚀阶地由基岩构成，多发育在构造抬升的山区河谷中。这里河流纵坡较大，水流速度较快，侵蚀作用强烈，所以沉积物很薄，有时甚至在河床中直接出露基岩。后期河流进行强烈下切时，原河谷底部抬升形成阶地。即使阶地上原有薄层的沉积物覆盖，在阶地形成以后也可能被冲刷殆尽，往往只有一些坡积物。

堆积阶地全部由河流沉积物组成，在河流中下游最为常见。形成初期，河流不断向侧向侵蚀，展宽谷底，同时发生大量沉积，形成宽阔的河漫滩，然后河流强烈下切，河流水面下降，河漫滩变成阶地。根据河流下蚀的深度和多级堆积阶地的相互关系，堆积阶地可分为内叠与上叠两种。内叠阶地的特点是新的阶地套在老的阶地内侧，后一次的河流沉积物分布的范围和厚度都比前一次的小。这说明内叠阶地的形成过程中，河流的各次下切所达到的深度基本一致，而后期的堆积过程较短或堆积作用减弱。上叠阶地的特点是组成阶地的沉积物完全叠置在较老的阶地之上，后期下蚀与堆积的规模都在逐次减小，未能切穿下伏的阶地沉积物（图5-20）。

基座阶地由于后期河流下蚀深度超过了原沉积层的厚度（图5-21），切至基岩内部而形成，其上部为河流的沉积物，下部是基岩。

如果阶地形成以后，由于地壳下降或侵蚀基准面上升，导致河流大量堆积，使阶地被堆积物所完全覆盖，便形成埋藏阶地。

5.2.5 河流侵蚀、淤积作用及其防治

1. 凹岸的坍塌和凸岸的淤涨

河流的侵蚀和淤积作用会导致河谷的横向移动，对工程和环境产生一定的影响，最典型的情况有凹岸的坍塌和凸岸的淤涨。

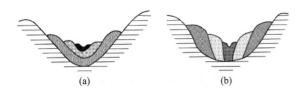

图 5-20　堆积阶地
(a) 上叠阶地；(b) 内叠阶地

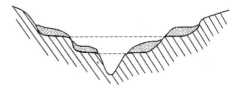

图 5-21　基座阶地

坍岸的原因主要有两个：一是水流的直接侵蚀作用；二是外界条件变化造成的土体稳定性的降低。一般情况下，两者往往同时存在。

水流对河岸的直接侵蚀作用又可分为两种情况：一种是水流直接作用于河岸，冲刷泥砂颗粒并将它们带走；另一种是水流冲刷坡脚，使岸坡的高度或坡度增大，而使上部的河岸边坡因失去稳定性而滑坍。

河岸泥砂一般可分为无黏性土和黏性土两大类。对于无黏性土，河岸表面颗粒的稳定性主要由颗粒粒径和水流搬运能力决定。对于黏性颗粒，其抗冲性能并非由单个细小颗粒的特性所决定，黏性颗粒往往结合在一起形成较大的团粒，它们的抗冲性能远大于单颗粒。

由于环境变化影响而使土体强度和岸坡稳定性降低的作用取决于气候条件和土的特性。当土的含水量较大时，孔隙水压力可以降低土的强度。降水、融雪或河流水位升高均可造成岸坡土体含水量的增大。土体往复地干湿变化，使其反复收缩和膨胀，可以使完整的土体裂成土块。在冬季，土中水结冰膨胀会使土粒之间的黏聚力降低，河中的冰压力或流水冲击河岸也会造成影响。土体中水的流动造成的淋洗对黄土影响甚大，黏性颗粒被带走后，黄土的强度将损失殆尽。水的浸软作用可使坚硬而有裂隙的黏土强度大大降低。

由河流侵蚀造成的坍岸与河岸的高度、坡度、形状、土层情况和土质特性均有密切的关系。不同土质河岸的坍岸情况不尽相同。

1) 对于无黏性土河岸，排水良好的情况下，土体强度降低、坡脚掏空是导致河岸坍塌的两个主要因素；排水较差的情况下，需要考虑孔隙水压力的作用，当土体饱和时，孔隙水压力为正，对岸坡的稳定不利，土体未饱和时，孔隙水压力为负，无黏性土因孔隙水而产生表观黏滞性，有利于岸坡的稳定。

2) 对于黏性土河岸，坍岸主要表现为圆弧滑动、浅层滑动或平面滑动。

3) 弯曲河段的河岸常形成二元结构（图 5-22），即组合土层的情况。当组合土层下层的无黏性土被冲走，而上面的黏土层能保持原状时，会出现悬挂的土块。如果水流持续掏刷底部而使悬挂的土块宽度增大，当出现裂缝或因湿度增大而导致强度降低时，则将使悬挂的土块向下坍落。

对于弯曲型河流，其侵蚀与堆积常处于基本平衡状态，凸岸的堆积物主要来自对凹岸的冲刷作用，两者通过弯道的环流作用联系在一起。凹岸坍塌和凸岸淤涨在数量上大体相当，长期作用的结果将使河道作横向摆动，断面形态一般变化不大。

由于坍塌是间歇进行的，因而凹岸后退的速度往往是不均匀、不连续的。发生坍塌后，将会稳定一段时间，然后在下一次发生较大侵蚀或环境变化（如洪水、降雨等）时，又引起

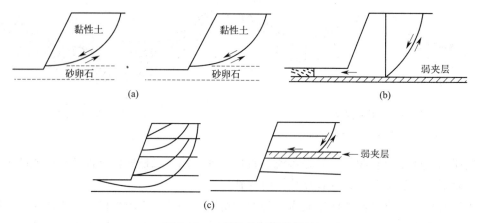

图 5-22 二元结构河岸的侵蚀
(a) 圆弧滑动；(b) 平面滑动；(c) 塌落

新的坍岸。凹岸这种间歇性的后退，将会在凸岸形成一组称为鬃岗地形的集中淤积带。

2. 河流侵蚀、淤积作用的治理

主流线靠近河岸时，河岸土层受到强烈侵蚀，常会发生坍岸。河床类型不同、主流线与河岸位置关系不同，发生坍岸的位置也有所不同。在弯曲河床的上半段，主流线靠近凸岸上游侧；在弯曲河床的下半段，主流线靠向凹岸顶点的下游侧。因此弯曲河床凸岸边滩的上方和凹岸顶点的下方，常常发生坍岸（图 5-23a）。在顺直的河床上，深槽与边滩往往成犬牙交错地分布；在深槽处，主流线常常靠近河岸，使该处成为易发生坍岸的部位（图 5-23b）。游荡河床，主流线随着江心洲的变化在河床中动荡不定，坍塌部位也不固定。分汊河床，江心洲洲头受到主流的强烈冲刷（图 5-23c），是需要护岸工程重点保护的地段。

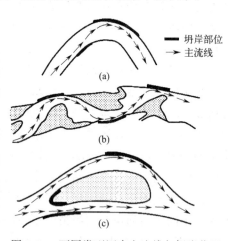

图 5-23 不同类型河床主流线与坍岸位置

对于因河流侧向侵蚀及局部冲刷而造成的坍岸，一般采用修建护岸工程或约束水流使主流线偏离被冲刷地段等措施加以防治。

1) 护岸工程

一是直接加固岸坡。如在岸坡或浅滩地段植树、种草，通过植物根系保持水土，提高岸坡稳定性和抗冲刷能力。

二是修建护岸。其主要有抛石护岸和砌石护岸两种，即在岸坡砌筑石块（或抛石），保护岸坡不受水流直接冲刷。石块的大小以不致被河水冲走为原则。

抛石体的水下坡度一般不宜超过 1:1，当流速较大时，可放缓至 1:3。石块应选择未风化、耐磨、遇水不崩解的岩石。抛石层下应有垫层。

2) 约束水流

通过顺坝和丁坝引导主流线偏离受保护岸坡。顺坝又称导流坝，丁坝又称半堤横坝。

一般将丁坝和顺坝布置在凹岸，使主流线偏离受冲刷部位。丁坝常斜向下游，夹角为60°~70°，它可使水流冲刷强度降低10%~15%（图5-24）。

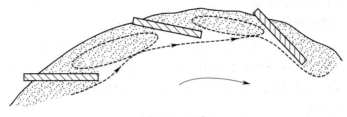

图5-24　丁坝

通过束窄河道、封闭支流、截直河道、减少河流的输沙率等措施可防止淤积；也常采用顺坝、丁坝或两者组合使河道增加比降和冲刷力，达到防止淤积的目的。

5.3　岩溶作用

5.3.1　基本概念与研究意义

岩溶作用，原称喀斯特作用。喀斯特（Karst）原是南斯拉夫西北部沿海一带（现克罗地亚境内）碳酸盐岩高原的地名，那里发育着各种典型的碳酸盐岩地貌。19世纪末，南斯拉夫学者西维基奇研究了喀斯特高原的奇特地貌。后喀斯特一名被国际地学界采用，用来指代碳酸盐岩分布地区一系列特殊的地貌。我国一般称为岩溶地貌。

岩溶作用是以地下水为主、地表水为辅，化学过程为主、机械过程（流水侵蚀和沉积、重力崩塌和堆积）为辅的对可溶性岩石的破坏和改造作用。这种作用所造成的地表和地下形态称作岩溶地貌。岩溶作用及其所产生的水文现象和地貌现象统称岩溶。

岩溶在我国西南地区分布非常广泛，石灰岩分布面积约占全国总面积的13.5%。广西的桂林山水、重庆武隆的天坑地缝、广西乐业天坑群，皆闻名于世。这些奇异的景观都发育在碳酸盐岩地区。广西碳酸盐岩出露的面积占全区面积的60%，贵州和云南碳酸盐岩分布面积占该地区总面积的50%以上。

由于岩溶地区的水文地质特征和地貌特征非常独特，在岩溶地区进行的各种工程建设活动可能会遇到一些特有的问题。如在岩溶地区，地下空洞大量发育，地下水径流通道多，修建水库时要格外注意渗漏问题；在隧道、矿井、地下工程建设时要注意探查地下河和地下水库，预防突涌水灾害；在修筑铁路、桥梁和地面建筑时要关注地基塌陷问题。

5.3.2　岩溶作用的基本条件

岩溶作用的条件主要包括岩石和水环境两个方面。岩石必须是可溶的、透水的，水必须具有溶蚀力和流动性。

1. 岩石的可溶性

岩石的可溶性主要取决于岩石的矿物组成和结构。可溶性岩石大体上分为三类：碳酸盐类岩石（包括石灰岩、白云岩、泥灰岩等）；硫酸盐类岩石（包括石膏、芒硝等）；卤盐类岩石（如石盐和钾盐）。就溶解度而言，卤盐最大，硫酸盐次之，而碳酸盐最小。但前两类岩石分布不广，而石灰岩等碳酸盐类岩石分布面积广大。所以工程中遇到的发育在碳酸盐类岩石中的岩溶更加普遍。

碳酸盐类岩石的矿物成分主要是方解石 $CaCO_3$ 或白云石 $(Ca,Mg)CO_3$，除此之外还含有 SiO_2、Fe_2O_3、Al_2O_3 及黏土矿物。石灰岩的矿物成分以方解石为主，白云岩的矿物成分以白云石为主，硅质灰岩指含有燧石结核或条带的石灰岩，泥灰岩则是黏土物质与 $CaCO_3$ 的混合物。一般情况下，石灰岩比白云岩更易被溶蚀，白云岩、硅质灰岩、泥灰岩的可溶性依次降低。

结构对岩溶发育的影响主要取决于碳酸盐岩的原生孔隙性。一般说来，深水区沉积生成的碳酸盐岩致密、孔隙小而少，不利于岩溶发育，而过渡性沉积区生成的碳酸盐岩疏松、多孔隙，有利于岩溶发育。

一般来说，由于可溶性较好，卤素类和硫酸盐类岩层岩溶发展速度较快，碳酸盐类岩层则发展速度较慢。降水丰沛地区层厚质纯的岩层，岩溶发育强烈且形态齐全，规模较大；含泥质或其他杂质较多的岩层，岩溶发育相对较弱。结晶颗粒粗大的岩石岩溶较易发育，结晶颗粒细小的岩石则相对较难被溶蚀。

2. 岩石的透水性

水是岩溶发育的必要条件。岩石的透水性主要取决于岩石的裂隙度和孔隙度，相对而言，前者更为重要。褶皱和断裂使岩石中的不连续面大大增加，提高了岩层透水性，对岩溶发育具有较强的促进作用。可溶性岩层与其他岩层的接触带、不整合面等界面也有利于水的活动，从而利于岩溶发育。

岩层在褶皱的弯曲过程中，往往产生很多节理和裂隙，尤其在褶皱轴部裂隙更加密集，张开度较好，使岩层的透水性大大增强，有利于碳酸盐岩的溶蚀。背斜顶部的张裂隙，宽度大、分布深，岩溶以漏斗和竖井等垂直形态为主；相对低洼的向斜轴部、下部的张裂隙易积水，多发育地下河，长期溶蚀与重力的联合作用下，易由于洞顶坍塌而产生漏斗和落水洞，所以向斜轴部垂直和水平通道都易发育。在褶皱区，地表岩溶具有沿褶皱走向呈条带状分布的特点。在单斜地层中，岩溶一般顺层面发育。在不对称褶曲中，陡的一翼岩溶更易发育。

断裂带是地下水的良好流通通道，也是岩溶极易发育的部位，常分布有漏斗、竖井、落水洞及溶洞、暗河等。正断层由拉伸作用形成，张开度好，填充物疏松多孔隙，岩溶往往较发育，逆断层一般紧闭，岩溶发育较弱。富水优势断裂常是较大的地表水和地下水汇集的地方，往往发育成管状水道或地下河，常造成地面塌陷。

倾斜或陡倾斜的岩层，一般岩溶发育较强烈；水平或缓倾斜的岩层，当上覆或下伏岩层不利于地下水的流动时，岩溶通常发育较弱。

3. 水的溶蚀力

纯水的溶蚀力相对较弱，当水中溶入一定的 CO_2 时，对碳酸盐岩就具备了较强的溶蚀能力。岩石中的 $CaCO_3$ 被溶解并随水流走，难溶的残余物质留在原地或被搬运。

在含 CO_2 的水中，CO_2 与 H_2O 化合成碳酸，碳酸又离解为 H^+ 与 HCO_3^- 离子。水中 CO_2 含量越高，H^+ 也越高，而 H^+ 是很活跃的离子。当含大量 H^+ 的水对石灰岩作用时，H^+ 就会与 $CaCO_3$ 中的 CO_3^{2-} 结合成 HCO_3^-，分离出 Ca^{2+}，而使 $CaCO_3$ 溶解于水。上述化学反应是可逆的，正反应的速度取决于 CO_2 的浓度，逆反应的速度取决于 Ca^{2+} 的浓度。

4. 水的流动性

碳酸盐岩的溶解度较低。降水沿着碳酸盐岩的裂隙和孔隙向下渗透，在达到潜水面以前，通常已被 $CaCO_3$ 所饱和，丧失了进一步溶蚀岩层的能力。但如果水溶液一直处于流动状态，由于可以不断补充非饱和的地下水，以及水温、气压等条件的变化，那么水流可能随时变饱和溶液为不饱和溶液，重新获得溶蚀力，或者变饱和溶液为过饱和溶液，形成特征明显的岩溶沉积（如钟乳石、钙华等）。

5.3.3 岩溶地貌

1. 地表岩溶地貌

1) 石芽、溶沟、石林

地表水流沿着在碳酸盐岩形成的坡面上流动，沿着节理裂隙溶蚀、冲蚀，形成许多凹槽和凸起，凹槽称为溶沟，凹槽之间的凸起称为石芽。由于坡度和沉积条件的差异，从山坡的上部到下部，石芽常呈现全裸露石芽-半裸露石芽-埋藏石芽的分布规律（图 5-25）。当溶沟与石芽成片分布时，形成崎岖不平的地面，称为溶沟原野。溶沟与石芽的相对高差一般不超过 3m。在质纯厚层的石灰岩地区，水流沿两组以上垂直裂隙溶蚀，溶蚀深度较大时，可形成巨大的石芽，相对高度可达 20m 以上，这种岩溶形态称为石林。

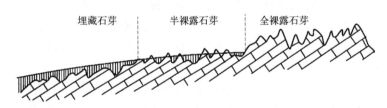

图 5-25　斜坡上的石芽

2) 漏斗、竖井、天坑

漏斗是呈碗碟状或倒立锥状的溶蚀洼地，平面轮廓多为圆形或椭圆形，直径数米至百米，深度数米至十余米，底部常有垂直裂隙或溶蚀管道与地下暗河相连通。它起着集水和消水的作用。如果下部管道被溶蚀残余物堵塞，则可积水成池。

竖井实际上是一种塌陷漏斗，在平面轮廓上可呈各种形状，井壁陡峭，近乎直立。长条状竖井是沿一组节理发育的，方形或圆形竖井则是沿两组节理发育的。

天坑指发育在碳酸盐岩地区的一种四周为峭壁、深度与直径可达数百米的负地形，是竖井的特殊形式。天坑主要有塌陷型和冲蚀型两种成因类型。塌陷天坑是由地下河长期的溶蚀侵蚀作用导致上覆岩层不断崩塌并最终达到地表而形成，其发展过程主要经历地下河、地下崩塌大厅、地表天坑等几个主要阶段。冲蚀型天坑是在特殊的地质、地貌与水文条件下形成的一种落水洞式或盲谷式天坑，主要由落水洞不断被侵蚀扩大，四周岩层不断崩塌，最后完全露出地表而形成。2001 年，天坑（tiankeng）作为一个专门的喀斯特术语被我国专家提出，并于 2005 年被国际学术界认可。在此之前，峰林（fenglin）和峰丛

（fengcong）两个由中国人定义并用汉语拼音命名的喀斯特地貌术语已经被国际学术界采纳。

3）落水洞

落水洞是地表水流入地下的进口，其大小不一，形态各异。竖井和漏斗形成过程中的主要地质作用是溶蚀作用与塌陷作用，而形成落水洞的地质作用则除溶蚀作用外还有机械侵蚀作用，特别是当地表水通过落水洞转为地下河的情况下，水流量较大，侵蚀作用非常强烈。

4）峰丛、峰林和孤峰

峰丛是指基部完全相连成簇分布的石灰岩山峰。其顶部多呈圆锥状，峰与峰之间常形成马鞍形。相对高差一般为200～300m。峰丛通常大面积分布于岩溶山地的中心部位，在构造上则位于向斜边缘或背斜的顶部。峰丛常与溶蚀洼地、谷地等地形伴生，其间常有漏斗、竖井、落水洞或地下暗河等分布。

峰林是基部微微相连成群簇立的石灰岩山峰，是峰丛被进一步溶蚀的结果。峰与峰相对高差一般为100～200m，坡度陡（大于45°）。峰林主要分布在岩溶盆地的边缘，常组合成峰林-谷型地貌。由于地质构造不同，在褶皱舒展、岩层平缓地区，峰林呈星点状分布；在褶皱紧密、岩层陡斜的地区，峰林呈条带状分布。峰丛及峰林的分布与向斜构造的关系十分密切。

孤峰是孤立的石灰岩山峰。它是峰林进一步发展的结果，是岩溶作用晚期的产物。它挺拔于岩溶平原上，形若石笋，其相对高度数十米至百米。在广西岩层水平、质纯厚层的石灰岩区，其孤峰发育多呈圆筒状；岩层水平但质地不纯的石灰岩，孤峰常呈圆锥状；在倾斜岩层区，则形成不对称的单斜状孤峰。在山间的溶蚀洼地或小型岩溶盆地的谷底，常可沿构造线生成串珠状的孤立的溶蚀残丘，一般呈圆锥状、穹隆状或长垣形。

5）溶蚀洼地与坡立谷

溶蚀洼地是与峰丛、峰林同期形成的一种盆状洼地。平面形态为圆或椭圆形，长轴多沿构造线发育，周围被石灰岩山丘包围，与漏斗的主要区别在于溶蚀洼地规模较大，底部较平坦，内部也可发育有小型漏斗和小溪。在广西一带，溶蚀洼地的直径最大可达1～2km，洼地底部常有厚约2～3m的红土覆盖，可作为耕地。

岩溶平原（又称坡立谷）是比溶蚀洼地更为宽广、平坦的地貌形式，大多沿断裂带或构造带溶蚀发育而成，其宽度一般为数百至数千米，长度数千米至数十千米，覆盖溶蚀残余红土或河流冲积物，局部散布孤丘，在我国广西黎塘、贵县等地岩溶平原最为典型。岩溶平原与岩溶盆地都是岩溶作用形成的负地形，在地貌上有许多相似之处。

6）干谷和盲谷

当地面河流某一段向下转变为地下伏流，原来在地面的河谷失去了水源而变成没有水的干谷。当地面河流被石灰岩壁所阻沿溶洞进入地下而转变为地下河时，河谷延伸至岩壁向前没有通路的河谷称作盲谷。

2. 地下岩溶地貌（图5-26）

1）溶洞：地下水沿可溶性岩体的层面、节理面或断裂面等各种构造面（特别是各种构造面互相交叉的部位）逐渐溶蚀、侵蚀而形成的地下空洞；当地下孔洞较小时，地下水水量小流速较慢，主要发生溶蚀作用；随着孔洞的逐渐扩大，地下水的水量加大，流速加快，还产生较强的机械侵蚀作用，地下通道因而迅速扩大。

2) 地下河：具有自由水面的地下径流，由地下溶洞、地下湖、溶隙和连接它们的廊道系统组成。

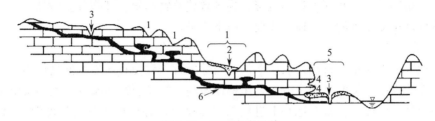

图 5-26　地下岩溶地貌
1—溶蚀洼地；2—漏斗；3—竖井；4—溶洞；5—阶地；6—地下河

3. 岩溶地貌组合

上述各种岩溶地貌，并不是孤立存在的，由于它们在成因上具有密切的联系，尤其是地表岩溶地貌与地下岩溶地貌密切相关，因而常呈一定组合而分布于岩溶地区。了解和掌握岩溶地貌组合，有助于从地表岩溶现象分析地下岩溶的发育情况。

岩溶地貌的组合可分为平面组合和垂直组合，其中垂直组合对工程建设的影响更为突出。主要的岩溶地貌组合有：

1) 落水洞、竖井、地下通道。落水洞和竖井是地表岩溶和地下岩溶地貌联系的通道。落水洞往往出现在溶蚀洼地的底部，地表水在地势低洼的落水洞汇聚，通过落水洞和竖井流入地下通道。

2) 干谷和暗河。干谷出现的地方通常存在地下暗河。干谷之所以成为干谷，正是因为地下暗河袭夺了地表河流的水流。

3) 塌陷与地下岩洞。岩溶发育地区发育的塌陷，其主要原因就是地下溶洞由于重力作用而发生的坍塌。

4) 溶洞与地下通道。溶洞往往与地下通道是相连的，溶洞往往是地下通道的进出口。

5) 溶洞与阶地。溶洞在较稳定的地块中往往成层分布，这种分布特征与附近同高程的河流阶地有成因上的联系。其原理是：在侵蚀基准面稳定时，岩溶地块中发育了与地面河床高程相对应的地下河或地下通道系统；当地壳上升并导致河流下切时，在非岩溶区的河谷发育了阶地，而岩溶区的地下河或地下通道则失去地下径流成为与阶地同高程的溶洞。

6) 分水岭风口与溶洞。地面的侵蚀和地下的溶蚀是在同一岩溶侵蚀基准面控制下进行的，因此分水岭地带的风口常与山坡上的溶洞处于同一高程。

5.3.4　岩溶区的主要工程地质问题

岩溶的发育致使地面、地下出现各种岩溶地貌，工程地质条件大为恶化，因此在岩溶地区开展工程活动时必须对岩溶的发育情况及其影响进行研究，以预测和解决因岩溶发育而引起的各种工程地质问题。岩溶区的工程地质问题主要有以下两类。

1. 地基稳定性及塌陷问题

在岩溶地区，由于地表覆盖层下常发育有石芽、溶沟等，岩体内部则隐藏着暗河、溶洞，因此建筑物的地基通常是不均匀、不稳定的。岩溶水对地下岩土层的潜蚀作用常导致上覆土层的塌陷，形成土洞。

建筑物的地基既涉及上覆土层，也涉及下伏基岩。岩溶区的土层特点是厚度变化大，孔隙比高，很容易产生地基不均匀沉降，易导致建筑物倾斜、开裂甚至破坏。

岩溶地区可能遇到的不良地基主要有以下3类：

1) 石芽地基

由于地表岩溶作用，石灰岩表层溶沟、石芽发育，致使石灰岩基面高低不平。石芽强度较高，而溶沟中充填的土强度较低，压缩性较高，极易引起地基的不均匀沉降而影响建筑物的稳定性。因此，在石芽地基上进行工程建设时，必须查清基岩的埋深、起伏情况、覆盖土层的压缩性及石芽的强度，并采取必要的应对措施。

2) 溶洞地基

溶洞地基的稳定性主要取决于溶洞的规模、埋深及充填情况。当溶洞的规模大、埋深浅，溶洞顶板无法承受工程活动带来的附加荷载时，就易发生溶洞顶板坍塌。

遇到溶洞时，可视溶洞的规模及充填物情况，进行适当处理。溶洞规模小时，可采用清除、充填或盖板跨越的方法；溶洞规模大时，则应在选址时尽量避开。

当溶洞埋深较大时，必须根据溶洞的跨度、顶板岩层的性质确定溶洞离地面的安全深度，即溶洞顶板的安全厚度。当溶洞埋深大于安全厚度时，可不做特殊处理；当溶洞埋深小于安全厚度时，地基存在安全隐患，必须进行处理。

对洞顶岩层完整性好的溶洞，顶板安全厚度采用厚跨比法确定。当溶洞顶板厚度 h 与建筑物跨过溶洞的长度 L 之比 $h/L > 0.5$ 时，认为溶洞顶板安全。

对顶板不完整、洞顶坍塌的溶洞，顶板安全厚度采用洞顶板坍塌堵塞计算法。顶板坍塌后，塌落岩石变得破碎引起体积增大（碎胀），当塌落至一定高度 H 时，溶洞空间可以自行填满，因而无须考虑对地基的影响。对于顶板有坍塌可能的溶洞，仅知洞体高度时，所需塌落高度（H）按下式计算：

$$H = \frac{H_0}{K-1} \tag{5-14}$$

式中　H_0——塌落前洞体最大高度（m）；

K——岩石松散（涨余）系数，石灰岩 $K=1.2$，黏土 $K=1.05$。

若溶洞顶板不完整，且裂隙、节理发育，则可根据裂隙节理分布特征简化为梁（板）计算弯矩，根据所得弯矩和岩体的应力求洞顶板的最小厚度 H。根据抗弯、抗剪验算结果，评价洞室顶板稳定性。

3) 土洞地基

土洞指埋藏在岩溶地区可溶性岩层上覆土层内的空洞。当土洞顶板在附加荷载作用下发生破坏而产生下陷或塌落时，则危及建筑物的安全。因此，岩溶地区有第四纪土层分布的地段，都要注意土洞发育的可能性，应查明土洞的成因、形成条件，土洞的位置、埋深、大小，以及与土洞发育有关的溶洞、溶沟的分布情况。

在地下水深埋于基岩面以下的岩溶发育地区，地表水沿上覆土层中的裂隙、生物孔洞、石芽边缘等通道渗入地下，对土体起着冲蚀、掏空作用，部分岩土体沿地下通道被搬运离开，逐渐形成土洞。

在地下水位在上覆土层与下伏基岩交界面处频繁升降变化的地区，当水位上升到高于基岩面时，土体被水浸泡，便逐渐湿化、崩解，形成松软土带；当水位下降到低于基岩面时，水对松软土产生潜蚀、搬运作用，在岩土交界处易形成土洞。由地下水形成的土洞大部分分布在高水位与平水位之间，其形成过程如图 5-27 所示。

图 5-27　土洞的形成过程

土洞的形成与地表水和地下水的关系极为密切，土洞的处理首要措施是治水，然后根据具体情况，可采取以下方法处理：①当土洞埋深较浅时，可采用挖填和梁板跨越；②当土洞直径较小、埋深较大时，其危害性小，可不做处理，而仅在洞顶上部采取梁板跨越；③当土洞埋深大但直径也较大时，可采取顶部钻孔灌注充填空间。

2. 渗漏和突水问题

由于岩溶地区的岩体中存在许多裂隙、管道和溶洞形成的地下水存储场所和运移通道，因而渗漏和突水问题突出。在修建水库、开掘隧道、开挖基坑等工程活动时，常会发生与水相关的工程灾害。如工程区域存在承压水并有富水优势断裂作为通道，可能会遇到地下突水而导致基坑坍塌、隧道淹没等事故和灾害，如存在大量地下通道，可能会因岩溶渗漏而造成水库库容损失甚至难以蓄水。

在岩溶地区修建水库时，库区应选在地势低洼、四周地下水位较高、下游无大泉出露、上下游流量没有显著差异的河段上，要避免选在深谷大河的临近地区。如果发现库底有渗漏，可采用堵塞落水洞、铺设低渗透性黏土、修筑截水墙等方法进行处理。

对隧道岩溶突水的防控，原则上以预防和疏导为主。首先应采取超前地质预报等措施，查明掌子面前方的溶洞和水体，防止突发大量突涌水，其次对施工中的岩溶涌水，可用水管引入隧道边沟或中心排水沟排出，水量过大时，可用平行导坑排水。

5.4　斜坡与边坡地质作用

斜坡通常指地表因自然力作用而形成的向一个方向倾斜的地段；边坡则指地表因人为作用而形成的向一个方向倾斜的地段。斜坡或边坡的地质作用表现为斜坡岩土体的向下运动（移动），它改变着斜坡的外貌，使之逐渐变缓。斜坡或边坡地质作用产生的主要因素有：重力作用、风化作用、水的作用、工程荷载等。

最常见的斜坡运动有崩塌、滑坡和泥石流。

5.4.1　崩塌

陡峭斜坡上的巨大岩块在重力作用下突然脱离母岩向下倾倒、坠落的现象称为崩塌。坠落后堆积于坡脚的堆积物称为岩堆。崩塌常发生在山区陡峭山坡上，也可能发生在露天采场、路堑等高陡的边坡上。规模很大的崩塌可称为山崩，个别巨石不定时的崩落称坠石。

崩塌会使建筑物、居民点遭到破坏，公路和铁路被掩埋。因此，在山区选择建筑场地时，首先应查明是否有发生崩塌的条件，判断山体的稳定性。

1. 崩塌产生的条件

地形地貌条件。崩塌多发生在斜坡高度大于30m，坡度大于55°（多介于55°～75°之间），坡面凹凸不平（突出部位发生崩塌的可能性大），且上陡下缓、高而陡的斜坡上。

岩性条件。坚硬、厚层状的岩石，如砾岩、砂岩、富含石英的变质岩、石灰岩和喷出岩多形成高陡的斜坡。当岩层节理裂隙发育，岩体破碎时易发生崩塌。

地质构造条件。节理面、断层面、岩层层面的产状对山体稳定性有重要的影响。当岩体中各种软弱结构面的组合关系和空间位置处于下列不利情况时易发生崩塌：

1）岩层倾向与山坡倾向相同，倾角大于45°且小于地形坡角；
2）岩层发育有多组节理，且其中一组节理倾向与山坡相同，倾角介于25°～65°之间；
3）岩层中存在两组与山坡走向斜交的X形节理，形成倾向坡脚的楔形体；
4）节理面呈凸形弯曲的光滑面或山坡上方不远处有断层破碎带存在；
5）岩层处于岩浆岩侵入接触带附近的破碎带；
6）变质岩岩层中片理片麻构造发育的地段，风化后形成软弱结构面。

2. 崩塌的防治

崩塌的防治首先是进行工程地质调查。测绘比例尺宜采用1∶500～1∶1000，在崩塌可能发生方向的纵断面上，宜采用1∶200比例尺。调查的主要内容是：①查明地形地貌特征，在地形地质图上圈画出崩塌类型、规模、范围，崩塌体的大小和崩落的方向；②查明崩塌区的岩石性质、产状、风化程度和地质构造特征，特别是断层、节理的产状、组合关系、闭合程度、力学属性、延展及贯穿情况；③了解崩塌区的气候变化特征，特别是降水和积雪融化季节，以及了解地震的最大烈度等。④查明崩塌前的迹象和崩塌原因，收集当地防治崩塌的经验。

根据崩塌的特征、规模及危害程度可将崩塌分为三类，并分别采用对应的防治原则。

Ⅰ类：山高坡陡，岩层软硬相间，风化严重，岩体结构面发育、松弛且组合关系复杂，形成大量破碎带和分离体，山体不稳定，崩塌破坏力强，难以预防。崩塌规模大，崩塌落石方量大于5000m³。此类崩塌易发地区不宜作为建筑场地，应尽量避开。

Ⅱ类：发生条件和危害均介于Ⅰ类和Ⅲ类之间。崩塌规模较大，应尽量避开，若完全避开有困难时，对崩塌区应采取加固处理及防护措施。

Ⅲ类：山体较平缓，风化程度轻微，岩体节理裂隙等结构面密闭且不甚发育，组合关系简单，无大的破碎带和危险切割面，山体稳定，斜坡上仅有个别危石，易于处理。崩塌落石方量小于500m³，破坏力小，在对危险地段采取加固处理措施后可作为建筑场地。

崩塌的治理措施主要有：①采取爆破方法削缓陡崖，清除易坠的岩石，堵塞裂隙或向裂隙内灌浆；采用锚索或锚杆串联加固，使危岩稳定；②在坡脚或半坡设置挡石墙和拦石网，可修明洞、御坍棚等防崩塌构筑物（图5-28）；③崩塌区内有地表水时，在其上方修截水沟或在坡面上喷浆，以避免岩石强度变化和防止差异风化（图5-29）。

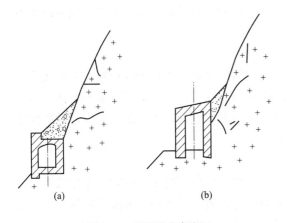
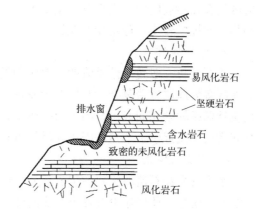

图 5-28 明洞和御坍棚
(a) 明洞；(b) 御坍棚

图 5-29 用砌石护面防止易风化岩层风化

5.4.2 泥石流

泥石流是泥砂、碎石等碎屑物与水、气形成的高速运动的混合流。它多发生在山区，一般由暴雨或融雪等所激发，是固体碎屑与水共同在重力作用下发生的暂时性洪流。泥石流爆发突然、运动速度快、破坏力强，是山区常见的地质灾害。

1. 泥石流的形成条件

1) 地形条件

典型的沟道（谷）型泥石流流域，从上游到下游一般可分为三个主要区域：形成区、流通区和堆积区（图 5-30）。泥石流的形成区（上游）多为三面环山一面出口的漏斗状开阔地段，周围山高坡陡，植被稀少，有利于水和碎屑物聚集。泥石流流通区（中游）多为狭窄深陡的峡谷，沟床纵比降大，泥石流在此汇集和加速流动。泥石流堆积区（下游）多为开阔平坦的山前平原或河谷阶地。碎屑物质因流速下降，动能急剧减小而最终停积下来。

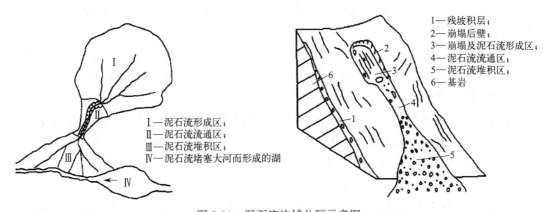

图 5-30 泥石流流域分区示意图

山坡型泥石流一般指发育在尚未形成明显沟谷的山体上的小型或微型泥石流，通常发育在坡度较大，坡面较长而平整，坡积层较薄，下伏基岩透水性较差的斜坡上。泥石流形成区发育在斜坡的中、上部有一定汇水条件的凹型坡面。该型泥石流由于缺乏良好的汇水和物源而规模较小，危害相对较轻。

2）地质条件

泥石流与一般暂时性洪流的主要区别是含有大量的泥砂、碎石等碎屑物。泥石流发育的地区多为地质构造复杂、断层节理发育、新构造运动强烈、地震活动频繁的地区。岩石性质软弱或软硬相间成层，易于遭受风化剥蚀，崩塌滑坡发育，水土流失严重。这些因素共同为泥石流提供了丰富的固体碎屑物质来源。

3）水文气象条件

水不仅是泥石流的重要的组成部分，还可以浸润碎屑物、减小流动时的摩擦阻力，其侵蚀作用还会促使崩塌滑坡发生，从而带来更多碎屑物质。暴雨和高山冰川积雪的急剧消融形成的暂时性洪流，为形成泥石流提供了充足的水源和初始动力来源。统计资料表明，暴雨泥石流有一个最低激发雨量，称为泥石流的临界雨量阈值。降雨量超过这个阈值，泥石流才会发生。

4）人为因素

滥伐山林造成地表水土流失，采矿、采石、修路弃渣堆石，丰富的碎屑物质来源促使泥石流爆发频率急剧增加。

2. 泥石流的分类

泥石流按固体物质组成分成泥流、泥石流和水石流三类。

泥流所含固体物质以黏土、粉砂为主，仅有少量石块，黏度大，呈不同稠度的泥浆状，主要分布在黄土高原地区。泥石流中固体物质以黏土、砂粒、石块组成，基岩山区泥石流多属此类；水石流中固体物质以石块、砂粒为主，黏土、粉砂很少（小于10%）。

按流体性质，泥石流可以分为黏性泥石流、稀性泥石流。

黏性泥石流中固体物质占40%～60%，最高可达80%，其中黏土含量一般为8%～15%，其重度多介于$17\sim21kN/m^3$。该类泥石流中水不是搬运介质而是与固体混合成黏稠的整体做等速运动，爆发突然、持续时间短、破坏力大，有明显的阵流现象，前锋常形成高大的舌状或岗状"龙头"，流体在堆积区不扩散，固液两相不离析，仍保持运动时的结构特征。

稀性泥石流中水为主要成分，固体物质占10%～40%，重度多介于$13\sim17kN/m^3$，水为搬运介质，流速大于固体物质，在堆积区形成扇状散流，堆积后固液两相分离。

3. 泥石流的防治

在泥石流易发地区应进行工程地质调查，查明泥石流的规模、形成条件、活动规模、危害程度及发展趋势，因地制宜采取综合防治措施。主要防治措施如下：

1）预防。做好水土保持工作，在上游封山育林、植树种草，以及修筑地表排水系统和支挡工程，以防岩土冲刷和崩塌。

2）拦截。在中游流通区修筑一系列低矮的拦截坝，拦蓄泥砂、石块；修筑挡墙、半截堰堤等，采用改变沟床坡降，降低流速的方法防止沟床下切。

3）排导。在下游设置排导设施，如采用导流堤、急流槽、排导沟等措施使泥石流顺利排走，以防止掩埋道路和建筑物、堵塞涵洞。

5.4.3 滑坡及其工程地质勘测

1. 滑坡的特征

滑坡是斜坡（边坡）上岩土体或其他堆积物沿一定的滑动面发生整体下滑的一种地质灾害。滑坡一般由滑坡体、滑动面或滑动带等组成（图5-31）。

滑坡体是斜坡上发生整体下滑的岩土体。它通过滑动面与下伏未滑地层分割开来。滑坡体的规模大小不一，从十几立方米到几亿立方米不等。

滑坡体与未发生下滑的岩土体之间的分界面称为滑动面。在土质均匀的边坡中发生的滑坡，滑动面一般近似圆弧形。滑动面有时不止一个，有多个滑动面的滑坡一般还可区分为主滑动面和分支滑动面。滑动面上部受滑动影响而变形较大的岩土体称为滑动带，其厚度一般从数厘米到数米不等。

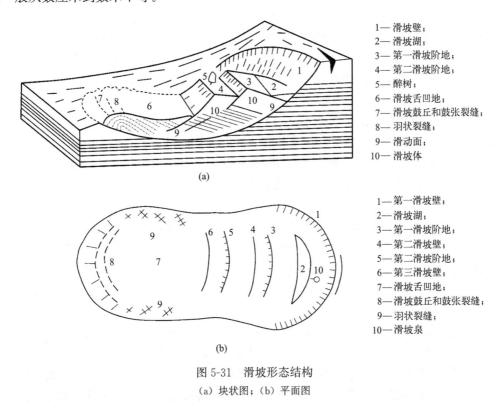

图5-31 滑坡形态结构
(a) 块状图；(b) 平面图

滑坡壁是滑坡体与斜坡上方未滑动岩土体之间的椅背状分界面，其坡度一般为60°～80°，高度数厘米到数十米。滑坡壁坡度很陡，常产生崩塌。滑坡体下滑过程中，往往因滑坡体各段移动速度有差异而导致位移不一致，产生分支滑动面，使滑坡体分裂成几个滑坡台阶。由于滑坡体常沿弧形滑动面转动，故滑坡台阶原地面旋转后呈向内倾斜的反坡地形。

滑坡体前缘常形成舌状突起，称滑坡舌。由于滑坡舌是被推动的，故称被动土体，滑体上部则称主动土体。滑坡舌常因受阻、挤压而鼓起，称滑坡鼓丘。

土体的抗拉能力极弱，在滑坡过程中会产生滑坡裂缝。按力学成因，滑坡裂缝可分为环状拉张裂缝、剪切裂缝、鼓张裂缝、羽状裂缝 4 种。环状拉张裂缝主要分布在滑坡壁的后缘，与滑坡壁的方向大致吻合，因滑坡体向下滑动的拉力而产生。山坡上拉张裂缝的出现是滑坡将要滑动的预兆。剪切裂缝主要分布在滑坡的中部及两侧，由滑动土体与相邻不动土体的相对剪切位移而形成。在剪切裂缝两侧常伴有羽状裂缝。鼓张裂缝分布在滑坡体的舌部，是因滑体下滑受阻土体隆起形成的张拉裂缝，方向垂直于滑动方向。羽状裂缝发生在滑坡体的最前缘，是因滑坡舌向两侧扩散受重力作用而形成的扇状或放射状张裂缝。

2. 影响滑坡的因素

1) 岩土体的性质

松散堆积层的滑坡主要和黏土性质有关（尤以蒙脱石的影响最大），滑动面主要发生在黏土夹层中。对于基岩滑坡来说，主要与千枚岩、页岩、泥灰岩、云母片岩、绿泥石片岩、滑石片岩、碳质页岩等遇水容易弱化的岩石有关。

2) 边坡岩土层构造

滑坡与构造的关系主要表现在两个方面：一是与软弱结构面关系密切，不论是松散堆积层还是基岩，滑动面常常发生在顺坡的层面、节理面、不整合接触面、断层面（带）及劈理页理面上；二是与上部透水层和下部不透水层的构成特征有关。

3) 地形地貌

滑坡发生的本质原因是下滑力超过了岩土体能够提供的抗滑力。地形地貌的影响主要通过临空面、坡度和坡角受侵蚀情况来体现。坡度大时，由于重力的作用，下滑力较大而抗滑力较小，容易发生滑动。河流及沟谷水流对地表的切割作用强烈时，为滑坡创造了临空面，河流冲刷坡角，都对边坡抗滑力造成不利影响，因此容易导致滑坡的发生。

4) 气候

气候的影响主要通过降雨和温度产生作用，其中尤以降雨的影响最为显著。降雨不仅增加了潜在滑坡体的重量，而且雨水下渗还降低了岩土中的有效应力，对潜在滑动面起到润滑的作用，削弱了潜在滑动面上的抗滑力，因此有大雨大滑、小雨小滑、无雨不滑的说法。另外，冻融作用也对滑坡有较大影响，在气温升高，冻土融化的季节较常出现滑坡。

5) 地下水

地下水对滑坡的影响包括许多复杂的过程，包括但不限于：①水渗入岩土层中将在一定程度上削弱颗粒间（特别是细粒之间）的吸附力；②水能够溶解某些颗粒之间的胶结物（如黄土中的碳酸钙），破坏土的结构，降低颗粒黏结力；③岩土含水率增加后其单位体积的重量增大，因而加大了下滑力；④地下水位上升将导致孔隙水压力升高，对潜在滑动面上的岩土体的浮托作用增强，降低了潜在滑动面上的正应力，使抗滑力减小；⑤若节理裂隙比较发育的岩层位于富含黏土的相对隔水层之上，则雨水的下渗将使岩层软化，促使前者下滑。

6) 地震

地震引发的地面震动，既可通过松动斜坡岩土体结构、造成破裂面和引起弱面错位等多种方式降低斜坡的稳定性，又能在震动时对滑坡体施加额外的地震力，大大增加滑坡体的下滑力。强烈地震的反复作用常造成原本稳定的斜坡发生大规模滑塌。

7) 人为因素

随着人类活动范围的增大，对周围环境影响能力的增强，人为因素已成为诱发滑坡的主要因素之一。各类工程活动,如人工切坡使边坡过陡、爆破施工造成的岩土体震动、斜坡上方堆载过大(地基基础荷重、堆料或堆渣等)、护坡排水设计不当等,均可能破坏自然界原有的平衡,诱发滑坡。

可将上述影响斜坡稳定性的诸多因素分为两类:一类是可使斜坡稳定性产生可逆变化的因素,如降雨或潜水面的上升、周期性的自然或人为的震动,当此类作用停止后,原来的平衡条件就会恢复;另一类是引起斜坡稳定性发生不可逆变化的因素,例如岸坡水流的冲刷作用、地下水的潜蚀作用、人工挖方以及在斜坡上兴建工程建筑或结构物等,这些因素的特点是,其作用停止后,原来的平衡条件不会恢复,因此这些因素的不断作用,最终将导致斜坡的失稳。所以,为了保证斜坡的稳定性,就要使斜坡在第一类因素的作用下不失稳,并设法使第二类因素的作用不产生或不发展。

由于影响斜坡稳定性因素的多样性和复杂性,对于一个具体的滑坡,应具体分析哪些因素是主要的、起决定作用的,哪些是次要的,以便采取相应的防治措施。

3. 滑坡的发展阶段

滑坡的发生一般不是一蹴而就的,其发展过程一般可分为蠕动变形阶段、剧烈滑动阶段、暂时稳定或渐趋稳定 3 个阶段(地震等剧烈扰动引起的滑坡除外)。

1) 蠕动变形阶段

在滑坡孕育的早期阶段,斜坡岩土体内某一部分,因局部应力集中等原因而首先产生较大变形,产生微小的滑动。随后变形缓慢发展,导致滑坡体和斜坡之间的相对变形逐渐变大,以至在滑坡体上方的坡面上出现断续的张拉裂缝。随着裂缝的出现,雨水渗入作用加强,促使变形进一步发展,后缘拉张裂缝逐渐加宽、加深,滑坡体两侧的剪切裂缝也相继出现,坡脚附近的土层被滑坡体挤压,通常显得比较潮湿,此时滑动面已基本形成。蠕动变形阶段长短不一,长的可达数年,短的仅几天甚至几个小时。一般来说,滑坡规模越大,蠕动变形阶段越长。

2) 剧烈滑动阶段

滑坡孕育过程的末段,通常变形速率会急剧增大;此时,岩土体中滑动面已形成,滑坡体与滑床完全分离。滑动带抗剪强度减小,滑坡体进入加速下滑阶段,具体表现为裂缝错距加大,后缘主裂缝连成整体,两侧羽状裂缝撕开,斜坡前缘出现大量放射状鼓张裂缝和挤压鼓丘,滑动面出口处常有浑浊泥泉水,各种滑坡形态纷纷出现,最后发生剧滑。剧滑的速度一般每分钟数米或数十米,也有少数高速滑坡可以每秒数十米的速度下滑,这种高速滑坡能引起气浪,同时发出巨大的声响。

3) 暂时稳定或渐趋稳定阶段

经剧滑之后,滑坡体重心降低,重力势能得以释放,能量大多消耗于克服前进阻力和土体的变形破坏中,位移速度越来越慢,并逐渐趋于稳定。滑动停止后,岩土体变得松散破碎,透水性加大,含水量增高。滑坡停息以后,在自重作用下,岩土体逐渐压实,地表裂缝逐渐闭合。该阶段可能延续数年之久。已停息多年的老滑坡若遇到特别突出的诱发因素,如强烈地震或暴雨,还可能会重新活动。

以上几个阶段并不是所有滑坡都具备,有的只有 2)、3) 两个阶段比较明显,每个阶段的持续时间长短也不一样。

4. 滑坡的工程地质勘察

滑坡的工程地质研究，是为了了解斜坡的稳定性，查明滑坡的形态、范围、结构特征，掌握其发生、发展规律，正确估计其危害性，为滑坡预报和防治提供依据。

实际工作中，主要采用以下方法取得勘测资料。

1）测绘与调查

测绘与调查的主要内容有：搜集当地滑坡史、易滑地层分布、气象、工程地质图和地质构造图等资料；调查微地貌形态及其演变过程，详细圈定各滑坡要素，查明滑坡分布范围、滑坡带部位及其组成和岩土状态；调查滑坡带水及地下水的情况、泉水出露地点及流量，地表水体、湿地的分布、变迁以及植被情况；调查滑坡内外已有建筑物、树木等的变形、位移、特点及其形成的时间和破坏过程；调查当地整治滑坡的过程和经验。

2）勘探

勘探的主要目的是查明滑坡体的范围、厚度、物质组成和滑动面（带）的个数、形状及各滑动带的物质组成；确定滑坡体内地下水含水层的层数、分布、来源、动态及各含水层的水力联系等。常用的勘探方法有物探、坑探和钻探等。

3）室内及野外试验

其主要有地下水水样及岩土样品的测试。对滑坡研究来说，在水质分析中，对地下水的侵蚀性及地下水的补给来源的分析测定应给予更多的注意；而在岩土体的物理-力学性质试验中，应重点测试岩土体的重度、黏聚力和内摩擦角三项指标，因为它们直接影响滑坡稳定性的验算和防治工程的设计。试验应选取滑动带或可能滑动带中的原状土进行。

土体野外剪切试验工作比较切合实际，在大型工地多被采用。

4）滑坡的观测

滑坡观测的内容主要有滑坡动态（位移）观测和地下水观测。滑坡位移观测不仅可以得出滑坡体移动速度、方向等资料，为整治提供依据，而且可以分析滑坡作用活动的规律性。滑坡发生时间的预报这一难题，目前也主要是靠观测失稳边坡的位移速度来做判断。位移观测可分为简易观测（图 5-32）和精密观测两种。前者是在斜坡两侧设固定标尺、打桩或在拦墙等结构物上贴水泥砂浆片等作为标志进行的观测；后者是通过设置十字交叉网、放射网、任意方格网等方法进行的观测（图 5-33）。

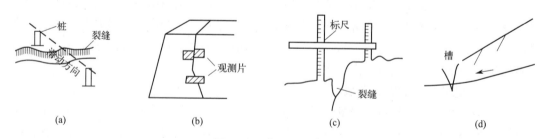

图 5-32　滑坡简易观测
（a）设桩观测；（b）设片观测；（c）设尺观测；（d）刻槽观测

5.4.4　斜坡稳定性评价

斜坡失稳严重影响了附近工程和人员的安全，为避免生命财产损失，需要对生产生活

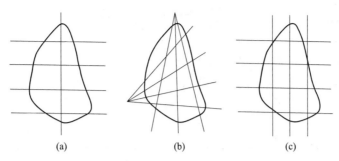

图 5-33 滑坡观测网布置
(a) 十字交叉网；(b) 放射网；(c) 任意方格网

区域的斜坡稳定性进行分析和评价。斜坡稳定性评价的任务主要有两个：一是对天然斜坡或人工边坡的稳定性和变形发展趋势做出评价预测；二是为设计合理的边坡和防治滑坡灾害的发生提供依据。

斜坡稳定性评价的方法主要有地质分析法和理论计算法两类。

1. 地质分析法

滑坡是边坡变形不稳定发展的结果，必然在岩土体外形特征和内部结构上有所反映，综合斜坡周围的地质环境，可以了解斜坡变形演化的历史和规律，进而对其稳定性做出合理地预测，并提出针对性的应对措施。

地质分析法一般包含如下 4 个方面：①根据地貌形态的演变判断斜坡的稳定性。失稳斜坡和稳定斜坡具有不同的地貌特征，从地貌形态特征入手判断斜坡是否稳定是一种快速且低成本的经验方法。②从分析滑动因素的变化判断滑坡的稳定性。影响斜坡稳定性的因素多种多样且经常变化，分析过程中必须抓住主要因素。③从观测滑动的前兆现象进行判断。可从斜坡位移、裂隙发育及泉水变化等先兆信息的观测入手。④经常采用工程地质类比法。该法的实质是把已有的斜坡或边坡的研究成果或设计经验，应用到对条件相似的新斜坡稳定性的分析和人工边坡的设计中，如斜坡剖面形态特点、斜坡变形破坏形式以及发展变化规律、斜坡整治措施等。在进行类比时，要综合考虑斜坡结构特征、斜坡所处环境、诱发滑坡的主导因素和滑坡发展阶段的相似性。

2. 理论计算法

理论计算分析即应用土力学、岩石力学、弹塑性力学等力学和数学计算方法对斜坡稳定性进行定量评价。理论计算方法的成功必须建立在深入查明斜坡原型特征和做出符合实际情况的滑坡机制分析的基础之上。

用于斜坡稳定性计算的理论公式很多，这里仅介绍若干常见的计算公式。

1) 平移滑动斜坡稳定性计算

设斜坡（图 5-34）的坡角为 β，斜坡高度为 H，斜坡中潜在滑动面与水平面的夹角为 α，潜在滑面上变形体的重量为 W，潜在滑动面的内摩擦角和黏聚力为 φ 和 c。

推动变形体下滑的下滑力为 $W\sin\alpha$，而据摩尔-库仑强度理论，单位长度滑面的抗剪强度为 $W\cos\alpha\tan\varphi + c$。于是，斜坡稳定性系数 K 为：

$$K = \frac{抗滑力}{下滑力} = \frac{W\cos\alpha\tan\varphi + \dfrac{cH}{\sin\alpha}}{W\sin\alpha} \tag{5-15}$$

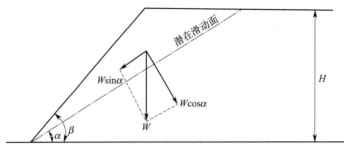

图 5-34　平面破坏示意图

当 $K=1$ 时，边坡处于极限平衡状态，上式可改写为：

$$\frac{\gamma H}{c}=\frac{2\sin\beta\cos\varphi}{\sin(\beta-\alpha)\sin(\alpha-\varphi)} \quad (5-16)$$

上式左边是不包含任何角度的物理量 $\gamma H/c$，称为坡高函数；右边则为角度 α、β、φ 的函数，称为角度函数。通过大量试验和统计，两者之间可建立特定的曲线关系（表 5-3）。通过不同稳定程度下两者的曲线关系，可以根据图解法迅速确定稳定系数 K，也可以快速通过坡脚函数和稳定系数求解坡高，或者通过坡高和稳定系数求解坡角。

平移滑动之坡高函数、坡角函数计算图表　　　表 5-3

	干燥斜坡	正常排水	水平潜水面
坡脚函数 X	$X=2\sqrt{(\beta-\alpha)(\alpha-\beta)}$	$X=2\sqrt{(\beta-\alpha)\left\{\alpha-\varphi\left[1-0.1\left(\dfrac{H_w}{H}\right)^2\right]\right\}}$	$X=2\sqrt{(\beta-\alpha)\left\{\alpha-\varphi\left[1-0.5\left(\dfrac{H_w}{H}\right)^2\right]\right\}}$
	无张裂缝	干燥张裂缝	充水张裂缝
坡高函数 Y	$Y=\gamma H/c$	$Y=\dfrac{\gamma H}{c}\left(1+\dfrac{Z_0}{Z}\right)$	$Y=\dfrac{\gamma H}{c}\left(1+\dfrac{3Z_0}{Z}\right)$

2）圆弧形滑移面的斜坡稳定性计算

圆弧形滑动面一般出现在均质土坡或散体斜坡中。常用的圆弧形滑移面的斜坡稳定性计算方法有瑞典圆弧法（又称一般条分法）和毕肖普法等。瑞典圆弧法中均质黏性土坡滑动时，其滑动面被假设为圆弧状，假定滑动面以上的土体为刚性体，即设计中不考虑滑动土体内部的相互作用力，且土坡稳定属于平面应变问题。取圆弧滑动面以上滑动体为脱离体，将其划分为若干竖向的土条（图 5-35），安全系数由下式计算：

$$K=\frac{cL+\tan\varphi\sum N}{\sum T} \quad (5-17)$$

式中　　L——滑面长度；

N、T——分别为条块重量在垂直和平行滑面方向上的分量。

与平移滑动斜坡稳定性计算图表类似，也可绘制弧形滑移面的斜坡稳定性计算图表，用于求解坡高、坡度等问题。

5.4.5　斜坡变形破坏的防治

1. 防治原则

斜坡变形的防治原则应以防为主，及时治理，并根据工程的重要性制订具体防护方案。

以防为主要求尽量做到防患于未然，可采取的措施主要包括：①合理地选择工程场地，科学制订边坡的布置和开挖方案；②事前尽可能查清可能引起斜坡或边坡稳定性下降的因素，并采取必要措施消除或减轻不利因素，增强有利因素，以确保斜坡或边坡的稳定性。

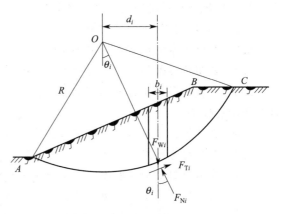

图 5-35　瑞典圆弧法计算图式

及时治理就是要针对斜坡或边坡已出现的变形破坏情况，及时采取必要的措施增强其稳定性。由于水通常是诱发滑坡或促使滑坡加剧的主要因素，因此在滑坡发育的初始阶段，常用的快速治理措施有：①截断和排出所有流入潜在滑坡范围的地表水；②抽出滑坡范围内的积水，通过抽排井水降低地下水位；③填塞和夯实所有的裂缝，防止表面水渗入。

制订整治方案必须遵循经济原则，即治理成本与工程重要性相匹配。对于那些威胁到重大永久性工程安全的斜坡变形和破坏，应采取较全面、严密的整治措施，以保证斜坡具有较高的安全系数；对于一般性工程或临时工程，则可采取较简易的防治措施。

2. 防治措施

防治斜坡变形破坏的措施主要可分为 3 大类。

1) 排水

对滑体以外的地表水，可用拦截和旁引的方法；对于滑体中的地下水，可用水平排水廊道或竖向排水井的办法将水排出，降低地下水位。

2) 降低下滑力和增加抗滑力

降低下滑力可以通过降低坡顶荷载或增加坡脚配重实现，即"砍头压脚"。提高抗滑力的措施很多，如直接修筑挡土墙以支撑、抵挡不稳定岩土体的下滑，设置抗滑桩提高潜在滑动面的抗剪能力，用锚杆对岩质边坡的结构面进行加固等。

3) 改变滑带土的性质

滑动面和滑动带一般是岩土体中的薄弱面，提高其强度可以显著提高斜坡和边坡的稳定性。对岩质斜坡，可采用水泥或化学灌浆等措施对结构面进行胶结，但必须注意选择合适的灌浆压力，否则反会促进斜坡的破坏。对于土质斜坡，可采用电化学加固法、冻结法等，还可采用焙烧法，即对坡脚处的土体进行焙烧加热，使其成为坚硬似砖的天然挡土墙。

思考题

5.1 何谓风化作用？风化作用可以分为哪几个类型？影响风化作用的主要因素有哪些？不同的风化作用之间的相互关系如何？

5.2 如何评价岩石的风化情况？

5.3 暂时流水的地质作用主要有哪些？洪积物有什么特点？

5.4 典型河谷剖面有哪些要素？河流的侵蚀作用有哪些特点？与水流有什么关系？

5.5 河流的搬运能力与水流流速有什么关系？机械沉积作用的规律是什么？典型的沉积场所有哪些？

5.6 辫状河、河漫滩、牛轭湖和河流阶地分别是如何形成的？

5.7 发生岩溶作用的基本条件有哪些？我国岩溶地貌主要分布在哪些地区？

5.8 典型的岩溶地貌有哪些？试简述天坑和孤峰的形成过程。

5.9 崩塌发生的条件主要有哪些？如何防治？

5.10 泥石流发生的主要条件有哪些？可以分为哪些类型？如何防治？

5.11 影响滑坡的主要因素有哪些？如何判断斜坡的稳定性？如何防治可能的滑坡带来的安全问题？

第 6 章

岩体与围岩

 关键概念和重点内容

岩石和岩体、岩体的工程分级、影响岩体工程性质的主要因素、工程岩体分级的代表性方案、岩体中的应力分布规律、岩体应力场测量方法、影响地下洞室稳定性的主要因素、岩体中的应力波、结构面对爆破的影响。

岩体是指在漫长的地质历史中形成的，由一种或多种岩石和结构面网络组成的，具有一定的结构并赋存于一定的地质环境中的地质体。岩体在其形成过程中经受了构造变动、风化作用和加载卸载作用等各种内外力地质作用的破坏和改造，具有一定的结构和构造，经常被各种结构面所切割，是一种含有裂隙的不连续介质。

6.1 岩石的工程地质性质

岩体主要由不同尺寸和形态的岩石（或岩块）构成，岩石的物理力学性质对岩体的性质具有重要的影响。在介绍岩体的工程性质以前，先简单介绍岩石的物理力学性质。

6.1.1 岩石的主要物理性质

1) 相对密度：是岩石固体部分（不包括孔隙）的密度与4℃时的水的密度之比。岩石的相对密度大多介于 2.50～2.80 之间。

2) 重度：是单位体积岩石（包括孔隙体积）的重量，在数值上等于岩石的总重量（包括孔隙中的水）与其总体积（包括孔隙体积）之比。完全干燥时的岩石重度称为干重度。岩石中孔隙全部被水充满时的重度，称为饱和重度。重度的大小取决于岩石中矿物的占比、孔隙性及其含水量，可在一定程度上反映出岩石力学性质的优劣，通常重度越大，其力学性质越好。

3) 孔隙性：是反映岩石中各种空隙发育程度的指标，用孔隙度表示，在数值上等于岩石中各种孔隙的总体积与岩石总体积之比，用百分数表示。

4) 吸水性：是反映岩石在常压下的吸水能力的指标，用吸水率表示，在数值上等于岩石所能吸取水的重量与同体积干燥岩石重量的比值，用百分数表示。岩石的吸水率越大，水对岩石颗粒间胶结物的浸湿、软化作用就越强，岩石的强度和稳定性受到的影响就越显著。

5) 软化性：是反映岩石受水作用后强度和稳定性降低特性的指标，用软化系数表示，在数值上等于岩石在饱和状态下的极限抗压强度与干燥状态下极限抗压强度之比。岩石的软化系数总是小于1，其数值越小，表示岩石在水的作用下强度和稳定性劣化越明显。

6) 抗冻性：是反映岩石抵抗冻融破坏性能的指标，一般用岩石在抗冻试验前后的抗压强度降低率表示。抗压强度降低率小于20%~25%的岩石认为是抗冻的，大于25%的岩石认为是非抗冻的。

常见岩石的主要物理性质列于表6-1中。

常见岩石的主要物理性质指标　　　　表6-1

岩石名称	相对密度	天然重度(kN/m³)	孔隙度(%)	吸水率(%)	软化系数
花岗岩	2.50~2.84	22.56~27.47	0.04~2.80	0.10~0.70	0.75~0.97
闪长岩	2.60~3.10	24.72~29.04	0.25左右	0.30~0.38	0.60~0.84
辉长岩	2.70~3.20	25.02~29.23	0.28~1.13	—	0.44~0.90
辉绿岩	2.60~3.10	24.82~29.14	0.29~1.13	0.80~5.00	0.44~0.90
玄武岩	2.60~3.30	24.92~30.41	1.28左右	0.30左右	0.71~0.92
砂岩	2.50~2.75	21.58~26.49	1.60~28.30	0.20~7.00	0.44~0.97
页岩	2.57~2.77	22.56~25.70	0.40~10.00	0.51~1.4	0.24~0.55
泥灰岩	2.70~2.75	24.04~26.00	1.00~10.00	1.00~3.00	0.44~0.54
石灰岩	2.48~2.76	22.56~26.49	0.53~27.00	0.10~4.45	0.58~0.94
片麻岩	2.63~3.01	26.39~28.65	0.30~2.40	0.10~3.20	0.91~0.97
片岩	2.75~3.02	26.39~28.65	0.02~1.85	0.10~3.20	0.49~0.80
板岩	2.84~2.86	26.49~27.27	0.45左右	0.10~0.30	0.52~0.82
大理岩	2.70~2.87	25.80~26.98	0.10~6.00	0.10~0.80	—
石英岩	2.63~2.84	25.51~27.47	0.00~8.70	0.10~1.45	0.96

6.1.2　岩石的主要力学性质

1. 岩石的变形特性

根据岩石受力后变形的具体特征可以将其力学属性分为弹性、塑性、黏性、脆性和延性。物体受外力作用产生变形，外力卸载后立即恢复原有的形状和尺寸的性质称为弹性，弹性范围内的变形称为弹性变形，具有弹性性质的物体称弹性介质。弹性变形性能一般用弹性模量和泊松比两个指标描述。物体在外力的作用下发生变形，外力卸除后不能恢复原样的性质称为塑性。

严格地讲，岩石并不是理想的弹性体，所测定的弹性模量和泊松比参数，通常仅代表一定条件下的平均值。

2. 岩石的强度特性

强度是表示材料抵抗破坏的力学性能指标。岩石的强度与受力形式有关，根据受力形式可以分为抗压强度、抗拉强度和抗剪强度。强度通常用单位面积上能够承受的荷载描述，国际制单位为"Pa"，即"N/m²"。

抗压强度指岩石在单向受压条件下抵抗压缩破坏的能力，即岩石单轴受压破坏时的极限压应力。抗压强度的大小与岩石矿物组成、成岩条件以及岩石的结构、构造等因素有关，不同类别的岩石抗压强度差别很大。部分岩石的极限抗压强度值列于表6-2中，可供参考。

抗剪强度指岩石抵抗剪切破坏的能力，在数值上等于岩石承受纯剪切荷载而破坏时沿剪切破坏面的最大剪应力。

抗拉强度指岩石抵抗拉伸破坏的能力，在数值上等于岩石在单向拉伸条件下发生拉断破坏时的最大拉应力。绝大多数岩石的抗拉强度远小于抗压强度。

以上三种常用的强度中，抗压强度最高，抗剪强度次之，而抗拉强度最小。岩石越坚硬，其值相差越大。岩石抗压强度与抗拉强度的比值称为压拉比，大多数岩石的压拉比为5～25。抗压强度和抗剪强度是评价岩石稳定性的重要指标。

部分岩石的极限抗压强度　　　　　　　　表6-2

岩石名称及主要特征	极限抗压强度(MPa)
胶结不良的砾岩，各种不坚固的页岩	<20
中等坚硬的泥灰岩、凝灰岩、页岩，软而有裂缝的石灰岩	20～39
钙质砾岩，裂隙发育、风化强烈的泥质砂岩，坚固的泥灰岩、页岩	39～59
泥质灰岩，泥质砂岩，砂质页岩	59～79
强烈风化的软弱花岗岩、正长岩，片麻岩，致密的石灰岩	79～98
白云岩，坚固的石灰岩、大理岩，钙质致密砂岩，坚固的砂质页岩	98～118
粗粒花岗岩、正长岩，非常坚固的白云岩，硅质坚固的砂岩	118～137
片麻岩，粗面岩，非常坚固的石灰岩，轻微风化的玄武岩、安山岩	137～157
中粒花岗岩、正长岩、辉绿岩，坚固的片麻岩、粗面岩	157～177
非常坚固的细粒花岗岩、花岗片麻岩、闪长岩，最坚固的石灰岩	177～196
玄武岩，安山岩，坚固的辉长岩、石英岩，最坚固的闪长岩、辉绿岩	196～245
非常坚固的辉长岩、辉绿岩、石英岩、玄武岩	>245

6.1.3 影响岩石物理力学性质的因素

1）矿物成分：矿物成分对岩石物理力学性质的影响是容易理解的。如酸性火成岩（花岗岩、花岗斑岩、流纹岩）的相对密度普遍小于基性火成岩（辉长岩、辉绿岩、玄武岩），这是因为基性岩中相对密度大的暗色矿物（辉石、角闪石）含量高。

2）岩石的结构构造：对于结晶类的岩石来说，一般粗粒结晶岩石强度低于细粒结晶岩石。如细粒花岗岩的抗压强度可达170～200MPa，而粗粒花岗岩一般在110～140MPa之间。成分相同的岩石，结晶岩石强度小于非结晶岩石，如大理岩的抗压强度一般在90～120MPa之间，而最坚固的石灰岩可达近200MPa。

沉积岩的强度和稳定性主要决定于胶结物成分和胶结类型。一般情况下，硅质胶结的沉积岩强度和稳定性最高，钙质和铁质胶结的沉积岩次之，而泥质胶结的沉积岩强度和稳定性最低。从胶结类型角度看，基底式胶结的沉积岩中碎屑物散布于胶结物中，相互不接触，强度和稳定性完全取决于胶结物；孔隙式胶结的沉积岩中碎屑颗粒互相直接接触，其强度与碎屑和胶结物的成分都有关系；接触式胶结的沉积岩则仅在碎屑相互接触处有胶结物连接，一般孔隙度比较大，强度较低。沉积岩的强度还与岩石形成年代有关。形成年代老，固结成岩作用充分，胶结物往往会发生重结晶形成新生矿物，加强了碎屑物之间的结构连接，从而增强了岩石强度和稳定性。

岩石的层理、片理构造对岩石强度影响很大。一般垂直层面方向的抗压强度大于平行层面方向的抗压强度。由于层理裂隙的发育使平行层面方向的透水性大于垂直层面方向的透水性。当强度和透水性这两方面情况同时存在时，会降低岩石的强度和稳定性。

3）构造裂隙和风化作用：如南京地区白垩纪红层（红色碎屑沉积岩）新鲜岩石极限抗压强度可达 50MPa，但经构造破碎和风化后，降低至 1～2MPa。新鲜花岗岩极限抗压强度可以超过 100MPa，风化后降低，可低至 4MPa 甚至更低。

6.1.4 岩体结构面的类型

岩石受地应力作用发生的各种变形后，形成各种类型的地质构造现象，称构造形迹，如褶皱、断层、节理和劈理等（详情可参照第 4 章）。

结构面是表示构造形迹空间方位的平面或曲面，结构面与地壳表面的交线，称构造线。结构面包括物质分异面（如地层界面）和不连续面（如节理、断层），是在岩体内形成的具有方向各异、规模不一、形态多样、性质多变的面、缝、层、带状的地质界面。

结构面的工程地质特性与其成因和受力情况有较大的关联性。根据成因可把结构面分为原生结构面、构造结构面和次生结构面。按破裂面的受力情况结构面又可分为剪性结构面和张性结构面。各类结构面的地质类型、主要特征以及工程地质评价见表 6-3。

结构面类型及其主要特征　　　　　　　表 6-3

成因类型	地质类型	主要特征			工程地质评价
		产状	分布	性质	
原生结构面	沉积结构面	1. 层理层面；2. 软弱夹层；3. 不整合面、假整合面；4. 沉积间断面	一般与岩层产状一致，为层间结构面	海相岩层中此类结构面分布稳定，陆相岩层中呈交错状，易尖灭	层理层面、软弱夹层等结构面较为平整；不整合面及沉积间断面多由碎屑泥质物构成，且不平整	国内外较大的坝基滑动及滑坡很多由此类结构面所造成
	岩浆结构面	1. 侵入体与围岩接触面；2. 岩脉、岩墙接触面；3. 原生冷凝节理	岩脉受构造结构面控制，而原生节理受岩体接触面控制	接触面延伸较远，比较稳定，而原生节理往往短小密集	与围岩接触面可具熔合及破坏两种不同的特征，原生节理一般为张裂面，较粗糙不平	一般不造成大规模的岩体破坏，但有时与构造断裂配合，也可形成岩体的滑移，如有的坝肩局部滑移
	变质结构面	1. 片理；2. 片岩软弱夹层	产状与岩层或构造方向一致	片理短小，分布极密，片岩软弱夹层延展较远，具固定层次	结构面光滑平直，片理在岩层深部往往闭合成隐蔽结构面，片岩软弱夹层，含片状矿物，呈鳞片状	在变质较浅的沉积岩，如千枚岩等路堑边坡常见塌方，片岩夹层有时对工程及地下洞体稳定也有影响

续表

成因类型	地质类型	主要特征			工程地质评价
		产状	分布	性质	
构造结构面	1. 节理（X形节理、张节理）； 2. 断层； 3. 层间错动； 4. 羽状裂缝、劈理	产状与构造线呈一定关系，层间错动与岩层一致	张性断裂较短小，剪切断裂延展较远，压性断裂规模巨大	张性断裂不平整，常具次生充填，呈锯齿状，剪切断裂较平直，具羽状裂缝，压性断层具多种构造岩，往往含断层泥、糜棱岩	对岩体稳定影响很大，在许多岩体破坏过程中，大都有构造结构面的配合作用。此外常造成边坡及地下工程的塌方、冒顶
次生结构面	1. 卸荷裂隙； 2. 风化裂隙； 3. 风化夹层； 4. 泥化夹层； 5. 次生夹泥层	受地形及原结构面控制	分布上往往呈不连续状透镜体，延展性差，且主要在地表风化带内发育	一般为泥质物充填，水理性质很差	在天然及人工边坡上造成危害，有时对坝基、坝肩及浅埋隧洞等工程亦有影响，但一般在施工中予以清基处理

6.1.5 结构面基本特征

结构面的基本特征包括结构面的规模、形态、物质组成、延展性、密集程度、张开度和充填胶结特征等，它们均对结构面的物理力学性质有很大的影响。

1. 结构面的规模

地壳表面的岩石圈具有被各级结构面切割的自相似结构，不同等级的结构面规模大小不一。大的构造带可延展数百甚至上千千米，宽度达数十千米，小的节理裂隙也许只有几毫米。不同规模的结构面对工程的影响是不一样的。《工程地质手册（第五版）》[①] 将结构面按规模大小分为五级，见表6-4。

结构面按规模大小分类表　　　表6-4

级序	分级依据	力学效应	力学属性	地质构造特征
Ⅰ级	结构面延展长，几千米至几十千米以上，贯通岩体，破碎带宽度达数米至数十米	1. 形成岩体力学作用边界； 2. 岩体变形和破坏的控制条件； 3. 构成独立的力学介质单元	1. 属于软弱结构面； 2. 构成独立的力学模型——软弱夹层	较大的断层
Ⅱ级	延展规模与研究的岩体相若，破碎带宽度比较窄，几厘米至数米	1. 形成块裂体边界； 2. 控制岩体变形和破坏方式； 3. 构成次级地应力边界	属于软弱结构面	小断层、层间错动带

---

① 《工程地质手册（第五版）》编委会. 工程地质手册[M]. 5版. 北京：中国建筑工业出版社，2018.

续表

级序	分级依据	力学效应	力学属性	地质构造特征
Ⅲ级	延展长度短,从十几米至几十米,无破碎带,面内不夹泥,有的具有泥膜	1. 参与块裂岩体切割; 2. 划分Ⅱ级岩体结构类型的重要依据; 3. 构成次级地应力场边界	多数属坚硬结构面,少数属于软弱结构面	不夹泥、大节理或小断层、开裂的层面
Ⅳ级	延展短,未错动,不夹泥,有的呈弱闭合状态	1. 划分岩体Ⅱ级结构类型的基本依据; 2. 是岩体力学性质、结构效应的基础; 3. 有的为次级地应力场边界	坚硬结构面	节理、劈理、层面、次生裂隙
Ⅴ级	结构面小,且连续性差	1. 岩体内形成应力集中; 2. 岩块力学性质结构效应基础	坚硬结构面	不连续的小节理、隐节理层面、片理面

2. 结构面的形态

结构面的形态和粗糙程度对结构面的抗剪性能有很大的影响。结构面的自然形状非常复杂,大体上可分为如表6-5所示的五种类型。

结构面的形态分类　　　　　　　　　　　　　　　　　　　表6-5

形态种类	结构面形态	结构面特征
a	平直状	包括大多数层面、片理和剪切破裂面等
b	波状起伏	如具有波痕的层面、轻度挠曲的片理、呈舒缓波状的压性及压扭性结构面等
c	锯齿状	如多数张性和张扭性结构面
d	台阶状	结构面如台阶形状
e	不规则状	其结构面曲折不平,如沉积间断面、交错层理及沿原有裂隙发育的次生结构面等

结构面的形态特征一般用起伏度和粗糙度表征。一般结构面的抗剪强度与其粗糙程度正相关。平直光滑的结构面摩擦系数较低,而粗糙结构面的抗剪强度较高。

3. 结构面的延展性

结构面的延展性是表征结构面连续程度的指标。有些结构面延展性好,在工程范围内切割贯穿整个岩体,对稳定性影响较大,也有一些结构面比较短或断续分布,岩体强度仍为岩石(岩块)强度所控制,稳定性较好。在评估结构面影响时,应注意调查其延展长度及连续性。延展性指标主要有线连续性系数和面连续性系数。线连续性系数指结构面迹线延伸方向单位长度内贯通部分的占比;面连续性系数指单位面积内贯通部分面积的占比。

4. 结构面的密集程度

结构面的密集程度反映了岩体的完整性，主要指标有结构面间距和线密度。

线密度 K 指单位长度上结构面的条数。一般情况下，线密度取一组结构面法线方向上每米长度上的结构面数目。线密度越大，则结构面越密集。不同量测方向的线密度往往不一致。两个相互垂直方向上的 K 值的比值，可以反映岩体中结构面分布的各向异性。

结构面间距 d 指同一组结构面的平均间距，它和结构面线密度互为倒数，在生产实践中，经常用结构面的间距表征岩体的完整程度。水利水电行业协会推荐的节理间距分级情况见表 6-6。

结构面的形态分类　　　　　　　　　　　　　表 6-6

分级	Ⅰ	Ⅱ	Ⅲ	Ⅳ
节理间距(m)	>2	0.5~2	0.1~0.5	<0.1
节理发育程度	不发育	较发育	发育	极发育
岩体完整性	完整	块状	碎裂	破碎

5. 结构面的张开度和充填情况

结构面的张开度指结构面两壁离开的距离，可分为 4 级，见表 6-7。

按结构面张开度的分类　　　　　　　　　　　表 6-7

等级	张开度	等级	张开度
闭合的	<0.2mm	张开的	1.0~5.0mm
微张的	0.2~1.0mm	宽张的	>5.0mm

结构面的张开度与其力学和变形性质密切相关。闭合结构面的力学性质主要取决于结构面两壁的岩石强度和结构面粗糙程度。微张的结构面两壁岩石之间由于起伏和凸起仍能保持多点接触，因而抗剪强度比张开的结构面要大。张开的结构面的抗剪强度则主要取决于充填物的性质（如成分和厚度）。充填物为粗砾的结构面往往抗剪强度较高，而充填物为黏土时，结构面的抗剪强度较低。

6.2 岩体的工程分级

6.2.1 岩体工程分级的目的

作为工程建筑物地基或围岩的岩体称为工程岩体。对工程岩体的质量及其稳定性做出评价具有十分重要的意义。质量好的岩体，自身可以保持较强的稳定性，不需要或只需要很简单的加固支护措施，因此施工安全、简便；质量差的岩体，自身稳定性不好，需要复杂、成本高昂的加固支护等处理措施来保证工程的安全。正确、及时地对工程建设涉及的岩体质量做出评价，是科学地进行岩体稳定性评估，经济合理地进行开挖和加固支护设计、防治和减轻施工期和运营期工程灾害必不可少的条件。

针对不同类型岩石工程的特点，根据影响岩体稳定性的岩石物理力学特性和地质条件，将工程岩体划分为岩体质量及稳定程度不同的若干级别，是岩体稳定性评价的一种简易快速的方法。工程岩体分级既是对复杂岩体的多变性质与实际情况的区分，又是对性质与状况相近岩体的归并。

根据用途的不同，岩体工程分级可分为通用的分级和专用的分级。通用的分级是供各个学科领域、国民经济各部门笼统使用的分级，是一种原则性的、大致的分级；而专用的分级是针对某一工程科学领域、某一具体工程、某一工程的具体部位对岩体的特殊要求，或专为某种工程目的服务而编制的分级。与通用分级相比，专用分级所涉及的面较窄，考虑的影响因素较少，但更具针对性，也更细致。

分级的目的不同，其要求必然会有所不同。水利水电工程须着重考虑水的影响，地下工程则应着重研究构造和地应力问题，对于钻井、掘进工程，则主要是考虑岩石的坚硬程度，而对于国防工程而言，还需要考虑动荷载的影响。一般对大工程要求较高，对小工程可适当放宽要求。同样的大型工程，初步设计阶段和施工图设计阶段的要求也有所不同。

工程岩体是工程结构的一部分，与工程结构共同承受荷载，是工程整体稳定性评价的对象。狭义的岩石一般多指完整岩石或岩块，而建设工程总是以一定范围的岩体（并不是小块岩石）为其地基或环境。

综上所述，岩体工程分级是一种手段，其目的是为具体工程服务的，其内容和要求须视工程类型、不同设计阶段和所要解决的关键问题而定。

6.2.2 影响岩体工程性质的主要因素

影响岩体工程性质的因素主要有：岩石强度和质量、岩体的完整性、风化程度、水等。风化的影响前面已有分析，下面仅就其他因素的影响做简要论述。

1. 岩石强度和质量

岩体是由岩石构成的。从工程的角度出发，岩石质量的好坏主要体现在强度和变形两方面。目前尚没有统一的方法和标准来评价和衡量岩石质量好坏，使用较多的指标是室内单轴抗压强度或饱和单轴抗压强度。

2. 岩体的完整性

一般来说，工程尺度上很少碰到完整的岩石。因此，岩体工程性质很少完全取决于岩块的力学性质，而是取决于包括节理、断裂、软弱面、软弱带和不连续面间充填的原生或次生物质性质等在内的综合影响。因此，即使组成岩体的岩质相同，其工程性质也可能会迥然不同。

岩体被断层、节理、层面、片理等不连续面所切割是导致岩体完整性遭到破坏和削弱的根本原因。因此，岩体的完整性可以从两个方面来描述：一是用被节理切割后的岩块的平均尺寸，二是用节理裂隙出现的频度、性质、闭合程度等。实际工程中，可以根据灌浆耗浆量、钻孔岩芯获得率、抽水试验渗流量、弹性波传播速度、甚至变形试验中的变形量、室内外弹模比和现场动静弹性模量的比值等多种方法或指标去定量地反映岩体的完整性。

3. 水的影响

水对岩体质量的影响很大，具体表现在两个方面：一是使岩石的物理力学性质恶化，降低岩体的强度；二是沿岩体的裂隙形成渗流，降低结构面的强度，进而影响岩体的稳定性。水对岩石强度的削弱受岩石成因的影响较大。一般来说，火成岩受水的影响较小，而大多数沉积岩（尤其是泥质岩类）所受的影响较大。水对一些特殊岩类具有极大的溶蚀能力，如石膏、岩盐等。考虑到岩石的质量一般用抗压强度来表征，工程中一般用饱和前后的单轴干、湿抗压强度之比来反映水对岩石的影响。

6.2.3 代表性的工程岩体分级方案

20世纪40年代以来，国内外先后提出了多种工程岩体分级方法，这些分级方法经历了由定性向定量，由单因素向多因素发展的过程，其中影响较大的有 RMR 系统、RSR 系统、Q 系统、Z 系统和 BQ 系统（表6-8）。

工程岩体分级的若干代表性方案　　　　表6-8

分级方案	计算公式	参数	等级划分
RMR 系统	$RMR=A+B+C+D+E+F$ （T. Bieniawski,1973）	A—岩石强度，分数0~15； B—RQD（岩石质量指标），分数3~20； C—不连续面间距(6cm~≥200cm)，分数5~20； D—不连续面性状(粗糙-夹泥)分数30~0； E—地下水(干燥-流动)分数15~0； F—不连续面产状条件（很好-很差），分数0~-12	Ⅰ，很好，$RMR=81$~100； Ⅱ，好，$RMR=61$~80； Ⅲ，中等，$RMR=41$~60； Ⅳ，差，$RMR=21$~40； Ⅴ，很差，$RMR≤20$
RSR 系统	$RSR=A+B+C$ （G. E. Wickham,1974）	A—地质(岩石类型；按三大岩类由硬质到破碎划为4个等级；构造由整体到强烈断裂褶皱分为4个等级)，分数30~6； B—节理裂隙特征(按整体到极密集分为6个等级，按走向与掘进方向关系折减)，分数45~7； C—地下水(无至大量)，分数25~6	RSR 变化范围为25~100
Q 系统	$Q=(RQD/J_n)(J_r/J_a)(J_w/SRF)$ （Barton,1974）	RQD—岩石质量指标，0~100； J_n—裂隙组数(无到破裂)，0.5~20； J_r—裂隙粗糙度(粗糙到镜面)，4~0.5； J_a—裂隙蚀变系数(新鲜到蚀变夹泥)，0.75~20； J_w—裂隙水折减系数(干燥到特大水流)，1~0.05； SRF—应力折减系数(高应力状态趋于流动的岩石到接近地表的坚固岩石)，20~2.5	特好，$Q=400$~1000； 极好，$Q=100$~400； 很好，$Q=40$~100； 好，$Q=10$~40； 一般，$Q=4$~10； 坏，$Q=1$~4； 很坏，$Q=0.1$~1； 极坏，$Q=0.01$~0.1； 特坏，$Q=0.001$~0.01
Z 系统	$Z=IfR$ （谷德振,1979）	I—完整性系数，$I=(V_m/V_r)^2$，V_m 为岩体中纵波波速，V_r 为岩石中纵波波速； f—结构面抗剪强度系数； R—岩石坚固系数，$R=[\sigma_{湿}]/100$，$[\sigma_{湿}]$ 为岩石湿单轴抗压强度	Z 的变化范围为0.01~20

续表

分级方案	计算公式	参数	等级划分
BQ 系统	$BQ=100+3R_c+250K_v$ $[BQ]=BQ-100(K_1+K_2+K_3)$ （《工程岩体分级标准》GB 50218—2014）	R_c—岩石单轴饱和抗压强度； K_v—岩体完整性指数（岩体速度指数）； K_1—地下水影响修正系数； K_2—主要软弱结构面产状影响修正系数； K_3—初始应力状态影响修正系数	Ⅰ，BQ 或 $[BQ]>550$； Ⅱ，BQ 或 $[BQ]=550\sim451$； Ⅲ，BQ 或 $[BQ]=450\sim351$； Ⅳ，BQ 或 $[BQ]=350\sim251$； Ⅴ，BQ 或 $[BQ]\leqslant250$

注：1. 表中岩石质量指标 RQD 是指钻探时岩芯采取率；RQD=L_p（>10cm 的岩芯断块累计长度）/L_t（岩芯进尺总长度）×100%；

2. 岩体完整性指数（K_v）为岩体弹性纵波速度与岩块弹性纵波速度之比的二次方。

在国内，不同的行业也都有本行业的推荐性规范，常用的有《公路工程地质勘察规范》JTG C 20—2011、《岩土锚杆与喷射混凝土支护工程技术规范》GB 50086—2015、《水利水电工程地质勘察规范》GB 50487—2008、《铁路隧道设计规范》TB 10003—2016、《城市轨道交通岩土工程勘察规范》GB 50307—2012 等。

这些分级方法从不同角度反映了岩体的结构特征、所处环境特征和力学特征等，但它们所依据的原则、标准和测试方法不尽相同，彼此缺乏可比性、一致性。现行的《工程岩体分级标准》GB/T 50218—2014 为国家标准，于 2014 年经住房和城乡建设部批准，于 2015 年 5 月 1 日起施行。该标准属于国家标准中第二层次的通用标准，适用于各部门、各行业的岩石工程。考虑到岩石工程建设和所属行业的特点，各行业主管部门可根据行业经验和实际需要，进一步作出详细规定，制定适合于行业的工程岩体分级标准。

6.2.4 工程岩体分级标准

现有的各种岩体分级方法一般可分为定性方法、定量方法和定性与定量相结合的方法。定性方法是在现场对影响岩体质量的诸因素进行鉴别、判断，对某些指标做出评判。该方法可充分利用工程实践经验，但有一定主观因素和不确定性。定量方法是依据对岩体（或岩石）的测试数据，经特定方法计算获得岩体质量指标，进而进行分级。该方法能够给出确切的指标数值，但由于岩体性质和赋存条件十分复杂，分级时采用的少数参数和数学公式难以全面、准确地概括综合情况，实际工作中测试数量有限，抽样的代表性也受操作者的经验所局限。定性与定量相结合的方法在分级过程中，定性与定量评价同时进行并对比检验，最后综合评定级别，可以提高分级的准确性和适用性。

《工程岩体分级标准》GB/T 50218—2014 总结分析了现有分级方法的优缺点和大量岩石工程实践与岩石力学试验研究成果，按照共性提升的原则，将其中决定各类型工程岩体质量和稳定性的基本的共性抽出来作为岩体分级的基本因素。该分级标准将岩石作为材料时的属性——岩石坚硬程度，和岩石作为地质体的属性——岩体完整程度，作为衡量各种类型工程岩体质量和稳定性的基本参数。其他影响岩体质量和稳定性的因素，如结构面的产状和组合、岩体初始应力状态、地下水等，它们对不同类型岩石工程影响的程度各不相同，可以作为修正因素，为各具体类型的工程岩体作进一步的定级。

《工程岩体分级标准》GB/T 50218—2014 提出了对工程岩体进行初步分级和详细分级的分级方法。

1. 工程岩体质量的初步分级

初步分级主要通过对岩体坚硬程度和岩体完整程度进行定性和定量分析确定。

1) 确定岩石坚硬程度

岩石坚硬程度的定性划分方法见表6-9。岩石坚硬程度定性划分时,其风化程度应按表6-10的规定确定。

定量指标采用岩石饱和单轴抗压强度(R_c)的实测值。当无条件取得实测值时,也可采用实测的岩石点荷载强度指数$[I_{s(50)}]$的换算值,并按下式换算:

$$R_c = 22.82 I_{s(50)}^{0.75} \qquad (6-1)$$

岩石单轴饱和抗压强度(R_c)与定性划分的岩石坚硬程度的对应关系见表6-11。

岩石坚硬程度的定性划分 表6-9

名称		定性鉴定	代表性岩石
硬质岩	坚硬岩	锤击声清脆,有回弹,震手,难击碎;浸水后,大多无吸水反应	未风化~微风化的花岗岩、正长岩、闪长岩、辉绿岩、玄武岩、安山岩、片麻岩、硅质板岩、石英岩、硅质胶结的砾岩、石英砂岩、硅质石灰岩等
	较坚硬岩	锤击声较清脆,有轻微回弹,稍震手,较难击碎;浸水后,有轻微吸水反应	1. 中等(弱)风化的坚硬岩; 2. 未风化~微风化的熔结凝灰岩、大理岩、板岩、白云岩、石灰岩、钙质砂岩、粗晶大理岩等
软质岩	较软岩	锤击声不清脆,无回弹,较易击碎;浸水后,指甲可刻出印痕	1. 强风化的坚硬岩; 2. 中等(弱)风化的较坚硬岩; 3. 未风化~微风化的凝灰岩、千枚岩、砂质泥岩、泥灰岩、泥质砂岩、粉砂岩、砂质页岩等
	软岩	锤击声哑,无回弹,有凹痕,易击碎;浸水后,手可掰开	1. 强风化的坚硬岩; 2. 中等(弱)风化~强风化的较坚硬岩; 3. 中等(弱)风化的较软岩; 4. 未风化的泥岩、泥质页岩、绿泥石片岩、绢云母片岩等
	极软岩	锤击声哑,无回弹,有较深凹痕,手可捏碎;浸水后,可捏成团	1. 全风化的各种岩石; 2. 强风化的软岩; 3. 各种半成岩

岩石风化程度的划分 表6-10

风化程度	风化特征
未风化	岩石结构构造未变,岩质新鲜
微风化	岩石结构构造、矿物成分和色泽基本未变,部分裂隙面有铁锰质渲染或略有变色
中等/弱风化	岩石结构构造部分破坏,矿物成分和色泽较明显变化,裂隙面风化较剧烈
强风化	岩石结构构造大部分破坏,矿物成分和色泽明显变化,长石、云母和铁镁矿物已风化蚀变
全风化	岩石结构构造完全破坏,已崩解和分解成松散土状或砂状,矿物全部变色,光泽消失,除石英颗粒外的矿物大部分风化蚀变为次生矿物

R_c 与定性划分的岩石坚硬程度的对应关系　　　　　　　　　　　表 6-11

R_c(MPa)	＞60	60～30	30～15	15～5	≤5
坚硬程度	硬质岩		软质岩		
	坚硬岩	较坚硬岩	较软岩	软岩	极软岩

2) 确定岩体完整程度

岩体完整程度的定性划分见表 6-12。其中，结构面的结合程度按表 6-13 确定。

岩体完整程度的定性划分　　　　　　　　　　　表 6-12

完整程度	结构面发育程度		主要结构面的结合程度	主要结构面类型	相应结构类型
	组数	平均间距(m)			
完整	1～2	＞1.0	结合好或一般	节理、裂隙、层面	整体状或巨厚层状结构
较完整	1～2	＞1.0	结合差	节理、裂隙、层面	块状或厚层状结构
	2～3	1.0～0.4	结合好或一般		块状结构
较破碎	2～3	1.0～0.4	结合差	节理、裂隙、劈理、层面、小断层	裂隙块状或中厚层状
	≥3	0.4～0.2	结合好		镶嵌碎裂结构
			结合一般		薄层状结构
破碎	≥3	0.4～0.2	结合差	各种类型结构面	裂隙块状结构
		≤0.2	结合一般或差		碎裂结构
极破碎	无序		结合很差	—	散体状结构

结构面结合程度的划分　　　　　　　　　　　表 6-13

结合程度	结构面特征
结合好	张开度小于 1mm，为硅质、铁质或钙质胶结，或结构面粗糙，无充填物； 张开度 1～3mm，为硅质或铁质胶结； 张开度大于 3mm，结构面粗糙，为硅质胶结
结合一般	张开度小于 1mm，结构面平直，钙泥质胶结或无充填物； 张开度 1～3mm，为钙质胶结； 张开度大于 3mm，结构面粗糙，为铁质或钙质胶结
结合差	张开度 1～3mm，结构面平直，为泥质胶结或钙泥质胶结； 张开度大于 3mm，多为泥质或岩屑充填
结合很差	泥质充填或泥夹岩屑充填，充填物厚度大于起伏差

岩体完整程度的定量指标采用岩体完整性指数（K_v）的实测值。当没有条件取得实测值时，也可根据岩体体积节理数（J_v）按表 6-14 确定。岩体完整性指数（K_v）与定性划分的岩体完整程度的对应关系按表 6-15 确定。

J_v 与 K_v 的对应关系　　　　　　　　　　　表 6-14

J_v(条/m³)	＜3	3～10	10～20	20～35	≥35
K_v	＞0.75	0.75～0.55	0.55～0.35	0.35～0.15	≤0.15

K_v 与定性划分的岩体完整程度的对应关系 表 6-15

K_v	>0.75	0.75~0.55	0.55~0.35	0.35~0.15	≤0.15
完整程度	完整	较完整	较破碎	破碎	极破碎

3）岩体基本质量分级

在上述岩体质量定量评价的基础上，可据下式确定岩体基本质量指标（BQ）：

$$BQ = 100 + 3R_c + 250K_v \tag{6-2}$$

式中，R_c 的单位为"MPa"。

使用上式计算时，应符合如下规定：

当 $R_c > 90K_v + 30$ 时，应以 $R_c = 90K_v + 30$ 和 K_v 代入计算 BQ 值；

当 $K_v > 0.04R_c + 0.4$ 时，应以 $K_v = 0.04R_c + 0.4$ 和 R_c 代入计算 BQ 值。

根据定性特征和岩体基本质量指标 BQ，按表 6-16 对岩体质量进行初步分级。

岩体基本质量分级 表 6-16

岩体基本质量级别	岩体基本质量的定性特征	岩体基本质量指标（BQ）
Ⅰ	坚硬岩，岩体完整	>550
Ⅱ	坚硬岩，岩体较完整；较坚硬岩，岩体完整	451~550
Ⅲ	坚硬岩，岩体较破碎；较坚硬岩，岩体较完整；较软岩，岩体完整	351~450
Ⅳ	坚硬岩，岩体破碎；较坚硬岩，岩体较破碎~破碎；较软岩或软硬岩互层，且以软岩为主；岩体较完整~较破碎；软岩，岩体完整~较完整	251~350
Ⅴ	较软岩，岩体破碎；软岩，岩体较破碎~破碎；全部极软岩及全部极破碎岩	≤250

2. 工程岩体质量的详细分级

对工程岩体进行详细定级时，应在岩体基本质量分级的基础上，结合不同类型工程的特点，根据地下水状态、工程轴线或工程走向线的方位与主要结构面产状的组合关系、初始应力状态等修正因素，确定工程岩体质量指标。

地下工程岩体详细定级时，当遇到有地下水、岩体稳定性受结构面影响，且有一组起控制作用，或工程岩体存在由强度应力比所表征的初始应力状态时，应对岩体基本质量指标 BQ 进行修正，并以修正后获得的工程岩体质量指标值依据表 6-16 确定岩体级别。

地下工程岩体质量指标 $[BQ]$ 可按下式计算。其修正系数 K_1、K_2、K_3 值可分别按表 6-17、表 6-18 和表 6-19 确定。

$$[BQ] = BQ - 100(K_1 + K_2 + K_3) \tag{6-3}$$

式中　$[BQ]$——地下工程岩体质量指标；

　　　K_1——地下工程地下水影响修正系数；

　　　K_2——地下工程主要结构面产状影响修正系数；

　　　K_3——初始应力状态影响修正系数。

地下工程地下水影响修正系数（K_1） 表6-17

地下水出水状态	BQ				
	>550	550~451	450~351	350~251	≤250
潮湿或点滴状出水，p≤0.1或Q≤25	0	0	0~0.1	0.2~0.3	0.4~0.6
淋雨状或线流状出水，0.1<p≤0.5或25<Q≤125	0~0.1	0.1~0.2	0.2~0.3	0.4~0.6	0.7~0.9
涌流状出水，p>0.5或Q>125	0.1~0.2	0.2~0.3	0.4~0.6	0.7~0.9	1.0

注：1. p 为地下工程围岩裂隙水压（MPa）；
  2. Q 为每10m洞长出水量（L/min·10m）。

地下工程主要结构面产状影响修正系数（K_2） 表6-18

结构面产状及其与洞轴线的组合关系	结构面走向与洞轴线夹角小于30°，结构面倾角30°~75°	结构面走向与洞轴线夹角大于60°，结构面倾角大于75°	其他组合
K_2	0.4~0.6	0~0.2	0.2~0.4

初始应力状态影响修正系数（K_3） 表6-19

围岩强度应力比 R_c/σ_{max}	BQ				
	>550	550~451	450~351	350~251	≤250
<4（极高应力区）	1.0	1.0	1.0~1.5	1.0~1.5	1.0
4~7（高应力区）	0.5	0.5	0.5	0.5~1.0	0.5~1.0

岩石边坡工程岩体详细定级时，应根据控制边坡稳定性的主要结构面类型及其延伸性、边坡内地下水发育程度以及结构面产状与坡面间关系等因素，对岩体基本质量指标 BQ 进行修正，详细的影响因素取值见《工程岩体分级标准》GB/T 50218—2014 的相关条目。

6.2.5 坑道工程围岩分类

工程兵某研究所邢念信和徐复安[1]等人根据对40多个坑道工程、400多个区段、1万多个测试数据的研究，提出了以岩体工程地质力学分析为基础、以岩体质量指标为判据的定性、定量相结合的坑道工程围岩分类方法和支护参数表。它们提出的围岩分类见表6-20~表6-22。

初步围岩分类 表6-20

岩质类型	岩体结构特征		围岩分类	
			类别范围	备注
A 硬质岩 (R_b>30MPa)	整体状结构		Ⅰ~Ⅱ	坚硬岩定Ⅰ类，中硬岩定Ⅱ类；
	块状结构		Ⅱ~Ⅲ	坚硬岩定Ⅱ类，中硬岩定Ⅲ类
	层状结构	单一层状结构	Ⅱ~Ⅲ	一般坚硬岩定Ⅱ类，中硬岩定Ⅲ类；陡倾岩层，且岩层走向与洞轴线近于平行时定Ⅲ类
		互层或薄层状结构	Ⅲ~Ⅳ	一般Ⅲ类，陡倾岩层，且岩层走向与洞轴线近于平行时定Ⅳ类
	碎裂结构	镶嵌碎裂结构	Ⅲ~Ⅳ	一般定Ⅲ类，推测夹泥、裂隙较多或有地下水时定Ⅳ类
		层状及夹泥碎裂结构	Ⅳ~Ⅴ	推测无地下水时定Ⅳ类，有地下水时定Ⅴ类

---

[1] 《工程地质手册》编委会. 工程地质手册 [M]. 5版. 北京：中国建筑工业出版社，2018.

续表

岩质类型	岩体结构特征		围岩分类	
			类别范围	备注
A 硬质岩 ($R_b>30$MPa)	散体结构	散块状结构	Ⅳ～Ⅴ	一般定Ⅳ类,夹泥、裂隙很多或有地下水时定Ⅴ类
		散体状结构	Ⅴ	推测有地下水时应作为特殊岩类
B 软质岩 ($R_b=5$～30MPa)	整体状结构		Ⅲ～Ⅳ	较软岩一般定Ⅲ类,推测有地下水时定Ⅳ类;软岩一般定Ⅳ类,推测有地下水时定Ⅴ类
	块状结构		Ⅳ～Ⅴ	一般定Ⅳ类,推测有地下水时定Ⅴ类
	层状结构		Ⅳ～Ⅴ	以较软岩为主时一般定Ⅳ类;以软岩为主,无地下水时可定Ⅳ类,推测有地下水时定Ⅴ类
	碎裂结构		Ⅳ～Ⅴ	一般定Ⅴ类,推测无地下水的较软岩可定Ⅳ类
	散体状结构		Ⅴ	推测有地下水时应作为特殊岩类
C 特殊岩类和土	特殊岩 ($R_b<5$MPa)		$Ⅴ_C$	Ⅴ类中的特软岩类
	特殊岩土		—	通过试验确定

对围岩分类表的使用说明:

1) 一般工程无条件测试详细围岩分类表中各项定量指标时,可根据定性鉴定的岩质、岩体结构类型和毛洞围岩稳定性,按表 6-21 和表 6-22 进行详细围岩分类。

2) 本分类适用于埋深小于 300m 的一般岩石坑道。有较大构造地应力、偏压大、区域不稳定和山体不稳定的坑道不适用。特殊岩石和土质坑道,按其他规定确定围岩类别。

3) 本分类标准是按开挖时采用控制爆破、开挖后及时支护的条件制定的。围岩分类测试之后,若因开挖使围岩严重破坏或因未及时支护造成过度松弛、进一步严重风化甚至大塌方,原定分类无效,须视具体情况另作分类。

4) 声波法测试的岩体完整性系数 K_v 值的分类标准适用于控制爆破壁面、用锤击法测试声波参数,若用其他测试方法,应适当调整。用钻孔法(水耦合)测试时,硬质岩体可取表中所列数值的 1.1～1.2 倍,软质岩体取 0.8～0.9 倍。普通爆破导洞壁面用锤击法测试时,需分两种情况:①若扩挖毛洞时用控制爆破,可取表中所列标准的 0.8～0.9 倍;②若扩挖毛洞时仍用普通爆破,仍按表中分类标准。

5) 重要工程详细围岩分类必须采取定性与定量相结合的综合围岩分类。当定性鉴定与定量指标的围岩类别一致时,按表中所列原则确定围岩类别。当定性鉴定与定量指标不一致时,一般按下述原则处理:①岩质分类定性鉴定与定量指标不一致时,以定量指标为准,软硬岩互层的层状岩体,岩石强度应取软岩、硬岩的加权平均值;②岩体结构类型的划分一般应以定性鉴定为准,当定性鉴定与定量指标差别很大时,尤其定性类别偏高、定量指标偏低时,定性应服从定量;③当定性分类与定量分类只差一级时,围岩类别综合分类应以类别较低者为准,当两种分类差两级以上时,可取中间类别或以定性为准。

6) 有局部不稳定块体的地段必须进行专门分析,采取专门加固措施后再按岩体质量指标进行分类。

详细围岩分类（硬质岩） 表 6-21

岩质类型		岩体结构类型		岩体质量指标 R_m 或 R_s 值	准围岩强度应力比 S 值	毛洞围岩稳定性	围岩分类			介质类型
定性鉴定	R_b 值	定性鉴定	K_v 值				大类	亚类	备注	
A 硬质岩	>30 MPa	整体状结构	>0.76	>60	>4	稳定。一般无不稳定块体，无塌方，无塑性挤出变形和岩爆	Ⅰ	Ⅰ	—	均匀、连续、弹性介质（$S<2$ 时，按弹塑性介质）
				30～60	>4	基本稳定。局部可能有不稳定块体，无塑性挤出变形和岩爆	Ⅱ	Ⅱ$_A^1$	—	
				<30	>2	基本稳定。局部可能有不稳定块体，应力集中部位可能发生岩爆或塑性挤出变形	Ⅲ	Ⅱ$_A^1$	—	
		块状结构	0.46～0.75	30～60	>4	基本稳定。局部可能有不稳定块体，无塑性挤出变形和岩爆	Ⅱ	Ⅱ$_A^2$	—	均匀弹性或块裂介质
				15～30	>2	稳定性一般。局部可能有不稳定岩体，应力集中部位可能发生岩爆或塑性挤出变形	Ⅲ	Ⅲ$_A^2$	R_m 或 R_s <15 时降为Ⅳ类	
		层状结构	0.23～0.75	30～60	>4	同 Ⅱ$_A^2$，但不稳定块体主要受夹泥层面或软弱夹层控制	Ⅱ	Ⅱ$_A^3$	—	
				15～30	>2	同 Ⅲ$_A^2$，但不稳定块体主要受夹泥层面或软弱夹层控制	Ⅲ	Ⅲ$_A^3$	—	
				<15	>1	稳定性差。可能有较大不稳定岩体，可发生塑性挤出变形	Ⅳ	Ⅳ$_A^3$	R_m 或 R_s <5 时降为Ⅴ类	
		碎裂结构	镶嵌碎裂	0.23～0.45	>15	>2	同 Ⅲ$_A^2$，破坏形式及规模有随机性	Ⅲ	Ⅲ$_A^4$	—	碎裂或松散介质
			层状碎裂或夹泥碎裂	0.11～0.22	>5	>1	稳定性差。不及时支护可能发生整体塌落破坏，应力集中部位可有较大塑性挤出变形和松弛范围	Ⅳ	Ⅳ$_A^4$	—	
				<5	不限	不稳定。不支护无自稳能力或自稳时间很短（一般几小时到几天），破坏形式以拱顶、侧墙整体塌落为主。有较大塑性变形	Ⅴ	Ⅴ$_A^4$	有承压水时应作为特殊岩类	
		散体结构	散块状结构	0.15～0.45	>10	>1	不稳定。不支护很短时间即可失稳，破坏形式以拱顶大块体塌落或侧墙、掌子面滑移为主，一般无塑性挤出变形	Ⅳ	Ⅳ$_A^5$	—	块裂介质
				<10	不限		Ⅴ	Ⅴ$_A^5$	—	
			散体状结构	<0.10 (0.15)	<5	不限	很不稳定。不支护无自稳能力，小跨度也只能自稳几天或几小时。破坏形式以拱、墙整体塌落为主，及时支护会有较大塑性挤出变形	Ⅴ	Ⅴ$_A^5$	有地下水时应作为特殊岩类	松散介质

7) 特软岩一般指风化岩、构造岩等次生演化作用形成的特软岩石，R_b 值小于5MPa 的原生岩石，若整体性好、毛洞开挖后围岩基本稳定或稳定性一般、围岩强度应力比大于 1，可不作为特软岩，根据毛洞实际稳定性可定Ⅲ或Ⅳ类。

8) 计算岩体质量指标 R_m 时，K_v>0.45 的围岩，R_b 大于80MPa 时，仍按80计算， 小于80时按实测值计算；K_v<0.45 的围岩，R_b 大于60时仍按60计算，小于60时按实 测值计算；K_v≤0.10 的围岩，R_b 大于40时仍按40计算，小于40时按实测值计算。

详细围岩分类（软质岩和特殊岩类） 表6-22

岩质类型		岩体结构类型		R_m 值或 R_s 值	毛洞围岩稳定性	围岩分类		备注	介质类型
定性鉴定	R_b 值	定性鉴定	K_v 值			大类	亚类		
B 软质岩	5~30 (MPa)	整体状结构	>0.75	>15	基本稳定或一般。应力集中部位可能发生塑性变形	Ⅲ	Ⅲ$_B^1$	S<2时降为Ⅳ	弹性或弹塑性介质
				<15	稳定性差。应力集中部位可发生较大塑性变形	Ⅳ	Ⅳ$_B^1$	S<1时降为Ⅴ	
		块状结构	0.45~0.75	>5	稳定性差。局部有不稳定岩体。应力集中部位可发生塑性挤出变形	Ⅳ	Ⅳ$_B^2$		块裂介质或弹塑性介质
				<5	不稳定。不及时支护围岩短时间可能塌方或有较大塑性变形，并有明显流变特性	Ⅴ	Ⅳ$_B^2$	—	
		层状结构		>5	同Ⅳ$_B^2$	Ⅳ	Ⅳ$_B^3$	S<1时降为Ⅴ	
				<5	同Ⅳ$_B^2$	Ⅴ	Ⅴ$_B^3$		
		碎裂结构	0.20~0.45	>5	不稳定。不及时支护围岩很快松弛，失稳。破坏形式以拱顶，侧墙整体塌落为主，侧墙亦往往有较大塑性挤出变形	Ⅳ	Ⅳ$_B^4$	S<1时降为Ⅴ	松散介质或黏弹塑性介质
				<5	不稳定。不支护自稳时间仅数小时或更短，破坏形式除整体塌落外，侧墙挤出、底鼓均可发生。有明显流变特性，变形值大，持续时间长	Ⅴ	Ⅴ$_B^4$ Ⅴ$_B^5$	有地下水时应作为特殊岩类处理	
		散体状结构	<0.2						
C 特殊岩类和土	特软岩	<5 (MPa)	无意义	<5	稳定性同上。变形往往以黏塑性为主。变形值很大（可达几十厘米），持续时间长	Ⅴ	Ⅴ$_C$	—	黏弹塑性介质
	特殊岩石和土		无意义		通过试验确定				

注：1. K_v 为岩体完整性系数。其值可用两种方法之一确定：(1) 声波速度法，$K_v=(v_{pm}/v_{pr})^2$（v_{pm} 为岩体声波速度，v_{pr} 为岩石声波速度）；(2) 地质结构面统计法，$K_v=L\cdot f$（L 为各组节理裂隙综合平均间距，单位以米计；f 为节理裂隙性质折减系数，按表6-23取值）。

2. R_m 为常规测试岩体质量指标，R_s 为声波参数岩体质量指标，$R_m=R_b\cdot K_v\cdot K_w\cdot K_j$，$R_s=1.53v_{pm}^{2.26}K_w\cdot K_j$。（$R_b$ 为岩石单轴饱和抗压强度；K_w 为地下水影响折减系数，见表6-24；K_j 为岩层产状折减系数，见表6-25，此表适用于一组结构面起控制作用的层状、似层状岩体）。

3. S 为准围岩强度应力比。$S=R_m$（或 R_s）$/\sigma_m$（σ_m 为围岩最大主应力，有实测值时用实测值，无实测值时可用自重应力代替）。

4. R_b 为完整岩石单轴饱和抗压强度（MPa），坑道确无地下水时，亦可用天然状态单轴挤压强度。当无条件实测 R_b 时，可用点荷载试验，实测点荷载强度指数 I_s 值，用 I_s 值估算 R_b 值。计算式：长轴方向加载时 $R_b=2.37I_s$；短轴方向加载时 $R_b=(1.8\sim1.9)I_s$。

5. 非层状岩体和无地下水时亦可用岩体声波速度作为分类定量指标，分类标准见表6-26。

节理裂隙性质折减系数 f 值　　　　　　　　　　　　　表 6-23

张开、闭合及粗糙度性质		填充性质					
		石英或方解石	无填充未蚀变	泥膜或水锈	碎屑和岩粉	石膏硬土岩粉等	泥质
张开(缝宽大于等于1mm)	平滑	1	0.9	0.8	0.7	0.6	0.2～0.5
	粗糙	1	1	0.9	0.8	0.7	0.3～0.6
闭合(缝宽小于1mm)	平滑	1	1	0.8	—	—	—
	粗糙	1	1	0.9	—	—	—

地下水影响折减系数 K_w 值　　　　　　　　　　　　　表 6-24

毛洞开挖后围岩出水情况	$R_b \cdot K_v$ 值		
	>30	15～30	<15
表面渗水、局部滴水，无水压	1	0.9	0.5～0.8
淋雨状滴水或涌泉状流水，水压小于等于0.1MPa	0.9	0.8	0.4～0.7
淋雨状滴水或涌泉状流水，水压大于0.1MPa	0.9	0.7	0.3～0.6

岩层产状折减系数 K_j 值　　　　　　　　　　　　　表 6-25

层面走向与洞轴线夹角	层面倾角	层面间距(m)			
		≥1	0.3～1	0.1～0.3	<0.1
60°～90°	<30°	1	0.8	0.7	0.6
	30°～60°	1	0.9	0.9	0.8
	60°～90°	1	1	1	1
30°～60°	<30°	1	0.8	0.7	0.6
	30°～60°	0.9	0.7	0.6	0.5
	60°～90°	1	0.9	0.8	0.7
<30°	<30°	0.9	0.8	0.7	0.6
	30°～60°	0.8	0.7	0.6	0.5
	60°～90°	0.9	0.8	0.7	0.6

岩体声波速度定量分类　　　　　　　　　　　　　表 6-26

围岩类别	Ⅰ	Ⅱ	Ⅲ	Ⅳ	Ⅴ
岩体纵波速度(km/s)	>5.10	3.75～5.1	硬岩2.75～3.75 软岩2.5～3.5	硬岩1.70～2.75 软岩1.5～2.5	硬岩<1.7 软岩<1.5

6.3 岩体中的应力及其测量

6.3.1 概述

由于埋深产生的重力作用和地质构造运动的影响，岩体中存在天然应力，称岩体初始应力或原岩应力。开挖导致的地应力变化是引起矿井、水电工程、地下防护工程和其他各种岩石开挖工程变形和破坏的根本原因，也是确定工程岩体力学响应，开展围岩稳定性分析，预测和防控工程灾害，实现岩石工程设计、施工和运维科学化的必要条件。随着工程埋深的逐渐增大，受到扰动的应力场已经成为影响岩石工程稳定性的关键因素。只有掌握了具体工程区域的地应力分布规律，才能合理选择工程的总体布置和设计方案，并针对性的采取相应措施预防由于地应力带来的工程病害、灾害。

岩石工程的定量设计计算比地面工程要复杂得多，其根本原因在于工程地质条件、岩体物理力学性质的不确定性以及岩体的力学和变形响应具有应力历史和应力路径依赖性。即岩石开挖引起的力学效应不仅取决于开挖时的应力状态，也取决于开挖前岩体经历的加载和变形历史。由于很多岩体工程的开挖是一个多步骤、多阶段的过程，前序开挖会对后期的开挖条件产生很大影响，因此施工步骤不同，开挖顺序不同，会产生不同的力学效应。这些计算和分析必须建立在岩体初始状态已知的基础上，如果对岩体的初始应力状态一无所知，那么计算和分析将无法进行，其结果也将失去价值。

科学界和工程界对地应力的认识历史只有百余年。1912年瑞士地质学家海姆通过对隧道围岩的观察和分析首次提出了地应力的概念，他假定地壳中任意一点的应力在各个方向上均相等，且等于单位面积上覆岩层的重量。

1926年苏联的金尼克修正了海姆的静水压力假设，认为地壳中各点的垂直应力等于上覆岩层的重量，而侧向应力（水平应力）是泊松效应的结果，根据弹性力学理论，有：

$$\sigma_V = \gamma H ; \sigma_H = \frac{v}{1-v}\sigma_V = \frac{v}{1-v}\gamma H \tag{6-4}$$

式中　σ_V、σ_H——分别为垂直和水平应力；

　　　γ——上覆岩层重度；

　　　v——上覆岩层的泊松比；

　　　H——上覆岩层厚度。

许多地质现象，如断裂、褶皱等均表明地壳中存在水平应力。早在20世纪20年代，我国著名地质学家李四光就曾指出："在构造应力的作用仅影响地壳上层一定厚度的情况下，水平应力分量的重要性远远超过垂直应力分量"。但直到20世纪50年代，哈斯特才首先在斯堪的纳维亚半岛对地应力进行了测量。测量结果表明地壳上部的最大主应力方向几乎都是水平或接近水平的，而且最大水平主应力一般显著大于垂直应力，地表的最大水平应力可高达7MPa。这些发现从根本上动摇了地应力是静水压力和地应力以垂直应力为主的观点。

6.3.2　地应力的成因及其基本分布规律

地应力的成因十分复杂，其形成主要与地球的各种动力运动过程有关，包括：地心引力、板块运动、地球的自转、岩浆的侵入和地壳非均匀扩容等。除此之外，温度变化和温度不均、水压梯度、地表剥蚀、其他物理化学变化等也可引起应力场的变化。其中，构造应力场和重力应力场为地应力场的主要组成部分。

综合现有的理论研究、地质调查和地应力测量资料，浅部地壳应力分布具有以下基本规律：

1) 岩体地应力是一个在短期内具有相对稳定性但在长期时间尺度上变化的非稳定应力场，是时间和空间的函数。在绝大部分地区地应力以水平应力为主，三个主应力的大小和方向随空间地点和时间而变化。地应力在空间上的变化通常是很明显的，从地质构造上的某一部位到相距数十米外的另一部位，地应力的大小和方向可能相差很大。但就某个地区整体而言，地应力的变化呈现出一定的规律性。如我国华北地区，地应力场的主导方向为北西到近于东西的主压应力。

在某些地震频繁的地区，地应力的大小和方向随时间的变化也很明显。在地震发生前，断裂两侧的岩层处于应力积累阶段，应力值不断升高，而地震时的错动使累积的应力得到释放，发震断裂的应力值会在短时间内大幅度下降。主应力方向在地震发生前后也会发生明显改变，在震后一段时间又会缓慢恢复到震前的状态。

2）垂直地应力的实测值大致与单位面积上上覆岩层的重量一致。全世界范围内的实测垂直地应力的统计资料表明，在0～2700m的深度范围内，垂直地应力大致呈线性增长，大致相当于平均重度为27kN/m³时的自重应力。统计数据的偏差除可能的测量误差外（地应力测量技术不成熟），板块相互作用、岩浆对流和侵入、地形地貌变化等也都可引起垂直应力的异常。如图6-1所示为霍克（E. Hoek）和布朗（E. T. Brown）总结的世界各国垂直地应力随深度变化的规律。

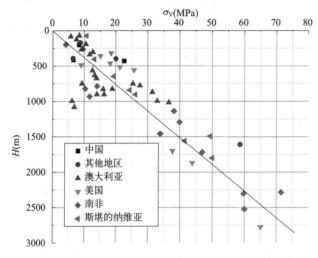

图6-1 世界各国垂直地应力随深度的变化规律图

3）在浅部地壳，水平应力普遍大于垂直应力。实测资料表明，在绝大多数地区均有两个主应力位于水平面内或接近水平的平面内，最大水平主应力普遍大于垂直应力，两者的比值大多介于0.5～5.5之间，多数情况下该比值大于2。

两个水平主应力的平均值与垂直地应力的比值一般介于0.5～5.0，大多数为0.8～1.5，这说明在浅层地壳中平均水平地应力也普遍大于垂直地应力。垂直地应力在多数情况下为最小主应力，在少数情况下为中间主应力，只在个别情况下为最大主应力。这间接说明，水平方向的构造运动如板块移动、碰撞对地壳浅层地应力的形成和大小起控制作用。

4）平均水平地应力与垂直地应力的比值随深度的增加而减小，但在不同地区，变化的速度有所不同。图6-2为世界不同地区取得的实测结果。

霍克和布朗根据图6-2所示结果回归出下列公式，用以表示平均水平地应力与垂直地应力的比值随深度变化的取值范围：

$$\frac{100}{H}+0.3 \leqslant \frac{\sigma_{h,av}}{\sigma_v} \leqslant \frac{1500}{H}+0.5 \tag{6-5}$$

从图 6-2 中可以看出，在深度较小时，平均水平地应力与垂直地应力的比值相当分散。随着深度增加，该值的变化范围逐步缩小，并逐渐接近于 1。也就是说，在埋深较大时，岩体的应力状态逐渐接近静水压力状态。

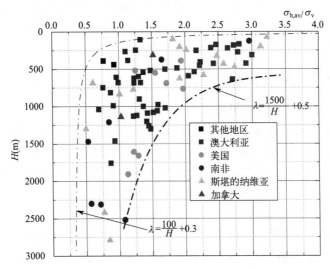

图 6-2　世界各国平均水平地应力与垂直地应力的比值随深度变化规律图

5) 最大水平主应力和最小水平主应力也随深度增大而近似线性增长。与垂直地应力不同的是，两者线性回归方程中的常数项要大些，这说明水平地应力受深度影响较小。

6) 最大水平主应力和最小水平主应力一般相差较大，显示出很强的方向性。最小/最大水平主应力之比一般介于 0.2～0.8 之间，多数情况下为 0.4～0.8，具体可参见表 6-27。

世界部分国家和地区两个水平主应力的比值表　　表 6-27

实测地点	统计数目	最大水平主应力与最小水平主应力之比				
		1.0～0.75	0.75～0.50	0.50～0.25	0.25～0	合计
斯堪的纳维亚等地	51	13.7%	66.7%	13.7%	5.9%	100%
北美	222	22.1%	45.9%	23%	9%	100%
中国	43	9.3%	58.1%	23.3%	9.3%	100%

7) 除具有以上较普遍的规律外，地应力的分布规律还会受到具体的地形地貌、地表剥蚀、风化作用、岩体结构特征、岩体力学性质、温度、地下水等因素的影响，尤其是地形地貌和断层的影响最大。

在具有负地形的峡谷，地形的影响表现得特别明显。一般来说，峡谷底部是应力集中的部位，最大主应力出现在谷底，方向近于水平，而两岸岸坡岩体中的最大主应力方向向谷底或河床倾斜，并大致与坡面相平行。近地表或接近谷坡的岩体的地应力状态受地形影响较大，和深部岩体显著不同，规律性不强。随着深度不断增加或远离谷坡，岩体地应力分布状态逐渐趋于一般规律，并与区域应力场一致。

在断层和结构面附近，地应力场会受到明显的扰动。断层端部、拐角处及交汇处将出现显著的应力集中。端部的应力集中与断层长度有关，长度越大，应力集中越强烈，拐角处的应力集中程度与拐角大小及其与地应力场的相互关系有关。断层带中的岩体一般比较软弱和破碎，不能承受高的应力，所以常成为应力降低带，其最大主应力和最小主应力与周围岩体相比均明显减小。断层对周围岩体应力状态的影响取决于其类型。压性断层中的应力状态与周围岩体比较接近，仅主应力的大小比周围岩体有所下降，而张性断层中的地应力大小和方向与周围岩体相比均发生显著变化。

6.3.3 地应力测量的基本方法

地应力测量的目的是获得拟开挖岩体及其周围区域的三维应力状态信息。在实际测量中，每一测点所涉及的岩石对于整个岩体而言，可视为一点。虽然也有一些测定大范围岩体内平均应力的方法，如超声波等地球物理方法，但这些方法只能获得不太准确的估计值，远没有"点"测量方法普及。由于地应力状态的复杂性和多变性，要比较准确地了解某一地区的地应力状况，必须进行足够数量的"点"测量，在获得"点"数据的基础上，进一步借助数值分析、数理统计和人工智能等方法，描绘该地区的地应力场状态。

工程师希望了解未受扰动的原岩应力场。但为了开展地应力测量活动，通常需要开挖洞室以便测量人员和设备接近测点，这就不可避免地会导致围岩应力被扰动。早期的扁千斤顶法等方法在洞室表面进行应力测量，然后在计算原始应力状态时把洞室开挖引起的扰动作用考虑进去。通常情况下紧靠洞室表面岩体会受到不同程度的破坏，使它们与未受扰动的岩体的物理力学性质发生改变，同时洞室开挖对原始应力场的扰动也是十分复杂的，不可能进行精确的分析和计算，所以这类方法得出的原岩应力状态往往是不准确的。为了克服这类方法的缺点，可从洞室表面向岩体中打小孔，地应力测量在小孔中进行。由于小孔对原岩应力状态的扰动较小，可以一定程度上保证测量在原岩应力区中进行。目前普遍采用的应力解除法和水压致裂法均属此类。

半个多世纪以来，随着地应力测量工作在实践中不断改进，各种测量方法和测量仪器也相继发展起来。目前主要的测量方法有数十种，依据测量地应力的基本原理，可将其分为直接测量法和间接测量法两大类。

直接测量法是由测量仪器直接测量和记录各种应力量，如补偿应力、恢复应力、平衡应力，并根据这些被测应力和原岩应力的相互关系，通过计算获得原岩的地应力。因为在计算过程中不涉及物理量的换算，所以并不需要知道岩石的物理力学性质和应力应变关系。扁千斤顶法、水压致裂法、刚性包体应力计法和声发射法均属直接测量法。其中，水压致裂法是目前应用最广泛的方法。

间接测量法中并不直接测量应力，而是测量岩体中某些与应力有关的间接物理量的变化，如岩体中的变形或应变，岩体的密度、渗透性、电阻、电容等性质的变化，弹性波传播速度的变化等，然后由测得的间接物理量通过相关理论计算岩体中的应力。在间接测量法中，首先必须确定岩体的被测物理量和应力的定量关系。套孔应力解除法和其他的应力或应变解除方法，以及地球物理方法等均是常用的间接测量法，其中套孔应力解除法发展较为成熟，是目前国内外最普遍采用的地应力间接测量方法。

中国地震局专门颁布了《原地应力测量水压致裂法和套芯解除法技术规范》DB/T 14—2018 用于规范水压致裂法和套芯解除法进行原地应力测量的技术方法和要求。该标准适用于地下工程中获取原地应力资料的场点测量，水压致裂法二维测量用于获知钻孔轴横截面上的平面应力大小和方向；水压致裂法三维测量与套芯解除法用于获知三维主应力大小和方向。下面对这两种方法作简要介绍。

6.3.4 水压致裂法

水压致裂法 20 世纪 50 年代被提出时主要用于在钻井中制造人工裂隙以提高石油产量。哈伯特和威利斯在实践中发现了致裂水压和原岩应力之间的关系。这一发现被费尔赫斯特和海姆森用于地应力测量。目前该方法是国际岩石力学与岩石工程学会和国内各类行业标准推荐的主要地应力测量方法。

1. 测试原理

水压致裂法的理论基础为弹性力学，以三个假设为前提：①岩石是线弹性和各向同性的；②岩石是完整且不透水的；③岩层应力场的一个主应力方向和钻孔一致。在弹性理论和基本假设条件下，水压致裂的分析模型可简化为一个平面应力问题，如图 6-3 所示。

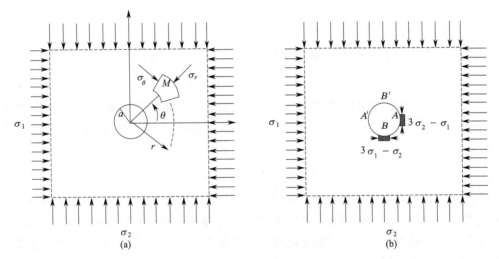

图 6-3 水压致裂应力测量的力学模型
(a) 有圆孔的无限大平板受到应力 σ_1 和 σ_2 作用；(b) 圆孔壁上的应力集中

水压致裂问题可简化为两个主应力 σ_1 和 σ_2 作用在一个开孔的无限大平板上。根据弹性理论，圆孔外任何一点 M 处的应力为：

$$\left.\begin{aligned}\sigma_r &= \frac{\sigma_1+\sigma_2}{2}\left(1-\frac{a^2}{r^2}\right)+\frac{\sigma_1-\sigma_2}{2}\left(1-\frac{4a^2}{r^2}+\frac{3a^4}{r^4}\right)\cos2\theta \\ \sigma_\theta &= \frac{\sigma_1+\sigma_2}{2}\left(1+\frac{a^2}{r^2}\right)-\frac{\sigma_1-\sigma_2}{2}\left(1+\frac{3a^4}{r^4}\right)\cos2\theta \\ \tau_{r\theta} &= -\frac{\sigma_1-\sigma_2}{2}\left(1+\frac{2a^2}{r^2}-\frac{3a^4}{r^4}\right)\sin2\theta\end{aligned}\right\} \quad (6-6)$$

式中 σ_r、σ_θ——分别为径向和切向应力；

$\tau_{r\theta}$——剪应力；

r——M 点到圆孔中心的距离。

在孔壁处，根据边界条件，可知：

$$\left.\begin{array}{l}\sigma_r=0\\ \sigma_\theta=(\sigma_1+\sigma_2)-2(\sigma_1-\sigma_2)\cos2\theta\\ \tau_{r\theta}=0\end{array}\right\} \quad (6\text{-}7)$$

进而可得出图 6-3 所示的孔壁 A、B 两点及其对称处（A'、B'）的应力集中分别为：

$$\sigma_A=\sigma_{A'}=3\sigma_2-\sigma_1 \quad (6\text{-}8)$$

$$\sigma_B=\sigma_{B'}=3\sigma_1-\sigma_2 \quad (6\text{-}9)$$

若 $\sigma_1>\sigma_2$，则 $\sigma_A<\sigma_B$。因此，在圆孔内施加的液压导致的应力集中大于孔壁上岩石所能承受的抗拉应力时，将在最小切向应力的位置上，即 A 点及其对称点 A' 处产生张拉破裂，并且破裂将沿着垂直于最小主应力方向扩展。孔壁产生破裂时的外加液压 P_b 称为临界破裂压力。根据叠加原理，临界破裂压力 P_b 等于孔壁破裂处的应力加岩石的抗拉强度 T，即：

$$P_b=3\sigma_2-\sigma_1+T \quad (6\text{-}10)$$

进一步考虑岩石孔隙中的孔隙水压力 P_0，式(6-10) 变为：

$$P_b=3\sigma_2-\sigma_1+T-P_0 \quad (6\text{-}11)$$

在垂直钻孔中采用水压致裂法测量地应力时，常将最大、最小水平主应力分别写为 σ_H 和 σ_h，即 $\sigma_1=\sigma_H$，$\sigma_2=\sigma_h$。因此，当压裂段的岩石破裂时，P_b 可用下式表示：

$$P_b=3\sigma_h-\sigma_H+T-P_0 \quad (6\text{-}12)$$

孔壁破裂后，若继续向钻孔中注液增压，裂缝将向岩体纵深扩展。若马上停止注液并保持压裂回路密闭，裂缝将停止扩展。由于地应力场的作用，水压裂缝将迅速趋于闭合。通常把裂缝处于临界闭合状态时的平衡压力称为瞬时闭合压力 P_s，它等于垂直于裂缝面的最小水平主应力，即：

$$P_s=\sigma_h \quad (6\text{-}13)$$

若再次对封隔段增压，使裂缝重新张开，可达到破裂重新张开时的压力 P_r。由于此时的岩石已经破裂，抗拉强度 $T=0$，因此可把式(6-10) 改写成：

$$P_r=3\sigma_h-\sigma_H-P_0 \quad (6\text{-}14)$$

根据式(6-12)～式(6-14) 又可得到求取最大水平主应力的公式：

$$\sigma_H=3P_s-P_r-P_0 \quad (6\text{-}15)$$

用式(6-12) 减式(6-14) 即可得到岩石的原地抗拉强度：

$$T=P_b-P_r \quad (6\text{-}16)$$

垂直应力可按测量段上覆岩层重力作用进行计算：

$$\sigma_v = \sum_{i=1}^{n} \rho_i g D_i \tag{6-17}$$

式中 ρ_i——岩层 i 的平均密度；

g——当地重力加速度；

D_i——岩层 i 的厚度；

n——上覆岩层数目。

2. 测试步骤

水压致裂测试系统示意图见图 6-4。

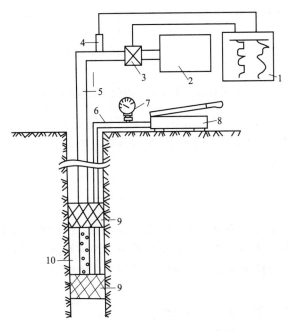

图 6-4 水压致裂测试系统示意图

1—记录仪；2—高压泵；3—流量计；4—压力计；5—高压钢管；
6—高压胶管；7—压力表；8—泵；9—封隔器；10—压裂段

第一步，打一个钻孔到特定部位，将钻孔中待测量应力段用封隔器密封。封隔器一般是充压膨胀式的，充压可用液体或气体。

第二步，向封隔的加压段注射高压水，并不断加大水压，直至水压出现跌落（即孔壁出现开裂），水压的峰值即初始开裂压力 P_b，继续注入高压水以促使裂隙发展，当裂隙扩张至约 3 倍直径深度时，关闭注水系统，水压保持恒定，此时的压力称为关闭压力，记为 P_s；保持一段时间后降低水压，裂隙失去水压支撑后自然闭合。

第三步，再次向封隔段注射高压水，不断提高水压，使裂隙重新打开（水压开始下降）并记下裂隙重开时的峰值压力 P_r 和随后的恒定关闭压力 P_s。该卸压-再加压过程重复 2~3 次。在整个加压、卸压过程中，记录相关压力、流量等数据，并绘制压力-时间曲线图和流量-时间曲线图。图 6-5 所示为某典型水压致裂过程的数据图。从压力-时间曲线图可以确定 P_b、P_r 和 P_s 值，从流量-时间曲线图可以判断裂隙扩展的深度。

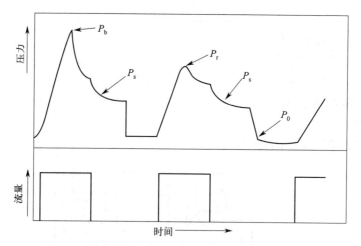

图 6-5 水压致裂法试验压力-时间、流量-时间曲线图

水压致裂法认为在内部水压的作用下,初始开裂发生在钻孔壁切向应力最小的部位,其必要条件为岩石是均匀、连续、各向同性的弹性体。因此,水压致裂法较为适用于完整的脆性岩石中的地应力测量。

6.3.5 套芯解除法

该方法又称为钻孔套芯应力解除法。该方法首先在岩壁上挖环形槽或在岩体内钻孔使一定大小的岩块从周围岩体内孤立出来,该处的应力即被解除,用应变计测量应力解除后的弹性恢复应变,通过弹性理论来计算该应变对应的应力数值。

1. 测试原理

该方法是建立在弹性理论基础上的原位实测方法。下面以钻孔孔径变形计法为例,来说明套芯解除法地应力计算方法。

孔径变形法在围岩中钻取孔洞,然后解除该孔洞外围的应力,根据应力解除前后孔的径向变形量计算与钻孔垂直平面内的应力状态,此方法可以求出垂直于钻孔轴线的平面内的应力状态,并可以通过三个互不平行的钻孔联合求得一点的三维应力状态。

测量孔径变形的设备有很多。美国矿山局(USBM)的孔径变形计具有典型性,其探头共有六个圆头活塞,分为三组,间隔60°角排列,两个径向相对的活塞测量一个直径方向的变形。活塞通过悬臂梁式三维弹簧施加压力,使其与孔壁保持接触,悬臂弹簧的正反面各贴一支电阻应变片,用来测量悬臂梁的变形。应力解除前将变形计挤压进钻孔中,将变形计固定在测点部位。应力解除后,钻孔附近的原始地应力得到释放,钻孔直径扩大,引起悬臂弹簧的弯曲变形,并由相关设备所记录。事前通过标定试验确定径向变形和悬臂弹簧上应变片读数之间的对应关系,即可根据试验结果换算地应力大小。USBM 孔径变形计(图6-6)的适用孔径为 36~40mm,增加或减少活塞中的垫圈可改变其适用直径的大小。

获得了钻孔的孔径变形数据,即可通过下式求出垂直于钻孔轴线的平面内的应力状态。

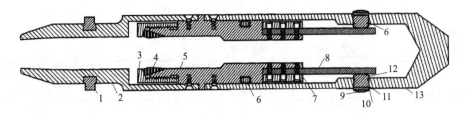

图 6-6　USBM 孔径变形计

1—凸耳；2—安放套筒；3—电缆夹盖；4—橡胶环；5—变形计本体；6—O 形密封环；7—夹块
8—粘贴应变片悬臂梁；9—碳化钨耐磨按钮；10—活塞盖；11—垫圈；12—活塞底座；13—外壳

$$\sigma_1=\frac{E\left[(U_1+U_2+U_3)+\frac{1}{\sqrt{2}}\sqrt{(U_1-U_2)^2+(U_2-U_3)^2+(U_3-U_1)^2}\right]}{6d(1-v^2)} \quad (6\text{-}18)$$

$$\sigma_2=\frac{E\left[(U_1+U_2+U_3)-\frac{1}{\sqrt{2}}\sqrt{(U_1-U_2)^2+(U_2-U_3)^2+(U_3-U_1)^2}\right]}{6d(1-v^2)} \quad (6\text{-}19)$$

$$\beta=\frac{1}{2}\arctan\frac{\sqrt{3}(U_2-U_3)}{2U_1-U_2-U_3} \quad (6\text{-}20)$$

式中　U_1、U_2、U_3——三个相互间隔 60° 的孔径方向的变形值；

　　　β——U_1 和 σ_1 间的夹角，规定 U_1 逆时针到 σ_1 为正，见图 6-7。

假如钻孔轴线和一个主应力方向重合，且该方向主应力值也已知，譬如假定自重应力是一个主应力，且钻孔为垂直方向，那么一个钻孔的孔径变形测量也就能确定该点的三维应力状态。对于钻孔轴线和任一主应力方向都不重合的情况，请参阅其他参考文献。

2. 测试步骤

孔径变形法主要实验步骤如下（图 6-8）：

第一步，钻一个直径较大孔，达到需要测量岩体应力的部位；

第二步，在大孔底部钻一个直径较小的测量孔；

第三步，将探头安装到测量孔中；

第四步，用外径与大孔直径相同的薄壁钻头继续延伸大孔，将测量孔与围岩分离，实现测量孔的应力解除；

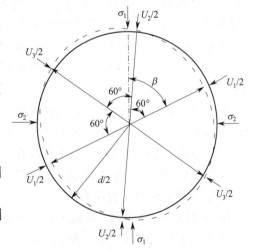

图 6-7　垂直钻孔轴线的平面内
的孔径变形和应力状态示意图

第五步，用量测设备测定和记录小孔直径的变形或应变；

第六步，通过测量孔变形或应变计算地应力。

套芯解除法发展时间长，技术比较成熟，在岩体应力测量的适用性和可靠度方面有明显的优势。

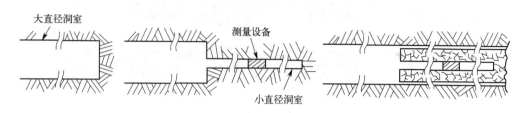

图 6-8 孔径变形法主要步骤

6.4 地下洞室稳定性评价

地下洞室是指天然存在于岩土体中或人工开挖的各种用途的构筑物。根据洞室轴线与水平面的关系可分为水平洞室、竖井和倾斜洞室三类。地下洞室完全被包围在岩土体之中，它的设计、施工和正常使用与其所处的工程地质环境密切相关。不同类型的洞室目的不同，遇到的主要岩体力学问题也各不相同，所采用的研究方法和内容也不尽相同。

6.4.1 影响地下洞室稳定性的因素

1. 地下洞室位置的选择

地下洞室总体位置应选在区域稳定性较好，地震活动相对稳定，工程场区无区域性断裂通过，第四纪以来没有明显构造活动的地段；建洞山体应选择山形完整，冲沟、滑坡、崩塌不发育，山体高度或土层厚度能满足工程需要的地段。

洞室应尽量建在地层岩性均一、厚度大、产状稳定，构造节理间距大、组数少、风化轻微、强度较大的岩层中。反之，岩性软弱、层薄或夹有极薄层的易滑动的软弱岩层对修建地下工程则不利。

洞口宜选在山体坡度较大，岩层完整，松散覆盖层较薄或基岩裸露的地段。洞口标高一般应高于谷底，且高于洪水水位 0.5~1.0m（不同用途的类型均有相应的防洪要求）。洞轴线宜与岩层走向垂直或以较大角度相交；洞室轴线应避开褶皱轴部，背斜轴部往往破碎，而向斜轴部往往富集大量地下水，对洞室工程极为不利。

2. 围岩稳定性与山岩压力

围岩指地下洞室周围一定范围内，对工程稳定性可产生明显影响的岩体。

由于地下开挖破坏了岩土体初始应力平衡条件，而且开挖的洞室形成了新的自由面和自由空间，原本处于受压状态的围岩在特定方向上解除了束缚，围岩内部会发生应力重分布和向洞室空间的变形，当压力或变形超过围岩的承受能力时，便会发生破坏。山岩压力通常指围岩作用在洞室衬砌上的力。山岩压力是评价洞室围岩稳定性的主要内容，也是衬砌设计的主要依据。影响山岩压力和围岩稳定性的主要因素是岩体完整性与岩石强度。

围岩分类是地下洞室工程地质评价的主要内容之一，通过围岩分类可大致确定开挖难易程度、采用的施工方法及支护设计方案。根据前面岩体基本质量分级标准，然后按照表 6-28 可以确定各级别岩体的自稳能力。

围岩自稳能力 表 6-28

岩体级别	自稳能力
Ⅰ	洞径不大于 20m,可长期稳定,偶有掉块,无塌方
Ⅱ	洞径 10～20m,可基本稳定,局部可发生掉块或小塌方; 洞径小于 10m,可长期稳定,偶有掉块
Ⅲ	洞径 10～20m,可稳定数日至 1 个月,可发生小、中塌方; 洞径 5～10m,可稳定数月,可发生局部块体位移及小、中塌方; 洞径小于 5m,可基本稳定
Ⅳ	洞径大于 5m,一般无自稳能力,数日至数月内可发生松动变形、小塌方,进而发展为中、大塌方,埋深小时,以拱部松动破坏为主,埋深大时,有明显塑性流动变形和挤压破坏; 洞径不大于 5m,可稳定数日至 1 个月
Ⅴ	无自稳能力

注：小塌方,塌方高度小于 3m,塌方体积小于 $30m^3$；中塌方,塌方高度 3～6m,或塌方体积 30～$100m^3$；大塌方,塌方高度大于 6m,或塌方体积大于 $100m^3$。

3. 地质构造

褶皱、节理和断层不仅破坏了岩体的原始状态和整体性,而且也是软弱结构面,岩体的滑移、拉裂破坏往往是沿着这些结构面进行的。在工程岩体分级标准中考虑了地下工程主要结构面产状的影响,断层和主导裂隙与洞轴线呈垂直或大锐角相交时比与洞轴线平行或小锐角相交时对洞室稳定有利,力学属性为张性未胶结且有地下水活动者对洞室稳定极为不利。一般说来,断层带宽度越小,裂隙间距越大,连通性越差者,对稳定越为有利。

4. 地下水

地下水活动的地段表明岩体完整性差,断裂比较发育,其对洞室稳定性的影响,大致包括以下 5 种：①地下水长期作用将降低岩石强度,并使软弱夹层泥化易于造成层间滑动,从而降低围岩稳定性；②石膏、岩盐等可溶岩及富含蒙脱石的黏土岩在地下水作用下发生的溶解或膨胀会显著改变区域地应力场或对结构产生附加压力；③地下工程位于地下水位以下时,地下水将对洞室的衬砌产生一定的静水压力,并常导致渗漏水；④当地下水具有腐蚀性时,将对衬砌产生侵蚀破坏作用；⑤当地下工程穿过岩溶地区、富水地层或水体下方时,有时会发生突然涌水,常造成停工和伤亡事故。

5. 洞室形状

洞室形状一般是指洞顶的成拱形状。在其他条件相同的情况下,成拱形状好的一般比成拱形状差的（如平顶）稳定性好。

6. 有害气体

地下洞室钻探与掘进过程中,常会遇到各种有害气体,如瓦斯等。一般在工程地质勘察过程中应对有害气体进行预测并提出防护措施。

7. 岩爆

在坚硬岩体深部开挖时,由于围岩中压力较大,围岩破坏时岩石突然飞出和剧烈破坏的现象称为岩爆。岩爆根据发生时间的不同一般可以分为即时型岩爆和时滞型岩爆；岩爆根据发生的机制一般可以分为应变型岩爆和结构面型岩爆。

岩爆的机理较复杂,目前其预测预报仍然是岩石力学界的热点和难点。一般认为岩爆发生的条件是：①在开挖前岩层本身的地应力较高,储存了较多的应变能；②岩石具有较高的强度和脆性，破坏剧烈，破坏时储存的应变能除了驱动破坏外还有剩余能转化为动能；③地下工程开挖或爆破扰动显著改变了围岩的应力状态，激发了其能量释放过程。

6.4.2 地下洞室稳定性评价

地下洞室稳定性评价方法主要包括工程地质分析法、力学计算法和数值分析法。

1. 工程地质分析法

该方法也被称为工程地质类比法，主要是通过工程地质勘察，把拟建工程的工程地质条件、工程特点、施工方法与类似的已建工程做对比，进而对其稳定性进行评价，是以定性评价为主的方法。为了便于对比，一般均在大量实际资料的基础上，对围岩进行分类、评价。比如根据工程岩体分级结果，结合表6-22就可以简单评估地下洞室的稳定性。

2. 力学计算法

地下洞室开挖之前，岩体处于一定的应力平衡状态，而开挖导致部分岩体失去全部或部分支撑，从而造成洞室周围岩体的应力重新分布。洞室周围应力状态发生改变的那部分岩体称为围岩。由于开挖而重新分布的应力叫二次应力或次生应力。如果围岩中的次生应力超过了岩体强度，就可能导致围岩破坏，产生崩塌、片帮、底板隆起甚至岩爆等工程灾害，软岩或高地应力环境中的岩体则可能产生很大的塑性变形。如果开挖后不及时对围岩进行支护或加固，开挖出来的洞室很可能会因为围岩的变形、破坏而无法达成预定的功能。

围岩的稳定性主要取决于围岩的应力状态和围岩的力学性质。当次生应力较低，未超过围岩的弹性极限时，围岩一般无需支护即可保持稳定；反之当围岩次生应力较高而强度较低时，就会产生塑性变形和各种形式的破坏。此外，在岩体被断层、节理等不连续面切割时，还有可能在顶板或边墙形成不稳定的楔形块体，对地下空间构成严重威胁。因此，在进行地下洞室施工之前，需要对开挖后的围岩应力进行分析，在此基础上对围岩的稳定性进行评价，以便采取合理的开挖方式和支护形式。

对于圆形洞室（图6-9），垂直方向地应力为σ_v，水平方向应力与垂直方向地应力之比为N，洞径为$2a$，距离圆心r处的应力分量为：

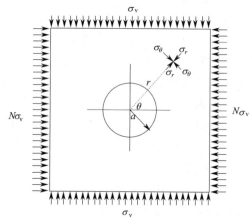

图6-9 圆形洞室周边应力分布

$$\left.\begin{aligned}\frac{\sigma_r}{\sigma_v} &= \frac{1}{2}(1+N)\left(1-\frac{a^2}{r^2}\right) - \frac{1}{2}(1-N)\left(1-4\frac{a^2}{r^2}+3\frac{a^4}{r^4}\right)\cos 2\theta \\ \frac{\sigma_\theta}{\sigma_v} &= \frac{1}{2}(1+N)\left(1+\frac{a^2}{r^2}\right) + \frac{1}{2}(1-N)\left(1+3\frac{a^4}{r^4}\right)\cos 2\theta \\ \frac{\tau_{r\theta}}{\sigma_v} &= \frac{1}{2}(1-N)\left(1+2\frac{a^2}{r^2}-3\frac{a^4}{r^4}\right)\sin 2\theta\end{aligned}\right\} \quad (6\text{-}21)$$

从式(6-21)可以看出，在$\theta=0°$和$\theta=90°$时，$\tau_{r\theta}=0$，在$\theta=45°$时，$\tau_{r\theta}$最大。图6-10

给出了 $N=0.25$ 时圆形洞室周边应力随 r/a 的变化规律。

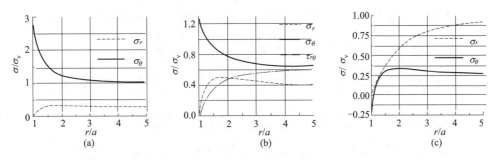

图 6-10　$N=0.25$ 时圆形洞室周边应力随 r/a 的变化
(a) $\theta=0°$；(b) $\theta=45°$；(c) $\theta=90°$

从图 6-10 可以看出，所有的变量在距离洞室内表面较远的区域都趋于常数，这说明洞室存在对围岩压力的影响在远区可以忽略不计。

对于非圆形洞室的情况，可以应用应力集中系数的概念，通过查阅相关表格或经验表达式得到该点的应力大小与 σ_v 之间的关系。

3. 数值计算法

数值分析法是评价围岩稳定的重要方法之一，常用于研究围岩应力、变形和破坏的发展过程，目前最常用的方法主要是有限元法。有限元法需要根据有关的地质资料，将地质模型转化为力学模型，确定模型的边界条件和受力情况，采用合适的介质本构关系和破坏判据来分析围岩的稳定性。

有限元法可以分析材料非线性和几何非线性问题，可以考虑施工过程的影响和多物理场耦合问题，对分析围岩的稳定性问题具有得天独厚的优势。

6.5　防护工程中的一些岩体力学问题

按照埋置深度不同，防护工程可以分为地面防护工程、浅埋防护工程和深埋防护工程。埋置于地下的防护工程必须考虑围岩和结构的相互作用，这是第一次世界大战以来地下防护工程领域研究的热点问题之一。

一般的隧道工程和水利工程等民用设施主要考虑常规的地应力荷载、施工荷载和地震动荷载等的作用，而地下防护工程在和平时期要承受的荷载与一般的民用设施基本是一样的，但在战时还要承受爆炸和冲击作用产生的地冲击荷载的作用。冲击爆炸产生的地冲击荷载的作用方式、荷载强度和频谱特征都与前面提到的荷载有明显的区别，图 6-11 给出了不同类型荷载的特征描述。

6.5.1　岩体完整性的动力学评价指标

岩体中波传播速度是地下防护工程设计的重要指标，它关系到岩体中地冲击荷载的衰减规律和地下结构动荷载的确定。研究表明，岩体中含有的节理和裂隙的数量对其波传播速度有明显的影响，岩体中的波速常被用于评价岩体的裂隙度和岩体完整性评价。

岩体裂隙系数定义为：

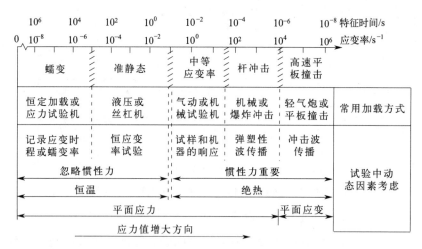

图 6-11 不同类型荷载特征

$$L_s = \frac{v_p^2 - v_m^2}{v_p^2} \tag{6-22}$$

式中 v_p——岩石纵波波速；

v_m——岩体纵波波速。

岩体完整性系数定义为：

$$K_w = \frac{v_m^2}{v_p^2} \tag{6-23}$$

岩体的纵波波速与节理的间距有比较密切的关系，但岩石的性质、地下水的赋存条件也对岩体的纵波波速有影响，因此这方面的统计资料离散性都比较大。

6.5.2 岩体结构特征对应力波传播的影响

岩体中的应力波传播规律决定了地下结构的设计荷载。研究表明，岩体结构特征对应力波传播有明显的影响。应力波传播经过某些地质结构面时，由于两侧介质的阻抗差异，将产生波的反射和透射作用。假设地质结构面之间填塞完整，则应力波穿越地质结构面可以近似简化为波在层状介质（本例中为三层）中的传播问题，见图 6-12。

设三层介质的波阻抗分别为：

$$A_1 = \rho_1 C_1, A_2 = \rho_2 C_2, A_3 = \rho_3 C_3 \tag{6-24}$$

式中，C 代表介质的压缩波速，ρ 代表密度，下标 1、2、3 分别代表介质层号。

弹性条件下，考虑应力波从地表输入，通过 1～2、2～3 界面时发生反射和透射，假设介质 1 和介质 3 的厚度为无穷大（忽略波在介质 1 表面和介质 3 底面的反射），介质 2 中由于层间的波阻抗差异将会引起上下界面的多次反射和透射。经过一系列的理论推导，可以求出反射波在介质 2 中经过 n 次反射后透射至介质 3 中的压力荷载为：

$$p_{3i} = p_{1i} K_{2t} K_{3t} [1 + (K_{2r} K_{2r}^1) + (K_{2r} K_{2r}^1)^2 + \cdots + (K_{2r} K_{2r}^1)^n] = p_{1i} K_{2t} K_{3t} \frac{1 - (K_{2r} K_{2r}^1)^{n+1}}{1 - K_{2r} K_{2r}^1} \tag{6-25}$$

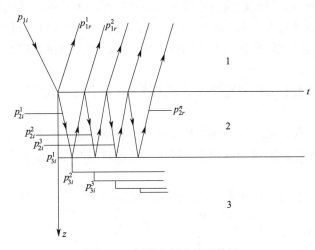

图 6-12 层状介质中波的传播

式中，$K_{2t}=\dfrac{2A_2}{A_1+A_2}$；$K_{3t}=\dfrac{2A_3}{A_2+A_3}$；$K_{2r}=\dfrac{A_3-A_2}{A_3+A_2}$；$K_{2r}^1=\dfrac{A_1-A_2}{A_1+A_2}$。

近似取 $A_1=A_3=20A_2$，相当于岩体中存在软弱夹层，则可以计算出介质 3 中荷载与介质 1 中入射荷载随反射次数 n 的变化规律，见图 6-13。第一次透射到介质 3 中时，$p_{3i}/p_{1i}\approx 0.18$，对于地冲击波荷载，如果持续时间很短，再考虑到介质黏性和塑性特征的影响，则透射到介质 3 中的荷载将比较小，从图中可以看出，介质 3 中的最大的荷载不会超过介质 1 中的入射荷载。

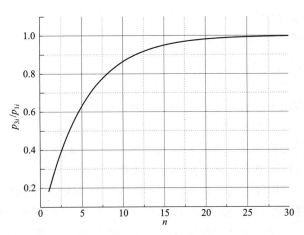

图 6-13 介质 3 中荷载随反射次数的变化规律

6.5.3 地冲击荷载下围岩的稳定性

岩体中传播的应力波荷载一般称为地冲击荷载，它的持续时间比较短，但其对围岩稳定性的影响非常大。对于埋深比较大或者构造应力比较显著的地下工程，判别岩体稳定性必须考虑地应力和地冲击荷载的共同作用。

在地下结构的稳定性分析中，常用结构内表面质点运动速度作为动力稳定性判别准则，因为在某一质点运动速度范围内，岩石的破坏程度和破坏模式都比较一致，地下洞室自振频率的变化对破坏程度的影响比较小。另外，质点运动速度与应力相比量测比较方便，测试数据的准确率比较高，与地下结构破坏程度的相关性也比较好。

1. 准静态破坏

如果地冲击荷载波长与洞室特征尺寸相比较大，则洞室的破坏属于此类情况，比如埋深比较大的洞室。

朱瑞庚（1985）在总结大量不同类型爆破现场量测结果，尤其是综合分析大量爆炸地震波自由场振动速度试验资料的基础上，提出了爆破地震波作用下岩石隧道的临界振动速度计算表达式。

岩石处于弹性状态时，坑道表面质点的临界振动速度按下式计算：

$$V_e = \frac{K_0(K_D\sigma_c - \sigma)g}{K_G \gamma c_p^e} \times 10^3 \text{(cm/s)} \tag{6-26}$$

岩石处于弹塑性状态时，坑道表面质点的临界振动速度按下式计算：

$$V_{ep} = \frac{K_0(K_D\sigma_c - \sigma)g}{K_G \gamma c_p^p} \times 10^3 \text{(cm/s)} \tag{6-27}$$

式中　K_0——与地冲击荷载入射方向有关的系数；

　　　K_D——岩石动力强度提高系数；

　　　σ_c——岩石静力抗拉强度（kg/m^2）；

　　　σ——坑道围岩的静地应力（kg/m^2）；

　　　γ——岩石的重度（ton/m^3）；

　　　g——重力加速度（m/s^2）；

　　　c_p^e——弹性纵波波速（m/s）；

　　　c_p^p——塑性纵波波速（m/s）；

　　　K_G——动应力集中系数。

详细的参数取值在朱瑞庚的论文中作了完整的介绍。

2. 动力破坏

如果地冲击荷载波长与洞室特征尺寸相比差别不大，甚至更小，则洞室的破坏属于此类情况，比如埋深比较浅或者装药距离洞室比较近的情况。

美国在20世纪40年代末期，在花岗岩和砂岩中对不被复坑道进行了一系列炸药爆炸试验，坑道的破坏模式按离装药的不同距离可以分为四个主要区域（图6-14）。在装药很近足以使坑道破坏时，这四个区都会出现。若装药到坑道的距离增加，则遭受最严重破坏的区域将逐渐消失，首先是1区，然后是1、2区，再是1、2、3区；当装药对坑道的距离足够大时，就不引起破坏。表6-29为比例深度为0.145$m/kg^{1/3}$（不特别说明，比例深度、比例距离、比例直径等的单位皆为"$m/kg^{1/3}$"）、对坑道的比例直径为0.175$m/kg^{1/3}$的装药爆炸得到的试验数据，其中R_m为最大破坏半径（m），W为炸药装药重量（kg），F为坑道的破坏面积（m^2），V_T为坑道的破坏体积（m^3）。

1区因坑道靠近装药而被完全破坏甚至炸穿。无论岩石在炸裂后保留在原处或因形成弹坑而被抛掷到地面上，坑道都算完全破坏。1区的最大比例距离约为最大比例破坏半径的一半。这个区内,从坑道表面开始破裂的岩石有相当的速度,并从装药处向外径向飞散。试验数据表明,飞石将以约30m/s左右的速度运动。

2区的特征是产生连续的岩石破裂,越靠近装药位置破裂的厚度越大。这个区域上岩石的连续破裂并不局限到朝向装药的坑道表面为止,而是沿坑道断面的周围延伸很远。破坏断面的一般形状是一条明显倾斜于原来坑道表面的直线。对于2区,从坑道到装药的最大比例距离等于最大比例破坏半径。这里大量的岩石被破裂,并形成大块的碎石。在此区,破坏的最大比例横截面积($F/W^{2/3}$)在比例直径为$0.198\mathrm{m/kg^{1/3}}$的坑道内约为$0.0787\mathrm{m^2/kg^{2/3}}$。若最大破坏区是在2区,则破裂岩石的最大比例总体积(V_T/W)约为$0.182\mathrm{m^3/kg}$。此区飞石的最大速度约为18m/s,岩石从装药处径向向外运动。

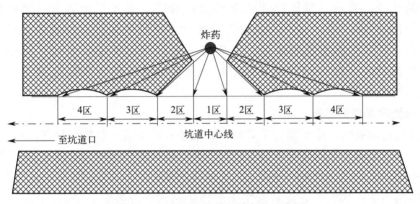

图 6-14 破坏区和破坏距离的示意图

破坏区的测量数据　　　　表 6-29

最大比例距离的公式		1区	2区	3区	4区
		$0.5R_m/W^{1/3}$	$1.0R_m/W^{1/3}$	$1.3R_m/W^{1/3}$	$2.1R_m/W^{1/3}$
最大比例距离的计算值(m/kg$^{1/3}$)	花岗岩	0.71	1.43	1.86	3.01
	砂岩	0.69	1.39	1.82	2.94
最大比例距离的观测值(m/kg$^{1/3}$)	花岗岩	0.63	1.15	1.75	1.82
	砂岩	0.60	1.11	1.59	2.54
所观测到的最大比例破坏面积($F/W^{2/3}$)(m^2/kg$^{2/3}$)		0.0787	0.0123	0.0020	0
所观测到的最大比例破坏体积(V_T/W)(m^3/kg)		—	0.182	0.091	0.024

3区是以产生相对均匀厚度的岩石连续破碎层为其特征的,该破碎层仅局限于朝向装药的坑道面。破坏断面的一般形状是近似平行于原岩石表面的一条直线。3区是在最大比例距离约为最大破坏半径的1.3倍时产生的。这个区域内的最大破坏比例横截面积($F/W^{2/3}$)在比例直径是$0.198\mathrm{m/kg^{1/3}}$左右的坑道中约为$0.0123\mathrm{m^2/kg^{2/3}}$。若最大破坏发生在3区,破坏岩石的最大比例总体积(V_T/W)约为$0.091\mathrm{m^3/kg}$。在3区飞石的最大速度在6~9m/s,并且碎石块是垂直落下的,而不是从装药处径向飞离。

4区破坏是不连续的,可能是将原先的松散材料排除后形成。产生这个区的最大比例距离约为最大比例破坏半径的0.83倍。在比例直径约为$0.198\text{m}/\text{kg}^{1/3}$的坑道中这个区的最大比例破坏横截面积($F/W^{2/3}$)约为$0.002\text{m}^2/\text{kg}^{2/3}$。岩石破坏的最大比例总体积($V_T/W$)约为$0.024\text{m}^3/\text{kg}$。并不能确定出在这个区域内的飞石速度值,根据已掌握的试验数据,在这个区域碎石块仅仅落到坑道地面上,并不产生从装药处向外的径向运动。

6.5.4 地质条件对爆破的影响

爆破作业是地下工程岩体开挖和军事行动的重要组成部分。岩石的基本性质和场地条件决定了爆破作业的效果,也影响爆破参数的选择。具体的爆破方案设计中,炸药品种的选择、岩石单位体积炸药耗药量的确定、炮孔布设方案(预留保护层厚度系数、药包间排距等)、岩石的爆后松散系数、抛掷堆积计算的抛距系数和塌散系数、爆破安全计算中的不逸出半径、地表破坏圈范围以及爆破震动计算中有关系数等设计计算参数的选取均与岩性关系密切。这些参数的确定大都是通过大量工程实践数据分析总结获得。

1. 结构面对爆破的影响

对岩体进行爆破时,除了孤石及规模不大的浅孔爆破等少数情况是在相对均匀的岩体中进行,大多数爆破作业的炸药布置在包含各种结构面的岩体中。岩体是非连续的地质结构体,结构面和结构体(岩块)是构成岩体结构的两个基本要素。岩体的变形和破坏不仅与岩石材料的力学性质有关,而且取决于岩体中结构面的数量、分布、产状及其力学性能。而对爆破来说,应力波在岩体中传播时,遇到结构面将产生复杂的透射、反射和耗散,其应力分布状态更为复杂,往往会加剧能量的耗散。

结构面主要通过以下4个方面的作用对爆破过程产生影响。

1)应力集中作用。软弱带或软弱面使岩体的连续性遭到破坏。当岩体受力时,岩体倾向于从强度最小、变形能力较强的软弱带或软弱面处首先发生变形或破坏,并在裂缝尖端发生应力集中。岩石在爆破应力作用下的变形和破坏几乎是瞬时的,岩石表现出较强的脆性,使应力集中现象更加突出。因此,当岩体中软弱面较发育时,爆破单位体积岩石炸药消耗量可以适当降低。

2)应力波的反射作用。由于软弱带内部介质的波阻抗比两侧岩石的值小,爆炸波传至界面处发生反射、折射等,使软弱带靠近爆源的一侧岩石破坏加剧。这种作用对于张开的裂隙或软弱面更为显著。例如在图6-15中,张开裂隙靠近爆源一侧的岩体除产生如实线所示的径向裂纹外,由于岩石的抗拉强度大大低于其抗压(剪)强度,爆炸应力波传播到裂隙处反射还容易形成反射裂缝(图中虚线)。由于界面的反射作用和软弱带

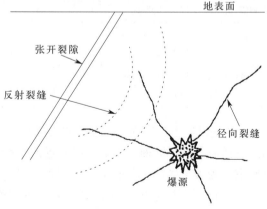

图6-15 结构面两侧破坏发生明显差异

填充介质的压缩变形与错动，吸收了一部分应力波能量，使软弱带远离爆源侧的应力波减弱。因而，软弱带可以起到防爆消波的作用，可保护其远离爆源一侧的岩石，使其破坏减轻。

3）泄能作用。当软弱带穿过爆源通向临空面，或者爆源到软弱带的距离小于药包最小抵抗线时，炸药的填塞作用会明显减弱，炸药的能量以"冲炮"或其他形式泄出，使爆破效果明显降低。在爆炸作用范围以内，如果有大的内部空腔（如溶洞、其他地下洞室等）存在，亦会发生类似的泄能作用。

4）楔入作用。爆炸产生的高温高压气体，沿岩体软弱带高速侵入，有可能使岩体沿软弱面发生楔形块裂破坏。

岩体的强度受岩石强度和结构面强度的影响，大多情况下主要受结构面强度的控制，所以岩块的破裂面大多数是沿岩体内原有的结构面发展的。爆破后岩块的特征表明，沿结构面形成的岩块表面均呈风化状态，而由岩石断裂形成的岩块表面均呈新鲜状态。

2. 地形对爆破的影响

地形是影响爆破作用与效果的重要因素。地形要素包括爆破区域的地面坡度、临空面的形状和数目、山体的高低及冲沟分布等地形特征。利用好地形因地制宜地进行爆破设计可以节省爆破成本，有效地控制爆破抛掷方向。由于临空面处可产生应力波反射拉伸破坏，促进和加剧岩石的破裂，而多个临空面可以产生多次反射波的重复作用，从而增加岩石的破坏范围和效果。因而临空面的数目增加可减少爆破单位体积岩石炸药耗药量。所以只要地形有微弱的起伏变化，就会明显影响到爆破作用。

3. 爆破对工程地质条件的影响

根据爆破作用的基本原理，药包在有临空面的半无限介质中爆炸，从药包中心向外分成压缩破碎区、爆破漏斗区、破裂区和震动区。压缩破碎区和爆破漏斗区是爆破后需要挖运的范围，而破裂区和震动区是爆破影响原有工程地质条件的区域。破裂区的裂缝大部分沿岩体中原有节理裂隙扩展而成，少部分是岩体破裂出现的新裂隙。通常爆区后缘边坡地表破坏范围比深层垂直破坏范围大，地表破坏与深层垂直破坏有不同的特点。

爆破作业引起的边坡失稳灾害通常分为两类：一类为爆破震动引起天然高陡边坡的失稳；另一类为爆破开挖后边坡岩体遭到破坏，原有的平衡关系变得脆弱，继而在日后不断的地表地质作用下引发失稳或塌方。大规模爆破产生的强烈震动对边坡岩体的稳定性影响较大，在大规模爆破设计中对边坡稳定性影响要有足够重视。

水文地质条件会对爆破效果产生影响，反过来爆破作业对水文地质条件也会产生影响。爆破作用使围岩中产生不同程度的张性裂缝，这些张性裂缝将成为地下水流的良好通道。对于边坡稳定性来说这是极其不利的因素，它们既破坏了岩体的完整性，又增强了地下水的侵蚀作用，削弱了结构面的抗剪能力，因此在爆破设计时必须充分重视，尽量减小爆破作用区域的影响范围。对于地下隧道爆破开挖，由于爆破采空区改变了地下水通道，易造成地下水流失，引起地表沉降、植被缺水等环境问题。但在地下水开采中，爆破作用使裂缝扩大、增多，有利于提高地下水资源的开采量。在油气开采的过程中，也常用爆破的方法改善储层的渗透性，从而提高油气产量。

思考题

6.1 岩石和岩体的主要区别是什么？工程岩体的主要内涵是什么？
6.2 影响岩石物理力学性质的因素主要有哪些？
6.3 结构面的基本工程特征主要有哪些？
6.4 岩体的工程分级的目的是什么？其主要依据有哪些？
6.5 我国的工程岩体分级标准是如何评价工程岩体质量的？
6.6 坑道工程的围岩分级与民用工程的围岩分级的异同主要有哪些？
6.7 岩体应力的测量主要有哪些方法？请阐述水力压裂法的基本思想和基本步骤。
6.8 影响地下洞室稳定性的主要因素有哪些？
6.9 如何通过岩体的动力学指标评价岩体的完整性？
6.10 请简要阐述地下爆炸对坑道围岩的破坏作用及其主要特点。

第7章
第四纪沉积物与土的工程性状

 关键概念和重点内容

第四纪沉积物的主要类型及其特点、土的三相组成、土的基本物理性质指标、土的粒度组成、土的压缩性和抗剪强度、土的工程分类、特殊土、土的性状对军事活动的影响、土壤通过性评估。

第四纪是新生代距今最近的一个纪,包括更新世和全新世,是包括现代在内的地质发展历史的最新时期,与人类生产生活活动关联最大。第四纪的下限一直存在争议,国际地层委员会推荐的第四纪的下界年龄为 1.80Ma,但我国地质学家,尤其是第四纪地质学家大多采用 2.6Ma(即黄土开始沉积的年龄)作为第四纪的下界年龄。

7.1 第四纪土的地质成因及特征

第四纪是地质历史上发生过大规模冰川活动的少数几个纪之一,是哺乳动物和被子植物快速发展的时代。人类的出现是第四纪最突出的事件,因此也有人称第四纪为人类纪。第四纪跨越的时间极为短促,但由于其时间较近,因此对人类活动影响甚大。

7.1.1 第四纪地质概况

由于第四纪的时间很短,发生于第四纪的各种地质过程所产生的结果,即第四纪地形、堆积物、地质构造等各种地质现象及其有关自然现象都得以较好地保留。这些现象及其痕迹大多分布在地表或近地表部分,易于进行直接观察研究。此外,现时正在进行着的各种地质过程,也是第四纪地质历史的延续。

1. 气候变化

第四纪的气候变化,在很大程度上控制着第四纪地形、海面变化、堆积物、土壤、生物群落以至人类的发生和发展。气候的显著变冷并导致广大地区出现冰川是新第三纪与第四纪之间的界限。第四纪不仅温度变化的幅度比较大,而且有反复的温度升降变化。第四纪冷期暖期的最大平均温度差可达 16~25℃。

地球上大规模出现冰川的时期,叫作冰期。冰期中,降雪转变成为冰川,冰川的最大规模曾覆盖地表面积的1/3。两次冰川之间的温暖时期叫作间冰期。冰期与间冰期之间的过渡时期，叫作冰后期。第四纪是一个冰期与间冰期互相交替的时期。研究认为，第四纪出现过四个比较明显的冰期和介于这些冰期之间的三个间冰期，以及一个冰后期。

2. 生物界

第四纪生物界是在新近纪的基础上发展而来的，由于历时很短，生物的发展演进并不显著，尤其在植物界和无脊椎动物方面具有较强的继承性和相似性，但在哺乳动物方面发生了较快的演化。人类的出现和演化是第四纪生物界发展最重大的事件。第四纪生物界的变化主要取决于气候和构造运动。第四纪气候反复变冷和变暖所引起的冰期和间冰期的交替，引起了海面的反复下降和升高，从而在一定范围内引发反复的海陆变迁，其中包括一些陆桥的出现和消失。与此同时，剧烈的第四纪构造运动以及伴生的岩浆活动，也剧烈地改变着陆地和海洋地形。第四纪生态环境的变化，极大地影响了第四纪生物界的演化，包括迁徙、重新组合、形态变异，以及某些种属的灭绝和一些新种属的出现。

3. 沉积环境

第四纪冰川的出现和消失，在大陆形成了三种典型的沉积环境，即冰川环境、冰缘环境和非冰川环境。在每个环境中，都出现了特定的沉积过程和沉积物的共生组合。如在冰川环境里出现以冰川作用为主的剥蚀和沉积作用系统，形成了冰川堆积物、冰水堆积物等。而冰缘环境形成的堆积物有冻土等。非冰川环境又可分为冷湿地区、干旱地区和湿热地区三种环境。冷湿地区在间冰期和冰后期，具有类似于冰期以前的剥蚀和沉积环境，形成了带有温暖潮湿气候特点的堆积物共生组合。干旱地区由于干燥而不能形成冰川。湿热地区冰期与间冰期的交替，表现为与冰期相当的多雨期和与间冰期相当的少雨期的交替。这种多雨期和少雨期的交替，除引起流水和湖泊堆积物的变化外，还可反映在残积红土剖面中。

第四纪冰川控制的海面上升和下降的交替，在海滨地区产生了海滨及浅海堆积物和陆地堆积物互相交替的顺序。在冰期海面下降的过程中，海滨和浅海底部的一部分浮出海面，并沉积陆相堆积物。在间冰期海面上升的过程中，冰期中沉积下来的陆地沉积物被海水淹没，并为新的海滨堆积物和浅海堆积物所覆盖。所以，在海滨地区内，冰期堆积物和间冰期堆积物顺序，表现为海退堆积物和海进堆积物的交替。

海洋沉积环境的变化，不像大陆环境那样剧烈，海水的沉积作用在很大程度上是连续的。第四纪冰期和间冰期的交替，在一定程度上影响着海水的深度、温度和密度，并因而改变着海水的成分、咸度、海生生物的生活环境，从而也改变着沉积环境。冰期和间冰期的交替产生，在海洋沉积物中，表现为冷期沉积物和暖期沉积物交替现象。

4. 沉积物的基本特点

第四纪沉积物普遍覆盖于大陆地表，多数与下伏地层呈不整合或假整合关系，其空间分布与现代地形联系密切；在山岳等凸起地形中，零散或斑块式分布，厚度小而不均匀，在陆地平原、湖盆和海盆平原中，水平方向展延比较连续，厚度较大。

由于地质作用时间短暂，多数第四纪沉积物所经受的剥蚀破坏及构造变形比较轻微，成岩作用未能充分进行（即松散的），所含生物残骸的石化程度较浅。

5. 构造运动

第四纪构造运动活动剧烈。现代地形的基本轮廓主要由新第三纪-第四纪时期的构造运动所决定，第四纪构造运动在其中占有颇为重要的地位。一些大的地形单位（如山系、平原）和一些次级的地形单位（如山间盆地）的发展与新构造运动所形成的新构造单位基本上是吻合的。第四纪构造运动还伴有火山和地震活动，特别是在环太平洋带和阿尔卑斯-喜马拉雅带以及一些大陆裂谷和海洋中脊裂谷带内，火山和地震活动极为频繁。

7.1.2 第四纪沉积物的分类

第四纪的历史虽然只有两百多万年，但新构造运动强烈，海平面升降和气候变化频繁。因而第四纪的沉积环境极为复杂。第四纪沉积物形成时间短，成岩作用不充分，常常作为松散、多孔、软弱的土层（土体）覆盖在前第四纪的坚硬岩层（岩体）之上。

第四纪沉积物成因类型及其主导地质作用见表 7-1。

第四纪沉积物成因类型及其主导地质作用　　　　表 7-1

成因	成因类型	主导地质作用
风化残积	残积	物理、化学风化作用
重力堆积	坠积	较长期的重力作用
	崩塌堆积	短促间发生的重力破坏作用
	滑坡堆积	大型斜坡块体重力破坏作用
	土溜	小型斜坡块体表面的重力破坏作用
大陆流水堆积	坡积	斜坡上雨水、雪水间有重力的长期搬运、堆积作用
	洪积	短期内大量地表水流搬运、堆积作用
	冲积	长期的地表水流沿河谷搬运、堆积作用
	三角洲堆积（河-湖）	河水、湖水混合堆积作用
	湖泊堆积	浅水型的静水堆积作用
	沼泽堆积	潴水型的静水堆积作用
海水堆积	滨海堆积	海浪及岸流的堆积作用
	浅海堆积	浅海相动荡及静水的混合堆积作用
	深海堆积	深海相静水的堆积作用
	三角洲堆积（河-海）	河水、海水混合堆积作用
地下水堆积	泉水堆积	化学堆积作用及部分机械堆积作用
	洞穴堆积	机械堆积作用及部分化学堆积作用
冰川堆积	冰碛堆积	固体状态冰川的搬运、堆积作用
	冰水堆积	冰川中冰下水的搬运、堆积作用
	冰碛湖堆积	冰川地区的静水堆积作用
风力堆积	风积	风的搬运堆积作用
	风-水堆积	风的搬运堆积作用后来又经流水的搬运堆积作用

7.1.3 主要第四纪沉积物简介

1. 残积土

岩石经风化作用后残留在原地的碎屑物称残积土或残积层。残积土之上为土壤层，由地表向深处残积物由细逐渐变粗，向下逐渐过渡为风化岩石和新鲜岩石。土壤层、残积层、风化岩石和新鲜岩石形成完整的风化壳。

残积土不具有层理，粒度和物质成分受气候条件和母岩岩性控制。在干旱或寒冷地区以物理风化作用为主，化学风化作用微弱，岩石的风化产物多为棱角状的砂、砾等粗碎屑物质，矿物组成大多继承自母岩。在气候潮湿地区，化学风化作用活跃，风化产物的矿物组成发生较大变化，残积物主要由黏土矿物组成，厚度也一般较大。在气候湿热地区，残积物中除黏土矿物较多外，铝土矿和铁的氢氧化物含量往往较高，常呈红色。花岗岩的残积物中含有由长石经化学风化形成的黏土矿物，石英则经物理风化作用破碎成为细砂。石灰岩的残积物往往形成红黏土。

残积土表层土壤一般孔隙率大、压缩性高、强度较低，其下部常常是夹碎石或砂粒的黏性土或是被黏性土充填的碎石土、砂砾土，强度一般较高。

2. 坡积土

风化作用形成的碎屑物质经流水从高处向下搬运，或由重力作用从高处运移至低处，堆积在平缓的斜坡或坡脚处，形成坡积土。

坡积土一般不具层理，碎屑物磨圆度小，一般成棱角状或次棱角状，略具分选性，大大小小的碎屑物往往夹杂在一起，但比较粗大的颗粒通常堆积在更靠近斜坡的位置，而细小的碎屑和黏土则沉积在离斜坡稍远处。坡积土的成分受高处的岩石性质影响较大。

坡积土厚度主要受地形控制，变化较大，在陡坡地段较薄，而在坡脚处较厚。

3. 洪积土

洪积土是由洪流将山区或高地的大量碎屑物沿冲沟搬运到山前或山坡的低平地带堆积而成的扇状沉积物。洪积扇扇顶在沟口，扇面向山前低平地带展开。

洪积土具有一定程度的分选性和磨圆度。洪积土的厚度从扇顶向外逐渐变薄，扇顶部位为粗碎屑物质，向扇体边缘逐渐变细成为砂类土和黏性土。因洪流多次爆发，且每次洪水流量大小不一，堆积物也不同，因而洪积土常具有较明显的层理以及夹层，透镜体等。

干旱与半干旱地区物理风化作用盛行，碎屑物质丰富，加之这些地区一般雨量集中，因而洪积土发育。我国华北、西北地区的洪积扇一般分为上部、中部和下部三部分。上部多以粗大颗粒的砾石、卵石为主要成分，强度高、压缩性小，但其孔隙大，透水性强。中部以砂土为主，下部以黏性土为主。在砂土向黏性土过渡地带及主要为黏性土的地带，由于透水性的差异及地下水埋藏浅等原因，常有泉水出露，形成沼泽。

4. 冲积土

在河流中形成的沉积物称为冲积土。根据形成条件和环境，冲积土可分为河床冲积土、河漫滩冲积土、牛轭湖冲积土和河口三角洲冲积土等。冲积土中的碎屑颗粒因受河流长期搬运而磨圆度和分选性都较好，具有清晰的层理构造和良好的韵律性，剖面上常有两种或多种沉积物交替、重复出现；常见的层理构造有水平层理和交错层理。

河床冲积土因水流速度大，沉积物较粗。山区河流或河流上游的河床冲积物大多是粗大的石块、砾石和粗砂。河流中下游或平原区河流河床沉积物通常变细，但厚度增大。河漫滩冲积土主要分布于河流的中下游和平原区河流，沉积的土粒较细，常与下面较粗的河床沉积一起构成了"二元结构"。牛轭湖的静水环境中常沉积形成淤泥和泥炭层，常被洪水期形成的细砂或粉质黏土覆盖。河口三角洲冲积土是在河流入海入湖处，由河水所搬运细小碎屑物沉积形成，其面积广、厚度大，并常有淤泥质土分布。大面积的河漫滩和河口三角洲是冲积平原的主要类型，也常是人口聚集、经济较发达地区。

古河床冲积物的压缩性低、强度较高，是较好的工程地基。现代河床冲积物颗粒粗大、密实度较差、透水性很强，不宜作为水工建筑物地基。河漫滩及阶地冲积土一般可作为地基，但需注意其中的软弱夹层以及粉细砂易于震动液化的问题。牛轭湖冲积物通常压缩性很高而强度很低，作为建筑物地基时需要进行处理。三角洲冲积物中的土常呈饱和状态，强度较低，但其最上层因长期干燥比较硬实，强度较下面高（俗称硬壳层），经评估后可用作低层建筑物的天然地基。

5. 湖泊沉积土

湖泊是大陆地区主要的沉积场所之一。湖浪侵蚀的碎屑物以及由入湖河流等带来的碎屑物被湖流和湖浪等动力向湖心方向搬运。一般搬运动力由湖岸向湖心逐渐减弱。较粗的砾、砂沉积在湖岸附近，具有较好的磨圆度及明显的层理和交错层理，其强度较高。而较细的碎屑物质被带到湖心发生沉积，因而湖心沉积物一般压缩性高、强度很低。

湖泊淤塞后可变成沼泽。沼泽沉积物主要是腐烂的植物残体、泥炭和部分黏土与细砂等组成的沼泽土。泥炭含水量极高，强度很低，一般不宜作天然地基。

6. 海洋沉积土

海洋占地球表面的大部，是主要的沉积环境之一。根据海底地形和海水深度，由岸向海方向依次为滨海带、浅海带、大陆斜坡和深海带。

滨海带是海洋地质作用强烈的近岸水域。在波浪和潮流的侵蚀、搬运与沉积作用下，碎屑物质得到很好地磨圆和分选，较粗的颗粒沿海岸形成砾滩、砂滩，较细的颗粒在距岸较近的水下沉积形成沙堤、沙坝及沙嘴。滨海带沉积物具有良好的层理和交错层理，一般强度较高，但透水性强。

浅海位于大陆架主体上，水深下限为 200m，受波浪影响较大，海水较为动荡。浅海沉积土主要来自大陆，水平层理和交错层理均十分发育。除碎屑沉积外，还有化学沉积和生物化学沉积。浅海沉积土较滨海沉积土疏松、含水量高、强度低。

大陆斜坡和深海沉积以粉细砂、生物软泥及黏土为主。海洋沉积土中，海底表层的砂砾层稳定性差，作为地基时应分析海浪作用下发生移动变化的可能。

7. 冰碛土与冰水沉积土

冰川融化时其搬运物就地堆积形成冰碛。冰碛土中巨大的碎石和细小的颗粒混合在一起，极不均匀，磨圆差，棱角分明，不具成层性。砾石表面常有磨光面或冰川擦痕，砾石因长期受冰川巨大压力作用而弯曲变形。

冰雪融化后形成的水流可冲刷和搬运冰碛土进行再沉积，形成冰水沉积。冰水沉积土具有一定程度的分选性和良好的层理。

8. 风积土

干旱地区岩石风化碎屑物被风吹扬搬运，风力减弱时发生沉积形成风积土。风积土中最常见的是风成砂与黄土。风成砂主要由砂、粉砂及少量黏土组成，分选性好，磨圆度高，具有层理和大型交错层理。风成黄土均匀无层理，孔隙大，具有湿陷性。

7.2 土的物理性质

土是各种矿物颗粒的松散集合体，它的形成过程十分复杂，物理力学性质也十分多样。了解土的工程地质性质，掌握土的物理力学性质和工程分类对于解决工程建设中的基础设计、施工问题以及评估地表的承载力具有重要意义。

7.2.1 土的基本组成特征

1. 土的三相组成

自然界的土体由固相（固体颗粒）、液相（水）和气相（空气）组成，通常为三相分散体系。各相的性质、相对含量及相互作用是决定土体物理力学性质的主要因素。固相构成土的骨架，是土的主要成分。土孔隙中存在的水，可与固相产生复杂的相互作用。土中气体含量一定程度上决定了介质的可压缩性，对于应力波的衰减具有重要影响。

通常将各相组成所占的体积和重量用简化模型表示，并以相应的符号代表，如图 7-1 所示，下标 s、w、a、v 分别代表固相、液相、气相和孔隙。

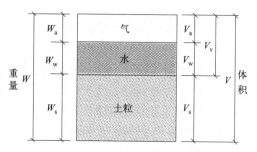

图 7-1 土的三相组成示意图

2. 土的矿物组成

土是多矿物组合体，一般包含 5~10 种主要矿物。土中矿物主要来源于岩石的风化产物。直接来源于母岩的未发生化学变化的矿物称为原生矿物。在化学风化过程中产生的新的矿物称为次生矿物。除此之外，由于造壤作用，土中往往还含有有机质。

土中的原生矿物类型与母岩相关，在风化作用较浅的母岩碎屑中可以保留大部分母岩矿物。原生矿物以硅酸盐矿物为主，多数存在于粗粒组中。原生矿物对土工程性质的影响主要取决于矿物本身的强度、抗风化能力、颗粒大小、形状与结构等特征。

次生矿物是原生矿物经过化学风化作用而形成的新的矿物。黏土矿物是黏土颗粒的主要成分，是控制黏性土工程性质的主要因素之一，具有高分散性、高亲水性、吸附性强及离子置换性能活跃等特征。常见的黏土矿物有高岭土、伊利石、蒙脱石、绿泥石等。作为黏土矿物生成过程中的副产物，在土中还存在大量的铝和铁的氧化物，这些氧化物既可以以颗粒形式存在，也可以呈现胶体状态存在于颗粒之间，形成胶体胶结物。

土中的有机物主要由半分解的动植物残体及完全分解的腐殖质组成。腐殖质大概占有机质总量的 50%~70%。腐殖质是黑色无定形的有机胶体，是一种有机酸，对促进原生矿物的分解有重要作用，属于生物化学作用的动力来源。腐殖酸具有多微孔"海绵状"结构，致使其具有持水性和吸附性。有机质分散程度越高，则亲水性越大。

3. 土的结构与构造

土的结构指土粒单元的大小、形状、相互排列、联结关系等因素形成的综合特征，它反映了土的成分、成因及形成年代对土的工程性质的影响。

根据颗粒排列和联结方式，土的结构可分为单粒结构、蜂窝结构和絮状结构。

单粒结构是碎石土和砂土的典型结构特征，其特点是土粒间没有联结或联结非常微弱，土粒间大多为点与点的接触。单粒结构的紧密程度取决于矿物成分、颗粒形状、粒度成分及颗粒级配。呈疏松状态时，单粒结构的土在荷载特别是在震动荷载作用下会趋向密实；呈密实状态时，单粒结构土会发生剪胀，即在剪应力作用下会发生体积膨胀，密度变松。

蜂窝结构是以粉粒为主的土的典型结构特征。粒径大小在0.02～0.002mm的土粒在水中沉积时，以单个颗粒下沉为主，当落在已沉积的颗粒之上时，由于颗粒间的相互引力大于重力，土粒停留在最初的接触点上不再下沉，形成具有很大孔隙度的蜂窝状结构。

絮状结构是黏土颗粒特有的结构。悬浮在水中的黏土颗粒在环境发生变化时，土粒互相聚合，以边-边、面-边的接触方式形成絮状物，沉积为孔隙非常大的絮状结构。

土的结构形成以后，当外界条件变化时，土的结构会随之发生变化。引起土的结构发生变化的因素常有压密固结、卸载膨胀、失水、震动等。

土的构造是指同一土层中土粒之间相互关系的特征，常见的构造有层状构造、分散构造、结核状构造、裂隙状构造。

7.2.2 土的物理性质指标

1. 土粒相对密度与土粒密度

土粒相对密度是土中固体颗粒密度与4℃的纯水的密度之比（无量纲）。土粒密度是土粒的质量与其体积之比。

土粒相对密度与土中的液、气相无关，只取决于土中固体颗粒成分。相对密度是土的孔隙比、饱和度以及压缩性计算的必要参数。在相对密度测量中一般采用排水法测定土颗粒体积。由于试验过程受到温度、测试液纯度以及称量误差等因素的影响，准确测定土的相对密度仍然比较繁琐。土的相对密度与粒度成分存在较高的相关性，如砂土的相对密度一般为2.65～2.69，粉土为2.70～2.71，而黏土相对密度较大，一般可达2.74～2.76。

2. 含水率

土的含水率表示土中自由水及结合水的含量，也称为土的湿度。土的含水率可直观反映土的亲水特性和含水状态，不仅与土的孔隙特性有关，而且与土的矿物成分以及有机质含量有关。土的含水率可用重量（质量）含水率或者体积含水率表示。

重量含水率指土中所含水的质量与固体颗粒质量之比，用百分比表示。

在工程地质计算中通常所说的含水率一般指质量含水率。烘干法是直接测量含水率的唯一方法。在野外测量时，还有电测法、热学法、吸力法、射线法、遥感法等。

体积含水率指土中所含水的体积与总体积之比，也用百分数表示。土壤学中的含水率一般指体积含水率。体积含水率可以和质量含水率相互换算。

3. 土的重度与土的密度

重度是指单位土体的重量。当采用单位土体质量表示时，称为土的密度。土的重度不仅与土的固相成分有关，而且与孔隙体积和孔隙被水填充的程度有关。根据土的含水状态的不同，重度又分为天然重度、干重度、饱和重度和浮重度。

天然重度指在自然状态下具有相对稳定的持水特征状态下测得的重度。一般所说的土的重度即为土的天然重度。

在室内一般通过环刀法测定黏性土的重度。要准确测定土的天然重度，野外取样时应避免扰动，并将取样筒进行蜡封，避免水分蒸发。对于松散的砂土或者分选性较差的含有碎石或卵石的黏性土，可利用室内的封蜡法或者现场的灌砂法、灌水法测定。

当土孔隙中没有水时的重度称为干重度，也称为骨架重度。干重度是单位体积土体中固体颗粒的重量，只与土体内的固相土粒和孔隙有关，可以反映土体中孔隙总量，也可以用于表征土的致密程度。孔隙总量越大，则干重度越小，土体较疏松。

当土中的孔隙完全被水填满时，土的重度称为土的饱和重度。当土完全饱和时，其密度为饱和密度。当土处于地下水位以下时，由于土颗粒会受到水的浮力作用，此时计算土体有效自重应力时，需要用水下重度，也称为浮重度。

浮重度 γ'（浮密度 ρ'）与饱和重度 γ_{sat}（饱和密度 ρ_{sat}）之间的关系为：

$$\gamma' = \gamma_{sat} - \rho_w g \quad \text{或} \quad \rho' = \rho_{sat} - \rho_w \tag{7-1}$$

4. 孔隙性指标

孔隙比或孔隙率是表达土结构特征的重要指标。土中孔隙体积与其固体颗粒体积之比称为孔隙比，即：

$$e = \frac{V_v}{V_s} \tag{7-2}$$

土中孔隙体积占总体积的百分数称为孔隙率，即：

$$n = \frac{V_v}{V} \times 100\% \tag{7-3}$$

由于土的体积等于固体颗粒体积与孔隙体积之和，因此可以推导出孔隙比和孔隙率之间满足以下关系：

$$e = \frac{n}{1-n} \quad \text{或} \quad n = \frac{e}{1+e} \tag{7-4}$$

孔隙比和孔隙率一般利用干重度和相对密度的关系计算得到。

对亲水性矿物含量较高的黏性土而言，孔隙比是含水率的函数。高亲水矿物在吸水后体积发生膨胀，颗粒体积不变的情况下，孔隙比增大，失水收缩后孔隙比减小。

砂土的孔隙比一般只受粒径、级配以及粒间摩擦特性的影响。可用砂土孔隙比反映砂土的密实程度，并把砂土分为密实、中密、稍密和松散四类，见表 7-2；从表中可以看出，颗粒越细，孔隙比越大。

砂土的密实度及相应的孔隙比　　　　表 7-2

土的类别	密实度			
	密实	中密	稍密	松散
砾砂、粗砂、中砂	$e<0.60$	$0.60<e<0.75$	$0.75<e<0.85$	$e>0.85$
细砂、粉砂	$e<0.70$	$0.70<e<0.85$	$0.85<e<0.95$	$e>0.95$

在自重或者外部荷载作用下，尤其是在动荷载作用下，砂土的孔隙特征将随着颗粒的位置移动发生变化，孔隙比将发生较大变化。为了衡量砂土当前状态下的密实程度，可以用砂土的相对密实度 D_r 来表示，其计算公式为：

$$D_r = \frac{e_{max} - e}{e_{max} - e_{min}} \tag{7-5}$$

式中　e_{max}、e_{min}——分别为砂样的最大和最小孔隙比，通过标准试验确定。

根据相对密实度，可以将砂土状态分为密实（$1 \geqslant D_r > 0.67$）、中密（$0.67 \geqslant D_r > 0.33$）和松散（$0.33 \geqslant D_r > 0$）。黏土的密实程度影响因素多且复杂，不能用相对密实度衡量。

5. 饱和度

土中水的体积与孔隙体积之比称为饱和度，主要描述土中孔隙被水填充的程度，即：

$$S_r = \frac{V_w}{V_v} \times 100\% \tag{7-6}$$

饱和度的取值范围为 $0 \sim 100\%$，干土的饱和度为 0，孔隙完全被水充满的土的饱和度为 100%。地下水位以下土的 S_r 一般约 $80\% \sim 100\%$，对于砂土，当 $0 < S_r \leqslant 50\%$ 时称为稍湿砂，当 $50\% \leqslant S_r < 80\%$ 时称为很湿砂，当 $S_r > 80\%$ 时称为饱和砂。

7.2.3 土的粒度组成

1. 粒组及其划分

土粒大小通常以其直径大小表示，简称粒径。土的工程性质不仅与粒径的大小有关，而且与土中各种粒径的相对含量有关。粒径大小与土的矿物成分存在明显的相关关系。大小近似的颗粒，其性质上也相似；大小相差悬殊的颗粒，其性质也相差悬殊。

自然界土的颗粒大小十分不均，不可能也没必要对所有不同大小颗粒的比例搭配关系逐一分析。将大小不一但性质相似的土粒粒径归并在一个单元中，称为粒组。

粒组划分一般遵循：①同一粒组的土粒性质基本相同，而且不同粒组间的性质差异应尽量明显。②要与现阶段的粒度分析技术水平和工程实际精度需求相适应。③在满足以上两个原则的基础上，可以将界限值确定为服从某一简单数学规律的数值。

2. 粒度分析方法

根据粒组划分方案，确定自然土体各粒组中土粒的质量百分含量的过程称为粒度分析。粒度分析是初步判断土工程性质的重要途径，常用的方法有筛分法和静水沉淀法。

1) 筛分法

当被测土样的主要粒径集中于 0.1mm 以上，并且所需确定的最小粒组为 0.074mm 时，可采用筛分法。筛分法是让被测土样由大到小，依次通过标准分析筛，保留在某筛之上的土颗粒的干土重量占总干土重量的百分数，即为粒径小于上级筛孔直径（大直径筛孔）而大于本级筛孔直径的颗粒百分含量，将等于和小于某级筛孔直径（粒组界限值）的所有土粒的重量之和占总土重的百分数，称为颗粒累积百分含量。

根据土的性质不同，筛分法又分为干筛法和湿筛法。当土中含有黏粒时，黏粒将黏附于大颗粒表面而影响分析结果。在测试中需要用水冲洗，保证细小颗粒从大颗粒中分离，最后将土样烘干后称重。

2) 静水沉淀法

对粒径小于 0.074mm 的颗粒的分析方法比较复杂。细小颗粒因比表面能和矿物成分的原因，颗粒不能顺利通过筛孔，并常造成筛孔阻塞，因而无法采用筛分法。

颗粒在水中缓慢沉降的过程中，在不受到任何干扰的情况下，只受到重力、浮力和流体阻力三个力的作用。在运动之初，因沉降速度很小，阻力小，颗粒在重力和浮力差作用下加速运动。随着速度增加，阻力增大，而重力和浮力不变，最终达到受力平衡，颗粒沉降保持匀速。颗粒到达匀速运动状态所需要的时间称为弛豫时间。

弛豫时间与粒径的平方成正比，大颗粒达到匀速运动所需要的时间更长。0.01mm 以下颗粒的弛豫时间约为0.06s，因此利用静水沉淀法测定粒度成分时，可认为土粒在沉降中一直保持匀速运动。测试时，将测试土样搅拌制成悬液，不同直径的颗粒在悬液中均匀分布，停止搅拌后颗粒开始沉降。在t时刻，由于沉降速度差导致不同深度水中含有的土颗粒直径不同，上层悬液中包含的土颗粒直径较小。在对应刻度处的颗粒质量百分含量即为小于等于该粒径颗粒的累积百分含量。

3. 粒度分析成果及其应用

粒度分析可以测定土中不同粒径颗粒的分布状态，是土的工程分类的重要指标，其分析成果可直接应用于土的成因和工程性质研究。粒度分析成果可以通过绘图的方式表达，包括累计曲线、分布曲线以及三角坐标，以定量或者半定量表达土的某些工程性质。

以粒径为横坐标，以小于等于该粒径土粒的累计百分含量为纵坐标作图，称为累计曲线。因土中粒径分布范围太大，不利于绘图，一般将粒径用对数坐标表示。

为了通过粒度累计曲线对土的性质进行定量描述，分别选取控制曲线形态的3个关键数据点，即颗粒累计含量为60%、30%和10%对应的粒径作为计算参数，得到定量描述土粒度分布特征的两个重要指标：不均匀系数C_u和曲率系数C_c。

$$C_u = \frac{d_{60}}{d_{10}}, C_c = \frac{d_{30}^2}{d_{10}d_{60}} \tag{7-7}$$

式中　d_{60}——累计含量为60%时对应的颗粒粒径，也称限制粒径；

　　　d_{10}——累计含量为10%时对应的颗粒粒径，也称有效粒径；

　　　d_{30}——累计含量为30%时对应的颗粒粒径。

不均匀系数描述了累计曲线主体部分的坡度。C_u值越大，累计曲线越平缓，表明不同粒径颗粒在主体部分呈现连续分布，颗粒级配良好。但不均匀系数并不能完全描述曲线的形态和土的粒度分布状态，有时不均匀系数相同，但曲线形态差异很大；需要进一步考察可以描述累计曲线主体部分平滑程度的曲率系数。

按照不均匀系数C_u和曲率系数C_c可将土分为级配良好土和不良级配土。我国一般规定$C_u>5$且$1<C_c<3$为级配良好，不同时满足这两个条件的土视为不良级配土。

以各粒组界限值的平均值为横坐标，以粒径在各粒组中的质量百分含量为纵坐标作图，称为粒度分布曲线或粒度分布频度曲线。与粒度累计曲线相比，粒度分布曲线可以更加直观地判断土粒在各粒组中的集中分布状态。曲线有一个峰，且峰较高、较窄者表示颗粒呈现集中分布，级配不良；曲线宽而平缓者表示级配较好，集中分布不明显。

7.2.4　土的水理性质

土中固体颗粒与液体的相互作用对土的性质影响很大，而尤以液体含量的变化表现最为明显。土的水理性质在黏性土中表现突出。黏性土的水理性质主要包括稠度、塑性、膨胀、收缩、崩解、渗透性等。

1. 稠度和塑限

黏性土的各种性质及其变化与其含水率有密切关系。黏性土随着本身含水率的变化，可处固态、塑态或流态。物理状态不同，其工程性质也不同。

稠度是表征黏性土物理状态的指标之一，指重塑土样在不同湿度条件下，受外力作用后所具有的活动程度。根据活动程度，土可分为固体状态、塑体状态和流体状态。固体状态是指颗粒之间连接强度大，在外力作用下发生强制移动会发生断裂的状态。塑体状态宏观上表现为土体可以被塑造成各种形状而不发生断裂。流体状态时颗粒不仅可以围绕相邻颗粒转动，而且可以直接发生层状流动。相邻的稠度状态虽相互区别但是逐渐过渡。稠度状态之间的转变界限称为稠度界限，用界限含水率表示。

在稠度的界限值中，塑性上限 w_L（简称液限）和塑性下限 w_P（简称塑限）的工程意义最显著，它们是区别塑体状态、流体状态、固体状态的界限。当含水率高于液限时，土体发生流动，不具可塑性；当土的含水率低于塑限时，土中开始出现裂隙，也不具可塑性。当含水率低于缩限（w_S）时，土的总体积基本保持不变，土的收缩以裂隙发展为主。

土所处的稠度状态，一般用液性指数 I_L 来表示，其表达式为（w 为天然含水率）：

$$I_L = \frac{w - w_P}{w_L - w_P} \tag{7-8}$$

按液性指数，黏性土的物理状态可分坚硬、硬塑、可塑、软塑和流塑，见表 7-3。

塑性指物体在外力作用下可被塑造成任意形态而不破坏整体性，在外力除去后，物体仍保持变形后的形态而无法恢复原状的性质。黏性土在一定的湿度条件下具有塑性，故黏性土又称塑性土。

根据液性指数对黏性土的物理状态的分类　　　　　　　　表 7-3

土的分类	坚硬	硬塑	可塑	软塑	流塑
液性指数	$I_L \leq 0$	$0 < I_L \leq 0.25$	$0.25 < I_L \leq 0.75$	$0.75 < I_L \leq 1$	$I_L > 1$

在工程地质研究中，用塑限和液限两个界限含水率表示黏性土的塑性。塑限是半固态和塑态的界限含水率，液限是塑态与流态的界限含水率。塑限和液限含水率的差值称为塑性指数 I_P，其表达式为：

$$I_P = w_L - w_P \tag{7-9}$$

塑性指数表示黏性土能保持可塑性的含水率变化范围。土的塑性指数越大，塑性越强。

黏性土的塑性指数可通过测定土的塑限及液限含水率求得。塑限含水率一般采用圆锥仪法或者滚拼法测定，液限含水率则采用圆锥仪法或者碟式仪法测定。目前，国家规范推荐采用液塑限联合测定法同时测定液限和塑限。需要说明的是，不同方法求得的液限、塑限含水率并不相同，有时差别很大。因此，在试验成果中需注明测定液限、塑限的方法。

影响黏性土塑性指数的因素主要有粒度组成、矿物成分、交换阳离子成分、孔隙水性质（化学成分及浓度）等。

因操作简便，依据塑性指数对土进行分类在工程上应用较广。根据塑性指数把土分为黏土（高塑性土，$I_P > 17$）、黏质粉土（塑性土，$I_P = 10 \sim 17$）、粉质黏土（微塑性土，$I_P = 3 \sim 10$）和砂土（非塑性土，$I_P < 3$）四类。需要注意的是，单纯依靠塑性指数对土分类是不可靠的，工程上有时会遇到塑性指数很高，但力学性能更接近砂性土的情况。

2. 胀缩和崩解

土中含水率的变化不仅会引起黏性土稠度状态和重量的变化，而且会引起土体积发生变化。黏性土在浸水过程中体积增加称膨胀，当干燥失水时，土的体积减小称收缩。土的膨胀和收缩行为一般是可逆的，但绝对值不一定相等。

1) 土的膨胀

黏性土的膨胀性是土的重要性质。当膨胀变形比较明显时称膨胀土，其对建筑地基、边坡稳定性等都会产生非常重要的影响，在工程建设中要给予专门考虑。

土的膨胀性能用膨胀率（线膨胀率）、膨胀含水率及膨胀压力等指标表示。试样浸水后的高度增加量与原高度之比称为膨胀率，以百分比表示。

土体吸水膨胀完成停止吸水时的含水率称为膨胀含水率。土体吸水过程中，通过外加压力限制土体的膨胀，则可测定土的膨胀压力。膨胀率和膨胀压力是表征原状土膨胀性能的直接指标。此外还有间接指标，如自由膨胀率。自由膨胀率是将固定体积的分散烘干土样，放在蒸馏水中任其自由膨胀，待膨胀变形稳定后，求出其体积变形的百分率。自由膨胀率试验因其操作简单，在工程上常被用作判别膨胀土的指标。

影响土膨胀性的因素主要有水化膜厚度、土结构、含水率及外荷载等。

2) 土的收缩

土的收缩与膨胀是互逆过程。收缩使土变得较为致密，可提高土的强度，但伴随收缩产生的裂隙，可导致土渗透性增强，膨胀潜力增加。

对饱和土而言，土样表面上大孔隙中的水首先蒸发失水，导致水化膜变薄，土体发生体积收缩。收缩之初，如果颗粒分布相对均匀，且粒间水化膜较厚，颗粒将发生整体收缩。随着水分继续流失，颗粒和孔隙的性质差异产生的不均匀性将逐渐表现出来。大孔隙中的自由水和毛细水最先蒸发，达到极值抗拉强度后粒间连接断裂，则产生初始裂隙。初始裂隙的失水速度因蒸发面增加而加快，促进裂隙不断发展。

初始裂隙一般发生在粒间连接力相对薄弱的点上，如土样边界、粗颗粒点附近等。土体中的裂隙往往分级形成，被主裂隙分割的区域形成"安全岛"，并在"岛"内继续发生次一级裂隙。这种由多级裂隙分割的土体形态称为龟裂。一般而言，随着黏粒含量的增加，龟裂发生的程度提高，而砂土或者含砂量超过一定比例后，土不会产生龟裂。失水速度越快，产生的裂隙宽度越小，裂隙密度越大。

土的收缩性指标，用线缩率、体缩率、缩限含水率及收缩系数表示。

缩限含水率是黏性土稠度状态中固态与半固态的界限含水率，土的含水率低于缩限后，尽管含水率减少，但土的体积不再收缩。缩限越低，说明土的收缩性越强。收缩系数为每减少单位含水率时土样的收缩率变化，表征含水率对土的收缩影响的大小。

3) 土的崩解

含水率较低的黏性土浸没在水中发生崩散解体的现象称崩解。崩解后的土颗粒之间失去结构连接，呈现松散状态，用时短且不可逆。

目前对土崩解的研究并不深入，评价黏性土崩解性的指标主要是崩解时间和崩解特征。崩解时间是指土样在静水中完全崩解所需时间。崩解时间与水在土中渗透速率密切相关，当土中存在大孔隙时，完成崩解所需的时间就短，反之所需时间较长。崩解特征则是指土崩解过程中以及崩解后土颗粒或者集聚体的形态特征。

影响土的崩解性的主要因素有土的矿物成分、粒度成分、交换阳离子性质、结构连接、含水率及水溶液的成分及浓度等。

7.3 土的基本力学性质

土的力学性质指土在外力作用下所表现的力学性能，是土的主要工程地质性质之一。本节主要介绍土的压缩性、抗剪强度、流变性和动力学特征。

7.3.1 土的压缩性

1. 土的压缩机制

土是由三相构成的复合体，不同相的压缩性相差非常大。空气很容易被压缩，而水则很难被压缩。土颗粒本身也可以被压缩，但压缩量也相对较小。

土压缩性主要包括土的压密、颗粒破碎、水化膜的压缩及各相的弹性压缩。

土体孔隙的压缩称为土的压密，是土体积压缩的主要部分。孔隙的压密必须通过颗粒相对位移实现，并由一种平衡态向新的平衡态转化。在外部荷载增大时，原有的力学平衡被破坏，颗粒发生位移。土的压密过程是不可逆的塑性变形过程。而颗粒、密闭气体、孔隙水等的压缩则属于弹性变形，即外力撤销后，体积恢复为原状。

当粒径较大时，由于颗粒接触点数量较少，每个接触点承担的集中应力较大时，需要考虑土颗粒被压碎形成的压缩量，这种压缩属于塑性变形。

2. 有效应力原理

当土体受压时，土中压力由固体颗粒、孔隙水和空气来承担。其中由颗粒间接触点传递的应力大小和方向各不相同，而孔隙水压力和孔隙气压力则是垂直作用于颗粒表面，在没有流动的情况下不产生切向分量。

由颗粒间接触点传递的应力称为有效应力，有效应力会使土的颗粒产生位移，引起土体的变形和强度的变化。由孔隙水传递的应力称孔隙水压力，它是一个球张量，各个方向上的作用相等，不会直接引起土体的变形和强度变化，又称为中性压力，在固结过程中不随时间而变化，一般用 u 表示。

对于饱和土，假定土中的孔隙水压力处处相等，土颗粒在水压力的作用下不会发生相对位置的改变，只会使颗粒本身被压缩，因而不会引发土骨架的压密。土的压密主要由沿颗粒接触点传递的应力引起，称为有效应力，一般用 σ' 表示。

假设任取一个面积为 A 的土体单元，单元受到的总应力为 σ。不考虑颗粒破碎，则根据平衡条件，可知总应力产生的力与土的三相产生的力的加和相等，即：

$$F_{总} = \sigma A = \sum F_{i\perp} + u_w \sum A_{iw} + u_a \sum A_{ia} \tag{7-10}$$

式中 $F_{i\perp}$ ——颗粒接触力在垂直于总应力作用面上的分量；

A_{iw}、A_{ia} ——分别为液相和气相在投影面上所占的面积。

对于饱和土，气相产生的力可以忽略，则上式可以简化为：

$$\sigma = \frac{\sum F_{i\perp}}{A} + u_w \frac{\sum A_{iw}}{A} \tag{7-11}$$

一般认为颗粒的所有接触点面积和占总面积的 2%～3%。如果忽略颗粒接触点的总面积，并令 $\sigma' = \sum F_{i\perp}/A$，则上式可以简化为：

$$\sigma = \sigma' + u_w \tag{7-12}$$

上式就是土力学中应用非常广泛的有效应力原理。有效应力原理最早由太沙基于1923年经验性提出。在工程实践中，土体受到的总应力可以很容易获得，孔隙水压力的量测也相对比较容易，但是颗粒接触点上的作用力无法直接测。根据有效应力原理，如果可以测定土中的孔隙水压力，就可以间接得到导致土颗粒压缩和剪切的有效应力。

有效应力原理在砂性土计算中取得了很大的成功，但在黏性土相关计算中则存在一些问题，这主要与黏性土中具有特殊性质的水膜有关。

当饱和土开始受压时，外荷全部由孔隙水压力承担。由于孔隙水压力上升，以渗流方式从土内渗出，孔隙水压力逐渐转移为有效应力，导致土体不断得到压密。饱和土压缩过程的实质是土中孔隙水排出，孔隙水压力消散的过程，此过程称土的渗透固结。不同性质的饱和土孔隙水压力消散速率与渗透性密切相关，差别很大。砂土中消散很快，黏性土中则消散很慢。有些黏性土孔隙水压力完全消散需要几年，甚至几十年。

3. 土的压缩性与压力的关系

压缩曲线（e-P 曲线）表示土的压缩量与荷载大小关系，是土体压缩性的主要体现。一般用土中孔隙比的变化表示土的压缩量。

土的压缩曲线通过室内压缩试验求得。把试样放入压缩仪内，在有侧限的条件下分级加荷，测得每级荷重下的稳定压缩量。压缩前后土颗粒的总体积不变，由此可得：

$$e_P = e_0 - \frac{\Delta h}{h}(1 + e_0) \tag{7-13}$$

试样的初始孔隙比 e_0 和值 h 为已知，Δh 可以从试验中测得。根据上式可求得各级荷重下的 e_P 值。以孔隙比 e 为纵坐标，荷载 P 为横坐标，绘制压缩曲线（图7-2）。压缩曲线越陡，土的压缩性越大，反之则越小。压缩曲线也可用半对数坐标表示，e-$\log P$ 压缩曲线除开始段为平缓曲线外，随压力增加逐渐呈一直线。

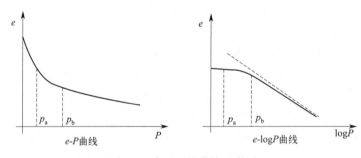

图 7-2 典型压缩曲线示意图

现场试验中，土的压缩性一般用压缩量 S_P 和荷载 P 的关系描述，即：

$$S_P = \Delta h = \frac{e_0 - e_P}{1 + e_0} h \tag{7-14}$$

在压缩试验过程中，如果土样在某级荷载下达到稳定值后卸除荷载，土样将发生回弹，相应的曲线称膨胀曲线，也称卸荷曲线或回弹曲线。由于土并不是理想的弹性体，膨胀曲线与压缩曲线并不重合，而是位于压缩曲线之下，比压缩曲线缓。

原状土的压缩性与土的沉积环境、成岩作用及后期变化有关。天然土体在漫长的地质历史中，由于上覆土层压力和历史荷载作用而被压密，或成岩过程中的物理化学作用加强了土的结构连接强度。当原状土受压时，如果外荷小于前期固结压力，土的变形量很小，只有当外荷大于前期固结压力时，土才开始被明显压缩。因此，前期固结压力是沉降计算中必须考虑的指标。由于前期固结压力的存在，原状土的压缩曲线一般分为两段，曲线的转折点对应的压力值就是前期固结压力。

4. 土的压缩性指标

土的压缩性指标反映土体在外荷载作用下被压缩的难易程度，通常用压缩系数、压缩模量以及前期固结压力进行定量描述。

1）压缩系数

在压缩曲线上取两点，两点连接的直线斜率称为压缩系数，用 α 表示，其表达式为：

$$\alpha = \frac{\Delta e}{\Delta P} = \frac{e_1 - e_2}{P_1 - P_2} \tag{7-15}$$

压缩系数是地基沉降计算的主要指标。压缩系数越大，表明土体在同一压力变化范围内的压缩变形越大，即土的压缩性越大。在工程实践中常将 0.1MPa 与 0.2MPa 时的压缩系数作为评价土压缩性的指标。

2）压缩模量

模量是反映材料受压变形难易程度的另一种表示方法，包括压缩模量、变形模量和弹性模量。模量越大表征材料在外力作用下越不易发生变形。

压缩模量 E_S 指土体在有侧限条件下，土体的竖向应力与竖向应变的比值，主要用于不考虑侧向变形时的地基沉降计算，其表达式为：

$$E_S = \frac{\sigma_z}{\varepsilon_z} \tag{7-16}$$

土的压缩模量可以通过压缩曲线获得，并可根据压缩系数计算得到：

$$E_S = \frac{1+e_1}{e_1-e_2}(P_1-P_2) = \frac{1+e_1}{\alpha} = \frac{1}{\alpha_V} \tag{7-17}$$

压缩模量与压缩系数一样，也可判断土的压缩性。工程实践中常以压力 0.1～0.2MPa 时的压缩模量对土的压缩性进行分类，见表 7-4。

依据压缩性对土的分类　　　　　　　表 7-4

	压缩性分类	高压缩性土	中压缩性土	低压缩性土
定量指标	压缩系数 α/MPa^{-1}	≥0.5	0.1～0.5	≤0.1
	压缩模量 E_S/MPa	>15	4～15	<4

土在无侧限条件下受压时，应力与应变的比值称为土的变形模量，用 E_0 表示，可由广义胡克定律得到：

$$E_0 = E_S(1 - 2\mu K_0) \tag{7-18}$$

式中　μ、K_0——分别为土的泊松比和侧压力系数。

土的变形模量一般通过现场载荷试验测试，根据载荷试验成果绘制荷载与沉降量的关系曲线，然后以曲线中的直线段按照弹性理论公式求得。

土的弹性模量可通过三轴压缩试验或者无侧限抗压强度试验确定。试验中需反复加载和卸载 5~6 次，然后依据最后一次再加载曲线中呈现直线段部分，按下式计算：

$$E_u = \frac{\Delta \sigma}{\Delta \varepsilon} \tag{7-19}$$

由于土的变形包括弹性变形和塑性变形两部分，因此一般不能直接采用弹性模量进行变形计算。但是在瞬时荷载，或者其他土体仅发生弹性变形的情况下可使用弹性模量。

5. 影响土的压缩性的主要因素

土的压缩性主要取决于土体本身和荷载两个方面。与土体本身有关的因素主要包括土的粒度和矿物成分、孔隙特征、结构强度等，黏性土压缩性还取决于其所处状态。

土的压密本质是孔隙的压密。颗粒之间的胶结强度较高时，外力必须首先破坏颗粒之间的结构连接，才能实现颗粒的位移。由于残积土一般具有一定的结构强度，当荷载较小时，土的压缩性较小，但是当压力增大，结构强度被破坏后，土的压缩量会骤增。一般黏粒含量越高，土的压缩性越大，固结时间越长。有机质具有高度亲水性，含有机质的土一般压缩性较大。外力必须克服的土颗粒之间的摩擦阻力受多方面的因素影响，包括颗粒级配、密实度、含水率、颗粒形状及粗糙度等。一般而言，土的级配越好，密实度越高、含水率越低，土颗粒之间的摩擦力越大。在荷载较大时，压缩性还与可能的颗粒破碎相关，主要与颗粒粒径、颗粒强度与矿物成分和颗粒形态直接相关。当含有石英砂，特别是磨圆度良好的石英砂，其压缩量最小。粗粒土的压缩性比黏性土要小，但在高压时，由于土粒被压碎，压缩量也能达到相当的量级。

土的压密过程中，孔隙水消散以及土颗粒位移需要相当长时间的调整才能达到平衡。当加荷速率过快时，颗粒以及土中的水来不及进行优化调整导致压缩性增加。增荷率对压缩性的影响与加荷速率影响类似，随着增荷率的增大，土的压缩性增大。荷载历时越短，压缩量和压缩速率均将越大。土在自重力作用下的压密非常缓慢，而实验室中由于加载速率远大于建筑物地基施工的加载速率而造成压缩量偏大。

7.3.2 土的抗剪强度

土的抗剪强度是土体强度及稳定性的重要力学性质指标。土体在外荷载作用下产生的剪应力不能超过土体本身的抗剪强度，否则将发生剪切破坏并引起工程灾害。

1. 土的抗剪强度理论

土体中任一点的受力都可以分解为相互正交的作用力，在土体中取一个微单元体进行受力分析，如图 7-3 所示。假设水平方向上应力相等，可简化为二维问题进行分析。

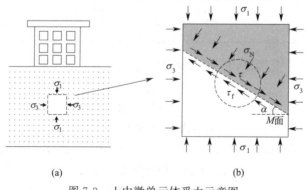

图 7-3　土中微单元体受力示意图

在单元体任意斜面 M 上的应力可分解为法向应力 σ_N 和剪应力 τ。斜面上部分还受到斜面下部分的摩擦阻力,称为抗剪强度 τ_f。当 $\tau<\tau_f$ 时,土体处于稳定状态;当 $\tau>\tau_f$ 时,土体滑动、破坏;当 $\tau=\tau_f$ 时,土体处于极限平衡状态。

土的抗剪强度即为土体处于极限平衡时的最大剪应力。研究表明,随着正应力的增加,土的抗剪强度也将增加。将不同法向应力作用下土的抗剪强度与法向应力绘制在直角坐标系中,可得到土的抗剪强度曲线(图 7-4)。

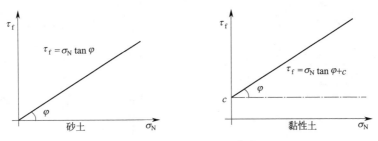

图 7-4 土的抗剪强度曲线

砂土的抗剪强度曲线为一过原点的直线,可用下式表示:

$$\tau_f = \sigma_N \tan\varphi \tag{7-20}$$

而黏性土的抗剪强度曲线不过原点,可近似用下面的直线方程表示:

$$\tau_f = \sigma_N \tan\varphi + c \tag{7-21}$$

式中 φ——土的内摩擦角;

c——土的黏聚力。

上面两式即为库仑在 1773 年提出的库仑定律。库仑定律给出了某一特定剪切面上土的抗剪强度与法向正应力的关系。由库仑定律可知,砂土的抗剪强度由颗粒间的内摩擦力组成,其大小取决于土的内摩擦角和正应力。而黏性土与砂土不同,其抗剪强度由内摩擦力及结构强度形成的黏聚力组成,内摩擦力与法向压力成正比,黏聚力不受外力影响。c 和 φ 为黏性土的抗剪强度指标。

如图 7-3(b)所示,若将作用于单元体内的最大主应力和最小主应力分别沿法向和切向分解,则可得到法向正应力和剪应力,即:

$$\sigma_N = \frac{1}{2}(\sigma_1+\sigma_3) + \frac{1}{2}(\sigma_1-\sigma_3)\cos2\alpha, \tau = \frac{1}{2}(\sigma_1-\sigma_3)\sin2\alpha \tag{7-22}$$

由上式可知,导致土体发生剪切破坏的最大剪应力与主应力差和斜面与最大主应力作用面之间的夹角有关。根据库仑定律可知,砂性土是否发生剪切破坏,取决于斜面受到的摩擦阻力 $\sigma_N \tan\varphi$。在内摩擦角和 α 角不变的情况下,则主要取决于主应力和与主应力差。对于黏性土,还必须考虑黏聚力的作用。

这个关系可很方便地用应力莫尔圆来表示(图 7-5)。应力莫尔圆与应力轴的交点分别为最小、最大主应力值。圆的半径 $R=(\sigma_1-\sigma_3)/2$,圆心对应的应力值为 $(\sigma_1+\sigma_3)/2$。在莫尔圆上任取一点 M,该点到圆心的连线与最大主应力轴方向的夹角定义为 2α,则该点的纵坐标恰好等于剪应力 τ,M 点横坐标刚好等于 σ_N。于是,M 点刚好对应单元体中与最大主应力 σ_1 作用面夹角为 α 的 M 面。

当剪切面处于极限平衡状态时,剪切面上的剪应力与土的抗剪强度相等,此时的莫尔圆称为极限应力莫尔圆。对于相同土体，改变主应力差可获得多个极限应力莫尔圆，则每个土样的极限应力莫尔圆都满足库仑定律，即破坏面对应的点必然在抗剪强度曲线上。利用这一性质，可以通过三轴试验，不断改变主应力（σ_1）和围压（σ_3）的值，获得多个极限应力莫尔圆（一般至少 3 个），然后做极限应力莫尔圆的公切线就可以得到土的抗剪强度曲线（图 7-6），进而求得土的抗剪强度指标，即 c、φ 值。

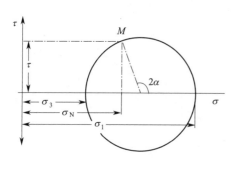

图 7-5　应力莫尔圆

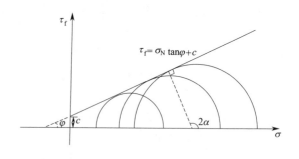

图 7-6　极限应力莫尔圆与抗剪强度曲线

2. 剪切试验与抗剪强度

测定土体抗剪强度常用剪切试验法，又可分为直接剪切试验和三轴剪切试验两种。

直剪试验在直剪仪上进行。试样放在盒内上、下两块透水石之间，在加压板上施加垂直压力，然后逐渐加大水平力推动下盒使试样沿上、下盒接触面受剪。试样发生剪切破坏时的最大水平剪力除以试样面积即为试样在该法向应力作用下的抗剪强度。为测定土的抗剪强度指标，需制备 3 个以上密度和含水率完全相同的试样，在不同的法向应力条件下进行剪切，测得相应的抗剪强度，然后绘图求得 c、φ 值。根据试验过程中的排水条件，直剪试验可分为快剪、固结快剪和慢剪三种。对相同土样进行不同条件的直剪试验，得到的 c 和 φ 也不同。

直剪仪具有构造简单、操作方便等优点，但存在剪切面上的剪应力分布不均匀、剪切过程中剪应力作用面随剪应变的增加而减小、不能严格控制土样的排水条件等缺点。

三轴剪切试验是在三向受力情况下进行剪切破坏试验，试验测得土样破坏时的最大主应力和最小主应力，进而可以根据莫尔强度理论求出土的抗剪强度指标 c 和 φ 值。

三轴剪切试验在三轴剪切仪上进行。试样用橡皮膜包裹后置于压力罐中，通过液体加压使其在三个方向受到相同的围压 σ_3，然后通过活塞增加轴向应力 σ_v，并保持围压不变，直至试样剪切破坏。此时作用在土样上的最大主应力为 $\sigma_1 = \sigma_v + \sigma_3$，用 σ_1 与 σ_3 可作极限莫尔应力圆。取相同的三个试样在不同围压下进行剪切，得到土样破坏时不同的最大主应力，用得到的三个极限莫尔圆作三圆的公切线，即得土的抗剪强度曲线，进而可求得 c、φ 值。

根据排水条件，三轴剪切试验可分为不固结不排水剪、固结不排水剪和固结排水剪。三轴剪切仪能控制排水条件，可以测量孔隙水压力的变化，应力条件比较符合实际，试验结果能够更好地反映不同工程条件下对抗剪强度指标的测试要求。

3. 砂土抗剪强度的主要因素

无黏性土颗粒间无结构连接力，内摩擦角为无黏性土的唯一抗剪强度指标。内摩擦角一般由下列三种作用力共同决定：①土粒接触面上的滑动或者滚动摩擦力；②颗粒相互咬合而产生的咬合力；③土粒破碎及重新定向排列所受到的阻力。

粗粒土的抗剪强度在很大程度上取决于土颗粒大小、级配、形状及粗糙度。内摩擦角随着粒径的增大而增高，砾砂＞粗砂＞中砂。级配良好的土，因颗粒咬合数量增加，内摩擦角要比均匀土大。有棱角的砂要比圆粒的砂有更多的咬合，故内摩擦角也比较大。

矿物成分对粗粒土抗剪强度指标的影响主要包括矿物的形状及硬度。片状光滑的云母砂，其滑动摩擦力和咬合力都比其他矿物小，因此含云母砂的土内摩擦角最小，而石英硬度大，内摩擦角大，棱角石英砂的内摩擦角最大。

相同成分砂土的内摩擦角主要取决于其密实程度。φ 值随孔隙比的减小而增大。对松砂来说，随着剪切带中的颗粒转动和平移，孔隙比不断降低，抗剪强度随剪应变的增大而逐渐增加，最后趋于稳定。对密砂来说，咬合力产生的剪胀使其在剪切初期具有很高的抗剪强度值，随着剪应变的增大，颗粒转动变得容易，摩擦阻力减小，最后趋于稳定，该值称为土的残余强度，对应的内摩擦角为残余内摩擦角。

影响砂土抗剪强度的其他因素还有含水率、荷载大小及加载速率等。

4. 黏性土抗剪强度的主要因素

黏性土抗剪强度的性能及机理相当复杂。黏土矿物由于带有电荷并吸附离子，与水相互作用，形成复杂的物理-化学与力学作用，使黏性土的颗粒相互凝聚、凝结，具有一定的结构连接力，因此，黏性土的抗剪强度由粒间摩擦阻力和粒间黏聚力共同提供。

土的结构连接强度、受力历史以及受剪条件等是控制黏性土抗剪强度的主要因素。

土的结构连接强度在土的沉积中形成，与黏性土的成因及后期演化密切相关。土的结构连接强度首先取决于土所处的状态，总体上随着含水率的减小抗剪强度有所增大。土体在形成过程或后期演化中，出现的化学连接力会增强土的结构连接强度，使土抗剪强度显著增高。土的结构破坏后强度会降低。同一密度、含水率的重塑土强度要比原状土小。土的结构性对强度的影响可用灵敏度表示（原状土与重塑土无侧限抗压强度的比值），灵敏度越大，土的结构对强度贡献越大，一般黏土的灵敏度为 2～4。超固结土、淤泥质软土具有较高的灵敏度。

土体在漫长地质历史中经受了长期的重力压密及加荷卸荷等作用。根据受力历史可将土分正常固结土与超固结土两大类。超固结土的抗剪强度与密实砂相似，其强度取决于剪切位移，具有明显的峰值强度及残余强度。正常固结土也具有一定的结构性，但峰值强度与残余强度相差不大。残余强度的大小与受力历史无关，其值主要取决于矿物成分、粒度成分与孔隙溶液性质。残余强度在室内测定时主要采用反复剪切试验测定。

土的有效法向应力值取决于剪切时土的排水条件及剪切速率。因此，不排水剪（快剪）、固结不排水剪（固结快剪）及固结排水剪（慢剪）三种剪切试验所得的抗剪强度参数是不同的。慢剪的内摩擦角最大，快剪的内摩擦角最小。因此测定黏性土抗剪强度时，要根据工程的实际条件选择试验方法。

7.3.3 土的流变性

土的流变性能指土的蠕变、应力松弛以及强度的时间效应等特性。流变现象对黏性土来说尤其明显。由于黏土的蠕变，地基强度有时可降低 50%。在评价黏性土地基强度与挡土建筑物及边坡稳定性时，应考虑黏性土的蠕动与长期强度。

土体在一定荷载的长期作用下，变形随着时间缓慢发展的现象称为土的蠕变。反之，保持变形不变，应力随时间逐渐衰减的现象，称为应力松弛。蠕变一般会导致黏性土的强度变化，强度随时间的变化称为土的长期强度问题。

土的蠕变分为压缩蠕变和剪切蠕变。压缩蠕变也称为体积蠕变，即土体在压力不变的情况下，总体积缓慢发生压缩和排水固结，这一过程将会提高土体的抗剪强度。而剪切蠕变则是在一定剪应力的长期作用下，土的剪切变形随时间缓慢增长的现象，剪切蠕变将降低土的抗剪强度。

图 7-7 为某软黏土在不同剪应力下蠕变试验（不排水剪）所得的蠕变曲线。单位时间内应变的增加量称为蠕变速率，土的蠕变速率随着剪应力的增加而增加。压缩蠕变和剪切蠕变同时发生，当压缩蠕变产生的抗剪强度增加量大于剪切蠕变产生的抗剪强度衰减量时，土的蠕变速率将逐渐变小并最终趋近于为零，称为衰减型蠕变。反之，土的蠕变速率持续增加，并最终导致土的剪切破坏，称为非衰减型蠕变。

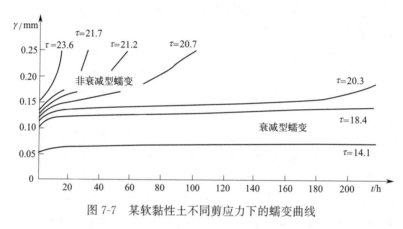

图 7-7　某软黏性土不同剪应力下的蠕变曲线

黏性土在长期荷载作用下，由于剪切蠕变而使其强度随时间而下降。荷载作用的时间越长，强度降低也越大。只有当土体中剪应力小于极限长期强度时，土体才处于长期稳定状。黏性土的长期强度一般为标准强度的 40%~80%，主要取决于土体的结构及所处的状态。土的蠕变特征受到剪应力水平、土的结构和矿物成分、含水率及排水条件等因素的影响。

7.3.4　土的动力特性

当土体受到如地震、爆破、机械震动、车辆运行等动力作用时，土内必将产生附加压力而引起土的变形。动力作用使土的结构破坏、土体压缩沉降、强度减弱，严重者可使土体失去强度而威胁建筑地基和边坡等的稳定性。

砂土，尤其是松散砂土，在震动荷载下容易发生压缩密实。震动密实与震动加速度有关。砂土的孔隙比随震动强度的提高而降低。松散磨圆度好的、干的细砂具有最大的震动压密性。当砂的含水率增加到毛细含水率时，由于毛细管力的出现，压密性显著降低。只有当震动加速度达到某一界限值时砂土强度才开始下降，并发生震动加密，称为起始震动加速度。起始震动加速度主要受控于干砂的孔隙度及法向应力，法向应力越大，起始震动加速度就越大。当震动加速度达到某一数值后，砂土强度接近为0，具有震动黏滞性。当含水率等于最佳毛细含水率时，震动黏滞系数最大，饱和砂和干砂则最小。震动密实还与作用时间有关，震动压密量随着震动时间的增加而增大，最后趋于稳定。

对于砂土，当受周期荷载作用时，随着震动荷载的能量叠加，孔隙水压力来不及消散而不断上升，当孔隙水压力累积到一定程度并使有效应力下降为0时，土颗粒间失去抗剪强度，呈现类似液体的流状态，称为砂土液化。对于松砂，在震动荷载作用下发生压密的空间较大，孔隙水压力上升的速度较快，完全液化过程可以在震动荷载停止后自动发生。密砂挤密空间较小，不容易发生完全液化。完全液化过程往往伴随着剧烈的砂土从下向上地流动，形成喷砂冒水现象。在地下水位以下进行作业时，由于机械震动作用导致的松砂发生完全液化会产生流砂现象，可能导致上部土体及建筑物塌陷失稳。砂土液化的根本原因是孔隙水压力累积导致颗粒间的有效应力消失。影响砂土液化的因素主要包括：土的含水状态（主要是饱和砂土）、土的矿物成分与粒度成分（主要发生于非黏性土）、土的密实度、震动参数等。

某些黏性土在震动荷载的作用下具有触变特性，即黏性土的结构受到扰动后强度降低，但随着静置时间增加，土的强度逐渐恢复的性质。含水率高、结构分散的淤泥质软土及淤泥容易发生触变。在震动荷载作用下，土的结构遭到破坏，强度突然消失而发生液化，动力停止后强度逐渐恢复的时间称为触变期。触变期越小，则土的触变性越大。土的触变特性与砂土液化的概念不同，触变包括了土体强度重新恢复的能力和过程。震动荷载是土体发生触变的必要条件，其他重要因素包括土的矿物成分、土的结构等。

工程中为了提高地基土的密实度，常采用震动、夯击等方法。土的击实性是指采用人工或机械对土施加夯压能量（如夯实、碾压、震动等方式），使土在短时间内压实变密，以改善和提高土的力学性能，又称为土的压实性。影响土击实性的因素主要有含水率、击实功、土的类型和级配等。当含水率较低时，击实后的干密度随含水率的增加而增大。而当干密度增大到某一值后，随含水率的增加干密度反而减小。干密度的这一最大值称为该击数下的最大干密度，与其对应的含水率称为最佳含水率。土的最大干密度和最佳含水率不是常数。最大干密度随击数的增加而逐渐增大，最佳含水率逐渐减小。在相同击实功下，黏性土黏粒含量越高或塑性指数越大，压实越困难，最大干密度越小，最佳含水率越大。

7.4 土的工程分类

土的工程分类是工程勘察评价的基本内容，其基本任务是将土体按照其工程地质性质划分为类或组，根据分类名称可以大致判断土的工程特性、评价土作为建筑材料的适宜性以及结合其他指标来确定地基的承载力等，以帮助工程设计和施工人员科学合理地开展工程地质活动。

7.4.1 土的工程分类系统和分类标准

在工程活动中，土一般作为地基承受建筑物引起的附加荷载，因此一般根据土的工程性质，尤其是强度与变形特性，结合其与地质成因的关系进行分类。土的分类方法有很多，不同部门结合自身用途和特殊要求采用各自的分类方法。

1. 土的工程分类系统

在国内目前主要使用的分类有建筑工程系统分类和材料系统分类。

建筑工程系统分类是以原状样作为基本对象，侧重于土作为建筑地基和环境来考虑，除考虑土的组成外，很注重土的天然结构性，即土的粒间连接和强度，例如《建筑与市政地基基础通用规范》GB 55003—2021 和《工程勘察通用规范》GB 55017—2021 的分类。

材料系统分类是以扰动土作为基本对象，侧重于将土看作一种工程材料，用于路堤、土坝和填土地基等不同的工程目的，对土的分类以土的组成为主，不考虑土的天然结构性，例如《土的工程分类标准》GB/T 50145—2007。

2. 土的工程分类标准

土的工程地质分类的核心在于建立科学合理的分类标准。制定土的工程分类标准时，应选用最能反映土的工程性质且又便于测定的指标作为依据，分类体系应逻辑严密且又简明实用。从已有的分类方案来看，作为分类标准的依据大致有以下 3 个方面：①土体成因特征；②土体工程地质性质特征（物理状态、力学性质等）；③土体物质组成特征。

根据堆积年代，土可分为老堆积土和新近堆积土。老堆积土是第四纪晚更新世以及更早的地质年代堆积的土层，一般呈固结状态，强度较高、压缩性较低。新近堆积土是全新世以来新近堆积的土层，一般呈欠固结状态，结构强度较低。

根据地质成因，土可分为残积土、坡积土、洪积土、冲积土、冰碛土、风积土等。

根据有机质含量，土可分为无机土、有机土、泥炭质土和泥炭。

根据颗粒级配和塑性指数，土可分为碎石土、砂土、粉土和黏土。

一些在特定环境下或分布具有明显区域性且具有特殊工程性质的土归为特殊土，如软土、湿陷性土、膨胀土、冻土、盐渍土、污染土、人工填土等。

7.4.2 我国土的工程分类

当前我国土的工程分类选定的分类指标和原则是：①按粒度组成区别巨粒土、粗粒土与细粒土；②粗粒土进一步划分的主要依据是粒度级配特征及细粒含量；③细粒土分类的主要依据是塑性指数和液限，通过塑性图进行细分；④若土中含有有机质，则按有机质含量进行进一步细分。

2007 年我国颁布了国家标准《土的工程分类标准》GB/T 50145—2007，该标准主要根据土颗粒组成及其特征、塑性指标（液限、塑限和塑性指数）和有机质含量对我国土体进行工程分类。

首先，按照土颗粒的粒径范围划分出不同的粒组，如表 7-5 所示。

土的粒组划分　　　　表 7-5

粒组	颗粒名称	粒径 d 范围/mm
巨粒	漂石（块石）	$d>200$
	卵石（碎石）	$60<d\leqslant200$

续表

粒组	颗粒名称		粒径 d 范围/mm
粗粒	砾粒	粗砾	$20<d\leqslant60$
		中砾	$5<d\leqslant20$
		细砾	$2<d\leqslant5$
	砂粒	粗砂	$0.5<d\leqslant2$
		中砂	$0.25<d\leqslant0.5$
		细砂	$0.075<d\leqslant0.25$
细粒	粉粒		$0.005<d\leqslant0.075$
	黏粒		$d\leqslant0.005$

按不同粒组的相对含量，可将土进一步划分为巨粒类土、粗粒类土和细粒类土三类，其中，巨粒组含量大于75%的土称巨粒土；巨粒组含量大于50%但小于等于75%的土称为混合巨粒土；巨粒组含量大于15%但小于等于50%的土称为巨粒混合土。

当试样中巨粒组含量不大于15%时，可扣除巨粒，按粗粒类土或细粒类土相应规定分类；当巨粒对土的总体性质有影响时，可将巨粒计入砾粒组进行分类。

粗粒类土是指试样中粗粒含量大于50%的土，可细分为两类：砾粒组含量大于砂粒组含量的土称砾类土；砾粒组含量不大于砂粒组含量的土称砂类土。砾类土和砂类土的分类分别如表7-6和表7-7所示。

砾类土的分类 表7-6

土类	粗粒含量		土类代号	土类名称
砾	细粒含量<5%	级配：$C_u\geqslant5,1\leqslant C_c\leqslant3$	GW	级配良好砾
		级配不同时满足上述要求	GP	级配不良砾
含细粒土砾	5%≤细粒含量<15%		GF	含细粒土砾
细粒土质砾	5%≤细粒含量<50%	细粒组中粉粒含量不大于50%	GC	黏土质砾
		细粒组中粉粒含量大于50%	GM	粉土质砾

砂类土的分类 表7-7

土类	粗粒含量		土类代号	土类名称
砂	细粒含量<5%	级配：$C_u\geqslant5,1\leqslant C_c\leqslant3$	SW	级配良好砂
		级配不同时满足上述要求	SP	级配不良砂
含细粒土砂	5%≤细粒含量<15%		SF	含细粒土砂
细粒土质砂	5%≤细粒含量<50%	细粒组中粉粒含量不大于50%	SC	黏土质砂
		细粒组中粉粒含量大于50%	SM	粉土质砂

细粒类土是指试样中细粒组含量不小于50%的土，通常按塑性图、所含粗粒类别以及有机质含量划分。其中，粗粒组含量不大于25%的土称细粒土；粗粒组含量大于25%且不大于50%的土称含粗粒的细粒土；有机质含量小于10%且大于5%的土称有机质土。

塑性图（图7-8）是由塑性指数和液限确定的细粒土分类图，以塑性指数为纵坐标、液限为横坐标,每个土样按其液限和塑性指数可在图中找到一个坐标点,该点所在区域的名称即为土的定名。细粒土的分类标准如表 7-8 所示。

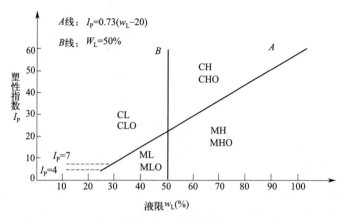

图 7-8 土的塑性图

细粒土的分类　　　　　　　　　　　　　　　　　　　　　　　　　　　表 7-8

塑性指数 I_P	液限 w_L	代号	名称
$I_P \geqslant 0.73(w_L-20)$ 和 $I_P \geqslant 7$	$w_L \geqslant 50\%$	CH	高液限黏土
	$w_L < 50\%$	CL	低液限黏土
$I_P \leqslant 0.73(w_L-20)$ 或 $I_P < 4$	$w_L \geqslant 50\%$	MH	高液限粉土
	$w_L < 50\%$	ML	低液限粉土

注:黏土-粉土过渡区(CL-ML)的土可按相邻土层的类别细分。

含粗粒的细粒土首先应根据所含细粒土的塑性指标在塑性图中的位置确定细粒土代号,然后根据所含粗粒土的类别,按下列规定分类:①粗粒中主要为砾粒,称含砾细粒土,应在细粒土代号后加代号 G;②粗粒中砂粒含量不小于砾粒含量,称含砂细粒土,应在细粒土代号后加代号 S。

有机质土应按表 7-9 进行划分,在各相应土类代后之后应加代号 O。

有机质土的分类　　　　　　　　　　　　　　　　　　　　　　　　　　　表 7-9

分类名称	有机质含量 $W_u/\%$	现场鉴别特征	说明
无机土	$W_u < 5\%$	—	—
有机质土	$5\% \leqslant W_u \leqslant 10\%$	深灰色,有光泽,臭味,除腐殖质外尚含少量未完全分解的动植物体,浸水后水面出现气泡,干燥后体积收缩	如现场能鉴别有机质土或有地区经验时,可不做有机质含量测定,当 $w > w_L$、$1.0 \leqslant e < 1.5$ 时称淤泥质土,当 $w > w_L$,$e \geqslant 1.5$ 时称淤泥
泥炭质土	$10\% < W_u \leqslant 60\%$	深灰或黑色,有腥臭味,能看到未完全分解的植物结构,浸水体胀,易崩解,有植物残渣浮于水中,干缩现象明显	根据地区特点和需要,也可按 W_u 细分为:弱泥炭质土($10\% < W_u \leqslant 25\%$)、中泥炭质土($25\% < W_u \leqslant 40\%$)、强泥炭质土($40\% < W_u \leqslant 60\%$)
泥炭	$W_u > 60\%$	除有泥炭质土特征外,结构松散,土质很轻,暗无光泽,干缩现象极为明显	—

注:有机质含量 W_u 按灼失量试验确定。

我国土的工程分类体系框图如图 7-9 所示。巨粒土、粗粒土、细粒土等的具体分类标准可参见《土的工程分类标准》GB/T 50145—2007 相关框图。

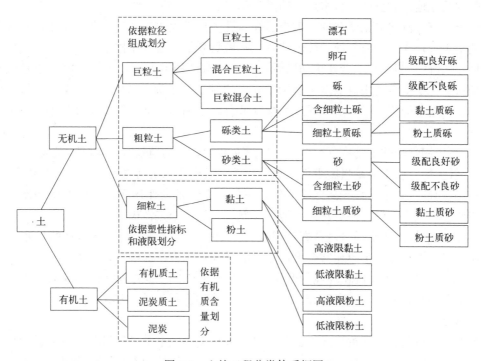

图 7-9　土的工程分类体系框图

7.4.3　我国主要特殊土的工程性质

由于地质成因、物质成分或次生变化等原因，有些土类具有与一般土类显著不同的工程性质，这些具有特殊成分、状态或结构特征的土称为特殊土。当特殊土作为建筑场地、地基或建筑环境时，应采取相应的治理措施。我国的特殊土类型多、分布广，主要包括软土、黄土、红土、冻土、膨胀土、盐渍土、混合土、填土、污染土等。

1. 软土

软土一般指天然含水量大、压缩性强、承载力很低的一种处于软塑到流塑状态的黏性土。常见的软土有淤泥、淤泥质土以及其他高压缩性饱和黏性土、粉土等。

淤泥和淤泥质土是指在平静的水环境中沉积，在缺氧条件下主要经生物化学作用形成的黏性土。该类黏性土富含有机质，天然含水量大于液限。当天然孔隙比大于 1.5 时，为淤泥；当天然孔隙比大于 1.0 而小于 1.5 时，为淤泥质土；当土的烧失量大于 5% 时，称有机质土；当土的烧失量大于 60% 时，称泥炭。

软土淤泥和淤泥质土的粒度成分主要是粉粒和黏粒，矿物成分主要为石英、长石、白云母，含有大量蒙脱石、伊利石等黏土矿物和少量水溶盐，一般有机质含量较高，多呈灰、灰黑等暗色，有臭味。

软土广泛分布于我国沿海地区，内陆平原和山区亦有零星分布。我国东部沿海地区主要有滨海相沉积的天津塘沽、浙江东部等，溺谷相沉积的闽江口平原，河滩相沉积的冲积平原（长江中下游、珠江下游、淮河平原、松辽平原等）地区。内陆地区的软土分布区主要位于湖相沉积的大湖（洞庭湖、洪泽湖、太湖、鄱阳湖）四周和古云梦泽边缘地带，以及昆明的滇池地区和贵州六盘水地区的洪积扇等。

软土具有蜂窝状或絮状结构，疏松多孔，孔隙比常大于1.0，天然含水率多为50%～70%甚至更大，未扰动时常处于软塑状态，一般具有如下工程特性：

1）触变性。当原状土受到扰动以后，土中原有结构被破坏，土的强度大幅降低甚至呈流动状态。触变性常用灵敏度来表示，软土的触变性指标一般在3～4之间，最高可达8～9。软土地基受震动后，由于强度大幅降低易产生侧向滑动、沉降及地基土向两侧挤出等现象。

2）高压缩性。软土受压后易变形，压缩系数大，作为地基时地基沉降量大。

3）低强度。软土地基强度很低，承载力差，其不排水抗剪强度常在20kPa以下。

4）流变性。软土除具有高压缩性外，在剪应力的长期作用下，还会发生缓慢而持续的剪切变形，软土的流变性对建筑物地基及斜坡、堤岸稳定性极为不利。

5）低透水性。软土的渗透系数一般在10^{-6}～10^{-8}量级之间，对地基的排水固结不利，在加载初期，地基土中还常会出现较高的孔隙水压力，影响地基的强度和稳定性。

6）不均匀性。由于沉积环境的变化，黏性土层中常局部夹有厚薄不等的粉土，使地基土在水平和垂直分布上有所差异，易由于压缩性的不同而导致差异沉降。

2. 黄土

黄土多呈黄色、淡灰黄色或褐黄色，是一种在干旱、半干旱气候条件下形成的特殊沉积物。根据成因，黄土可分为原生黄土和次生黄土。一般认为不具层理的风成黄土为原生黄土。而原生黄土经过流水冲刷、搬运并重新沉积而形成的为次生黄土。次生黄土一般具有层理，并含有少量砂砾和细砾。

黄土的分布十分广泛，覆盖亚洲约30%的面积。我国的黄土主要分布在黄河流域的黄土高原（甘肃、陕西、山西、宁夏）和河南等地。我国黄土的堆积时代包括了整个第四纪。形成于距今10万年以上的老黄土，其大孔结构多已退化，一般仅在黄土的上部有轻微湿陷性（浸水后强度迅速降低而产生显著沉陷的现象）。覆盖在上述黄土及河谷阶地之上的形成于距今10万年以内的新黄土土质均匀、疏松，有较强烈的湿陷性。

黄土以粉土，尤以粗粉土为主，矿物成分以石英、长石、碳酸盐岩等为主，并含部分黏土矿物。黄土的矿物成分和风化作用有关，主要有SiO_2、Al_2O_3、CaO，其次为Fe_2O_3、MgO和K_2O。黄土中的易溶盐类，以碳酸盐为主，氯化物和硫酸盐次之。

黄土孔隙率可高达40%～50%，其大小、结构与成因密切相关。一般地层越老，孔隙率越低。坡积、残积黄土的孔隙率较高，多具不等粒结构，大孔隙多，形状复杂；而冲积黄土则具有细粒等粒结构，大孔隙少，粒间小孔多，轮廓不甚清楚。湿陷性黄土一般具有粒状架空接触式结构，大孔隙孔径往往超过粒径，胶结物少，浸水后粒间可溶盐类被溶解造成结构联结破坏，浸湿后会突发沉陷。

天然状态下黄土的土质坚硬、压缩性小、透水性强、强度较高，其主要不利特性为湿陷性。湿陷性可根据浸水压缩试验在规定压力（一般为0.2MPa）下测定的湿陷系数来表征。假设天然黄土试样的原始高度为h_0，在规定压力下压缩稳定后的试样高度h_1，然后加水浸湿后下沉稳定后的高度为h_2，则湿陷系数$\delta_s = (h_1 - h_2)/h_0$。当$\delta_s > 0.015$时定为湿陷性黄土；当 δ_s 为 0.015～0.03 时为弱湿陷性；当 δ_s 为 0.03～0.07 时为中等湿陷性；当 $\delta_s>0.07$ 时为强湿陷性。

黄土的湿陷是在上覆土自重压力和附加压力下产生的，发生湿陷现象的临界压力称为湿陷起始压力。黄土湿陷起始压力并不是一个定值，而随黄土中胶结物含量、湿度、密度以及土的埋深的增大而增高。根据湿陷起始压力与荷载的关系可将黄土分为自重湿陷和非自重湿陷。上覆土层饱和自重引起的压力大于该土层的湿陷起始压力的为自重湿陷。而上覆土层饱和自重引起的压力小于土层的湿陷起始压力，只有在自重应力与附加压力共同作用下才能发生湿陷的称为非自重湿陷。在自重湿陷型黄土地区，往往因洼地积水会造成地面下沉或因排水不当致使建筑地基产生裂缝或引起路基坍塌，危害极大。

3. 红土

红土（也称红黏土）是碳酸盐岩在湿热气候条件下经红土化作用形成的富含铁、铝氧化物的高塑性黏土，通常呈棕红、褐黄等色，其液限一般大于 50，上硬下软，具有明显的收缩性，裂隙发育。经再搬运后沉积但仍保留红黏土基本特征，液限介于 45～50 之间的土称为次生红黏土。

红土主要为残积、坡积类型，也有部分为洪积类型，多分布在山区和丘陵地带。我国主要红土分布区有云贵高原、四川东部、两湖两广等地区。红土的厚度主要与原始地形和下伏基岩顶面的起伏变化相关，分布在盆地或洼地时，厚度变化规律一般是边缘较薄，向中间逐渐增厚；分布在基岩或风化面上时，则主要取决于基岩起伏情况和风化层深度。当下伏基岩的溶沟、溶槽、石芽等较发育而起伏较大时，上覆红土的厚度变化极大。

红黏土的主要矿物成分为高岭石、伊利石和绿泥石，其化学成分以 SiO_2、Al_2O_3 和 Fe_2O_3 为主。红黏土中小于 0.005mm 的黏粒含量一般为 60%～80%，其中小于 0.002mm 的胶粒约占 40%～70%，因此红黏土具有高分散性。黏土矿物具有稳定的结晶格架，细粒组结成稳固的团粒结构，土体近于两相系且红土中的水多为结合水。

红土的物理力学性质具有两大突出特点：一是天然含水量高，孔隙比高，密度小以及高塑性（液限和塑限均很高），与此同时却具有较高的力学强度和较低的压缩性；二是各种指标的变化幅度很大。

失水后处于坚硬和硬塑状态的红土层，由于胀缩作用会形成大量裂隙。裂隙发育深度大，发生和发展速度极快。在干旱气候条件下，红土层中新挖坡面数日内便可因失水干缩而被收缩裂隙切割得支离破碎，若地面水沿裂隙侵入，导致土的抗剪强度降低，常造成边坡变形和失稳滑坡。有些地区的红土具有一定的胀缩性，且表现为以缩为主，即在天然状态下膨胀量微小，收缩量较大。收缩后的土样浸水后吸水膨胀，可产生较大的膨胀压力。红土的透水性微弱，其中的地下水多为裂隙性潜水和上层滞水，水量一般均很小。红土层中的地下水水质属重碳酸钙型水，对混凝土一般不具腐蚀性。

4. 膨胀土

膨胀土是一种对湿热变化非常敏感的土，其体积受含水情况的影响很大。含水量增加发生膨胀，在受限情况下会产生膨胀压力。影响土的膨胀性的主要矿物是蒙脱石。

膨胀土的地质成因以残-坡积、冲积、洪积、湖积为主，一般位于盆地内坡岗、山前丘陵地带和二、三级阶地上。膨胀土在我国分布十分广泛，尤其在北京-西安-成都一线和杭州-广西一线之间的北东-南西向广大区域内，分布最为普遍。

膨胀土一般呈红、黄、褐、灰白等多种颜色,具斑状结构,常含铁、锰或钙质结核。土体表层常因失水收缩出现龟裂现象,使土体的完整性被破坏,强度降低。

膨胀土中黏粒含量高,常达35%以上。矿物成分主要有蒙脱石和伊利石,化学成分以SiO_2和Al_2O_3、Fe_2O_3为主。膨胀土液限和塑性指数都较大,饱和度较大,但天然含水量较小,常处于硬塑或坚硬状态。膨胀土的强度一般较高,压缩性中等偏低,因而常被误认为是较好的天然地基。但当含水量增加和结构受扰动后,膨胀土的力学性质减弱明显。浸湿且结构被破坏的重塑膨胀土,其抗剪强度可比原状土降低1/3~2/3,其中黏聚力大部分丧失,而内摩擦角减少较小,压缩性显著增大,压缩系数可增大25%~50%。膨胀土随含水率变化而膨胀和收缩的特性会导致建筑物开裂和损坏,导致斜坡的崩塌、滑坡、地裂等。因此在膨胀土地区进行工程建设时,必须采取必要的设计和施工措施。

5. 冻土

冻土是指因温度过低导致土中水发生相变而含有冰的各类土,根据冻结的时间规律可分为季节性冻土和多年冻土。季节性冻土冬季冻结,夏季全部融化,受季节温度变化的影响周期性地冻结、融化。季节性冻土在我国的东北、华北、西北等广大地区均有分布。因其周期性的冻胀融沉,对地基的稳定性影响很大。多年冻土是多年(一般是3年以上)不融的冻土。多年冻土常埋于地面下一定深度处,温度比较稳定,其上部接近地表部分,往往易受季节性影响,因此,多年冻土地区常伴有季节性冻结现象。

冻土在冻结状态时,具有很高的强度和较低的压缩性,但融化后其承载力将大为降低,压缩性和变形能力急剧升高,使地基产生融陷;相反,在冻结过程中又会产生冻胀,产生较大的附加应力,对地基十分不利。冻土的冻胀和融陷与土的颗粒大小及含水量密切相关。一般土粒越粗,含水量越小,土的冻胀和融陷作用越小;反之则越大。冻土的冻胀性可以根据土质、天然含水量和冻结期间地下水低于冻深的最小距离等进行分类。多年冻土则可根据土的类别、总含水量和融化后的潮湿程度进行融陷性分级及评价。

6. 盐渍土

盐渍土指含有较多(大于0.5%)易溶盐类的土,主要形成于干旱半干旱地区。这类土常具有吸湿、松胀等特性。盐渍土一般分布在地势比较低且地下水位较高的区域,如内陆洼地、盐湖和河流两岸的河漫滩、牛轭湖以及三角洲洼地、山间洼地等,其厚度一般不大。绝大部分盐渍土分布地区,地表有一层白色盐霜或盐壳。盐渍土中盐分的分布主要受季节气候和水文地质条件的影响。在干旱季节,地面蒸发量大,盐分随水分上升向地表聚集,此时表层土含盐量最大(可超过10%),随深度增加含盐量逐渐减少。雨季时,地表盐分被地面水冲洗溶解,并随水下渗,表层含盐量减少。

根据分布区域,盐渍土可分为滨海盐渍土、内陆盐渍土和冲积平原盐渍土。根据所含盐类的性质,盐渍土可分为氯盐类盐渍土、硫酸盐类盐渍土和碳酸盐类盐渍土。盐渍土对钢铁、混凝土等建筑材料具有不同程度的腐蚀性。

7. 填土

填土是指由人类活动而堆填的土。填土根据物质成分和堆填方式分为:素填土、杂填土和冲填土三类。素填土一般由碎石、砂或粉土、黏性土等的一种或几种物质组成,不含杂质或杂质很少。素填土经分层压实者,称为压实填土。杂填土是含有大量杂物的填土,按其物质组成和特性分为建筑垃圾土、工业废料土、生活垃圾土。冲填土是使用专门设备,将夹带大量水分的泥砂吹送到河两岸或河岸边而形成的一种填土。在我国黄浦江、海河、珠江等河流两岸及滨海地段不同程度地分布着这类土。

填土的工程地质问题主要有密实度不足、均匀性差异大、具有浸水湿陷性、含腐殖质及有害水化物等。

案例解析（扫描二维码观看）

7.5节　案例解析

思考题

7.1　第四纪沉积物的主要类型有哪些？试说明几种主要沉积物的特点？

7.2　什么是土的粒度组成？主要通过什么参数来描述？

7.3　土的水理性质有哪些？何谓塑限、液限、塑性指数？

7.4　土的基本力学性质有哪些？土的压缩性与哪些因素有关？通过什么参数描述？

7.5　土的工程分类的主要依据是什么？我国规范是如何分类的？

7.6　我国特殊土的主要类型有哪些？它们各自最突出的特点是什么？

7.7　试结合土的基本性质论述其对军事活动的影响。

第 8 章

地下水与水文地质基础

 关键概念和重点内容

水的循环、淡水资源的分布特点、岩石的水理性质（孔隙率、持水度、给水度、透水性）、地下水的分类、潜水、承压水、地下水的补给和排泄、达西定律、典型储水构造、地下水储存量、允许开采量、地下水过度开发引起的地质灾害和环境问题。

水是生命之源，是包括人类在内的一切生物赖以生存最为重要的自然资源，是社会可持续发展的基石。水圈是整个自然生态系统中最关键、最活跃的部分，影响着整个生态环境的健康。水还是地表地质作用最重要的媒介，是塑造大地形貌的雕刻师。

赋存于地壳地表以下岩石空隙中各种形式的水统称为地下水。地下水既是宝贵的资源，也是重要的地质营力和不可忽视的致灾因素。在广大干旱、半干旱地区，地下水常常是唯一的、不可替代的饮用水源。本章着重阐述了岩土的水理性质，重力水的类型及其主要特征、循环与运动、储水构造、地下水开采与利用及过度开发引发的工程和环境问题。

8.1 水循环及淡水资源分布特点

8.1.1 地球上水的来源

地球上拥有着丰富的液态水，地球的表面约有四分之三都是海洋。水是一种十分常见的物质，雨雪冰霜，江河湖海，我们身边处处可以见到水，可以接触到水。那么，水究竟是从哪里来的？长期以来，地球早期水的来源一直是困扰科学家的重要问题之一。

地球是太阳系中唯一被液态水所覆盖的行星。有关于地球上水的来源，多年来，科学家们一直争论不休，相关学说大致分为两类：外源说和内源说。

1. 外源说

外源说是科学界对地球水的起源认同度最高的一种观点。该观点认为，地球上的水并不是自身产生的，而是来自太空之中，陨石、彗星等为地球送来了水。

在太阳系演化早期，水担任了极为重要的角色。太阳系中很多冰冷的星球上，也存在水的痕迹，甚至就连太阳系中最"恐怖"的行星——金星的大气层中，竟然也有液态水的存在，这些发现意味着水并不是地球的专属物品，而是广泛存在于太阳系之中的。

大约40亿年前，地球表面遭到成百上千万颗小行星和彗星的轰击。该理论认为，击中地球的小行星或彗星并不是普通的陨石，而是一种类似"海绵"的碳质球粒陨石。这些陨石的盐晶体中，包含着液态水。这些最早的太阳系居民为地球送来了液态水。

2. 自源说

自源说则认为水是地球自己形成的，主要来自于地球内部，在整个地质时期内从内部不断逸出，最终形成现今的面貌。在很多人看来，地球内部是一个高温高压的环境，地幔层不可能有大量水存在。可是新的探测发现，在地幔层有很大可能存在大量的水资源。地球表面每年都会有大量的水流入地球内部，通过地壳到达地幔，最后又通过地壳运动来到了地面，形成了完美的水循环系统。

美国科学家Pearson，2014年在Nature发表文章报道了一块来自地幔的林伍德石矿物包裹体，证明了至少在地幔的某些区域含有极其丰富的水。林伍德石是地下440～660km（地幔转换带）大量存在的矿物，林伍德石化学式中不含氢，但在一定的条件下氢原子可以与氧原子连接，形成结构羟基（—OH），也就是结构水。虽然这种结构水与我们熟知的液态水截然不同，但证明了地幔转换带中的矿物有着极强的储水能力。因此许多科学家认为地幔中储藏了大量的水，其潜在的储量可达地表海洋水量的两倍。

8.1.2 自然界的水循环

地球上的水在各个圈层之间相互转化、不断运移的过程称为水循环，可以进一步分为水文循环和地质循环。

1. 水的水文循环

水的水文循环指发生于大气水、地表水和地壳岩土空隙中地下水之间的水循环。形成水文循环的内因是不同相态的水随着温度的不同而转移交换，驱动力主要是太阳辐射和地心引力。太阳辐射使水分蒸发、空气流动、冰雪融化等，地心引力则使雨雪下落、地表水下渗和径流回归海洋。

水文循环（图8-1）由多种循环途径交织，不断变化调整，按照循环过程涉及范围的大小可以分为大循环和小循环。大循环指海洋和陆地之间的水分交换，小循环则指海洋或大陆内部的水分交换。水文循环的上限大致可达地面以上16km高度，下限可达地下2km左右深度。

2. 水的地质循环

地质循环是地球浅部圈层和深部圈层之间的水相互转化、相互交换的过程。

上地幔高温熔融的塑性物质（软流圈）的大规模对流，驱动着地壳板块不断地做水平运动。在软流圈上升区，上地幔的熔融物质侵入地壳或喷溢出地表时，地幔岩石中所含的水分也随之上升，转化为地球浅层的水。这种由地幔熔融物质直接分异出来的水称为初生水。在下降区，含有大量水的地壳板块俯冲进入地幔，使地幔不断得到浅层岩石圈和水圈水分的补充。

水的地质循环还发生于外力地质作用过程中，如变质作用、风化作用、成岩作用等。在这些地质作用中，不仅分子态的水进入矿物或从矿物中脱出时常发生，还常常伴有水分子的分解与合成。

由此可见，水的水文循环和地质循环是截然不同的循环过程。水文循环发生于地球浅

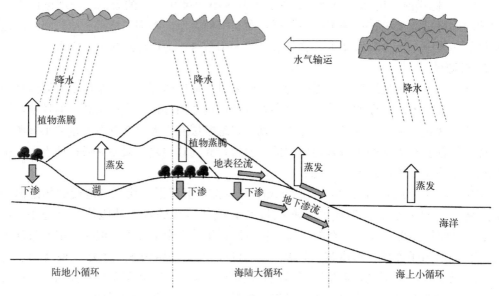

图 8-1 水文循环示意图

层和外部圈层中，通常循环更替较快，对地球的气候、水资源、生态环境等影响直接而且显著，与人类的生存环境关系十分密切，是水文学和水文地质学关注的重点。水的地质循环发生于地球浅部圈层和深部圈层之间，通常转换速度缓慢，但是对于人们认识地球起源、地质演化及地球演化过程中水的作用具有重要意义。水在不同圈层中的循环见图 8-2。

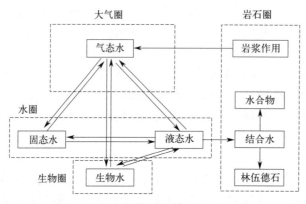

图 8-2 水在不同圈层中的循环示意图

8.1.3 淡水资源的时空分布特点

1. 地球上水的存在形式

根据赋存的位置，地球上的水可以分为浅部圈层水（包括大气圈、地球表面、岩石圈和生物圈）和深部圈层水（地幔乃至地核）。我们通常所说的水一般指浅部圈层水。表 8-1 是地球浅部圈层中水的分布情况（不包括南极地下水）。地球上水的总量中，咸水占 97.47%，淡水仅占 2.53%，淡水中主要为冰川水和地下水。

地球浅部圈层中水的分布　　　　　　　　　表 8-1

水体类型		体积/km³	百分比/%		滞流时间
			占总水量	占淡水	
大气水		$1.29×10^4$	0.001	0.04	8d
地表水	海洋	$1.34×10^9$	96.5	—	2650a
	冰川及永久积雪	$2.41×10^8$	1.74	68.7	极地 9700a 山地 1600a
	淡水湖	$9.10×10^4$	0.007	0.26	—
	咸水湖	$8.54×10^4$	0.006	—	—
	沼泽	$1.15×10^4$	0.0008	0.03	5a
	河流	$2.12×10^3$	0.0002	0.006	16d
地下水	包气带水	$1.65×10^4$	0.001	—	1a
	地下淡水	$1.05×10^7$	0.76	30.1	—
	永久冻土带固态水	$3.00×10^5$	0.022	0.86	10000a
生物水		$1.12×10^3$	0.0001	0.003	—
总水量		$1.39×10^9$	100	—	—
淡水		$3.50×10^7$	2.53	100	—

2. 我国水资源的分布特点

我国位于世界最大陆地——欧亚大陆的东缘，地处中纬度地带，西有青藏高原，东临太平洋，既受中纬度西风带天气系统的影响，又受低纬度天气系统的作用。对我国气候起控制作用的主要是夏威夷亚热带高压中心和蒙古寒带高压中心，前者带来暖湿气候，后者带来干寒气候。

影响我国降水的风，最重要的是季风。夏季，东南季风自海洋吹入大陆；冬季，西北季风则由大陆吹向海洋。这种随季节变化的季风使我国的降水具有明显的季节性。夏季，西南风或东南风将洋面上暖湿空气源源不断地输往大陆，降水充沛，水循环强烈；冬季则相反，风由大陆吹向海洋，形成寒冷少雨天气。

我国水文循环的另一个重要特征就是降水在空间上分布的不均匀性，表现为东多西少，南多北少，进而决定了我国水资源分布存在较大的时空差异。我国东南沿海地区年降水量在 1500mm 以上，长江流域约 1200mm，华北地区一般年降水量在 600~800mm，而新疆的塔里木盆地年降水量在 50mm 以下，甚至有的地方几乎终年无雨。

我国的地下水可根据宏观地貌特征、降水量和地下水形成条件划分为四个大区、八个亚区。东部湿润、半湿润平原丘陵区降雨量较大，地形和地质结构有利于形成地下水，但本区人口稠密、工农业发达，地下水开采强度大，污染也最为严重。中部气候复杂，高原、山地、盆地区气候、地形及地质结构变化复杂，地下水分布很不均匀。西北干旱山地盆地荒漠区气候干热、降雨量较小，高山和大型盆地相间，冰雪融水成为重要水源，地表水和地下水转换复杂，若水盐调控不当，极易导致水土盐渍化。青藏半干旱冻土高原区海拔高，沼泽湿地发育，降水及高山融水共同补给地表水和地下水，但生态环境脆弱，需要特别关注地下水开发中的环境保护问题。

8.2 岩土的水理性质

8.2.1 岩石的空隙

空隙是指岩石中没有被固体颗粒占据的空间。地下水存在于岩石的空隙之中,岩石中的空隙既是地下水储存的场所,又是地下水渗透运移的通道。空隙的大小、多少、分布规律及其连通性,决定了地下水分布与渗透的特点。岩石中的空隙通常可以分为孔隙、裂隙和溶隙三大类(图 8-3),自然界中不同类型岩石中的空隙虽各具特点,但往往共存。

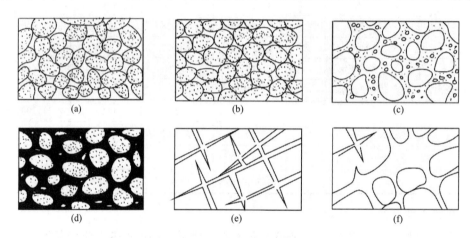

图 8-3 岩石中的空隙
(a) 分选良好排列疏松的砂;(b) 分选良好排列紧密的砂;(c) 分选不良含泥、砂的砾石;
(d) 部分胶结的砂岩;(e) 具有裂隙的岩石;(f) 具有溶隙的可溶岩

1. 孔隙

岩石中颗粒或颗粒集合体之间存在的不规则空隙,称为孔隙。孔隙发育程度一般用孔隙度 n 表示。孔隙度指孔隙体积与岩石总体积的比值,用小数或百分数表示。

孔隙度主要取决于岩石的成因、密实程度及分选,颗粒形状和胶结程度也有较大影响。通常沉积岩的孔隙率较大。岩土越疏松、颗粒分选性越好,孔隙度越大。孔隙若被胶结物充填,则孔隙度变小。对地下水运动影响最大的不是孔隙率的大小,而是孔隙孔径的大小,尤其是孔隙中最细小的部分。几种典型松散岩石的孔隙度的参考值见表 8-2。

孔隙度的参考值 表 8-2

名称	砾石	砂	粉砂	黏土
孔隙度/%	25~40	25~50	35~50	40~70

2. 裂隙

坚硬岩石受地壳运动及其他内外地质营力作用发生破裂而产生的空隙,称为裂隙,按照裂隙成因可以进一步分为成岩裂隙、构造裂隙和风化裂隙。

成岩裂隙指岩石在成岩过程中由于冷缩或干缩而产生的裂隙,以玄武岩的柱状节理最为典型。构造裂隙指岩石在构造变动中受力破裂而产生的裂隙,通常具有方向性、大小悬殊、分布不均等特点,也是最具供水意义的裂隙类型。风化裂隙指岩石在风化作用下而产生的裂隙,主要分布在地表附近,往往受气候影响较大,不甚稳定。

裂隙发育程度用裂隙率 K_t 表示,裂隙率指裂隙所占体积与包括裂隙体积在内的岩石总体积的比值,用小数或百分数表示。

3. 溶隙

可溶岩(如石灰岩、白云岩、盐岩等)中的裂隙被地下水流长期溶蚀而形成的较大的空隙称溶隙。其发育程度用溶隙率 K_k 表示,即溶隙所占的体积与包括溶隙在内的岩石总体积的比值,也用小数或百分数表示。

松散土中孔隙的大小和分布都比较均匀,且连通性好,所以,孔隙度可表征一定范围内孔隙的发育情况,岩石裂隙的宽度、长度和连通性差异均很大,分布也不均匀,裂隙率只能代表被测范围内裂隙的发育程度;溶隙大小和均匀性相差悬殊,溶隙率的代表性更差。

8.2.2 地下水在岩石空隙中的存在形式

根据水的赋存状态,可将空隙中的水分为结合水、重力水、毛细水、气态水和固态水。

1. 结合水

结合水指受分子引力和静电引力吸附于土粒表面的水。因离颗粒表面远近不同,受电场作用力的大小也不同,结合水又可分为强结合水和弱结合水。

2. 重力水

重力水是存在于岩石颗粒之间,结合水层之外,可在重力作用下自由运动的地下水。一般所说的地下水如井水、泉水、基坑水等指的就是重力水。重力水具有液态水的一般特征,可传递静水压力,能产生浮托力和孔隙水压力,在运动过程中会产生动水压力,具有溶解能力,能对岩石产生化学潜蚀并导致岩石成分及结构的破坏。

3. 毛细水

土壤中粗细不同的毛细管孔隙连通一起形成复杂的毛细管体系。靠毛细管力保持在土壤毛细管孔隙中的而不受重力作用支配的水就称为毛细水。

4. 气态水、固态水

气态水主要存在于包气带中,在一定温度、压力下可与液态水相互转化,两者之间保持动平衡。温度低于冰点时,空隙中的液态水结冰变为固态。我国北方冬季常形成冻土,东北地区及青藏高原有部分岩石中赋存的地下水多年保持固态。

8.2.3 岩石的容水度、给水度与持水度

1. 容水度

容水度是衡量岩石容纳水的能力的指标,指岩石完全饱和时所容纳的水的体积与岩石总体积的比值,一般小于等于孔隙度。

岩石孔隙充分饱和时的含水量称为饱和含水量,一般用岩石中水的重量与干燥岩石的比值或水的体积与岩石体积的比值来表征。实际含水量与饱和含水量之比称为饱和度,常以百分比表示,它反映了岩石中孔隙的充水程度。

2. 给水度

给水性是饱和岩土在重力作用下能自由排出水的能力，用给水度表示。给水度是饱和介质在重力作用下可以给出的水的最大体积与多孔介质体积之比。假设地下水位下降，则水位下降范围内饱水岩土及其上的毛细水带中的水，将因重力作用而下移并部分从原先赋存的空隙中流出，因此给水度可认为是地下水位下降单位深度而从单位面积岩石柱体在重力作用下所释放出来的水的体积，常用小数表示，无量纲。

对于均质岩石，给水度与岩性（空隙的大小和多少）、初始地下水位埋深及水位下降的速度等因素有关。对于颗粒粗大的松散岩石、裂隙比较宽大的坚硬岩石以及具有溶穴的可溶性岩石，滞留于岩石空隙中的结合水与毛细水较少，理想条件下给水度的值接近于孔隙度、裂隙率和岩溶率；若空隙细小，很大一部分地下水以结合水与悬挂毛细水形式滞留于空隙中，给水度往往较小。给水度与岩石颗粒大小的关系见图8-4。

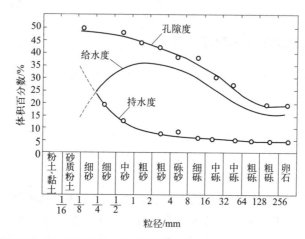

图8-4 不同粒径岩土中的孔隙度、给水度与持水度的大小及变化趋势（据宋青春等）

当地下水位下降速率较大时，给水度偏小。可能的原因是重力释水并非瞬间完成，往往滞后于水位下降；此外，迅速释水时大小孔道释水不同步，小孔道中形成悬挂毛细水而不能快速释出；因此水位降速过大时给水度偏小，反之则给水度较稳定。

3. 持水度

持水性是饱和岩土在重力排水后，岩土依靠分子力和毛细力在岩石空隙中能保持一定水分的能力，用持水度来表示。持水度指地下水位下降一个单位深度在单位面积岩石柱体中仍保存于岩石空隙中的水的体积，常用小数表示，无量纲。

一般情况下，孔隙率等于给水度与持水度之和，即：孔隙率＝给水度＋持水度。

8.2.4 岩石的透水性

1. 透水性的定义和影响因素

透水性是指在一定压力梯度条件下岩土介质允许水透过的性能。

岩土的透水能力首先取决于空隙直径的大小和连通性，其次是空隙的多少。孔隙直径越大，透水性就越大。而水在细粒物质（如黏土）中的微小孔隙中流动时，由于水与孔壁的摩擦阻力较大，结合水膜占据了一定的孔隙空间，导致透水性减小。因此，透水性与持水度成反比，与给水度成正比。即给水性越好的岩土，透水性也越好；持水度越高的岩土，透水性就越差。颗粒分选性除了影响孔隙的大小，还影响了孔隙通道的沿程直径变化，因此其对松散岩土透水性的影响往往比孔隙度的影响要大。

衡量岩土透水能力的指标是渗透系数 K，定义为单位水力梯度下的渗透流速，表示流体通过孔隙骨架的难易程度，可通过实验室测定或现场抽水试验求得。常见岩土的渗透性分级见表 8-3。

常见岩土的渗透性分级（据《水力水电工程地质勘察规范》GB 50487—2008） 表 8-3

渗透性等级	渗透系数 K/cm/s	岩体特征	土类
极强透水	$\geqslant 1$	含联通孔洞或等价开度大于 2.5mm 裂隙的岩体	粒径均匀的巨砾
强透水	$10^{-2} \sim 1$	等价开度 0.5~2.5mm 裂隙的岩体	砂砾~砾石、卵石
中等透水	$10^{-4} \sim 10^{-2}$	等价开度 0.1~0.5mm 裂隙的岩体	砂~砂砾
弱透水	$10^{-5} \sim 10^{-4}$	等价开度 0.05~0.1mm 裂隙的岩体	粉土~细粒土质砂
微透水	$10^{-6} \sim 10^{-5}$	等价开度 0.025~0.05mm 裂隙的岩体	黏土~粉土
不透水	$< 10^{-6}$	完整岩体或等价开度小于 0.025mm 裂隙的岩体	黏土

坚硬致密的岩石一般不容水、不透水，但是有裂隙发育时，同一种岩石的渗透系数可比新鲜岩石大数个量级。因此，发育有断层和节理（特别是张性节理）的部位，岩石的透水性大大提高，有可能成为储水的含水岩体或地下水运移的通道。

2. 含水层与隔水层

根据各类岩石的水理性质的差异，可将岩层划分为含水层和隔水层。

含水层指能够给出并透过相当数量重力水的岩层，通常孔隙率、给水度和渗透系数较大。构成含水层的条件主要有两个方面：一是要有储存水的空间（即存在大量空隙），并充满足够数量的重力水；二是渗透性较好，重力水能够在岩石空隙中自由流动。

隔水层指无法给出并透过水的岩层，通常给水度和渗透系数非常小。隔水层也包括那些给出与透过水的数量相对而言微不足道的岩层。换句话说，有的隔水层可以含水，但地下水透过该层岩石的难度较大，例如黏土、页岩。

含水层和隔水层没有定量的绝对指标，它们的定义具有相对性。在不同的地质环境下，含水层和隔水层的含义有所不同。岩性相同、渗透性一样的岩层，很可能在有些地方被当作隔水层，而在另外一些地方被当作含水层；针对不同的问题时，同样的岩层也可能被分别视为含水层或隔水层。具体如何划分，应视具体情况和实际应用需求而定。

8.3 地下水的赋存与分类

地下水的分类方法很多，归纳起来可分为两类：一类方法依据地下水的某一主要特征进行分类；另一类方法综合考虑了地下水的某些特征进行分类。地下水，按埋藏条件分为上层滞水、潜水和承压水，按含水空隙类型分为孔隙水、裂隙水和岩溶水。通过两种分类的组合，可得出九类不同特点的地下水，如孔隙上层滞水、裂隙潜水、岩溶承压水等。

8.3.1 按埋藏条件分类

包气带指地下水面以上至地表之间与大气相通含有气体的岩土层。该带内的土和岩石的空隙中没有被水充满，含有空气。包气带中的水主要存在的形式是吸附水、薄膜水、毛细管水和气态水。当降水或地表水下渗时，可暂时出现重力水。包气带是饱水带与大气圈、生物圈、地表水圈联系过渡区域，其水盐、运移对饱水带有重要影响。

饱水带指地下水面以下空隙全部或几乎被水充满的岩土层。饱水带中的地下水连续分布，可传递静水压力，在水头作用下可连续运动，其中的重力水是开发利用的主要对象。

1. 上层滞水

包气带中局部隔水层之上的重力水称上层滞水（图 8-5）。上层滞水一般分布不广，埋藏接近地表，接受大气降水的补给，补给区与分布区一致，以蒸发形式或向隔水底板边缘排泄。雨季时获得补给，赋存一定水量，旱季时水量逐渐消失，其变化很不稳定。

2. 潜水

埋藏在饱水带中第一个稳定隔水层之上具自由水面的地下水称为潜水（图 8-5）。潜水主要分布于靠近地表的第四纪松散沉积层中、出露地表的裂隙岩层或岩溶岩层中。

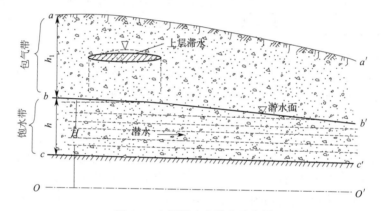

图 8-5 上层滞水和潜水示意图

aa'—地面；bb'—潜水面；cc'—隔水层面；OO'—基准面；H—地下水位高程；h—含水层厚度

潜水的自由水面称潜水面。潜水面上任一点的高程称该点的潜水位，地表至潜水面的距离称为潜水的埋藏深度，潜水面到隔水底板的距离为潜水含水层的厚度。

潜水具有自由水面，为无压水，在重力作用下由潜水位较高处向潜水位较低处流动，运动速度取决于潜水面的水力坡度和岩土渗透性。潜水面主要受地形控制，与地面起伏趋势基本一致，但比地形平缓。潜水面的形状也与含水层的透水性及隔水层底板有关。在潜水流动方向上，含水层透水性强或含水层厚度较大的地方，潜水面相对平缓。潜水与大气圈、地表水圈联系密切，深度参与水循环，易于补充恢复，但厚度一般有限，缺乏多年调节性。潜水的补给区与分布区一致，主要由大气降水、地表水和凝结水补给，当潜水和承压水有联系时，也能接受承压水的补给。潜水主要以泉或蒸发的形式排泄，受气候影响较大，具有明显的季节性；潜水的水质主要受气候影响，在干旱地区蒸发强烈，常形成地下咸水。由于上部没有隔水层的保护，潜水易受地面污染的影响。

潜水对施工和建筑物的稳定性均有重要影响。建筑物的地基应尽量避免水下施工，宜选在潜水位较深的地带或减小基础埋深。若无法避免潜水，则宜采用排水、降低水位、隔离（包括冻结法等）等措施，降低对施工的危害。

3. 承压水

充满两个稳定隔水层之间含水层的重力水称为承压水。

承压水顶部为隔水层，没有自由水面，并承受一定的静水压力。承压水的分布区与补给区通常不一致，一般补给区远小于分布区。承压水比较稳定，受气候影响较小，由于有隔水层与地表隔离，水质不易受地面污染。

承压水的水头压力作用于基坑底板，在有裂隙和大孔隙时可能引起基坑突涌，破坏坑底的稳定性，引发工程灾害。

8.3.2 按空隙类型分类

岩石中的空隙主要有孔隙、裂隙和溶隙，按地下水所处空间的类型可分为孔隙水、裂隙水和岩溶水。

1. 孔隙水

存在于岩土层孔隙中的地下水称为孔隙水。赋存孔隙水的岩土层主要包括松散的第四系沉积物和基岩的风化壳。它们多呈连续的层状分布。岩土中孔隙的大小和多少，直接影响岩土中孔隙水量的多少，以及地下水在岩土中的运动和地下水的水质。通常情况下，颗粒分选性好、大而均匀，则含水层孔隙也大、透水性好，地下水水量大、运动快、水质好；反之，则含水层孔隙小、透水性差，地下水水量小、运动慢、水质差。由于埋藏条件不同，孔隙水可形成上层滞水、潜水或承压水，分别称为孔隙上层滞水、孔隙潜水和孔隙承压水。

典型的孔隙水包括冲洪积扇中的地下水、冲积平原中的地下水、湖积物中的地下水等。

2. 裂隙水

存在于岩石裂隙中的地下水称为裂隙水，主要分布于第四系沉积物下面的基岩裂隙中。根据成因岩石裂隙可分为风化裂隙、成岩裂隙和构造裂隙，对应的将裂隙水分为风化裂隙水、成岩裂隙水和构造裂隙水。

风化裂隙广泛分布于出露地表的岩石表面，延伸短，无方向性，发育密集而均匀，构成彼此连通的裂隙体，水平方向透水性均匀，垂直方向透水性随深度增加而减弱。风化裂隙水绝大部分为潜水，具有统一的水面，补给来源主要为大气降水，其补给量受气候及地形因素影响很大，常以泉的形式排泄于河流中。

成岩裂隙是岩石在形成过程中由于冷缩或干缩所产生的空隙，常见于岩浆岩中。喷出岩类的成岩裂隙尤以玄武岩最为典型。玄武岩中的成岩裂隙在水平和垂直方向上都比较均匀，有固定的层位，彼此连通。侵入岩岩体中的成岩裂隙，通常在其与围岩接触的部位最为发育。成岩裂隙水一般分布不广，但水量往往较大，裂隙不随深度减弱；侵入岩与围岩接触的地方，常由于裂隙发育而形成富水带。成岩裂隙水的水量有时可以很大，在工程建设和开采利用上均不可忽视。

构造裂隙是由于岩石受构造运动应力作用而形成的裂隙。由于构造裂隙较为复杂，赋存于其中的构造裂隙水也变化较大。沉积岩、变质岩等常具有发育均匀的层理、节理及片理等裂隙，能形成相互连通的含水层，此类含水层可视为潜水含水层。当其上部被新的隔水沉积层所覆盖断时，可以形成层状裂隙承压水。断层破碎带中往往形成具有承压水性质的脉状裂隙水，断层的富水性决定于断层受力情况、两盘岩性及次生充填情况。一般情况下，压性断层所产生的破碎带规模较小、两盘裂隙紧闭，裂隙的富水性较差；两盘均为坚硬脆性岩石且规模较大的张性断层，则不仅破碎带规模大，而且张开性好，裂隙富水性强。当脆性正断层联通含水层或地表水体时，断裂带兼具贮水空间和导水通道的功能，是良好的井位，同时，对地下工程建设危害较大，必须给予高度重视。

3. 岩溶水

赋存于溶隙中的重力水称为岩溶水。岩溶水既可以是潜水也可以是承压水。一般说来，分布在裸露的石灰岩地区的岩溶水主要是潜水；当岩溶化岩层被其他不透水岩层所覆盖时，岩溶水可能转变为岩溶承压水。

岩溶水受溶隙的特点所控制，具有水量大、运动快、在垂直和水平方向上分布不均等特性，其动态变化受气候影响显著。由于溶隙通常较孔隙和裂隙大得多，可以迅速接受大气降水补给，因而水位变化幅度大。大量岩溶水在地下汇集后，以地下径流的形式流向低处并集中排泄，在地势低洼处或与非岩溶化岩层接触处以成群的泉水或地下河出露地表。

岩溶地貌和岩溶地下水对土木工程影响很大。在建筑场地内有岩溶水活动时，施工过程中易发生突然涌水事故，建筑物的稳定性也会受到很大影响。因此，在建筑场地和地基选择时应进行针对性的工程地质勘察，针对岩溶水的具体情况，用截源、引流、改道等方法消除隐患，如挖排水、截水沟，筑挡水坝，开凿输水隧洞引流等。

8.3.3 地下水类型综合分类法

综合分类法，首先是按埋藏条件分为包气带水、潜水和承压水；再按照含水层空隙性质，分为孔隙水、裂隙水和岩溶水；将两者组合成为9种复合类型的地下水（表8-4）。

地下水分类表　　　表8-4

含水空隙类型 埋藏条件	孔隙水	裂隙水	岩溶水
上层滞水	包气带中局部隔水层上的重力水，季节性明显	裸露于地表的裂隙岩层浅部季节性存在的重力水	裸露岩溶化岩层上部岩溶通道中季节性存在的重力水
潜水	各类松散沉积物浅部的地下水	裸露于地表的坚硬基岩上部裂隙中的水	裸露于地表的岩溶化岩层中的水
承压水	第一个隔水层以下含水层中的地下水	储水构造中各类裂隙岩层中的水	储水构造中的岩溶化岩层中的水

除以上分类法外，还有按地下水化学类型的分类方法。

8.3.4 潜水等水位线图

潜水具有自由水面，由高处向低处渗流。通常情况下，潜水面的倾斜方向与地势倾斜方向一致。为了表征潜水水面的高低，与地形等高线类似，工程上利用等潜水位线来描述某个地区的潜水分布情况。潜水等水位线是地下潜水面上的等高线（图8-6），等潜水位线上的数值与等高线数值均为海拔高度。将被研究地区的潜水人工露头（如钻孔、探井、水井等）和天然露头（泉、沼泽等）的水位测定，叠绘在地形等高线图上，连接水位等高的各点即为等水位线图。由于潜水水位随季节而变化,等水位线图上必须注明测定水位的日期。一般应绘制最低水位和最高水位时期的等水位线图。

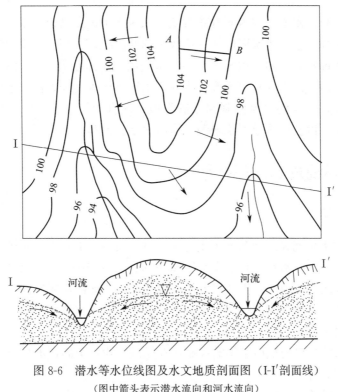

图 8-6 潜水等水位线图及水文地质剖面图(I-I′剖面线)
(图中箭头表示潜水流向和河水流向)

潜水等水位线图的用途主要有:

1)确定潜水的流向:潜水的流向垂直于等水位线并指向下坡方向。

2)计算潜水的水力坡度:潜水流向上两点间水位差与两点间水平距离的比值,即为该段潜水的水力坡度。如图 8-6 上,分别读取 A、B 两点潜水面高程和量取两点之间的水平距离,可计算出两点间的水力坡度为:

$$I_{AB} = \frac{104-100}{1100} = 0.0036 \tag{8-1}$$

3)确定潜水与地表水体之间的关系:如果潜水流向指向地表水体,则潜水向地表水排泄;如果潜水流向背离地表水体,则潜水接受地表水体的补给。

4)确定潜水的埋藏深度:某点潜水的埋藏深度等于该点地形等高线标高与潜水等水位线标高之差。

5)确定泉或沼泽的位置:潜水出露地表时,潜水等水位线与地形等高线高程相等,两者相等之处即是泉或沼泽的位置。

6)推断含水层的岩性或厚度的变化:地形坡度变化不大的情况下,若等水位线由密变疏,表明潜水面变得平缓,可推断含水层透水性变好或含水层变厚;反之则说明含水层透水性变差或厚度变小。

7)确定给水和排水工程的位置:水井等取水设施宜布置在地下水流汇集的地方,排水沟（截水沟）等截水设施宜布置在垂直于水流的方向上。

8.3.5 承压水等水压线图

承压水不具有自由水面，但水压有高有低，承压水由水压高处向水压低处渗流。承压水等水压线图根据同一承压含水层中，一定数量的井、孔，在同一时间内测得的静止水位绘制而成。承压水面在平面图上用承压水等水压线图（承压水面上高程相等点的连线图）表示。一般在等水压线图中附有地形等高线和含水层顶板等高线。根据承压水等水压线图可判断承压水的流向（与潜水流向判别方法类似，垂直于等水压线）及其补给、排泄条件，确定初见水位，以及计算地下水埋深、承压水水头值和水力坡度。

8.4 地下水系统及其循环特征

8.4.1 地下水系统

地下水是由含水系统和流动系统构成的统一体，是地下水介质、流场、水化学场和温度场的统一体。地下水含水系统是由隔水层圈闭的、具有统一水力联系的含水岩层系统，是地下水赋存的介质场。地下水流动系统指由源到汇的流面群构成的、具有统一的时空演变过程的地下水体，是地下水流场、水化学场和温度场的统一体。

1. 地下水含水系统

地下水含水系统主要受地质结构的控制，在松散沉积物中的含水系统与坚硬基岩中的含水系统具有不同的特征。

松散沉积物构成的含水系统发育于近代构造沉降堆积盆地中，其边界通常为不透水的坚硬岩层。含水系统内部一般不存在完全隔水层。含水层之间具有广泛的水力联系。基岩构成的含水系统总是发育于一定的构造之中，岩相变化导致隔水层尖灭，或导水断层沟通了相邻的含水层，则数个含水层构成一个含水系统。显然，这种情况下，含水系统各部分的水力联系是不同的。除此之外，同一个含水层也有可能形成一个以上的含水系统。

含水系统是由隔水岩层圈闭的，并不是说全部边界均为隔水的，大部分的含水系统均有向外界联系的边界，通过这些边界，含水系统接受外界的补给或向外界排泄。

2. 地下水流动系统

地下水流动系统包含水动力特征、水化学特征和水温度特征。

水动力特征。地下水在渗流过程中必须克服黏滞性和摩擦阻力，驱动力是重力势能。地形低洼处通常重力势能较低，地势高处重力势能较高，由地形控制的重力势能叫地形势。地下水流动系统所占据的空间主要取决于两个因素：①势能梯度，势能梯度越大，地下水流动系统所占据的空间越大；②介质渗透系数，渗透性越好，发育于其中的流动系统所占据的空间就越大。在流动系统中，补给区的水量通过中间区流向排泄区。

水化学特征。影响地下水流动系统中任意一点水质的因素主要包括输入水质、流程、流速、流程上遇到的物质及其可迁移性、流程上经受的各种水化学作用等。流动系统中的水化学特征存在垂直分带和水平分带，不同区域发生的主要化学作用不同。如黏性土易发生阳离子交替吸附作用，不同系统的汇合处会发生混合作用；干旱和半干旱地区的排泄区则发生蒸发浓缩作用。系统的排泄区是地下水水质变化最复杂的区段。

水温度特征。年常温带以下的水温通常与地温一致，上低下高。补给区因入渗影响而温度偏低，排泄区因上升水流带来深部地热而使水温偏高，并使地热梯度变大。对无地势异常区，可根据地下水温度的分布，推断地下水流动系统。

8.4.2 地下水的补给

地下水处于不断地运动之中，通过补给、径流和排泄等途径改变其水量、水质和能量，这一过程称为水循环。含水层自外界获得水量的过程称作补给。地下水的补给途径主要有：降水入渗补给、地表水补给、凝结水补给、含水层之间补给以及人工补给等。

1. 降水入渗补给

大气降水落到地面，一部分形成地面径流或被蒸发返回大气圈，另一部分渗入地下。后者中相当部分滞留于包气带中，其余部分下渗补给含水层。

降水入渗补给是地下水的最主要补给来源，其主要影响因素有降水量、降水特征、包气带厚度和渗透性、地形坡度、地表植被等，一般来说，时间短的暴雨对补给地下水不利，而地表植被可滞留表面坡流，有利于降水入渗补给。

2. 地表水补给

地表水体主要包括河流、湖泊、水库与海洋等。地表水与地下水之间存在着密切的水力联系。通常在山区地下水主要补给地表水，而在平原地区地表水补给地下水。地表水与地下水的补给关系主要取决于两者水位间的高低关系，地表水位高于地下水位时，地表水补给地下水；反之，则地下水补给地表水。

3. 凝结水补给

凝结作用指气温下降到一定程度时气态水转化为液态水的过程。凝结水是一种特殊的降水，其多寡与天气状况密切相关，对植物的生长有重要影响。凝结水来源于空气中的水汽和深部土壤水分，发生时间主要是晚间至凌晨，它与风速、气温、地温成反比，与降水、相对湿度成正比。凝结形成的地下水通常十分有限，但在高山、沙漠等缺乏降水但昼夜温差大的地区，凝结水却是地下水的重要补给来源。

4. 含水层之间补给

在水平方向上，相邻两含水层可以通过地下径流发生水量交换。在垂直方向上，深部与浅层含水层之间的隔水层中若存在透水的"天窗"或存在导水断层，地下水可由高水位的含水层流向低水位的含水层。此外，若隔水层有微弱的透水能力，当两个含水层之间水位相差较大时，也会通过弱透水层进行补给。含水层之间的补给主要受两含水层之间的水头差、中间隔水层的渗透性及厚度等因素的影响。

5. 人工补给

人工补给指采用人为措施补充含水层的水量。人工补给的主要目的有：补充与储存地下水资源，抬升地下水位；利用含水层多年调节功能调蓄地表水或雨洪水，实现雨水资源化；利用地层的自净功能改善地下水水质；利用地下水的地温变化特性或地热资源实现储冷或储热；通过人工回灌控制地面沉降，防止海水倒灌等过度开发地下水造成的灾害。

人工补给地下水的方式主要有地面渗入法、井回灌法和坑池蓄水法。

地下水的其他补给来源还包括水库渗漏、灌溉水渗漏等。

8.4.3 地下水的排泄

含水层失去水量的过程称为排泄。地下水排泄的方式主要有蒸发、泉、泄流、含水层之间的排泄、人工排泄等。

1. 蒸发

地下水蒸发是潜水通过包气带以气体形式向大气圈排泄的过程，通常包括土壤蒸发与植物蒸发。蒸发量的大小主要与温度、湿度、风速、地下水位埋深、包气带岩性等有关。气候越干燥、相对湿度越小、潜水埋藏越浅，地下水蒸发就越强烈。在干旱与半干旱地区，蒸发是地下水排泄的主要形式之一。

2. 泉

泉是地下水的天然露头，是地下水集中排泄的主要方式之一，表现为地下含水层或含水通道呈点状出露地表的地下水涌出现象。泉的产生主要受地形、地质和水文地质条件影响。泉常出现在山区与丘陵的沟谷和坡脚、山前地带、河流两岸、洪积扇边缘和断层带附近，而在平原区少见。根据与补给泉的含水层的关系，可将泉分为下降泉与上升泉。下降泉由潜水或上层滞水补给，上升泉由承压含水层补给。泉水流量主要受补给区的补给量影响。根据泉水可以推断地下水的排泄条件和含水层的基本特征，判定山区泉域的含水性和导水性，了解泉所在含水层的水化学特征。

3. 泄流

泄流指河流切割含水层时地下水沿河呈带状向河流排泄的现象，只有当地下水位高于河面水位时才会发生。泄流量主要取决于含水层的透水性、河床切穿含水层的面积以及地下水位与河面水位的高差。泄流量可用断面测流法、水文分割法或地下水动力学法计算。

4. 含水层之间的排泄

含水层之间可以通过地下径流发生水力联系，即通过"天窗"、导水断层、越流等方式相互补给或排泄。能否发生径流排泄，取决于两个含水层之间的水头差和是否存在可以导水的"通道"。相互联系的两个含水层，对于地下水流入的含水层为补给，地下水流失的含水层则为排泄。

5. 人工排泄

抽取地下水作为供水水源和抽水降低工程基坑附近地下水位，是人工排泄的两种主要方式。目前，在一些地区人工抽水已经是地下水排泄的主要方式，如北京、西安等许多大中城市地下水是主要供水水源，在华北平原等干旱地区，人工开采地下水是农业灌溉的主要水源之一。过量开采对地下水循环影响巨大，容易引起严重的环境问题。

8.4.4 地下水的径流及其运动规律

1. 地下水的运动

地下水由补给区流向排泄区的过程称为径流。除少量封闭于特定地质结构的埋藏水和潜水湖以外，大部分地下水处于不断地流动过程中。地下水由补给区经过径流区流向排泄区的整个过程构成地下的水循环系统。

地下水径流要素包括径流方向、径流速度与径流量。地下水径流的方向与径流速度主要取决于地下水补给区与排泄区的相对位置与高差；含水层的补给条件与排泄条件越好、透水性越强,则径流条件越好。例如,山区的冲积物,岩石颗粒粗,透水性强,含水层的补给与排泄条件好,加之地势险峻,水力坡度大,因此山区的地下水径流条件好;平原区多堆积一些细颗粒物质,地形平缓,水力坡度小,因此径流条件较差。径流条件好的含水层地下水更新快,往往水质较好。此外,地下水的埋藏条件也影响地下水的径流类型:潜水属无压流动,承压水属有压流动。通过径流,水量和盐分由补给区传送到排泄区,完成水盐的重分配。

地下水在岩土介质中的运动比较复杂,主要分为两大类。地下水在相对均匀的多孔岩土的孔隙中或在遍布于岩石的裂隙体系中运动时,具有统一的流场,运动方向基本一致。地下水沿较大的裂隙或管道运动时,方向一般没有规律,分属不同的地下水流动系统。

地下水在岩石空隙或多孔介质中的渗透一般是在弯曲的通道中进行的,由于空隙本身十分复杂,因此研究个别孔隙或裂隙中的地下水运动十分困难。为了便于研究,一般以假想水流代替真实水流。这种假想水流充满整个含水层占据的空间,其宏观性质(如所受的阻力、流量、水头压力等)与实际水流相同,称为渗流(图8-7)。通过假想的渗流,可以把实际上并不连续的水流看作连续的水流,进而应用流体力学的相关成果,建立流量与阻力、水头等参数的关系。

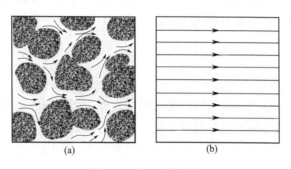

图 8-7 岩土中的渗流
(a) 实际渗流;(b) 假想渗流

2. 相关参数

水头指单位重量的液体所具有的机械能,包括位置水头、压强水头、流速水头,三者之和为总水头,位置水头与压强水头之和为测压管水头。

地下水水头为渗流场中任意一点的总水头,通常称为渗流水头。由于在渗流场中流速很小,速度水头可以忽略,总水头约等于测压水头。地下水在渗流过程中不断克服阻力,消耗总机械能,因此沿地下水的流程,水头逐渐下降。

除了水头,表征渗流特征的物理量主要还有渗流量(Q)、渗流速度(v)、压强(p)等。这些参数均称为渗流运动要素。

严格来说,地下水的运动都是不稳定的。为了简化分析,将在一定时间内渗流运动要素处于相对平衡状态的渗流称为稳定流。而水流流线彼此不相混杂、运动迹线近似平行的流动称为层流。除此之外,还有紊流和混合流两种形式。

3. 达西定律

达西定律是法国工程师达西提出的描述饱和土中水的渗流速度与水力坡降之间关系的

公式，又称线性渗流定律。1852～1855 年，达西开展了水通过饱和砂的实验研究，发现渗流量与上下游水头差和过水面积成正比，而与渗流距离成反比，其公式如下：

$$Q=KA\frac{h_1-h_2}{L}=KAI \quad 或 \quad v=\frac{Q}{A}=KI \tag{8-2}$$

式中　Q——单位时间渗流量；

A——过水断面；

h——总水头损失，$h=h_1-h_2$；

L——渗流路径长度；

I——水力坡度，$I=h/L$；

K——渗透系数；

v——渗流速度。

渗流速度 v 并非地下水渗流的实际流速，而是假设水流通过整个过水断面（包括颗粒和空隙所占据的整个断面）时所具有的虚拟平均流速。水力坡度是沿渗流路径的水头损失与相应渗流流程的比值，水力坡度也可以理解为水流通过某一渗流路径时，为克服阻力并保持一定流速所消耗的以水头形式表现的能量。

自然条件下地下水流动时阻力较大，一般流速较小，绝大多数属层流运动，其运动规律可用达西定律描述。但在岩石洞穴及大裂隙中地下水的运动多属于非层流运动。

8.5　储水构造

地下水的分布除了取决于地下岩层的空隙条件外，还受到地质构造条件的影响。含水层的规模或空间展布及与隔水层（弱透水层）的组合形式对地下水的储集具有重要意义，而含水层的空间展布及其与隔水层的组合关系是由当地地质构造条件决定的。

8.5.1　储水构造及其基本要素

储水构造是指由透水层（含水层）和隔水层（弱透水层或相对隔水层）组成的能够富集和储藏地下水的特殊地质构造。储水构造对含水层的埋藏及地下水的补给量、水化学特征等均有很大影响。在坚硬岩层分布地区，查明储水构造是寻找理想地下水源的必要条件。认识储水构造，对于寻找地下水和建立地下水定量计算模型都具有重要的意义。

储水构造的基本组成要素包括：

1）一个或多个透水（含水）的岩层或岩体；

2）相对隔水（或弱透水）的岩层或岩体；

3）具有透水边界作为地下水补给与排泄的出路。

构成储水构造的地质构造，不仅包括由各种构造运动形成的地质构造，而且包括沉积物在原生沉积环境下形成的地质构造。常见的储水构造主要有水平储水构造、向斜（或背斜）储水构造、断层（带）储水构造、断块储水构造、岩溶（喀斯特）储水构造等。在松散沉积物分布区，根据沉积物的成因类型与空间分布，有山前冲洪积型储水构造、河谷冲积型储水构造、湖盆沉积型储水构造。

8.5.2 水平储水构造

水平储水构造是水平或近似水平展布的透水层和隔水层（或相对隔水层）在适宜的地形条件和补给、排泄条件下形成的储水构造。水平储水构造是一种比较常见的储水构造。该储水构造中含水层和隔水层成层叠置，地面以下的第一个含水层分布有潜水（局部还可能有上层滞水），往下可以有多个承压含水层。在平原地区由冲积物和湖积物组成的相互叠置的多个砂或砂砾石含水层与黏土、黏性土隔水层（相对隔水层）也可以看成是一种水平岩层储水构造。在基岩分布地区，石灰岩及泥灰岩、泥岩、页岩夹层，砂岩及泥岩、页岩夹层，火山岩中的玄武岩及凝灰岩夹层等，均有可能构成水平储水构造。

8.5.3 单斜储水构造

单斜储水构造是由倾斜的含水层和隔水层（阻水体）在适当的地形条件和补给、排泄条件下形成的储水构造。除了含水层和隔水层倾斜展布外，单斜储水构造的一个主要特征是在其倾没端具有阻水条件，使得单斜储水构造在有限范围内展布。

单斜储水构造在倾没端的阻水条件包括：①含水层岩性发生相变，逐渐变化为不透水的岩层；②含水层尖灭；③断层切割使含水层与隔水层接触；④不透水岩体或岩脉的阻挡；⑤由于不整合使含水层与其他不透水岩层接触等。

单斜储水构造的倾没端可以大部分或部分被隔水层覆盖，地下水呈承压状态，另一端不被隔水层覆盖的部分出露地表成为补给区，地下水呈无压状态。地下水的排泄可以在倾没端通过导水断层等以泉的形式排泄，或者通过上、下弱透水层越流排泄。如果倾没端是封闭的，也可以在裸露地区以泉等形式排泄。单斜储水构造可以是单一倾斜的含水层，也可以是被断层切割了的向斜含水层的一翼。在山前的冲洪积物具有向平原方向的倾斜状分布，靠近山前沉积物颗粒粗大，为潜水含水层；向平原方向颗粒逐渐变细，单一潜水含水层逐渐被黏性土分隔成多个承压含水层，承压含水层趋于尖灭或呈透镜体状。在单斜储水构造的倾没端承压水的测压水头有时高于地表，形成自流水斜地。

8.5.4 向斜（或背斜）储水构造

当含水层和隔水层（相对隔水层）呈向斜或背斜形式展布时，在适宜的地形条件和补给、排泄条件下可以形成向斜储水构造或背斜储水构造。它们主要出现于沉积岩分布区以及层状、似层状变质岩和火山岩地区。

向斜储水构造中含水层之下有隔水层，含水层之上可以有也可以没有隔水层；既有单一含水层，也有多个含水层和隔水层叠置的。地下水在位置较高的一翼的含水层出露区获得补给，在位置较低的另一翼排泄。当向斜核部隔水顶板存在导水断层或为弱透水层时，地下水可以在向斜的两翼含水层出露区获得补给，通过核部的导水断层或越流排泄。当向斜储水构造具有多个含水层和隔水层时，每个含水层可以有自己的补给区和排泄区，也可能在各个含水层之间存在水力联系。如果向斜的展布与地形上的盆地一致时，此时的向斜储水构造也称为承压水盆地。如果向斜的展布与地形上的盆地不一致，这类向斜储水构造上部含水层的测压水位通常高于下部含水层的测压水位。

背斜储水构造中含水层通常在背斜核部出露成为无压区，两翼倾伏端含水层常被隔水层覆盖成为承压区。地下水在含水层出露区获得补给，在两翼含水层与隔水层交界处以泉的形式排泄。在大型背斜中，背斜核部被河谷深切，地下水也可以向河流排泄或在河谷中出露泉水。单就背斜储水构造的一翼来说，有时也可以看成是一个单斜储水构造。

8.5.5　断层（带）储水构造和断块储水构造

以断层破碎带为含水带、其两盘岩石为相对隔水体或弱透水体，在适当的地形和补给、排泄条件下，可以构成断层（带）储水构造。有些规模较大的张性断层沿断层面形成一个破碎带，其宽度有几米到几十米不等，破碎带内以断层角砾岩及岩石碎块等粗大块状物质为主，结构较为疏松，空隙发育。另外，受到断层活动的影响，两盘岩石发育裂隙，随着远离断层，裂隙发育程度迅速减弱。断层破碎带也可以沿断层面延伸很远、很深。断层破碎带连同断层影响带构成含水带，可以储存和富集地下水。断层也可以沟通不同含水层及地表水体，起到导水作用。

除了在断层破碎带出露区获得大气降水及其他水体的补给外，也可以在断层两盘一定范围内获得补给，通过断层影响带汇集到破碎带中。断层（带）储水构造的地下水通常在地形适当处以泉的形式排泄。一些温泉通常分布在断层（带）附近，大多是大气降水沿断层（带）入渗经深循环获得加热后再上涌至地表而形成的。

断层可以使透水岩层和不透水岩层相对位移，致使透水岩层呈块状分布，不透水岩层对于透水岩层而言起到阻水作用，地下水可以在透水岩块中富集，这就是断块储水构造。构成断块储水构造中的断层可以不止一条，有同一方向的，也可以有不同方向的，甚至有不同时期形成的断层。透水岩层也可以有若干层。因此，断块储水构造是多种多样的，最常见的有地堑式断块储水构造、地垒式断块储水构造、阻水式断块储水构造和阶梯式断块储水构造等。分布于我国北方的寒武-奥陶系石灰岩常被断层切割，常有断块储水构造。

8.5.6　岩溶（喀斯特）储水构造

石灰岩地区往往由于岩溶（喀斯特）地貌发育，形成大量复杂的地下裂隙网络与洞穴体系，导致地表水分布不均、相对匮乏。岩溶（喀斯特）储水构造主要可分为溶管型和溶隙型两类。溶管型储水构造主要由岩溶洞穴（管道）体系构成，其发育往往受断裂带或构造裂隙控制，水流相对集中，在宽大的洞穴里具有自由水面，形成地下河，进入狭小的管道后则成为承压流。溶隙型储水构造主要由各种网状、脉状、带状的溶蚀裂隙体系构成，其分布常与特定的构造部位相关，形成的岩溶带可以汇集地下水流，在排泄区常形成岩溶泉群。一般而言，溶隙型储水构造的储水量比溶管型储水构造多。因此，在石灰岩分布区，褶皱的轴部、构造断裂带、碳酸岩与非碳酸岩的接触带等有利于地下岩溶地貌发育的部位，往往是岩溶水的富集地带。岩溶（喀斯特）储水构造的主要特征是地下水量的时间分布极不均匀，季节性变化显著，丰水期与枯水期水量差别巨大。受集水管道分布的影响，岩溶地下水的空间差异也非常大，在集水管道的底部水量丰沛，偏离管道则水量骤减。

上述储水构造都是基本的储水构造类型，实际情况往往更为复杂，可以存在它们的组合类型或其他类型。例如，在我国西北地区内陆盆地的平原区与山区之间存在"叠瓦状"

台阶式储水构造。基岩地区主要储水构造见图 8-8。

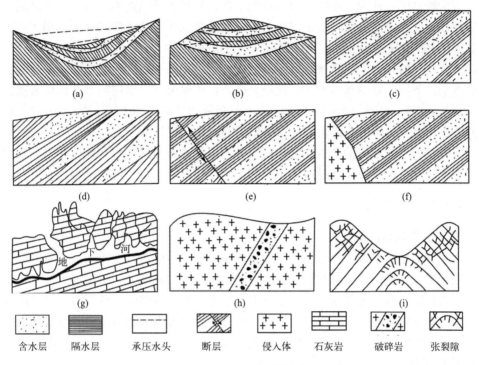

图 8-8 基岩地区主要储水构造

（a）构造盆地；（b）向斜山；（c）含水层具岩性变化的单斜构造；（d）含水层尖灭的单斜构造；（e）具断层阻水的单斜构造；（f）侵入岩体阻水的单斜构造；（g）岩溶（喀斯特）储水构造；（h）断裂带；（i）张裂隙带

8.6 水文地质勘察

地下水水质较好、水文变化小、供水稳定，开发利用综合成本低，广泛用于生活、工业、农业等各种用途。为了实现地下水的合理利用，避免地下水对工程的不利影响，需要对相应地区进行水文地质勘察，以查明调查区内地下水的形成和赋存条件、运动特征及水质情况等，为地下水的开发利用提供基本依据。

8.6.1 水文地质勘察的目的和阶段划分

1. 水文地质勘察的目的

水文地质勘察是水文地质研究的主要手段，其目的主要有：①为地下水资源的合理开发利用与可持续发展提供区域水文地质资料和决策依据；②为城市建设和大型工程项目的规划提供区域水文地质资料；③为更大比例尺的水文地质勘察和各种专门水文地质工作提供依据；④为水文地质、工程地质、环境地质等学科的研究提供区域水文地质基础资料。

2. 水文地质勘察的阶段划分

水文地质勘察通常按普查、详查两个阶段进行。在从未进行过专门的水文地质普查与详查工作的地区，为解决开采中出现的具体问题，需要开展开采阶段的水文地质勘察。

普查阶段是区域性的、小比例尺的勘察工作，其目的只是查明区域性的水文地质条件及其变化规律。在普查阶段，通常进行水文地质测绘工作，其比例尺通常选用1∶20万或1∶25万，在严重缺水或工农业集中发展地区也可采用1∶10万。

详查阶段一般在水文地质普查的基础上进行。采用的比例尺通常是1∶5万、1∶2.5万。详查的任务除了查明基本的水文地质条件外，还要求对含水层的水文地质参数、地下水动态的变化规律、各种供水的水质标准以及开采后井的数量和布局提出切实可靠的数据，并预测出将来开采后可能出现的水文地质问题和工程地质问题。

开采阶段的水文地质勘察工作应根据开采过程中遇到的具体水文地质和工程地质问题来确定任务。开采阶段的比例尺应大于1∶2.5万。

8.6.2 水文地质测绘

1. 主要工作内容和成果

水文地质测绘的工作内容是按一定的路线和观察点对地貌、地质和水文地质现象进行详细的观察记录，在综合分析观察、勘察和试验等资料的基础上，编制测绘报告和水文地质图。其主要成果有：水文地质图、地下水出露点和地表水体的调查资料、水文地质测绘工作报告。水文地质图包括：实际材料图、地质图、综合水文地质图、地下水化学图、地貌图、第四纪地质图、地下水等水位线及埋藏深度图、地下水开发利用规划图等。

2. 地质调查

地下水的形成、类型、埋藏条件等都受地质条件的制约，因此地质调查是水文地质测绘中最基本的内容。水文地质测绘中进行地质填图时，要遵照一般的地层划分原则，还必须考虑决定含水条件的岩性特征，允许不同时代的地层合并，或将同一时代的地层分开。

岩性特征往往决定了地下水的含水类型、影响地下水的水质和水量。如第四纪松散地层往往分布着丰富的孔隙水；火成岩、碎屑岩地区往往分布着裂隙水，而碳酸盐岩地区则主要分布着岩溶水。影响地下水水量的关键在于岩石的空隙性，而岩石的化学成分和矿物成分则在一定程度上影响着地下水的水质。对松散地层，要着重观察地层的粒径大小、排列方式、颗粒级配、组成矿物及其化学成分、包含物等。对于非可溶性坚硬岩石，着重调查和研究裂隙的成因、分布、张开程度和充填情况等。对于可溶性坚硬岩石，着重调查和研究岩石的化学、矿物成分、溶隙的发育程度及影响岩溶发育的因素等。

地质构造不仅对地层的分布产生影响，而且对地下水的赋存、运移等也有很大的作用。在基岩地区，构造裂隙和断层带是最主要的贮水空间，一些断层还能起到阻隔或富集地下水的作用。对于断裂构造，要仔细地观察断层本身及其影响带的特征和两盘错动的方向，判断断层的性质和断裂的力学性质，调查各种断层在平面上的展布及其彼此之间的接触关系。对其中规模较大的断裂，要详细调查其成因、规模、产状、断裂的张开程度、构造岩的岩性结构、厚度、断裂的填充情况及断裂后期的活动特征，查明各个部位的含水性以及断层带两侧地下水的水力联系程度，研究各种构造及其组合形式对地下水的赋存、补给、运移和富集的影响。对于褶皱构造，应查明其形态、规模及其在平面和剖面上的展布特征与地形之间的关系，尤其注意两翼的对称性和倾角大小及其变化特点，主要含水层在褶皱构造中的部位和在轴部中的埋藏深度；研究张应力集中部位裂隙的发育程度；分析褶皱构造和断裂、岩脉、岩体之间的关系及其对地下水运动和富集的影响。

3. 地貌调查

地貌与地下水的形成和分布有着密切的联系，通常地形的起伏控制着地下水的流向。在野外进行地貌调查时，要着重研究地貌的成因类型、形成的地质年代、地貌景观与新地质构造运动的关系、地貌分区等。同时，还要对各种地貌的各个形态进行详细、定性地描述和定量地测量，并把野外所调查到的资料编制成地貌图。

地貌调查的主要内容包括：①调查地貌的成因类型和形态特征，划分地貌单元，分析各地貌单元的相互关系；②调查和分析微地貌特征及其与地层岩性、地质构造和不良地质现象作用的联系，分析确定地貌发育的古地理环境和地质作用；③调查地形的形态及其变化；④调查植被的分布及其与各地层之间的关系；⑤调查河流阶地和河漫滩的分布及其特征，了解古河道、牛轭湖等的分布和位置。

野外调查中应注意：①观测路线和观测点应布置在地貌变化显著的地点；②划分地貌成因类型时充分考虑新构造运动影响；③地质构造的影响常反映在地形的特征上，如单斜构造常表现为单面山，断层构造常表现为断层陡坎；④注意岩石性质对地形的影响，不同的岩性常能形成不同成因及形态的地形；⑤地貌剖面图能准确、真实地反映当地的地貌结构、地层间的接触关系、厚度等信息，编制地貌剖面图是地貌调查的重要方法。

4. 水文地质调查

水文地质调查的任务是在区域自然地理、地质特点的基础上，查明区域水文地质条件，确定含水层和隔水层；调查含水层的岩性、构造、埋藏条件、分布规律及其富水性，地下水补给、径流、排泄条件，大气降水、地表水与地下水之间的相互关系；评价地下水资源及其开发远景。

在地表水调查中，对于没有水文站的较小河流、湖泊等，应在野外测定地表水的水位、流量、水质、水温和含沙量，并了解地表水的动态变化。对设有水文站的地表水体则应搜集整理相关资料。此外还应重点调查地表水的开发现状及其与地下水的水力联系。

对地下水露头点进行全面的调查是水文地质测绘的核心工作之一，主要包括对地下水天然露头的调查和人工露头的调查。在测绘中，要正确地把各种地下水露头点绘制在地形地质图上，并将各主要水点联系起来分析调查区内的水文地质条件。还应选择典型部位，通过地下水露头点绘制出水文地质剖面图。泉是基本的水文地质点，水量丰富、水质良好和动态稳定的大泉，供水意义大，应成为重点研究对象。在缺乏泉的工作区，要把重点放在现有井（孔）的观测上，当两者都缺乏时，则应布置重点揭露工程。

地下水与地表水之间的水力联系主要取决于两者间的水头差以及两者间介质的渗透性。野外调查时，一般根据河流平直而无支流的地段上下游的流量差确定河流和地下水的补给关系。有下降泉出露的地段，说明是地下水补给地表水。应注意的是，有时虽然存在着水位差，但是由于不透水层的阻隔，使地表水与地下水不发生水力联系。野外调查时，还可通过地下水与地表水的水样对比分析来判断它们之间有无水力联系。

植物生长离不开地下水，植物的分布、种类可以反映该地区有无地下水及其水文地质特征。在干旱、半干旱和盐渍化区进行水文地质测绘时，应特别注意对当地植物的调查。

8.6.3 水文地质物探

物探是水文地质勘察的重要手段之一,一般用来揭示地下含水层的岩性、厚度及其分布特征,确定隐伏构造的位置、岩溶发育地段,测定地下水的流速、流向,分析地下水的补给、径流和排泄条件等。

物探方法是基于物理学基本原理,利用岩石的地球物理特性,如岩石的电性、磁性、弹性、放射性以及岩石的密度和古地磁、地应力等进行地质研究。物探方法按其所利用的物理场的不同可以分为重力、磁法、电法、地震、声波、地热及放射性勘探等方法;按工作条件则可分为遥感、地面物探、井下(地下)物探、海洋物探等。

1. 地面物探方法

地面物探包括电法勘探、地震勘探、重力勘探、磁法勘探和放射性勘探等多种方法。其中电法勘探(具体见第9章)和地震勘探是应用最普遍的两种方法。

浅层地震勘探方法是水文地质工作中的常用方法,可探测深度为几米到200m。浅层地震勘探可确定基岩的埋藏深度、潜水埋藏深度和基岩风化层厚度,探测断层带,圈定储水地段,划分第四纪含水层的主要沉积层次。

重力勘探主要根据岩体的密度差异所形成的局部重力异常来探测地质构造,常用以探测盆地基底的起伏和断层构造等。磁法勘探根据岩体的磁性差异所形成的局部磁性异常来探测地质构造,大面积的航空磁测资料可为寻找有利的储水构造提供依据。这两种物探方法主要用于探测区域构造,目前在水文地质勘察中还应用不多。

各种物探方法都有一定的局限性,只用单一的物探方法解释地层异常和地质构造比较困难。因此,为排除干扰因素,提高解译的置信度,可在同一剖面、同一测网中用两种或两种以上的物探方法共同工作,将数据资料相互印证,进行综合分析。

2. 井下物探技术

井下物探是在钻孔内进行物探测井工作,已成为水文地质勘察的重要手段之一。目前工程物探中采用的测井方法主要有电法测井、放射性测井、声波测井、温度测井、超声成像测井(表8-5),其中以电法测井和放射性测井应用最广。此外还有利用工业电视设备对孔壁直接观察的钻孔电视以及综合多种手段的综合测井法。

测井法的种类及其在水文地质勘察中的应用　　表8-5

类别	方法名称			应用情况
电法测井	视电阻率法	普通电阻率法		划分钻井剖面,确定岩石的电阻率参数
		微电极系测井		详细划分钻井剖面,确定渗透性地层
		井液电阻率法		确定含水层位置,估计水文地质参数
	自然电位测井			确定渗透层,划分咸淡水界面,估计地层中水的电阻率
	井中电磁波法			探查溶洞、破碎带
放射性测井	自然伽马法测井			划分岩性剖面;确定含泥质地层,求地层含泥量
	伽马-伽马法测井			按密度差异划分剖面;确定岩层的密度、孔隙度
	中子法测井	中子-伽马法		按含氢量的不同划分剖面,确定含水层的位置,确定地层的孔隙度
		中子-中子法		
	放射性同位素测井			确定井内进、出水点的位置,估计水文地质参数

续表

类别	方法名称	应用情况
声波测井	声速测井	划分岩性,确定地层的孔隙度
	声幅测井	划分裂隙含水带,检查固井的质量
	声波测井	区分岩性,查明裂隙、溶洞及套管壁的状况;确定岩层的产状、裂隙的发育规律
热测井	温度测井	探查热水层,研究地热梯度,确定井内出水点位置
钻孔技术情况测井	井斜测井	为其他测井资料提供钻孔的倾角和方位角参数
	井径测井	为其他测井资料提供钻孔井径参数,确定岩层岩性
流速测井	—	划分含水层和隔水层,确定其埋深、厚度,测定各水层的出水量;检查止水的效果及井管断裂的位置

1) 视电阻率测井法

视电阻率测井法采用由两个供电电极和两个测量电极构成的排列形式。图8-9中字母 A、B 表示正的和负的供电电板,M、N 表示正的和负的测量电极。测井时将其中的一个电极置于地面,其余三个电极排成一条直线投入孔内。由于电极系(A、M、N)至地面的距离远远超过电极系的探测半径,因此当介质为均匀介质时,可以认为电极系是置于电阻率恒定的均匀无限介质中,并可根据点源电场理论求出介质的电阻率。然而,实际介质并不均匀,因此测井中实测"电阻率"并非周围岩石的真正电阻率。为了与岩石真正的电阻率相区别,把非均质介质中求得的"电阻率"称为视电阻率。视电阻率的大小与所用的电极系、电极周围介质的电阻率以及这些介质的分布情况有关。

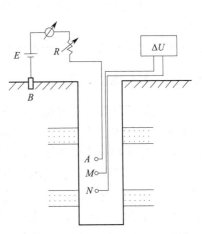

图8-9 视电阻率测井法示意图

可以近似认为,视电阻率是探测范围内各种介质电阻率的加权平均值。一般岩石离电极系越近,对视电阻率的影响越大。视电阻率曲线与其他测井曲线相结合,可用于划分钻孔的地质剖面,确定岩层的深度和厚度等。

2) 自然电位测井法

自然电位测井法是在不进行人工供电的条件下测量井内及井周围由于电化学活动性而产生的自然电位的变化,用以确定岩层性质和层位的一种测井方法。

该方法的主要步骤为:①测定井孔内不同深度的泥浆密度与温度;②选择测点位置,测点位置尽量选择含水层中部,并选择较厚的黏土层中部一点作为自然电位零点;③下放井液电阻计至各测点,测定泥浆电阻率值;④在井旁潮湿处放一个竹制不极化电极为 N 极,另一个竹制不极化电极为 M 极放入井孔中,测量开始时先把 M 极放在所选择的较厚黏土层中部测点(即自然电位零点),此时用电位计上的极化补偿器进行极化补偿,使检流计指针补偿到零点,然后再把 M 极按计划依次放到各含水层测点,进行自然电位测量;⑤记录测量结果,内容应包括井孔的位置、电测井的时间、系数、泥浆比重、泥浆电阻率、泥浆温度、温度系数、厚度系数、测量深度、自然电位数值和计算结果等。

3）放射性测井法

放射性测井法以地层间的放射性差异为基础，包括自然伽马法、伽马-伽马法和中子-伽马法等方法。

自然伽马法根据各种地层中放射性强度的差异来划分井的地质断面。其装置由井下测量仪器和地面测量控制仪器两部分组成。井下测量仪器采用计数管记录伽马射线激发的电流脉冲数目，并通过地面测量仪器将脉冲数目转变为电流强度，由记录仪绘出随深度变化而改变的天然伽马射线强度。

伽马-伽马法（密度测井）与自然伽马法相比，井下仪器增加了一个伽马放射源，是一种人工放射性的测井方法。伽马放射源照射地层使地层产生散射的伽马射线，利用散射伽马射线的强度来区分地层。

中子伽马法伽马源改为中子源，利用中子与地层作用所产生的伽马射线，也属于人工放射性的测井方法。由于氢原子核与中子的质量相近，含氢地层对中子的减速快，因而可以根据通过散射伽马射线的强弱判断地层的含氢量（含水量）。

8.6.4 水文地质钻探

水文地质钻探是直接探明地下水的最重要、最可靠的勘探手段，也是开发利用深层地下水的唯一技术手段。水文钻探是进行各种水文地质试验的必备工程，也是对地下水调查、水文地质物探成果所作结论的检验方法。

水文钻探设备繁多、成本昂贵、施工技术复杂且工期长，对整个勘察任务的完成、勘察项目的投资均起决定作用。它的基本任务是在水文地质测绘、水文地质物探的基础上，进一步查明含水层的岩性、构造、厚度、埋深及水量、水质、水温等，解决和验证水文地质测绘和物探遥感工作中难以解决的水文地质问题，以及利用钻孔进行各种水文地质试验，获取水文地质参数，为评价和合理开发利用地下水资源提供可靠的水文地质资料和依据。

1. 水文地质钻探的特点

水文地质钻探与一般的地质钻探有所不同，其主要特点有：

①为了在钻孔中安装抽水设备并进行抽水试验，或者在抽水时能获得较大的涌水量，水文地质钻孔需要更大的孔径。

②为了分别取得各含水层的水文地质资料，需要在钻孔内进行下套管、变换孔径、止水隔离等操作，因此水文地质钻孔的结构较复杂。

③水文地质钻探的工序较复杂，施工期较长。

④水文地质钻进过程中观测的项目多。

2. 水文勘探钻孔的布置原则

勘探工作应以最少的工作量、最低的成本和最短的时间来获取完整的水文地质资料。勘探线、网的布置，应以能控制含水层的分布，查明水文地质条件为基本目的。在普查阶段应以线为主，详查阶段和开采阶段以线、网相结合。

布置水文地质勘探孔需要遵循原则主要有：

①以线为主，点线结合。一般应沿地质-水文地质条件变化最大的方向布置一定数量的钻孔，在勘探线上控制不到的地方，可布置个别钻孔。

②以疏为主，疏密结合。对水文地质条件复杂的或具重要水文地质意义的地段，应加密孔距和线距。对一般地段可以酌量减少孔数或加宽线距。

③以浅为主，深浅结合。钻孔深度的确定主要取决于所需要了解含水层的埋藏深度。勘探线上钻孔应采取深浅相兼的方法进行布孔。

④以探为主，探采结合。在解决各种目的的水文地质勘探时，必须以探为主。在全面取得成果的同时，尽量做到一孔多用，如用作供水、排水以及长期观测等。

⑤一般任务与专门任务结合。布孔时，必须考虑最终任务的要求，满足相应勘探阶段对地下水资源计算的要求以及长期观测的要求。

水文地质勘探孔的布置方法主要有垂直布置法和平行布置法。无论山区还是平原，勘探线都必须垂直于地下水的流向。在地下水流向不明的地区，勘探线则应垂直河流、冲洪积扇轴部、山前断裂带、盆地长轴、古河道延展方向、海岸线等。在石灰岩裸露地区要沿岩溶发育带布置或沿现代水系布置。在同一地区，勘探线、网应采取平行与垂直地下水流向相结合的办法布孔。

8.6.5 遥感技术

遥感是非接触的，远距离的探测技术，一般指运用传感器或遥感器对物体电磁波辐射、反射特性的探测，并根据其遥感特性对物体的性质、特征和状态进行分析的理论、方法和技术。二战以来，由于军事需要的急迫需求，航空摄影机、电视摄像机、图像扫描仪及航空大孔径成像雷达技术有了显著进步，遥感技术迅猛发展，特别是1972年美国发射第一颗地球资源技术卫星以来，遥感技术实现了从航空遥感到航天遥感的飞跃。

目前，常见的卫星遥感信息主要有可见光、热红外、微波、重力卫星数据。可见光数据主要用于反演地表覆盖、地质构造、河流形态等与水文地质、地下水系统相关的视觉信息。热红外数据通过温度差异反演地下水出露、埋深、土壤含水量等与水热平衡有关的参量。微波数据能够穿透云雾、雨雪，具有全天候、全天时的工作能力，适合获取云层覆盖条件下的或地表浅层的有关水文地质信息。重力卫星数据通过测量地球重力场反演陆地水储量，具有能够直接"看到"地下水储量变化的能力。

遥感技术在水文地质研究中的应用主要有以下几个方面：①遥感图像显示地表特征，可以通过航空和卫星像片解译得到的地表特征来推测含水层的位置；②航空地球物理学能提供地面以下的信息，如粗粒物质、水位较浅地区的信息、沙漠中被掩埋的古河网等。

在水文地质遥感勘察中，一般的工作流程是：选取适宜的数据源及光谱波段→获取遥感图像→图像处理→遥感解译→绘制解译图，提取水文地质信息。

遥感技术已经在地质地貌条件识别、区域水文地质调查、地下水资源评价与保护、地下水排泄区识别、蒸散发与补给量估算、地面沉降监测、古河道识别等方面获得了成功的应用，大大节省了野外工作量，改善了工作条件，提高了勘察速度。

8.7 地下水资源的开采与利用

地下水通过不断的循环保持动态平衡。人类对地下水资源的过度开采，会打破这种平衡，导致地下水位严重下降，进而可能诱发地面下沉、水质劣化、海水倒灌等地质问题。要想实现可持续发展，必须对地下水资源进行科学评估，并制定经济合理的开发方案。

8.7.1 地下水资源分类

地下水资源的分类是地下水资源计算和评价的理论基础。

1. 补给量

补给量是指天然状态或开采条件下，单位时间内通过各种途径进入含水系统的水量。补给量的形成和大小受外界补给条件制约，随水文气象周期变化而变化。补给量是地下水资源的可恢复量，地下水资源的循环再生性，主要体现在当其被消耗时，可以通过补给获得补偿；当消耗的地下水资源不超过总补给量时，消耗的地下水会得到全部补偿。通常所说的某地区地下水资源丰富，指该地区地下水资源补给量充足。因此，可使用地下水补给量来表征地下水资源的丰富程度。计算补给量是地下水资源评价的核心内容。

2. 储存量

储存量是指地下水循环过程中，某一时间段内在含水介质中储存的重力水体积。

潜水含水层的储存量称为容积储存量，可用潜水含水层的体积乘以含水介质的给水度计算。承压水含水层除了容积储存量外，还有弹性储存量。弹性储存量与含水层的储水系数及含水层顶板的水头正相关。

由于地下水的补给与排泄通常处于不平衡状态，地下水的水位总是随时间变化，因此，地下水储存量也是随时间变化的。天然条件下，储存量随水文气象周期呈周期性变化；开采条件下，则由开采状态控制储存量的变化趋势。若开采量小于补给量，储存量仍呈周期性变化；若开采量大于补给量，储存量呈逐年衰减趋势。

地下水储存量不论在天然条件还是开采条件下，都具有调节作用。天然条件下，调节补给与排泄的不平衡性，当补给大于排泄时，盈余的补给量转化为储存量储存在含水层中，储存量增加；当补给小于排泄量时，储存量转化为消耗量，储存量减少。开采条件下，当水文地质条件有利时，可以暂借储存量平衡开采量。

3. 允许开采量

允许开采量又称可开采资源量，是指通过技术经济合理的取水构筑物，在整个开采期内出水量不会减少，动水位、水质和水温变化在允许范围内，不影响已建水源地正常开采，不发生危害性环境地质现象等前提下，单位时间内从取水地段含水层中可以取得的水量。

允许开采量属于可再生的地下水资源量，可以通过外界补给获得补偿。允许开采量主要由补给量组成，其大小也随时空变化，同时还受开采技术、环境等条件限制。

允许开采量与开采量的概念是不同的。开采量是取水工程取出的地下水量，反映了取水工程的产水能力。对于供水工程而言，开采量不应大于含水系统或取水地段的允许开采量。对于消耗储存量维持开采的水源地，开采量可大于允许开采量。

8.7.2 允许开采量的组成与计算

1. 允许开采量的组成

允许开采量有明确的组成，可以通过分析天然或开采条件下补给量、储存量、允许开采量三者在数量上的变化，研究地下水可持续利用的途径。地下水资源数量的变化遵循守恒定律，补给量与排泄量之差恒等于储存量的变化，即：

$$Q_补 - Q_排 = \Delta Q_储 \tag{8-3}$$

人工抽取地下水，改变了开采前后的排泄条件，破坏了补给与排泄的动平衡。在开采初期，由于增加了人工开采量，补给量不能同步增加，必须消耗地下水的储存量。随着开采地段地下水位下降漏斗的扩大，过水断面和水力坡度增加，获得的补给量和截取的天然排泄量增多，当开采量与补给量达到动平衡后，地下水位相对稳定，进入了均衡开采阶段。

允许开采量由三部分组成：①开采时的补给增量，该补给增量开采前不存在，是开采时袭夺的各种额外补给量。②开采时天然排泄量的减少值，是含水系统因开采而减少的天然排泄量，如潜水蒸发量的减少、泉流量的减少、侧向流出量的减少，也称开采截取量，其最大极限等于天然排泄量。③储存量的变化，包括开采初期形成开采降落漏斗过程中含水层提供的储存量及在补给与开采发生不平衡时增加或消耗的储存量。

在明确了允许开采量的组成后，可以根据各个组成部分确定允许开采量。由于制约允许开采量的因素很多，除了地下水分布埋藏条件、丰富程度及人工取水的技术能力外，还要考虑区域水资源的统筹使用、合理调度，以及环境保护的要求，应合理索取各类开采补给增量。开采截取量（减少的天然排泄量）与开采方案、取水建筑物的类型、结构及开采强度有关。对于开采截取量，理论上应尽可能地截取，但也要考虑生态用水，如地下水位下降可能引起的湿地退化、植物缺水死亡等。

2. 允许开采量的计算

地下水允许开采量的计算是地下水资源评价的核心问题。允许开采量主要取决于补给量，也与开采的经济技术条件及开采方案有关，有时为了确定含水层系统的调节能力，还需计算储存量。目前地下水允许开采量的计算方法主要如表 8-6 所示。在实际工作中，可以根据实际条件选择一种或几种方法进行计算，以相互印证。

3. 地下水评价的原则

1) 可持续利用原则。可持续发展理念强调资源利用、环境保护和社会发展协调统一，既能满足当代人的急迫需要，又不能损害后代人的潜在利益。

2) 地上地下统一评价的原则。大气降水、地表水和地下水是相互联系、相互转化的统一体。要从整体的角度综合考虑，实行地下水、地表水统一评价，避免重复计算，统一规划、合理开发利用。

3) "以丰补欠"合理调控原则。含水层系统具有强大的调蓄功能。在降雨和季节性补给特征明显的地区，可以利用储存量的调节作用，在干旱季节或干旱年，借用储存量满足开采需求，到丰水季节或丰水年，再将借用的储存量补给回来，合理截取雨洪水，达到充分利用水资源的目的。

4) 经济、环境和社会综合考虑的原则。确定开采量及开采方案时，应在获得良好的经济效益的同时，要求对环境的负面影响最小，综合考虑环境效益和社会效益。

地下水资源评价方法　　　　　　　表 8-6

评价方法类别	评价方法名称	所需资料数据	适用条件
以渗流理论为基础的方法	解析法	渗流运动参数和边界条件、初始条件、一个水文年以上的水位、水量动态观测或一段时间的抽水流场资料	含水层均质程度高，边界条件简单，可简化为已有计算模型
	数值法		含水层非均质但内部结构清楚，边界条件较复杂但能查清，评价精度要求高，面积较大
以观测资料统计理论为基础的方法	泉水流量衰减法	泉动态和抽水资料	泉域水资源评价
	水力消减法	抽水试验或开采过程中的动态观测资料	岸边取水
	系统理论方法、相关外推法、开采抽水试验法、Q-S 曲线外推法		不受含水层结构及复杂边界条件的限制，适用于旧水源地或泉水扩大开采评价
以地下水均衡理论为基础的方法	水均衡法、单项补给量计算法、综合补给量计算法、开采模数法	测定均衡区内各项水量均衡要素	封闭的单一隔水边界，补给项或消耗项单一，水均衡要素易于确定
以相似比理论为基础的方法	直接比拟法（水量比拟法）、间接比拟法（水文地质参数比拟法）	类似水源地的勘探或开采统计资料	已有水源地和勘探水源地地质条件与水资源形成条件类似

8.7.3 地下过量开采引起的问题

1. 地下水动态与均衡

地下水资源总是随着时间而不停地变化。地下水动态指表征地下水数量与质量的各种要素随时间而变化的规律。地下水资源的变化速率一般有较明显的周期性，或具极为缓慢的趋势性。在人为因素的干扰下，其变化速率可大大提高。这种迅速的变化，可能对地下水资源本身和水文地质环境带来严重后果。

地下水均衡，就是指在一定范围和时间内，地下水水量、溶质含量及热量等的补充与消耗量之间的数量关系。当补充与消耗量一致时，地下水处于均衡状态；当补充量小于消耗量时，地下水处于负均衡状态；当补充量大于消耗量时，地下水处于正均衡状态。在天然条件下的地下水，多处于动态均衡状态。

地下水的动态与均衡之间存在着互为因果的紧密联系。地下水均衡是导致地下水动态变化的原因，而地下水动态则是地下水均衡的外部表现。研究地下水的动态与均衡，对于认识区域水文地质条件，以及水资源的合理开发与规划管理都具有重要意义。

2. 不合理开发地下水引起的生态环境问题

地下水普遍分布于地壳表层，与地表水和生物圈是相互密切联系的系统，并通过物质和能量的循环相互作用，形成脆弱的动态平衡。地下水水质、水量的变化将导致地表水和生物圈相应的变化。过量开发地下水将引起一系列生态环境问题（图 8-10）。

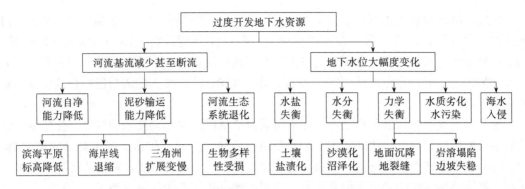

图 8-10　地下水过度开发引起的生态环境和工程地质问题

河川流量中基本稳定的部分称为基流，主要来自地下水补给。基流的减少甚至断流会对生态环境产生重要的不良影响，引起生态系统退化、河流自净能力降低、输沙能力降低、海岸线退缩、海水入侵等问题。

进入 20 世纪以来，世界人口显著增加，人类对地下水的开发强度逐渐增大，超过了自然界的调节能力，相继引起了科罗拉多河、尼罗河、黄河等大型河流的断流。党的十八大以来，党中央着眼于生态文明建设全局，明确了"节水优先、空间均衡、系统治理、两手发力"的治水思路，采取了退还挤占、优化调度、生态补水、治理超采等系列措施，已经取得了显著的成绩。以黄河为例，从 1972 年到 1999 年，28 年间，黄河下游干流断流 22 年，断流长度一度达 700 多千米。1998 年《黄河水量调度管理办法》颁布实施，1999 年黄河正式告别断流，至今 20 余年奔腾不息。

地下水向土壤供应水分、盐分、有机养分及热量，既是成壤作用的基本条件，也是保障土壤生产力的基础条件。人为活动影响下地下水位大幅度变动，无论抬升还是下降，都会改变土壤水分、盐分、热量的供应，从而导致土壤退化，使地下水支撑的生态系统退化。土壤退化的主要表现有土地沙化、盐渍化、沼泽化、石漠化等。干旱半干旱气候下，大量截留地表水或修建水库，导致地下水位过浅，由于蒸发强烈，盐分积累于土壤，形成盐渍土，只有少数耐盐植物才能生长。干旱气候下，由于上游截流或过度开采地下水，下游地下水位下降，植物难以存活，形成植被稀少的荒漠景观。我国南方岩溶地区山高坡陡，降水易于渗漏，不利于土壤发育与保持，缺水少土，植被稀少，易形成石漠。

3. 过量开发地下水引起的地质灾害和工程问题

地下水既是活跃的地质营力，又是常见的致灾因子。过量开发地下水导致的地下水位严重下降会引起地面沉降、地裂缝、岩溶塌陷、海水入侵、滑坡等地质灾害。除此之外，与地下水密切相关的工程灾害还有矿坑与隧道的突涌水、潜蚀、管涌等。

地面沉降有多种原因，过度开发深层地下水是主要原因之一。大规模开采深层孔隙地下水，深层水位迅速下降，孔隙水压力降低，有效应力增大，松散沉积物释水压密，引起地面高程降低，称为地面沉降。黏性土层发生塑性释水压密，即使地下水位恢复，黏性土不能回弹，导致不可恢复的地面沉降。

世界各国因开采地下水发生地面沉降相当普遍，日本东京累积最大沉降量约为 4.6m，墨西哥城和美国加州圣华金城的沉降高达 9m。我国的地面沉降主要分布于环渤海滨海平原、长江三角洲、华北平原及汾渭盆地，累积最大沉降量一般为 2000～3000mm。

地面沉降的危害大体有以下 6 个方面：①滨海地区海潮倒灌及风暴潮加剧；②入海河流泄洪能力降低，洪涝加剧；③工程设施、市政设施及建筑物破坏；④水土环境恶化；⑤沿海地带更有可能因全球变暖和海平面抬升而被淹没；⑥已有地面高程资料失效。

开发深层地下水导致的地面沉降基本上是不可恢复的。唯一的防治途径是减少及停止开采深层水。

地裂缝出现于松散沉积物表面。开采深层地下水后发生差异性地面沉降，是产生地裂缝的主要原因。另外，隐伏的新构造运动断裂带两侧，差异性构造沉降也会形成地裂缝。地裂缝直接损害各类工程设施、交通设施、建筑物以及城市生命线，危及居民生活及生产活动。我国地裂缝集中发生于华北平原、汾渭盆地以及江苏的苏锡常地区。

岩溶塌陷多发生于上覆厚度不大、松散沉积物的岩溶发育地区。岩溶洞穴、上覆沉积物和地下水构成一个力学平衡体系，地下水位变动频繁或达到一定幅度，平衡遭到破坏，上覆松散沉积物塌落，形成土洞或上大下小的圆锥形塌坑。地下水开采、采矿抽排水、基坑降水等人为活动，降低了浅层地下水位，有时还伴以封闭气体负压吸引，容易触发岩溶塌陷。我国岩溶塌陷主要发生于广西、广东、湖南、湖北、贵州、江西等地。

海水入侵指滨海地区由于人为超量开采地下水引起地下水位大幅度下降，海水与淡水之间的水动力平衡被破坏导致的咸淡水界面向陆地方向移动的现象。形成海水入侵的基本条件有两个：一是水动力条件，当地下水开采量超过允许开采量时，陆地下方淡水位持续下降，破坏了地下淡水与海水的平衡，促成了海水向淡水流动的动力条件；二是水文地质条件，即海水与地下淡水之间具备联系的"通道"，这些"通道"可以是具备较好透水能力的第四系松散岩土层，也可以是基岩断裂破碎带或岩溶溶隙、溶洞等。当这两个条件同时具备，就必然发生海水入侵。我国海水入侵主要出现在渤海周边的辽宁、河北、天津、山东和江苏、上海、浙江、海南、广西等沿海地区，其中以山东、辽宁两省最为严重。

案例解析（扫描二维码观看）

8.8节　案例分析

思考题

8.1　水是如何循环的？淡水资源的时空分布特点有哪些？

8.2　岩土的水理性质有哪些？不同的水理性质指标之间有什么关系？

8.3　岩石的透水性与哪些因素有关？举例说明几种典型岩土材料的透水性如何？

8.4　地下水是如何分类的？不同类型的地下水有何特点？

8.5　何谓潜水等水位线和承压水等水压线？两者有何区别？

8.6 地下水在地下是如何运动的？其补给和排泄的方式有哪些？
8.7 何谓储水构造？构成储水构造的基本条件主要有哪些？典型的储水构造有哪些？
8.8 水文地质勘察的目的是什么？主要手段有哪些？
8.9 地下水资源开发利用应遵循哪些原则？过量开采会引起哪些问题？
8.10 试论述水文和地质相关知识在军事方面的应用案例或应用场景。

第9章

岩土工程勘察方法与技术

 关键概念和重点内容

岩土工程勘察、测绘的基本要求和工作流程,工程地质勘探方法,主要岩体现场原位试验,主要土体原位试验方法及其应用,室内试验与原位试验优缺点辨析,原位试验在军事活动中的应用。

9.1 岩土工程勘察、测绘的基本要求与工作流程

9.1.1 工程勘察阶段

工程勘察的目的主要是查明工程地质条件,分析存在的地质问题,对建筑地区作出工程地质评价。从总体上说,工程勘察的任务是为工程建设规划、设计、施工提供可靠的地质依据,以充分利用有利地质条件,避开或改造不利地质因素,保证工程的安全和正常使用。

勘察阶段的划分取决于不同设计阶段对工程勘察工作的不同要求。由于勘察的对象不同,设计对勘察工作的要求也不尽相同,因此勘察阶段的划分和所采用的规范也不尽相同,勘察阶段的划分及采用的规范见表 9-1。

勘察阶段的划分 表 9-1

勘察对象	勘察阶段				勘察规范
房屋建筑和构筑物	可行性研究勘察	初步勘察	详细勘察	施工勘察（非固定阶段）	《岩土工程勘察规范》GB 50021—2001（2009 年版）
地下洞室	可行性研究勘察	初步勘察	详细勘察	施工勘察	
岸边工程	可行性研究勘察	初步设计阶段勘察	施工图设计阶段勘察	—	
管道工程	选线勘察	初步勘察	详细勘察	—	
架空线路工程	—	初步勘察	施工图设计勘察		
废弃物处理工程	可行性研究勘察	初步勘察	详细勘察	—	
核电厂	初步可行性研究勘察	可行性研究勘察	初步设计勘察	施工图设计勘察	工程建造勘察
边坡	—	初步勘察	详细勘察	施工勘察	

续表

勘察对象	勘察阶段				勘察规范
公路	可行性研究勘察		初步工程地质勘察	详细工程地质勘察	《公路工程地质勘察规范》JTG C 20—2011
	预可勘察	工可勘察			
铁路	踏勘	初测	定测	补充定测	根据施工、运营需要开展	《铁路工程地质勘察规范》TB 10012—2019
水电	规划勘察	预可行性研究勘察	可行性研究勘察	招标设计阶段工程地质勘察	施工详图设计阶段工程地质勘察	《水力发电工程地质勘察规范》GB 50287—2016
港口	可行性研究阶段勘察		初步设计阶段勘察	施工图设计阶段勘察	施工期勘察	《水运工程岩土勘察规范》JTS 133—2013

从表 9-1 可以看出，虽然不同勘察对象勘察阶段的划分有所不同，但总体上可以归纳为四个阶段：可行性研究勘察、初步设计阶段勘察（初勘）、施工图设计阶段勘察（详勘）和施工勘察。各勘察阶段的勘察目的、要求和主要工作方法如表 9-2 所示。

各勘察阶段的勘察目的、要求和主要方法　　　　　表 9-2

勘察阶段	可行性研究勘察	初步设计阶段勘察（初勘）	施工图设计阶段勘察（详勘）	施工勘察
设计要求	满足确定场址方案	满足初步设计	满足施工图设计	满足施工中具体问题的设计，随勘察对象不同而不同
勘察目的	对拟选场址稳定性和适宜性做出评价	初步查明场地岩土条件，进一步评价场地的稳定性	查明场地岩土条件，提出设计、施工所需参数，对设计、施工和不良地质作用的防治等提出建议	解决施工过程出现的岩土工程问题
主要工作方法	搜集分析已有资料，进行场地踏勘，必要时进行一些勘探和工程地质测绘工作	调查、测绘、物探、钻探、试验，目的不同侧重不同	根据不同勘察对象和要求确定，一般以勘探和室内外测试、试验为主	施工验槽、钻探和原位测试

9.1.2　工程勘察分级

工程勘察分级是在确定了勘察阶段的基础上进行的，它关系到勘察工作的内容、方法、要求与勘察工作量。岩土工程勘察等级主要取决于三方面因素：①工程的重要性；②场地的复杂程度；③地基的复杂程度。

1. 工程重要性等级

根据工程的规模和特征，以及由于工程地质问题造成破坏或影响正常使用的后果严重程度，将工程重要性等级划分为三级，见表 9-3。

就建筑工程而言，重要性等级为一级的重要工程主要包括：重要的工业与民用建筑，20 层以上的高层建筑；体型复杂的 14 层及以上的高层建筑；对地基变形有特殊要求的建筑；单桩承受的荷载在 4000kN 以上的建筑物等。一般工程（重要性等级为二级）是指一般的工业与民用建筑。

工程重要性等级表 表9-3

工程重要性等级	破坏后果	工程类型
一级	很严重	重要工程
二级	严重	一般工程
三级	不严重	次要工程

注：工程重要性等级可参考《岩土工程勘察规范》GB 50021—2001（2009年版）具体划定。

2. 场地复杂程度等级

场地复杂程度等级划分为三级，见表9-4。

《建筑抗震设计规范》GB 50011—2010（2016年版），根据场地的地形地貌和地质条件对建筑抗震有利、不利和危险地段做了划分，见表9-5。

场地复杂程度等级划分标准 表9-4

场地等级	对建筑抗震	不良地质作用	地质环境	地形地貌	地下水
一级	符合下列条件之一				
	危险地段	强烈发育	已经或可能受到强烈破坏	复杂	有影响工程的多层地下水、岩溶裂隙水或其他水文地质条件复杂，需专门研究的场地
二级	符合下列条件之一				
	不利地段	一般发育	已经或可能受到一般破坏	较复杂	基础位于地下水位以上
三级	符合下列条件				
	有利地段（或抗震设防烈度小于等于6度）	不发育	基本未受到破坏	简单	地下水对工程无影响

注：1. 从一级开始，向二级、三级推定，以最先满足的为准；
2. 对建筑抗震有利、不利或危险地段的划分，应按《建筑抗震设计规范》GB 50011—2010（2016年版）的规定确定；
3. 不良地质作用是指泥石流、崩塌、滑坡、土洞、塌陷、沟谷、岸边冲刷、地下水潜蚀等；
4. 地质环境是指地下采空、地面沉降、地裂缝、化学污染、地下水位上升等。

有利、不利和危险地段的划分 表9-5

地段类别	地质、地形、地貌	场地选择
有利地段	稳定基岩，坚硬土，开阔、平坦、密实、均匀的中硬土等	—
一般地段	不属于有利、不利和危险的地段	—
不利地段	软弱土，液化土，条状突出的山嘴，高耸孤立的山丘，陡坡，陡坎，河岸和边坡的边缘，平面分布上成因、岩性、状态明显不均匀的土层（如古河道、疏松的断层破碎带、暗埋的塘浜沟谷及半填半挖地基），高含水量的可塑黄土，地表存在结构性裂缝等	应提出避开要求；当无法避开时应采取有效措施
危险地段	地震时可能发生滑坡、崩塌、地陷、地裂、泥石流等及发震断裂带上可能发生地表位错的部位	严禁建造住宅和甲、乙类建筑，不应建造丙类建筑

注：甲类、乙类和丙类建筑的划分参照《建筑抗震设计规范》GB 50011—2010（2016年版）。

3. 地基复杂程度等级

地基复杂程度等级也划分为三级，见表 9-6。

地基复杂程度等级划分标准　　　　　　　　　　　　　表 9-6

地基等级	岩土条件	特殊性岩土
一级（复杂）	符合下列条件之一	
	岩土种类多，很不均匀，性质变化大，需特殊处理	严重湿陷、膨胀、盐渍、污染的特殊性岩土，以及其他情况复杂、需做专门处理的岩土
二级（中等复杂）	符合下列条件之一	
	岩土种类较多，不均匀，性质变化较大	除上述规定以外的特殊性岩土
三级（简单）	符合下列条件	
	岩土种类单一，均匀，性质变化不大	无特殊性岩土

注：1. 从一级开始，向二级、三级推定，以最先满足的为准；
　　2. 多年冻土情况特殊，勘察经验不多，应列为一级地基。

4. 岩土工程勘察等级

综合考虑工程重要性等级、场地的复杂程度和地基复杂程度，一般可将岩土工程勘察工作分成甲、乙、丙三个等级，见表 9-7。

岩土工程勘察等级　　　　　　　　　　　　　　　　　表 9-7

勘察等级	评定标准
甲级	工程重要性等级、场地复杂程度等级、地基复杂程度等级有一项或多项为一级
乙级	除勘察等级为甲级和丙级以外的勘察等级
丙级	工程重要性等级、场地复杂程度等级、地基复杂程度等级均为三级

注：建筑在岩质地基上的一级工程，当场地复杂程度和地基复杂程度等级均为三级时，岩土工程勘察等级可定为乙级。

9.1.3 工程地质测绘

工程地质测绘是对与工程建设有关的各种地质要素进行详细观察和描述，并按照精度要求将它们如实反映在一定比例尺的地形图上的勘察方法和基础性工作。对岩石出露或地质、地貌条件较复杂或有特殊要求的工程场地，在选址勘察或初步勘察阶段宜进行工程地质测绘；对地质条件简单的场地，可用调查代替工程地质测绘。

工程地质测绘的范围应包括工程场地及其附近，确定范围时可考虑以下要求：①工程活动引起的地质现象可能影响的范围；②影响工程建设的不良地质作用的影响或分布范围；③对查明测区工程地质问题有重要意义的邻区；④地质条件特别复杂时可适当扩大。

工程地质测绘所用地形图的比例尺，一般在选址勘察和供城市规划使用时可选用小比例尺测绘，比例尺 1：5000～1：50000，在初步勘察阶段时采用中比例尺测绘，比例尺 1：2000～1：5000，在详细勘察阶段宜采用大比例尺测绘，比例尺 1：500～1：2000。对于工程地段的地质界线，图上的误差不应超过 3mm，其他地段不应超过 5mm。

工程地质测绘方法主要有像片成图法和实地测绘法。像片成图法利用地面摄影或航空

（卫星）摄影采集的像片，首先在室内进行解译，划分地层岩性、地质构造、地貌、水系和不良地质作用等，然后选择需要调查的若干地点和线路，开展实地调查，核对、修正和补充相关情况，绘成地形底图，最后再转绘成工程地质图。

当该工程场地没有航测资料时，工程地质测绘主要依靠实地测绘法。常用的实地测绘法有路线法、布点法和追索法3种。

路线法即沿着特定的路线穿越测绘场地，将沿线的地层、构造、地质现象、水文地质、地质界线、地貌界线和各种不良地质作用等填绘在地形图上，一般用于中、小比例尺工程地质测绘。路线形式有S形或直线形。在路线测绘中应注意观察路线的方向应大致与岩层走向、构造线方向和主要的地貌单元垂直。

布点法即根据测绘场地地质条件复杂程度和测绘比例尺的要求，预先在地形图上选择一定数量的观测点和观测路线。观测路线长度必须满足要求，路线力求避免重复，观测点一般应布置在观测路线上。布点法常用于大、中比例尺的工程地质测绘。

追索法即沿某一地层走向或某一地质构造线，或不良地质现象界线进行布点追索，以查明局部的复杂构造。追索法是一种辅助方法，通常在布点法或路线法基础上进行。

9.2 工程地质勘探

工程地质勘探一般在工程地质测绘的基础上进行，可利用一定的机械工具或开挖作业深入地下了解地质情况，是探明深部地质情况的一种可靠的方法。工程地质勘探的主要方式有物探、钻探、坑探。

9.2.1 物探

1. 主要物探方法的应用范围和适用条件

物探是使用专用仪器探测地壳表层地质体的物理场并依据所获数据进行地层划分，判明地质构造、水文地质情况及各种地质现象的地球物理勘探方法。地质体的不同结构和特性（如成层性、裂隙性和岩土体的含水性、空隙性、物质成分、固结胶结程度等）所具备的地球物理性质或地球物理场（导电性、磁性、弹性、密度、放射性等）存在差异，采用不同的探测方法（如电法、地震法、磁法、重力法以及放射性勘探等）探知地质体的物理场，可以了解地质体的特征，分析解决地质问题。主要物探方法的应用范围和适用条件见表 9-8。目前应用最广泛的是电法和地震法。

2. 电法勘探

在自然界中，岩土的种类、成分、结构、湿度和温度等特征多种多样，因而具有不同的电学性质。电法勘探是利用地下地质体电阻率差异进行探测的地球物理勘探方法，也被称为电阻率法。该法通过电测仪测定人工或天然电场中地质体导电性的变化，再经过解译从而判断地层变化、构造特征、覆盖层和风化层厚度、含水层分布、主导充水裂隙方向等。

根据所用电场的性质，电法勘探可分为电阻率法、充电法、自然电场法和激发极化法等。

不同的岩土电阻率变化范围很大。火成岩的电阻率最高，变质岩次之，沉积岩最低。岩土电阻率主要与岩石成分、结构、构造、孔隙裂隙、含水性等因素有关。

主要物探方法的应用范围和适用条件　　　　　　表 9-8

方法名称		应用范围	适用条件
电法勘探	电阻率法 电阻率剖面法	探测地层岩性、地质构造在水平方向的电性变化,解决与平面位置有关的问题	被测地质体有一定的宽度和长度,电性差异显著,电性界面倾角大于 30°;覆盖层薄,地形平缓
	电阻率测深法	探测地层在垂直方向的电性变化,解决与深度有关的地质问题	被测岩层有足够厚度,岩层倾角小于 20°;相邻层电性差异显著,水平方向电性稳定;地形平缓
	高密度电阻率法	探测浅部不均匀地质体的空间分布	被测地质体与围岩的电性差异显著,其上方没有极高阻或极低阻的屏蔽层;地形平缓,覆盖层薄
	充电法	用于钻孔或水井中测定地下水流向流速;测定滑坡体的滑动方向和速度	含水层埋深小于 50m,地下水流速大于 1m/d;地下水矿化度微弱,覆盖层的电阻率均匀
	自然电场法	判定在岩溶、滑坡及断裂带中地下水的活动情况	地下水埋藏较浅,流速大,并有一定的矿化度
	激发极化法	寻找地下水,测定含水层埋深和分布范围,评价含水层的富水程度	在测区内没有游散电流的干扰,存在激电效应差异
电磁法勘探	频率测深法	探测地层在垂直方向的电性变化,解决与深度有关的地质问题	被测地质体与围岩电性差异显著;没有极低阻屏蔽层,没有外来电磁干扰
	瞬变电磁法	可在基岩裸露、沙漠、冻土及水面上探测断层、破碎带、地下洞穴及水下第四系厚度等	被测地质体相对规模较大,且相对围岩呈低阻;其上方没有极低阻屏蔽层;没有外来电磁干扰
	可控源音频大地电磁测深法	探测中、浅部地质构造	被测地质体有足够厚度及显著的电性差异;电磁噪声比较平静;地形开阔、起伏平缓
	探地雷达	探测地下洞穴、构造破碎带、滑坡体;划分地层结构;管线探测等	被测地质体上方没有极低阻的屏蔽层和地下水的干扰;没有较强的电磁场源干扰
地震法勘探	直达波法	测定波速,计算岩土层的动弹性参数	—
	反射波法	探测不同深度的地层界面、空间分布	被探测地层与相邻地层有一定的波阻抗差异
	折射波法	探测覆盖层厚度及基岩埋深	被测地层的波速应明显大于上覆地层波速
	瑞利波法	探测覆盖层厚度和分层;探测不良地质体	被测地层与相邻层之间、不良地质体与围岩之间,存在明显的波速和波阻抗差异
声波探测		测定岩体动弹性参数;评价岩体的完整性和强度;测定洞室围岩松动圈和应力集中区的范围	—
层析成像		评价岩体质量、划分岩体风化程度、圈定地质异常体、对工程岩体进行稳定性分类;探测溶洞、地下暗河、断裂破碎带等	被探测体与围岩有明显的物性差异;电磁波 CT 要求外界电磁波噪声干扰小
管波探测		桩位岩溶勘察、评价桩基持力层完整性;钻孔岩土分层;钻孔含水层划分;桩基质量检测等	测试段无金属套管、有孔液

续表

方法名称		应用范围	适用条件
综合测井	电测井	划分地层,区分岩性,确定软弱夹层、裂隙破碎带的位置和厚度;确定含水层的位置、厚度;划分咸、淡水分界面;测定地层电阻率	无套管、清水洗孔
	声波测井	区分岩性,确定裂隙破碎带的位置和厚度;测定地层的孔隙度,研究岩土体的力学性质	无套管、清水洗孔
	放射性测井	划分地层;区分岩性,鉴别软弱夹层、裂隙破碎带;确定岩层密度、孔隙度	钻孔有无套管及井液均可进行
	电视测井	确定钻孔中岩层节理、裂隙、断层、破碎带和软弱夹层、溶洞的位置及结构面的产状	无套管和清水钻孔中进行
	井径测量	划分地层;计算固井时所需的水泥量;判断套管井的套管接箍位置及套管损坏程度	有无套管及井液均可进行
	井斜测量	测量钻孔的倾角和方位角	在无铁套管的井段进行

如第四纪松散土层中,干的砂砾石电阻率很高,而饱水的砂砾石电阻率大大降低。饱水条件下,粗粒的砂砾石电阻率比细粒的细砂、粉砂高。黏土(通常作为隔水层)的电阻率远比含水层低。通过建立稳定的人工电场,借助仪器在地表观测某点垂直方向或某剖面水平方向的电阻率变化规律,可以了解岩层、含水层的分布或地质构造特点。

假设地层为均匀且各向同性的连续介质,当电流通过时,地层电阻率完全相同,电流线的分布如图 9-1 所示。图 9-1 中 A、B 和 M、N 分别为供电电极和测量电极,A、B 供电时,根据 M 点和 N 点之间的电位差 ΔU_{MN} 和电流值 I,可以计算出地层的视电阻率:

$$\rho = K \cdot \Delta U_{MN}/I \tag{9-1}$$

式中　ρ——地层的视电阻率($\Omega \cdot m$);

ΔU_{MN}——M、N 两极的电位差;

I——测得的电流值;

K——与供电和测量电极间距有关的装置系数。

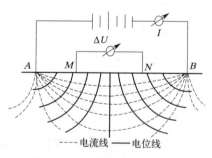

图 9-1　电法勘探原理示意图

在各向同性的均质岩层中测量时,理论上无论电极装置如何,所得的电阻率应当相等,即地层的真电阻率。但实际工作中所遇到的地层既不同性又不均质,所得电阻率并非真实电阻率,而是非均质体的综合反映,所以称这个所得的电阻率为视电阻率。

现在有两种不同性质的岩层,其电阻率分别为 ρ_1 和 ρ_2。当供电电极 A、B 的间距小于或与上部岩层厚度 h 相比不太大时,大部分电流线只通过上部岩层(图 9-2a),这时测得的视电阻率接近于 ρ_1 值；当 A、B 间距与 h 相比较大时，则很大一部分电流通过了下部岩层，这时所测得的视电阻率更接近 ρ_2 值。因此，A、B 间的距离越长视电阻率反映的深度越深。如果在同一点测量，逐渐加大 A、B 间距，就可以了解不同深度岩层的岩性；若间距不变，而测量位置移动，就可以了解某一深度岩层岩性的水平变化及规律。

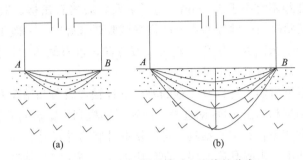

图 9-2　A、B 极距不等时电流线的分布

由于电极极距的装置不同，所反映的地质情况也不同，因此根据极距的装置可将电阻率法分为电测深法、电剖面法及高密度电阻率法等。

1）电测深法。电测深法是在地表以某一点（即测深点）为中心，用不同供电极距测量不同深度岩层的视电阻率值，以获得该点处的地质断面的方法。若测深点沿勘探线布置时，可得出地质横断面情况。

2）电剖面法。电剖面法是测量电极和供电极的固定排列装置不变，而测点沿测线移动，来探测某深度范围内岩层视电阻率 ρ 值的水平变化规律的方法。它能够解决与平面位置有关的地质问题，如断层、岩层接触界面等。

3）高密度电阻率法。高密度电阻率法的原理与普通电阻率法相同，可以在特定剖面上采集到不同装置及不同极距的大量数据，通过对这些数据进行统计分析，可获得各种参数的等级断面图和分级剖面图，进而根据不同图件中各参数值的分布形态，综合分析异常体的位置和规模。它综合了电剖面法和电测深法的特点，可同时提供地下一定深度范围内横向电性的变化情况和垂向电性的变化特征。

3. 地震法勘探

地震法勘探通过研究人工激发的地震波在地壳内的传播规律来勘探地质构造，是广泛使用的工程地质勘探方法之一。由锤击或爆炸激发的弹性波，从激发点通过岩土向外传播，遇到介质分界面时将产生反射和折射，反射波和折射波到达地面引起的微弱震动被地震仪放大和记录，经整理、分析、解译就能推算出不同地层分界面的埋藏深度、产状和构造等信息。根据所需了解的地质现象的深度和范围的不同，可以选用不同频率的地震法。地震法可分为折射波法和反射波法。根据探测的深度不同，地震法又可分为深层地震法和浅层地震法。

9.2.2　钻探

工程地质钻探是指利用机械设备或工具，在岩土层中钻孔，并取出岩土芯样了解地质情况的手段，简称钻探。工程地质钻探是获取地层准确地质资料的重要方法。通过钻探孔可以鉴别、描述岩土层，进行岩土取样，开展标准贯入试验、波速测试等。

在地层内钻掘而成的直径较小且具有相当深度的圆筒形孔眼称为钻孔。钻孔基本要素如图9-3所示。通常将直径不小于800mm的钻孔称为大直径钻孔。

钻孔的位置、直径、深度、方向等，应根据具体工程要求、地质条件和钻探方法综合确定。为了鉴别和划分地层，终孔直径一般不宜小于33mm；为了采取原状土样和软质岩石试样，取样段的孔径不宜小于108mm；为了采取硬质岩石试样，取样段的孔径不宜小于89mm。做孔内试验时，试验段的孔径应根据试验要求确定。一般工业与民用建筑工程地质钻探的深度在数十米以内。钻孔一般为垂直方向，也有倾斜的钻孔。在地下工程中，有时需要水平钻孔，甚至直立向上钻孔。

实际工程中应根据自然条件以及工程的要求选择钻探设备和钻探方法。钻进方法主要有回转钻进、冲击钻进和冲击-回转钻进等。回转式钻机利用钻机的回转器带动钻具旋转，磨削孔底地层，通常使用管状空心钻具，可以钻取柱状岩芯样品。冲击式钻机则利用有一定重量的钻具反复冲击，击碎孔底地层，而后用抽筒、高压空气等将岩石碎屑或扰动土样排出孔外。图9-4为SH30-2型钻机钻进示意图。

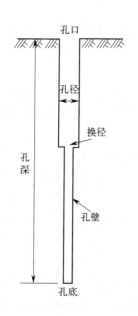

图9-3 钻孔基本要素

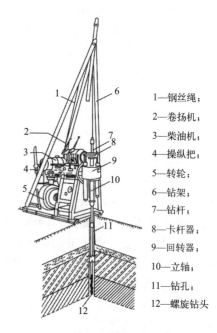

1—钢丝绳；
2—卷扬机；
3—柴油机；
4—操纵把；
5—转轮；
6—钻架；
7—钻杆；
8—卡杆器；
9—回转器；
10—立轴；
11—钻孔；
12—螺旋钻头

图9-4 SH30-2型钻机钻进示意图

9.2.3 井探、槽探和洞探

当钻探方法难以准确查明地下情况时，可以采用探井、探槽进行勘探。探井、探槽是采用人工和机械的方式挖掘的坑、槽，人可以直接进入其中观察地质结构的细节，还可以采取原状结构试验样品或进行现场试验，因此它具有其他勘察手段无法取代的作用。但是探井、探槽探查的深度较浅，地层位于地下水位以下时，此类勘探也比较困难。

工程地质勘探中常用的坑、槽探工程主要包括：探槽、试坑、浅井、竖井和平洞。其中前三种为轻型坑、槽探工程，后两种为重型坑、槽探工程。各种类型坑、槽探工程的特点和适用条件可见表9-9。

工程地质勘探中井探、槽探和洞探工程的类型 表9-9

类型	特点	适用条件
试坑	深数十厘米的圆形或方形小坑	多用于基岩埋深较浅的地区,揭露基岩
浅井	从地表垂直向下、断面呈圆形或方形,深5～15m	确定覆盖层风化层的岩性及厚度;取原状土样,进行载荷试验、渗水试验等
探槽	在地表垂直岩层走向或构造线方向,深度小于3～5m的长条形槽子	追索断层、探查残坡积层及风化岩层的厚度和岩性
竖井	形状与浅井同,但深度大于15m,一般布置在平缓山坡、河漫滩、阶地,一般需支护	探查风化壳厚度、断层裂隙、软弱夹层、滑坡滑动面及岩溶发育情况
平洞	在地面有出口的水平坑道。多布置在陡坡或岩层近于直立的地区	用于了解软弱夹层、断层破碎带的分布和岩体节理裂隙的发育情况。亦可取样或做原位试验

对探井、探槽、探洞进行观测时,除应进行详细的文字记录外,还应绘制剖面图、展示图等,以更好地反映井、槽、洞壁及其底部的地层岩性、地层分界、构造特征等;如进行取样或开展原位试验时,还要在图上标明取样和开展原位试验的位置,并辅以代表性部位的彩色照片。

竖井、平洞一般用于水库坝址、地下工程、大型边坡工程等的勘察中,其深度、长度及断面的位置可根据工程需要确定。

9.2.4 岩土取样

由于岩土的工程特性与其所处的状态关系密切,要获取准确的工程地质资料,在采取试样过程中应保持试样的天然结构。天然成分和结构未被破坏的样品称原状样,反之称扰动样或重塑样。对于岩芯试样,由于其一般硬度都较大,它的天然结构难以破坏,而土样则易受扰动。取土器在打入或压入土体时,必然引起变形和位移,因此在工程地质勘察实际工作中不可能取得完全不受扰动的原状土样。为此,《岩土工程勘察规范》GB 50021—2001(2009年版)按采取样品过程中受扰动程度,将土试样划分成四个质量等级,并对各级试样可以测试的项目作了规定,见表9-10。

土试样质量等级划分 表9-10

级别	扰动程度	试验内容
Ⅰ	不扰动	土类定名、含水量、密度、强度试验、固结试验
Ⅱ	轻微扰动	土类定名、含水量、密度
Ⅲ	显著扰动	土类定名、含水量
Ⅳ	完全扰动	土类定名

注:1. 不扰动是指原位应力状态虽已改变,但土的结构、密度和含水量变化很小,能满足室内试验各项要求;
2. 除地基基础设计等级为甲级的工程外,在工程技术要求允许的情况下可以Ⅱ级土试样进行强度和固结试验,但宜先对土试样受扰动程度做抽样鉴定,判定用于试验的适宜性,并结合地区经验使用试验成果。

在取原状土样(图9-5)时,为了保证土样少受干扰,主要应考虑以下5点原则:

1)选择合理的钻进方法,在结构敏感土层和较疏松的砂层中,必须用回转钻进而不能采用冲击钻进,必要时以泥浆保护孔壁,减少扰动。

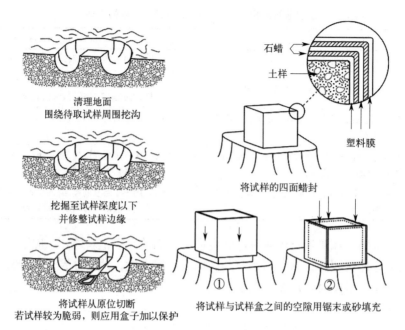

图 9-5 岩土取样示意图

2) 合理选择取土器具和取样方法，一般宜采用标准薄壁取土器或束节式取土器。

3) 取土钻孔的孔径要适当，取土器与孔壁之间应留有一定的空隙，避免取土器切削孔壁，挤进过多的废土。

4) 取土前的一次钻进不宜过深，避免下部拟取土样部位的土层受到扰动。

5) 在土样封存、运输和打开土样做试验时应避免扰动，严防震动、日晒雨淋和冻结。

9.3 岩体现场原位测试方法

岩体原位测试是在现场制备试件模拟工程作用对岩体施加外荷载，进而求取岩体力学参数的试验方法，是岩土工程勘察的重要手段之一。岩体原位测试对岩体扰动小，最大限度地保持了岩体的天然结构和环境状态，因此测试结果比较直观和准确。岩体原位测试方法包括岩体的变形测试、岩体强度测试、岩体应力测试和波速测试等。

9.3.1 岩体变形测试

岩体变形测试通过加压设备将力施加在选定的岩体面上，测量其变形。其方法有静力法和动力法两种。静力法包括承压板法、刻槽法、水压法、钻孔变形法等；动力法有地震法和声波法等。本节仅介绍静力法中的承压板法和钻孔变形法。

1. 承压板法

承压板法通过承压板施加荷载于半无限空间岩体表面，测量岩体的变形响应，并依据弹性理论计算岩体的变形参数。刚性承压板（图 9-6）采用钢板或钢筋混凝土制成，形状通常为圆形；柔性承压板（图 9-7）多采用压力枕下垫以硬木或砂浆，形状多为环形。柔性承压板适用于坚硬完整岩体，而刚性承压板适用于半坚硬或软弱岩体。该方法通常在试验平洞或井巷中进行，也可在露天进行。

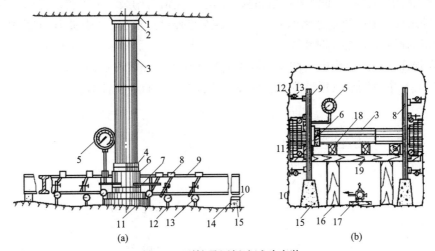

图 9-6 刚性承压板法试验安装
(a) 铅直方向加荷；(b) 水平方向加荷
1—砂浆顶板；2—垫板；3—传力柱；4—圆垫板；5—标准压力表；6—液压千斤顶；7—高压管（接油泵）；8—磁性表架；9—工字钢梁；10—钢板；11—刚性承压板；12—标点；13—千分表；14—滚轴；15—混凝土支墩；16—木柱；17—油泵（接千斤顶）；18—木垫；19—木梁

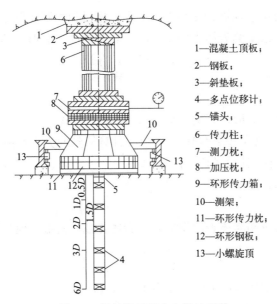

1—混凝土顶板；
2—钢板；
3—斜垫板；
4—多点位移计；
5—锚头；
6—传力柱；
7—测力枕；
8—加压枕；
9—环形传力箱；
10—测架；
11—环形传力枕；
12—环形钢板；
13—小螺旋顶

图 9-7 柔性承压板中心孔法安装

承压板法试验及稳定标准如下：

1) 试验压力分 5 级，最大压力不小于预定压力的 1.2 倍，按最大压力等分逐级施加。

2) 加载前，每隔 10min 测读各测表一次，连续三次读数不变方可开始加载，此读数即为初始读数。钻孔轴向位移计的各测点，在表面测表读数稳定后进行初始读数。

3) 加载方式可采用逐级一次循环法或逐级多次循环法。

4）每级加载完成后立即读数，之后每隔 10min 读数一次，当刚性承压板上的所有测表（或柔性承压板中心岩面上的测表）相邻两次读数变化值与同级压力下首次变形读数和前一级压力下的末次变形读数差之比小于 5% 时，认为变形已经稳定，开始退压（图 9-8），退压后变形稳定的标准，与加压时相同。

5）在加压、退压过程中，均要测读相应过程压力下测表读数一次。

6）中心孔中各测点及板外测表在读取稳定读数后进行一次读数。

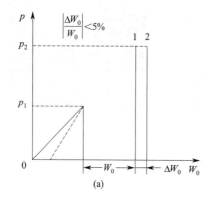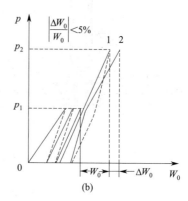

图 9-8 相对变形变化的计算
(a) 逐级一次循环法；(b) 逐级多次循环法

承压板法资料主要用于计算岩体弹性（变形）模量和绘制变形参数关系曲线。

当采用刚性承压板法量测岩体表面变形时，岩体弹性（变形）模量按式(9-2)计算：

$$E = \frac{\pi}{4} \cdot \frac{(1-\nu^2)pD}{W} \quad (9\text{-}2)$$

式中 W——岩体变形（cm）；

E——岩体弹性（变形）模量（MPa），以总变形 W_0 代入上式计算得到的为变形模量 E_0；以弹性变形 W 代入上式计算得到的为弹性模量 E；

p——按承压板面积计算的压力（MPa）；

D——承压板的直径（cm）；

ν——泊松比。

采用柔性承压板法量测岩体表面变形时，岩体弹性（变形）模量按式(9-3)计算：

$$E = \frac{(1-\nu^2)p}{W} \cdot 2(r_1 - r_2) \quad (9\text{-}3)$$

式中 r_1、r_2——环形柔性承压板的外、内半径（cm）；

W——承压板中心岩体表面的变形（cm）。

采用柔性承压板法量测中心孔深部变形时，按式(9-4)计算变形参数：

$$E = \frac{p}{W_Z} \cdot K_Z \quad (9\text{-}4)$$

式中 W_Z——深度为 Z 处的岩体变形（cm）；

K_Z——与承压板尺寸、测点深度和泊松比有关的系数（cm）。

依据承压板法的测试结果还可以绘制压力与变形、变形模量、弹性模量等变形参数的关系曲线，以及沿中心孔不同深度的压力与变形曲线。

2. 钻孔变形法

岩体钻孔变形试验（图 9-9）通过放入钻孔中的压力计或膨胀计向钻孔孔壁施加径向压力，量测钻孔岩体的径向变形，将问题简化为弹性力学平面应变问题计算岩体的变形参数。钻孔变形试验适用于软岩至较硬岩。

钻孔变形法试验及稳定标准如下：

1) 将组装后的探头放入孔内预定深度，并经定向后施加 0.5MPa 的初始压力，探头即自行固定，读取初始读数，如图 9-10 所示。

2) 试验最大压力为预定压力的 1.2~1.5 倍，分为 7~10 级，按最大压力等分逐级施加。

3) 加载方式采用逐级一次循环法或大循环法。

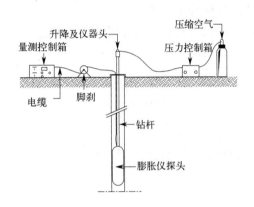

图 9-9　岩体钻孔变形试验示意图　　　图 9-10　岩体钻孔变形试验结果示例

4) 加压后立即读数，以后每隔 3~5min 读数一次。当采用逐级一次循环法时，相邻两次读数差与同级压力下首次变形读数和前一级压力下末次变形读数差之比小于 5% 时，认为变形稳定，即可进行退压。当采用大循环法时，相邻两循环的读数差与首次循环的变形稳定读数之比小于 5% 时，认为变形稳定，即可进行退压。大循环次数不少于 3 次。退压后变形稳定的标准与加压时相同。

5) 每一循环退压时压力应退至初始压力。最后一次循环在压力退至初始压力后，进行稳定值读数，然后将全部压力归零并保持一段时间，然后再移动探头。

钻孔变形法岩体弹性（变形）模量按下式计算：

$$E=\frac{p(1+\nu)d}{\delta} \tag{9-5}$$

式中　E——岩体弹性（变形）模量（MPa），以总变形 δ_t 代入上式计算得到的为变形模量 E_0；以弹性变形 δ_e 代入上式计算得到的为弹性模量 E；

　　　p——试验压力与初始压力之差（MPa）；

　　　d——钻孔直径（cm）；

　　　δ——岩体的径向变形（cm）。

根据试验资料可以绘制各测点的压力与变形、变形模量、弹性模量等变形参数的关系曲线，以及与钻孔岩芯柱状图相对应的沿孔深的弹性模量、变形模量分布图。

9.3.2 岩体强度测试

岩体强度测试是原位测定岩体抗剪强度的方法，主要有现场直剪试验和现场三轴试验两种。该类方法考虑了岩体结构面的影响，试验结果比较符合实际。

1. 现场直剪试验

岩体现场直剪试验，是将同一类型岩体（或岩体结构面）的一组试体，在不同的法向荷载作用下，沿预定的剪切面进行剪切，根据库仑表达式确定其抗剪强度参数。

岩体现场直剪试验可分为三类：岩体本身的抗剪强度试验、岩体沿其软弱结构面的抗剪强度试验和混凝土与岩体胶结面的抗剪强度试验。每类试验又可分为抗剪断试验（剪切面未扰动情况下进行的第一次剪断）和抗剪试验（试体剪断后沿剪断面继续剪切）。

岩体本身的抗剪强度和岩体沿其软弱结构面的抗剪强度是通过抗剪试验测定的；混凝土与岩体胶结面的抗剪强度是通过抗剪断试验和抗剪试验测定的。

现场直剪试验可在试洞、试坑、探槽或大口径钻孔内开展。当剪切面水平或近于水平时，可采用平推法或斜推法；当剪切面较陡时，可采用楔形体法（图9-11）。

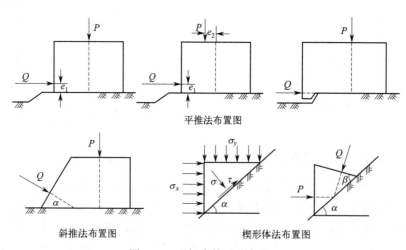

图9-11 现场直剪试验布置图

2. 试验加载及位移测读

1) 最大法向荷载大于设计荷载，并按等差数列分为4～5级逐级施加，每隔5min施加一级，并测读其法向位移。加载至预定荷载后立即测读，以后每隔5min测读一次，当连续两次读数差不超过0.01mm时，视为稳定，然后施加剪切荷载。对于软弱岩体或软弱结构面，在最后一级荷载作用下，对低塑性的每隔10min、高塑性的每隔15min测读一次，当连续两次读数差不超过0.05mm时，视为稳定。

2) 剪切荷载按预估最大值的8%～10%分级等量施加（如发生后一级荷载的剪切位移为前一级的1.5倍以上时，下一级荷载减半施加）。每隔5min加载一次（对于软弱岩体、软弱结构面，按每隔10min或15min加载一次），加载前后均应测读各表的剪切位移。当剪切位移急剧增长或剪切位移达到试体尺寸的1/10时，可认为试体已剪断。试体剪断后，继续在大致相同的剪切荷载作用下，根据剪切位移大于10mm时的结果确定残余抗剪强度。然后将剪切荷载缓慢退荷至零，观测试体回弹情况。

当采用斜推法分级施加斜向荷载时,应同步降低由于施加斜向荷载而引起的法向荷载增量,使法向荷载在剪切过程中始终保持一致。

3. 现场直剪试验资料应用

1) 试体剪切面应力计算

平推法的剪切面法向应力 σ 和剪应力 τ 根据式(9-6)计算:

$$\sigma = \frac{P}{F}, \quad \tau = \frac{Q}{F} \tag{9-6}$$

斜推法梯形试体的剪切面法向应力 σ 和剪应力 τ 根据式(9-7)计算:

$$\sigma = \frac{P + Q\sin\alpha}{F}, \quad \tau = \frac{Q\cos\alpha}{F} \tag{9-7}$$

斜推法直角楔体的剪切面法向应力 σ 和剪应力 τ 根据式(9-8)计算:

$$\sigma = \sigma_y \cos^2\alpha + \sigma_x \sin^2\alpha, \quad \tau = \frac{1}{2}(\sigma_y - \sigma_x)\sin 2\alpha \tag{9-8}$$

斜推法非直角楔体的剪切面法向应力 σ 和剪应力 τ 根据式(9-9)计算:

$$\sigma = q\cos\beta + p\sin\alpha, \quad \tau = q\sin\beta - p\cos\alpha \tag{9-9}$$

其中,$q = \dfrac{\sigma\cos\alpha}{\cos(\alpha-\beta)}$,$p = \dfrac{\sigma\sin\beta}{\cos(\alpha-\beta)}$。

水平推挤法(图 9-12)假定每个条块所受的水平推力与条块所受的竖向力(重力与法向荷载之和,即 $g_i + p_i$)成正比,且不考虑条块之间的摩擦阻力,则有每个条块上的法向应力 σ 和剪应力 τ 分别为式(9-10)和式(9-11):

$$\sigma_i = \frac{Q}{G+P}(g_i + p_i)\sin\alpha_i + (g_i + p_i)\cos\alpha_i \tag{9-10}$$

$$\tau = \frac{Q}{G+P}(g_i + p_i)\cos\alpha_i - (g_i + p_i)\sin\alpha_i \tag{9-11}$$

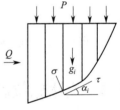

图 9-12 水平推挤法布置图

式中 p_i——每条土上的法向荷载;

g_i——每条土的重量;

G——受推挤滑动土体的总重。

2) 比例界限压力

比例界限压力定义为剪应力与剪切位移曲线直线段末端对应的剪应力,见图 9-13 中的 a 点。如果直线段不明显,可采用一些辅助手段确定。如采用循环荷载方法时,在比例强度前卸荷后剪切位移可以基本恢复,超过比例界限后则不然;利用试体以下基底岩体的水平位移与试样的水平位移的关系判断,在比例界限之前,两者相近,过比例界限后,试样的水平位移大于基底的水平位移;绘制剪应力和剪切位移的 $\tau - u(\tau)$ 曲线,在比例界限之前,u/τ 变化极小,过比例界限后,$u(\tau)$ 值增大加快。

3) 屈服强度

应力应变关系曲线过比例界限强度(如图 9-13 的 a 点)后开始偏离直线,随应力增大,应变开始增大较快,试体的体积由压缩转为膨胀,图 9-13 中的 b 点值即为屈服强度。屈服强度可通过绘制试样的绝对剪切位移 u_A,试样和基底间的相对位移 u_R 以及与剪应力 τ 的关系曲线来确定,见图 9-14。在屈服强度之前,u_R 的增率小于 u_A,过屈服强度后，则 u_A 与 u_R 的增率相等，剪应力 τ 与 u_A 曲线上的 A 点相应的剪应力即屈服强度。

4) 峰值强度

图 9-13 中 bc 段曲线斜率迅速减小，试体体积膨胀加速，变形随应力迅速增长，至 c 点应力达到最大值。相应于 c 点的应力值为峰值强度。

5) 残余强度

试体在破坏点 c 之后，并不是完全失去承载能力，而是保持较小的数值，即为残余强度，见图 9-13 中的 d 点。

岩体原位测试设备笨重，操作复杂，试验工期长，费用高。考虑到测试试件与实际工程规模相比尺寸要小得多，因此测试结果只能代表一定范围内的岩体力学性质，因此，必须有一定数量的测试数据来保证测试结果的代表性。

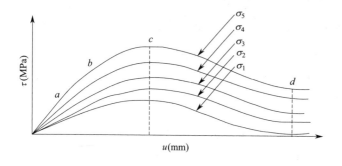

图 9-13 直剪试验剪应力与剪切位移关系曲线　　图 9-14 确定屈服强度的辅助方法

9.4 土体原位试验

土体原位试验是指在工程地质勘察现场，在不扰动或基本不扰动土层的情况下对土层进行测试，以获得所测土层的物理力学性质指标及划分土层的一种土工勘察技术。土体原位试验技术种类较多，都有一定的适用范围，应根据工程要求、试验指标、试验技术水平、工程规模与经费等加以选用。常用的试验方法包括：静力荷载试验、静力触探试验、标准贯入试验、旁压试验、波速试验，本书侧重介绍其基本原理及成果的应用。

9.4.1 静力荷载试验

静力荷载试验可用于确定地基土的承载力、变形模量、不排水抗剪强度等，包括平板荷载试验和螺旋板荷载试验。平板荷载试验适用于各类浅部地层，螺旋板荷载试验适用于深部或地下水位以下的地层。

1. 试验装置和基本技术要求

静力荷载试验的主要设备分为三个部分，即加荷与传压装置、变形观测系统及承压板。地基荷载试验装置见图 9-15。

承压板为刚性圆形板或方形板，面积一般采用 $0.25\sim0.5\text{m}^2$ 时，对均质、密实以上的地基土（如老堆积土、砂土）可采用 0.1m^2，对新近堆积土、软土和粒径较大的填土不应小于 0.5m^2。国内外一些规范、规程对承压板面积的要求如表 9-11 所示。

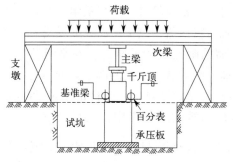

图 9-15 地基荷载试验装置

承压板面积 表 9-11

规范、规程	承压板面积(m^2)	规范、规程	承压板面积(m^2)
《岩土工程勘察规范》GB 50021—2001(2009年版)	不应小于0.25(一般土),不应小于0.50(软土、粒径大的填土)	《岩土工程勘察规范》DGJ 08-37—2002	不宜小于0.5
《建筑地基基础设计规范》GB 50007—2011	不应小于0.25(一般土),不应小于0.50(软土)	美国ASTM	0.10~0.36
《岩土静力载荷试验规程》YS/T 5218—2018	0.05~0.5	日本标准	0.09

试验时将试坑挖到基础的预计埋置深度,整平坑底,放置承压板,然后在承压板上施加荷载。基坑宽度应不小于承压板宽度或直径的3倍。试验过程中注意保持试验土层的原状结构和天然温度。加载等级不应少于8级,最大加载量不低于荷载设计值的两倍,荷载按等量分级施加。当不易预估极限荷载时,可参考表9-12选用。每级加载后间隔5min、5min、10min、10min、15min、15min测读沉降量,之后每隔30min测读一次。连续2h内每小时的沉降量小于0.1mm时,则认为变形已趋稳定,可施加下一级荷载。

出现下列情况之一时,可终止加载:①承压板周围的土明显向侧向挤出;②沉降量急剧增大,本级荷载的沉降量大于前一级荷载沉降量的5倍;③在某一级荷载下,24h内沉降速率仍无法稳定;④总沉降量与承压板的宽度或直径的比值大于等于0.06。

满足前三种情况之一时,其相对应的前一级荷载为地基土的极限荷载。

每级荷载增量参考值 表 9-12

试验土层特征	每级荷载增量(kPa)
淤泥,流塑黏性土,松散砂土	≤15
软塑黏性土,粉土,稍密砂土	15~25
可塑-硬塑黏性土,粉土,中密砂土	25~50
坚硬黏性土、粉土,密实砂	50~100
碎石土、软岩石、风化岩石	100~200

2. 静力荷载试验资料的应用

1)确定地基承载力特征值

根据静力荷载试验成果可绘制 $p\text{-}s$ 曲线(图9-16),并按下述方法确定地基承载力:

(1) 当 p-s 曲线上有明显的直线段时，应当采用比例界限对应的荷载值为地基承载力特征值；当 p-s 曲线上无明显直线段时，可用下述方法辅助确定比例界限：①在某级荷载下，其新增沉降量超过前一级荷载下沉量的两倍，即 $\Delta s_n > 2\Delta s_{n-1}$ 的点对应的荷载作为比例界限；②绘制 $\lg p$-$\lg s$ 曲线，该曲线上转折点对应的荷载为比例界限；③绘制 $p - \dfrac{\Delta p}{\Delta s}$ 曲线，该曲线上的转折点对应的荷载值为比例界限，其中 Δp 为荷载增量，Δs 为相应的沉降增量。

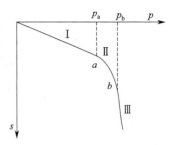

图 9-16 地基荷载试验 p-s 曲线

Ⅰ—压实阶段；Ⅱ—塑性变形阶段；Ⅲ—破坏阶段

(2) 当极限荷载小于比例界限对应的荷载值的 2 倍时，取极限荷载值的一半作为地基承载力特征值。

(3) 不能按比例界限和极限荷载确定时，对于低压缩性土和砂土，可取沉降量与承压板的宽度或直径的比值 $s/b=0.01\sim0.015$ 所对应的荷载作为地基土承载力特征值；对于中高压缩性土，可取 $s/b=0.02$ 所对应的荷载作为地基土承载力特征值，但承载力特征值不应大于最大加载量的一半。

静力载荷试验时，同一土层的有效试验点应不少于三个，试验实测值的极差不超过平均值的 30% 时，取平均值作为该土层的地基承载力特征值。

2) 确定地基土的变形模量

一般根据 p-s 曲线的直线段，用下式计算地基土的变形模量 E_0 值：

$$E_0 = (1-\nu^2)\frac{\pi B}{4} \cdot \frac{\Delta p}{\Delta s} \tag{9-12}$$

式中 B——承压板的直径（m），当为方形板时 $B=2\sqrt{A/\pi}$；

A——方形板的面积（m^2）；

$\Delta p/\Delta s$——p-s 曲线直线段的斜率（kPa/m）；

ν——地基土的泊松比。

若 p-s 曲线的直线段不明显，可用前文介绍的方法确定地基承载力基本值与相应的沉降量代入公式计算 E_0。但此时应与其他原位测试资料比较，综合考虑确定 E_0 值。

3) 估算地基土的不排水抗剪强度

对于饱和的软黏土层，可按下式用不排水条件下的快速载荷试验确定的极限荷载 p_u 估算地基土的不排水抗剪强度 C_u（kPa）：

$$C_u = \frac{p_u - \sigma_0}{N_c} \tag{9-13}$$

式中 σ_0——承压板周边外的超载或土的自重压力（kPa）；

N_c——承压板系数；对于圆形或方形承压板，当周边无超载时，$N_c=6.15$；当承压板埋深大于等于 4 倍承压板直径或边长时，$N_c=9.25$；当承压板埋深小于 4 倍承压板直径或边长时，N_c 值由线性内插法确定。

4) 估算地基土基准基床系数

对于边长为 30cm 的方形承压板的平板荷载试验，根据 p-s 曲线数据，可按下式估算载荷试验基准基床系数 K_{V1}：

$$K_{V1}=p/s \tag{9-14}$$

式中 p/s——$p\text{-}s$ 关系曲线直线段的斜率，若 $p\text{-}s$ 曲线无明显直线段，p 值可取临界荷载 p_a 的一半，s 取相该荷载对应的沉降量。

应用静力荷载试验成果时必须注意以下两个问题：

一是静力荷载试验的承受荷载的地基面积比较小，加载后受影响土层的深度一般不超过 2 倍承压板边长或直径，而且加载时间与工程服役时间相比较短，因此静力荷载试验无法提供工程基础的长期沉降资料。

二是沿海软黏土地区地表附近往往有一层"硬壳层"，使用小尺寸的承压板开展测试时，受压影响范围往往还在硬壳层内，位于下方的软弱土层还未受到明显的影响，然而对于实际建筑物，基础尺寸大，建筑物的沉降主要取决于下部软弱土层（图 9-17）。

因此，静力载荷试验成果的应用是有条件的，要充分考虑试验影响范围的局限性，分析试验条件与实际地基之间存在的差异性。

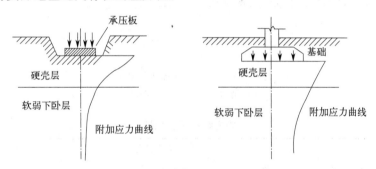

图 9-17　承压板与实际基础尺寸的差异对评价建筑物沉降的影响

9.4.2　静力触探试验

静力触探（CPT）是通过一定的机械装置依靠静力将探头以一定速率压入土中，利用探头内的力传感器将探头受到的贯入阻力记录下来的一种试验方法。静力触探试验根据贯入阻力的大小来判断、确定地基土的物理力学性质，适用于黏性土、粉土和砂土，主要用于划分土层、估算地基土的物理力学指标参数等。孔压静力触探（CPTU）除静力触探的功能外，在探头上附加孔隙水压力量测装置，还可以量测孔隙水压力的增长与消散。利用孔压量测的高灵敏性，可以更加精确地辨别土类，测定评价更多的岩土工程性质指标。

1. 静力触探试验的技术要求

静力触探试验使用的静力触探仪主要由贯入装置、传动系统和量测系统三部分组成。贯入装置（包括反力装置）的基本功能是可控制等速压贯入，传动系统主要有液压和机械两种系统，量测系统部分包括探头、电缆和电阻应变仪或电位差计自动记录仪等。

触探探杆通常用高强度无缝钢管制成。为了使用方便，触探杆的长度以 1m 为宜，探杆头宜采用平接，以减少压入过程中探杆与土的摩擦力。

试验过程中将探头压入土中时，探头会受到土层的阻力，土层强度越高，探头所受到的阻力越大。通过探头内置的阻力传感器，将土层的阻力转换为电信号，由电子仪器放大和记录下来。通过阻力大小可以判断土层的强度。目前国内常用的探头有两种：一种是单桥探头，另一种是双桥探头，如图 9-18 所示，其规格见表 9-13。此外还有能同时测量孔隙水压力的两用或三用探头。

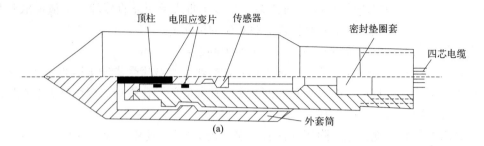

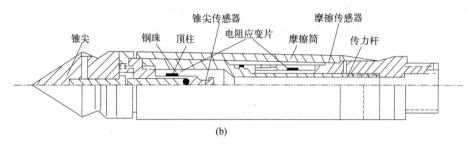

图 9-18 静力触探探头示意图
（a）单桥探头；（b）双桥探头

静力触探探头规格 表 9-13

探头截面积 $A(cm^2)$	探头直径 $d(mm)$	锥角 $\alpha(°)$	单桥探头 有限侧壁长度 $L(mm)$	双桥探头 摩擦筒侧壁面积 (cm^2)	摩擦筒长度 $L(mm)$
10	35.7		57	150,200	179
15	43.7	60	70	300	219
20*	50.4		81	300	189

注：探头截面积 $20cm^2$ 型探头未列入《岩土工程勘察规范》GB 50021—2001（2009年版）。

探头截面积，国际通用标准为 $10cm^2$，探头的几何形状及尺寸会对测试数据造成影响，为了向国际标准靠拢，便于测试结果的比较和研究成果的交流，《岩土工程勘察规范》GB 50021—2001（2009 年版）推荐使用探头截面积为 $10cm^2$ 的探头。

单桥探头有效侧壁长度为锥底直径的 1.6 倍，能测定比贯入阻力 p_s，即总贯入阻力 P 与探头锥尖底面积 A 的比值，其计算公式为：

$$p_s = P/A \tag{9-15}$$

双桥探头可以测定两个触探指标——锥尖阻力 q_c 和侧壁摩阻力 f_s，其计算公式如下：

$$q_c = Q_c/A; \quad f_s = P_f/F \tag{9-16}$$

式中 Q_c、P_f——锥尖总阻力和侧壁总摩阻力；

A、F——锥底的截面积和摩擦筒的表面积。

孔压静力触探探头能同时测定锥头阻力、侧壁摩擦阻力和孔隙水压力，同时还能测定探头周围土中孔隙水压力的消散过程。

在静力触探试验的整个过程中，探头应匀速、垂直地压入被测土层中，贯入速率一般应控制在（1.2±0.3）m/min。探头传感器必须事先进行室内标定，非线性误差、重复性误差、滞后误差、温度飘移、归零误差均应小于满量程的1%。开展现场试验时，现场的归零误差不得超过3%。触探时，深度记录误差一般不能超过±1%。当贯入深度大于50m时，应量测触探孔的偏斜度，并校正土的分层界线。

对于下列情况，土层触探参数值应根据具体情况作必要取舍：

1）在曲线中，遇个别峰值，可不参与平均值计算。这些个别峰值可能由黏性土或粉土中的块石、湖沼软土中的贝壳、土中个别粗大颗粒等导致，它们不代表土层的基本特性；但在曲线图上，应如实绘出，有助于对地层的分析。

2）厚度小于1m的土夹层，若贯入阻力较上、下土层为高（或低）时，应取其较大（或最小）值为层平均值。所谓的较大值指峰值点上、下各20cm以内的大值平均值。

3）土层系由若干厚度在30cm以内的粉土（砂）和黏性土交互层沉积而成，且不宜进一步细分时，则应分别计算该套组合土层的峰值平均值和谷值平均值。这是由于土层的界面效应对薄层土的贯入阻力有影响，使得土层的峰值较"真值"小，谷值又较"真值"大。这种地层应结合工程性质综合分析评价。

2. 静力触探试验成果的应用

1）根据贯入阻力曲线的形态或数值变化幅度划分土层

在建筑物的基础设计中，对于地基土，按土的类型及其物理力学性质，结合地质成因进行分层是十分重要的。特别是在桩基础设计中，桩端持力层的标高及其起伏程度和厚度变化，是确定桩长的重要设计依据。

根据静力触探曲线可对地基土进行分层，或参照钻孔分层结合静力触探 p_s 或 q_c 及 f_s 值的大小和曲线形态（图9-19）进行地基土的力学分层，并确定分层界线和土的类别。

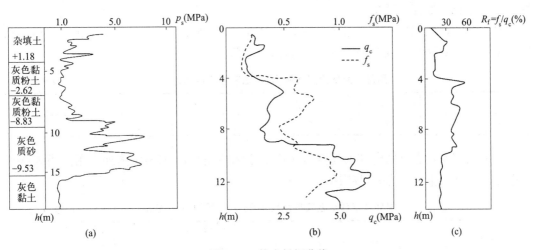

图9-19 静力触探曲线

(a) 静力触探 p_s-h 曲线；(b) 静力触探 q_c-h 和 f_s-h 曲线；(c) 静力触探 R_f-h 曲线

由于地基土层特性变化十分复杂，划分土层的界线时应注意以下两个问题：

一是在探头贯入过程中通过不同工程性质的土层界线时，p_s 或 q_c 及 f_s 值的变化一般是显著的，但并不是突变的。如图 9-20 中的 q_c-h 曲线 ABC 段所示，探头由软土层向硬土层贯入时测得的 q_c 值有提前和滞后现象，即当探头离硬土层面一定距离时，q_c 已经逐渐增大，探头贯入硬土层一定深度后才达到其最大值。探头通过硬土层而贯入软土层时的情形也是如此，只不过 q_c 值由最大值逐渐变小。因此，软土层与硬土层的分界线应为 B 点和 E 点。

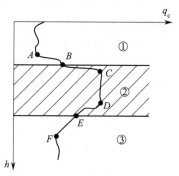

图 9-20 不同土层界线处的提前和滞后

二是在深度不大时，静力触探所划分的土层界线与实际土层分界线相差不多，多为 20～40cm；但当触探深度超过 40m 且下部有硬土层时，静力触探定出的分层深度往往比钻探探查的分层深度大。这种误差主要是由于在触探中深度记录误差累积和细长探杆发生挠曲所致（探杆弯曲后就沿弯曲方向继续贯入，使触探深度大于实际深度）。通过严格认真的操作，并在探头内附设测斜装置，能够将误差控制在规定的范围内。

综上所述，依据静力触探曲线划分土层界线的基本方法是：①上下两层贯入阻力相差不大时，取超前深度和滞后深度的中点，或中点偏向小阻力土层 5～10cm 处作为分层界线；②上下两层贯入阻力相差一倍以上时，取软土层贯入阻力值变化点偏向硬土层的 10cm 处作为分层界线；③上下两层贯入阻力无甚变化时，可结合 f_s 或 R_f（摩阻比 $R_f = f_s/q_c$）的变化确定分层界线。

2）确定黏性土不排水抗剪强度 C_u 值、砂土内摩擦角和密实度

由于静力触探试验的贯入速率较快，是一种量测黏性土的不排水抗剪强度的可行方法。经过对大量试验结果的统计，探头锥尖阻力与黏性土的不排水抗剪强度具有确定的函数关系，且相关性都很理想。

对于砂土，内摩擦角 φ 是最重要的力学参数，《工程地质手册（第五版）》[①]（后面指同一本书不再页注）按表 9-14 估算砂土的内摩擦角。

用静力触探比贯入阻力 p_s 估算砂土内摩擦角 φ　　　　　　　　　　表 9-14

p_s(MPa)	1.0	2.0	3.0	4.0	6.0	11.0	15	30
φ(°)	29	31	32	33	34	36	37	39

砂土的密实状态是判定其工程性质的重要指标。表 9-15 列出了国外利用静力触探评定砂土密实度的锥尖阻力 q_c 界限值。

国外评定砂土密实度的锥尖阻力 q_c 界限值（MPa）　　　　　　　　　　表 9-15

国家	砂土密实度				
	极松	松散	中密	密实	极密
挪威	<2.5	2.5～5.0	5.0～10.0	10.0～20.0	>20.0
美国、日本	—	<4.0	4.0～12.0	12.0～20.0	>20.0

---

① 《工程地质手册》编委会．工程地质手册 [M]．5 版．北京：中国建筑工业出版社，2018.

3)评定土的变形指标

在临界深度以下贯入时,土体压缩变形起着重要作用。无论是从理论上还是从 q_c(或 p_s)与 E_s(或 E_0)的统计分析方面,都反映了 q_c(或 p_s)与 E_s(或 E_0)等土的压缩变形指标存在良好的函数关系。《铁路工程地质原位测试规程》TB 10018—2018 中给出的土层压缩模量和变形模量分别见表 9-16 和表 9-17。

用比贯入阻力 p_s 估算地基土压缩模量 E_s 表 9-16

土层名称	p_s(MPa)								
	0.1	0.3	0.5	0.7	1.0	1.3	1.8	2.5	3.0
软土及一般黏性土	0.9	1.9	2.6	3.3	4.5	5.7	7.7	10.5	12.5
饱和砂类土	—	—	2.6~5.0	3.2~5.4	4.1~6.0	5.1~7.5	6.0~9.0	7.5~10.2	9.0~11.5
新黄土(Q_4、Q_3)	—	—	—	—	1.7	3.5	5.3	7.2	9.0
土层名称	p_s(MPa)								
	4	5	6	7	8	9	11	13	15
软土及一般黏性土	16.5	20.5	24.4	—	—	—	—	—	—
饱和砂类土	11.5~13.0	13.0~15.0	15.0~16.5	16.5~18.5	18.5~20.0	20.0~22.5	24.0~27.0	28.0~31.0	35.0
新黄土(Q_4、Q_3)	12.6	16.3	20.0	23.6	—	—	—	—	—

注:1. 粉土可按表中砂土相应数值的 70% 取值;
2. 表内数值可线性内插,不可外推。

用比贯入阻力 p_s 估算地基土压缩模量 E_0 表 9-17

土层名称		E_0 算式	p_s 值域(MPa)
老黏性土($Q_1 \sim Q_3$)		$E_0 = 11.78 p_s - 4.69$	3.0~6.0
软土及饱和黏性土(Q_4)		$E_0 = 6.03 p_s^{1.45} + 0.8$	<2.5
细砂、粉砂、粉土		$E_0 = 3.57 p_s^{0.684}$	1.0~20.0
新黄土(Q_4、Q_3)	东南带	$E_0 = 13.09 p_s^{0.64}$	0.5~5.0
	西北带	$E_0 = 5.95 p_s + 1.41$	1.0~5.5
	北部边缘带	$E_0 = 5 p_s$	1.0~6.5

4)评定地基土的承载力 f_0

为了利用静力触探确定地基土的承载力,国内外将静力触探试验结果与载荷试验求得的比例界限值进行对比,根据对比试验结果得到用于特定地区或特定土性的经验公式。

对黏性土,《工程地质手册(第五版)》推荐的经验公式为(p_s 的单位为 MPa):

$$f_0 = 104 p_s + 26.9 \text{(kPa)} \quad 0.3 \leqslant p_s \leqslant 6 \tag{9-17}$$

对于粉土则采用下式(p_s 的单位为 MPa):

$$f_0 = 36 p_s + 44.6 \text{(kPa)} \tag{9-18}$$

《铁路工程地质原位测试规程》TB 10018—2018 给出的天然地基基本承载力 σ_0 和极限承载力 p_u 算式分别如表 9-18 和表 9-19 所示。

天然地基基本承载力（σ_0）算式　　　　　表 9-18

土层名称		算式$\sigma_0=f(p_s)$(kPa)	p_s值范围(kPa)
老黏性土($Q_1 \sim Q_3$)		$\sigma_0=0.1p_s$	2700～6000
一般黏性土(Q_4)		$\sigma_0=5.8\sqrt{p_s}-46$	≤6000
软土		$\sigma_0=0.112p_s+5$	85～800
砂土及粉土		$\sigma_0=0.89p_s^{0.63}+14.4$	≤24 000
新黄土(Q_4、Q_3)	东南带	$\sigma_0=0.05p_s+65$	500～5000
	西北带	$\sigma_0=0.05p_s+35$	650～5500
	北部边缘带	$\sigma_0=0.04p_s+40$	1000～6500

天然地基极限承载力（p_u）算式　　　　　表 9-19

土层名称		p_u算式(kPa)	p_s值范围(kPa)
老黏性土($Q_1 \sim Q_3$)		$p_u=0.14p_s+265$	2700～6000
一般黏性土(Q_4)		$p_u=0.94p_s^{0.8}+8$	700～3000
软土		$p_u=0.196p_s+15$	<800
粉、细砂		$p_u=3.89p_s^{0.58}-65$	1500～24 000
中、粗砂		$p_u=3.6p_s^{0.6}+80$	800～12 000
砂土		$p_u=3.74p_s^{0.58}+47$	1500～24 000
粉土		$p_u=1.78p_s^{0.63}+29$	≤8000
新黄土(Q_4、Q_3)	东南带	$p_u=0.1p_s+130$	500～4500
	西北带	$p_u=0.1p_s+70$	650～5300
	北部边缘带	$p_u=0.08p_s+80$	1000～6000

5）估算单桩承载力

静力触探试验可以看作是小直径桩的现场载荷试验。对比结果表明，用静力触探成果估算单桩极限承载力是行之有效的，通常按单桥或双桥探头实测曲线进行估算。

（1）《地基基础设计标准》DGJ 08-11—2018 推荐的计算方法

沿海软土地区，可按单桥探头实测比贯入阻力估算预制桩单桩竖向承载力 R_d：

$$R_d = \frac{R_{sk}}{r_s} + \frac{R_{pk}}{r_p} = \frac{u_p \sum f_{si} \cdot l_i}{r_s} + \frac{\alpha_b \cdot p_{sb} \cdot A_p}{r_p} \tag{9-19}$$

式中　R_{sk}——桩侧总极限摩阻力标准值（kN）；

　　　R_{pk}——桩端极限阻力标准值（kN）；

　　　r_s——总侧摩阻力的分项系数；

　　　r_p——桩端阻力的分项系数；

　　　A_p——桩身横截面积（m²）；

　　　u_p——桩身周长（m）；

　　　l_i——按土层划分第 i 层土分段桩长（m）；

　　　α_b——桩端阻力修正系数；

　　　p_{sb}——桩端附近的静力触探比贯入阻力（kPa）；

f_{si}——用静力触探比贯入阻力 p_s 估算的桩周各层土的极限摩阻力标准值（kPa）。

根据静力触探资料估算的桩端极限端阻力标准值不宜超过8000kPa，桩侧极限摩阻力标准值不宜超过100kPa。对于比贯入阻力值为2500～6500kPa的浅层粉性土或稍密的砂土，估算桩端阻力和桩侧摩阻力时应结合土的密实程度以及类似工程经验综合确定。

（2）《铁路工程地质原位测试规程》TB 10018—2018推荐的计算方法

钢筋混凝土预制桩的极限荷载 Q_u 可根据双桥探头触探参数按下式计算：

$$Q_u = U\sum_{i=1}^{n} h_i \beta_i \bar{f}_{si} + \alpha A_c q_{cp} \tag{9-20}$$

式中 U——桩身周长（m）；

　　h_i——桩身穿过的第 i 层土厚度（m）；

　　A_c——桩底（不包括桩靴）全断面面积（m²）；

　　$\bar{f}_{si}$——第 i 层土的触探侧阻平均值（kPa）；

　　q_{cp}——桩底端阻计算值；

　　β_i、α——分别为第 i 层土的极限摩阻力和桩尖土的极限承载力综合修正系数。

（3）《建筑桩基技术规范》JGJ 94—2008推荐的计算方法

根据单桥探头静力触探资料确定混凝土预制桩单桩竖向极限承载力标准值时，如无当地经验，可按下式计算：

$$Q_{uk} = Q_{sk} + Q_{pk} = u\sum q_{sik}l_i + \alpha p_{sk} A_p \tag{9-21}$$

式中 u——桩身周长；

　　q_{sik}——用静力触探比贯入阻力值估算的桩周第 i 层土的极限侧阻力；

　　l_i——桩穿越第 i 层土的厚度；

　　α——桩端阻力修正系数；

　　p_{sk}——桩端附近的静力触探比贯入阻力标准值（平均值）；

　　A_p——桩端面积。

当根据双桥探头静力触探资料确定混凝土预制桩单桩竖向承载力标准值时，对于黏性土、粉土和砂土、如无当地经验时可按下式计算：

$$Q_{uk} = u\sum l_i \beta_i f_{si} + \alpha q_c A_p \tag{9-22}$$

式中 f_{si}——第 i 层土的探头平均侧阻力；

　　q_c——桩端平面上、下探头阻力，取桩端平面以上 $4d$（d 为桩的直径或边长）范围内按土层厚度的探头阻力加权平均值，然后再和桩端平面以下 $1d$ 范围内的探头阻力进行平均；

　　α——桩端阻力修正系数，对黏性土、粉土取 2/3，饱和砂土取 1/2；

　　β_i——第 i 层土桩侧阻力综合修正系数，对于黏性土和粉土，$\beta_i = 10.04(f_{si})^{-0.55}$，对于砂土 $\beta_i = 5.05(f_{si})^{-0.45}$。

6）确定土的内摩擦角

砂土的内摩擦角可根据静力触探参照表9-20取值。

砂土的内摩擦角 φ　　　　表 9-20

p_s(MPa)	1	2	3	4	6	11	15	30
φ(°)	29	31	32	33	34	36	37	39

根据《铁路工程地质原位测试规程》TB 10018—2018，对于超固结比 $OCR \leqslant 2$ 的正常固结和轻度超固结的软黏性土，当贯入阻力 p_s（或 q_c）随深度成线性递增时，其固结快剪内摩擦角（φ_{cu}）可用下列公式估算：

$$\lg\varphi_{cu} = 1.4\Delta c_u / \sigma_{v0}' \tag{9-23a}$$

$$\Delta\sigma_{v0}' = \Delta\sigma_{v0} - \gamma_w \cdot \Delta d \tag{9-23b}$$

$$\Delta\sigma_{v0} = \gamma \cdot \Delta d \tag{9-23c}$$

式中　Δd——线性化触探曲线上任意两点间的深度增量；

　　　Δc_u——对应于 Δd 的不排水抗剪强度增量，可按 $c_u = 0.04p_s + 2$ 计算；

　　　$\Delta\sigma_{v0}$——土的自重压力增量。

7）估计饱和黏性土的天然重度

利用静力触探比贯入阻力 p_s 值，结合场地或地区性土质情况（含有机物情况、土质状态）可估计饱和黏性土的天然重度，如表 9-21 所示。

按比贯入阻力 p_s 估计饱和黏性土的天然重度　　　　表 9-21

p_s(MPa)	0.1	0.3	0.5	0.8	1.0	1.6
γ(kN/m³)	14.1~15.5	15.6~17.2	16.4~18.0	17.2~18.9	17.5~19.3	18.2~20.0
p_s(MPa)	2.0	2.5	3.0	4.0	≥4.5	
γ(kN/m³)	18.7~20.6	19.2~21.0	19.5~20.7	20.0~21.4	20.3~22.2	

《铁路工程地质原位测试规程》TB 10018—2018 中用 p_s 值确定一般饱和黏性土的重度 γ 的公式见表 9-22。

用 p_s 估算 γ　　　　表 9-22

$p_s < 400$kPa 时	$\gamma = 8.23 p_s^{0.12}$ (kN/m³)
$400 \leqslant p_s < 4500$kPa 时	$\gamma = 9.56 p_s^{0.095}$ (kN/m³)
$p_s \geqslant 4500$kPa 时	$\gamma = 21.3$ (kN/m³)

8）确定砂土的相对密实度和确定砂土密实度的界限

石英质砂土的相对密实度（D_r）可参照表 9-23 确定（《铁路工程地质原位测试规程》TB 10018—2018）。

石英质砂土的相对密实度 D_r　　　　表 9-23

密实程度	p_s(MPa)	D_r
密实	$p_s \geqslant 14$	$D_r \geqslant 0.67$
中密	$6.5 < p_s < 14$	$0.40 < D_r < 0.67$
稍密	$2 \leqslant p_s \leqslant 6.5$	$0.33 \leqslant D_r \leqslant 0.40$
松散	$p_s < 2$	$D_r < 0.33$

考虑垂直有效应力,可以利用静力触探经验关系确定砂土的相对密实度和内摩擦角 φ,见图 9-21。

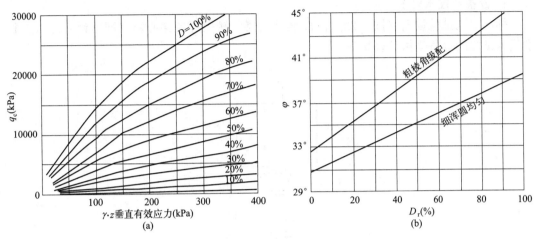

图 9-21 静力触探经验关系(《工程地质手册(第五版)》)
(a)q_c-$\gamma \cdot z$-D_r 的关系(正常固结的中细砂);(b)D_r-φ 的关系(石英砂)

9)判别黏性土的塑性状态

用过滤器置于锥面的孔压触探参数判别黏性土的塑性状态可按表 9-24 进行。

用孔压触探参数判别黏性土的塑性状态　　　　表 9-24

分级		液性指数	主判别	副判别
坚硬状态		$I_L \leqslant 0$	($q_T > 5$)	$B_q < 0.2$
可塑状态	硬塑	$0 < I_L \leqslant 0.5$	$q_T \leqslant 5$ $3.12B_q - 2.77q_T < -2.21$	$B_q < 0.3$
	软塑	$0.5 < I_L < 1$	$3.12B_q - 2.77q_T \geqslant -2.21$ $11.2B_q - 21.3q_T < -2.56$	$B_q \geqslant 0.2$
流塑状态		$I_L \geqslant 1$	$11.2B_q - 21.3q_T \geqslant -2.56$	$B_q \geqslant 0.42$

注:1. 总锥头阻力 q_T 单位用 MPa;
　　2. 坚硬状态土已非饱和土,括号内数值为参考值;
　　3. B_q 为孔隙压力参数比。

用单桥触探参数判别黏性土的塑性状态(表 9-25)。

用单桥触探参数判别黏性土的塑性状态　　　　表 9-25

I_L	0	0.25	0.50	0.75	1
p_s(MPa)	(5~6)	(2.7~3.3)	1.2~1.5	0.7~0.9	<0.5

注:括号内为参考值。

9.4.3 标准贯入试验

标准贯入试验(SPT)利用质量为 63.5kg 的重锤按照规定的落距(76cm)自由下

落,将标准规格的贯入器打入地层,根据贯入器贯入一定深度时所需的锤击数来判定土层的性质。标准贯入试验是动力触探类型之一,适用于砂土、粉土和一般黏性土。

1. 设备及技术要求

标准贯入试验设备(图9-22)由标准贯入器、触探杆及穿心锤(即落锤)组成。标准贯入试验的设备规格见表9-26。

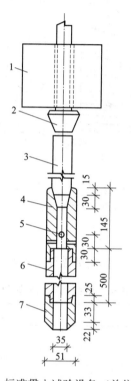

图9-22 标准贯入试验设备(单位:mm)

1—穿心锤;2—锤垫;3—钻杆;4—贯入器头;5—出水孔;6—由两半圆形管并合而成的贯入器身;7—贯入器靴

标准贯入试验的设备规格　　　　表9-26

落锤		锤的质量(kg)	63.5
		落距(cm)	76
贯入器	对开管	长度(mm)	>500
		外径(mm)	51
		内径(mm)	35
	管靴	长度(mm)	50~76
		刃口角度(°)	18~20
		刃口单刃厚度(mm)	1.6
钻杆		直径(mm)	42
		相对弯曲	<1/1000

注:1. 触探头:标准贯入试验探头为两个一定规格的半圆合成的圆筒,称为标准贯入器。它的最大优点是在触探过程中配合取土样,以便室内试验分析;

2. 触探杆:国内统一使用直径42mm的圆形钻杆,国外有使用直径50mm或60mm的钻杆。

按规定的穿心锤质量以每分钟 15～30 击的频率将贯入器打入被测土层中，先打入 15cm 不计击数，继续贯入土中 30cm，记录得到的锤击数称为标准贯入试验锤击数，记为 $N_{63.5}$。如果地层比较密实，贯入击数较大，也可记录贯入深度小于 30cm 的锤击数，这时需按下式换算成贯入深度为 30cm 的锤击数 $N_{63.5}$，即：

$$N_{63.5} = 30n/\Delta S \tag{9-24}$$

式中　n——实际试验锤击数；

ΔS——与 n 次试验锤击数相对应的贯入量（cm）。

若需对更深的土层进行贯入试验时，则继续钻进至所需深度，重复上述步骤。一般每隔 1m 进行一次试验。在孔壁不稳定的钻孔中进行试验时，可用泥浆护壁。

标准贯入试验所得的指标 $N_{63.5}$ 反映了探头贯入土中的难易程度，依据该指标可以判别土的性质。随着触探深度的增加，所得锤击数 $N_{63.5}$ 会受到触探杆质量及杆壁摩擦力的影响，《岩土工程勘察规范》GB 50021—2001（2009 年版）规定：应用 $N_{63.5}$ 值时是否修正和如何修正，应根据建立统计关系时的具体情况确定。通常各地地方标准根据触探杆长度对锤击数 $N_{63.5}$ 进行修正。

$$N = \alpha N_{63.5} \tag{9-25}$$

式中　N——修正后的标准贯入试验锤击数；

$N_{63.5}$——实际贯入 30cm 所需锤击数；

α——触探杆长度校正系数，几个地区对触探杆长度校正系数的取值，见表 9-27。

触探杆长度校正系数　　表 9-27

地方标准	杆长(m)	≤3	6	9	12	15	18	21	24	25
南京	校正系数(α)	1.00	0.92	0.86	0.81	0.77	0.73	0.70	—	0.70
福建		1.00	0.92	0.86	0.81	0.77	0.73	0.70	—	0.68
河北		1.00	0.92	0.86	0.81	0.77	0.73	0.70	—	0.67
广东		1.00	0.92	0.86	0.81	0.77	0.73	0.70	0.67	—

2. 标准贯入试验成果的应用

1）确定砂土的密实度

《岩土工程勘察规范》GB 50021—2001（2009 年版）根据标准贯入试验锤击数 N 可将砂土的密实度划分为密实、中密、稍密和松散，详见表 9-28。

根据标准贯入试验锤击数 N 判定砂土密实度　　表 9-28

地层	密实度				
	松散	稍密	中密	密实	极密
砂土	≤10	10～15	15～30	>30	—

2）确定地基土承载力

标准贯入试验锤击数 N 一般与地基承载力之间具有较好的线性关系，可以通过试验数据回归出该经验关系，根据标准贯入试验锤击数 N 确定砂土和黏性土的地基承载力特征值。

3) 确定黏性土的状态和无侧限抗压强度

太沙基（Terzaghi）和佩克（Peck）提出的标准贯入试验锤击数 N 与黏性土稠度状态和无侧限抗压强度的关系见表 9-29。《水运工程岩土勘察规范》JTS 133—2013 提出的标准贯入试验锤击数 N 与黏性土天然状态和无侧限抗压强度的关系见表 9-30。

N 与黏性土稠度状态和无侧限抗压强度的关系　　　　表 9-29

N	<2	2～4	4～8	8～15	15～30	>30
稠度状态	极软	软	中等	硬	很硬	坚硬
q_u(kPa)	<25	25～50	50～100	100～200	200～400	>400

N 与黏性土天然状态和无侧限抗压强度的关系　　　　表 9-30

N	$N<2$	$2 \leqslant N<4$	$4 \leqslant N<8$	$8 \leqslant N<15$	$N \geqslant 15$
天然状态	很软	软	中等	硬	坚硬

4) 评定砂土抗剪强度指标 φ

表 9-31 所示为砂土的标准贯入试验锤击数 N 与内摩擦角 φ 的经验关系。

砂土标准贯入试验锤击数 N 与内摩擦角 φ（°）的经验关系式　　　　表 9-31

研究者	土类	关系式
Dunham	均匀圆粒砂 级配良好圆粒砂 级配良好棱角砂、均匀棱角砂	$\varphi=\sqrt{12N}+15$ $\varphi=\sqrt{12N}+20$ $\varphi=\sqrt{12N}+25$
Peck	—	$\varphi=0.3N+27$
Meyerhof	净砂	$\varphi=\frac{5}{6}N+26\frac{2}{3}$ ($4 \leqslant N \leqslant 10$) $\varphi=\frac{1}{4}N+32.5$ ($N>10$) 粉砂应减 5°，粗砂、砾砂加 5°
广东省标准《建筑地基基础设计规范》DBJ 15-31—2016	—	$\varphi=\sqrt{20N}+15$

黏性土的标准贯入试验锤击数 N 与黏聚力 c、内摩擦角 φ 的关系如表 9-32 所示。

黏性土的标准贯入试验锤击数 N 与黏聚力 c、内摩擦角 φ 的关系　　　　表 9-32

N	15	17	19	21	25	29	31
c(kPa)	78	82	87	92	98	103	110
φ(°)	24.3	24.8	25.3	25.7	26.4	27.0	27.3

注：1. 手拉落锤；
2.《工程地质手册（第五版）》资料。

5) 估算单桩承载力

《高层建筑岩土工程勘察标准》JGJ/T 72—2017 对预制桩利用标准贯入试验锤击数 N 分别确定桩周土极限侧阻力、桩端土极限端阻力，以估算单桩竖向极限承载力，见表 9-33 和表 9-34。

极限侧阻力 q_{sis}（kPa） 表 9-33

土的名称	标准贯入试验实测击数 N（击）	混凝土预制桩极限侧阻力
淤泥	$N<3$	14~20
淤泥质土	$3<N\leqslant5$	22~30
黏性土	流塑 $N\leqslant2$	24~40
	软塑 $2<N\leqslant4$	40~55
	可塑 $4<N\leqslant8$	55~70
	硬可塑 $8<N\leqslant15$	70~86
	硬塑 $15<N\leqslant30$	86~98
	坚硬 $N>30$	98~105
粉土	稍密 $2<N\leqslant6$	26~46
	中密 $6<N\leqslant12$	46~66
	密实 $12<N\leqslant30$	66~88
粗细砂	稍密 $10<N\leqslant15$	24~48
	中密 $15<N\leqslant30$	48~66
	密实 $N>30$	66~88
中砂	中密 $15<N\leqslant30$	54~74
	密实 $N>30$	74~95
粗砂	中密 $15<N\leqslant30$	74~95
	密实 $N>30$	95~116
砾砂	密实 $N>30$	116~138
全风化软质岩	$30<N\leqslant50$	100~120
全风化硬质岩	$40<N\leqslant70^*$	140~160
强风化软质岩	$N>50$	160~240
强风化硬质岩	$N>70^*$	220~300

注：1. 单桩极限承载力最终宜通过单桩静载荷试验确定；
  2. 带 * 者，主要适用于花岗岩、花岗片麻岩和火山凝灰岩硬质岩。

极限端阻力 q_{ps}（kPa） 表 9-34

土层类别		强风化软质岩 $N>50$ 强风化硬质岩 $N>70^*$		全风化软质岩 $30<N\leqslant50$ 全风化硬质岩 $40<N\leqslant70^*$		$15<N\leqslant(40)$ 中密-密实中、粗、砾砂		$4<N\leqslant(40)$ 可塑-坚硬黏性土		$6<N\leqslant30$ 中密-密实粉土	
		硬质岩	软质岩	硬质岩	软质岩	中密、密实 $15\sim(40)$		硬塑、坚硬 $15\sim(40)$	可塑、硬可塑 $4\sim15$	密实 $12\sim30$	中密 $6\sim12$
入土深度（m）	<9	7000~9000	6000~7500	5000~6500	4000~5000	4000~7500		2500~3800	850~2300	1500~2600	950~1700
	9~16					5500~9500		3800~5500	1400~3300	2100~3000	1400~2100
	16~30	9000~11000	7500~9000	6500~8000	5000~6000	6500~10000		5500~6000	1900~3600	2700~3600	1900~2700
	>30					7500~11000		6000~6800	2300~4400	3600~4400	2500~3400

注：1. 表中极限端阻力 q_{ps} 可根据标准贯入试验实测击数用插入法求取；
  2. 表中中密-密实的中砂、粗砂、砾砂的 q_{ps} 范围值，中砂取小值，粗砂取中值，砾砂取大值；
  3. 带 * 者，主要适用于花岗岩、花岗片麻岩和火山凝灰岩硬质岩。

6)地基土的液化判别

当初步判断认为需进行液化判别时,应采用标准贯入试验对地面下20m深度范围内的土进行液化判别;对可不进行天然地基或基础抗震承载力验算的各类工程,可只对地面下15m范围内的土进行液化判别。当饱和土实测标准贯入锤击数(未经杆长修正)N值小于等于根据式(9-26)确定的临界值N_{cr}时,应判为液化土,否则为不液化土。

在地面下20m深度范围内,液化判别标准贯入锤击数临界值N_{cr}可表示为:

$$N_{cr}=N_0\beta[\ln(0.6d_s+1.5)-0.1d_w]\sqrt{\frac{3}{\rho_c}} \quad (9-26)$$

式中 d_s——饱和土标准贯入点深度(m);

d_w——地下水位深度(m);

ρ_c——饱和土的黏粒含量百分率,当$\rho_c<3\%$或为砂土时,应采用$\rho_c=3\%$;

N_0——饱和土液化判别标准贯入锤击数基准值,可按表9-35采用;

β——调整系数,设计地震第一组取0.8,第二组取0.95,第三组取1.05。

液化判别标准贯入锤击数基准N_0值　　　　表9-35

设计基本地震加速度(g)	0.10	0.15	0.20	0.30	0.40
液化判别标准贯入锤击数基准值	7	10	12	16	19

注:考虑一般结构可接受的液化风险水平以及国际惯例,选用震级$M=7.5$、液化概率$P_L=0.32$、水位2m、埋深3m处的液化临界锤击数作为液化判别标准贯入锤击数基准值。

除以上应用外,标准贯入试验结果还可以用来评定土的变形模量、压缩模量以及黏性土的不排水抗剪强度。

9.4.4 旁压试验

旁压试验(PMT)是通过垂直放入土中的圆柱状旁压器对钻孔孔壁施加均匀的横向压力,使土体产生径向变形,然后利用仪器测量孔周岩土体的径向压力与变形关系,进而测求地基土的原位力学状态和力学参数的试验方法,主要用于测定岩土体的承载力、旁压模量和应力应变关系等。

旁压试验有精度高、设备轻便、测试时间短等优点,但受成孔质量影响较大,主要适用于孔壁能保持稳定的黏性土、粉土、砂土、碎石土、残积土、风化岩和软岩等,不适于饱和软黏土。

旁压仪主要由旁压器、加压稳压装置、变形量测系统及控制装置构成,如图9-23所示。

1. 旁压试验的技术要求

(1)旁压试验测点布置在有代表性的位置和深度,旁压器的量测腔应处于同一土层内,两试验点间的竖向距离不小于1.0m或不小于旁压器膨胀段长度的1.5倍距离;试验孔与已有钻孔的水平距离不宜小于1.0m。场地同一试验土层内的试验点总个数一般不宜少于6个。

(2)预钻式旁压试验应保证成孔质量,孔壁要垂直、光滑、呈规则圆形,钻孔直径与旁压器直径应吻合良好,特别要注意孔壁不能坍塌。

(3)加载等级可采用预估临界压力的1/7~1/5或极限压力的1/14~1/10,初始阶段

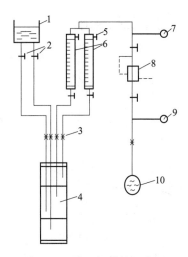

图 9-23 旁压仪结构示意图
1—水箱；2—开关；3—快速接头；4—旁压器；5—放气阀；
6—量管；7—输出压力表；8—减压阀；9—输入压力表；10—气源

加载等级可取小值，必要时可做卸载再加载试验，测定再加载旁压模量。

（4）每级压力下的相对稳定时间，对软岩和风化岩采用 1min，对非饱和黏性土、粉土、砂土等宜采用 2min。当采用 1min 的相对稳定时间标准时，在每级压力下，测读 15s、30s、60s 的量管水位下降值，并在 60s 读数完后即施加下一级压力，直到试验终止。当采用 2min 的相对稳定时间标准时，在每级压力下，测读 15s、30s、60s、120s 的量管水位下降值，并在 2min 的读数完后即施加下一级压力，直到试验终止。

（5）当量测腔的扩张体积相当于量测腔的固有体积时，或压力达到仪器容许的最大压力时应终止试验。

2. 旁压试验成果及其应用

旁压试验的成果主要有压力与扩张体积（p-V）曲线、压力与半径增量（p-r）曲线。典型的 p-V 曲线见图 9-24，可分为三段：初步阶段（Ⅰ段）；似弹性阶段（Ⅱ段）和塑性阶段（Ⅲ段）。

Ⅰ-Ⅱ段的界限压力相当于初始水平应力 p_0，Ⅱ-Ⅲ段的界限压力相当于临界压力 p_f，Ⅲ段末尾渐近线的压力为极限压力 p_l。各个特征压力值的确定方法如下：

（1）p_0 的确定：将旁压曲线（p-V）直线段向左延长与 V 轴交于 V_0，过 V_0 作水平线，该水平线与旁压曲线交点对应的压力即 p_0 值。

（2）p_f 为旁压曲线中直线段的终点对应的压力值。

（3）p_l 为旁压试验曲线超过临界压力后，趋向于 V 轴渐近线时对应的压力，或 $V=2V_0+V_c$ 所对应的压力，其中 V_c 为旁压器中腔固有体积或 p-$(1/V)$ 关系末段直线延长线与 p 轴交点相应的压力，V_0 为孔穴体积与中腔初始体积的差值。

旁压曲线的应用有：

（1）评定地基土临塑强度和极限强度

利用旁压曲线的特征值可以评定地基土临塑强度 f_y 和极限强度 f_L：

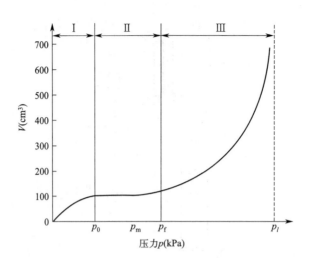

图 9-24 旁压试验 p-V 曲线

$$f_y = p_f - p_0; \quad f_L = p_l - p_0 \tag{9-27}$$

（2）旁压模量 E_m 和旁压剪切模量 G_m

根据弹性理论，旁压模量和旁压剪切模量分别为：

$$E_m = 2(1+\nu)(V_c + V_m)\frac{\Delta p}{\Delta V} \tag{9-28}$$

$$G_m = \frac{E_m}{2(1+\nu)} \tag{9-29}$$

式中　E_m——旁压模量（MPa）；

　　　G_m——旁压剪切模量（MPa）；

　　　V_m——旁压曲线直线段头尾中间的平均扩张体积（cm³）；

　　　$\Delta p/\Delta V$——旁压曲线直线段斜率（kPa/cm³）。

9.4.5 波速测试

在地层介质中传播的弹性波可分为体波和面波。体波又可分为压缩波（纵波、P 波）和剪切波（横波、S 波），剪切波的垂直分量为 SV 波，水平分量为 SH 波；在地层表面传播的面波可分为瑞利波（R 波）和勒夫波（L 波）。波速测试就是测定各类弹性波在地层介质中的传播速度。体波和面波在地层介质中传播的特征和速度各不相同。依据弹性波在岩土体内的传播速度可以间接测定岩土体在小应变条件（$10^{-6} \sim 10^{-4}$）下的动弹性模量和泊松比。通常波速测试主要有三种方法，其特点如表 9-36 所示。

三种波速测试方法的比较　　　　表 9-36

测试方法	测试波形	钻孔数量	测试深度	激振形式	测试仪器	波速精确度	工作效率	测试成本
单孔法	P、S	1	深	地面孔内	较简单	平均值	较高	低
跨孔法	P、S	2	深	孔内	复杂	高	低	高
瑞利波法	R	—	较浅	地面	复杂	较高	高	低

1. 试验方法

1) 跨孔法

该方法是利用两个及以上已知距离的垂直钻孔，以其中一个钻孔为发射孔，另一个作为接收孔（图 9-25），自上而下（或自下而上）逐层进行检测地层的直达 SV 波。在发射孔中逐点进行激振产生压缩波和横波，同时在接收孔中接收同一深度传来的纵波和横波，根据发射和检测到纵波和横波的时间差，可以计算得到纵波和横波的传播速度。跨孔法测试的突出优点在于，能够分别测试各土层的波速，从而为场地地基土的分层及定量指标的确定提供参考。

2) 单孔法

该方法测试时仅需要一个钻孔（图 9-26）。在地面进行激振激发纵波和横波，检波器在一个垂直钻孔中接收信号，自上而下（或自下而上）按地层划分逐层进行检测，根据时间差计算每一地层的 P 波或 SH 波速。该法按激振方式不同，可以检测地层的压缩波波速或剪切波波速。

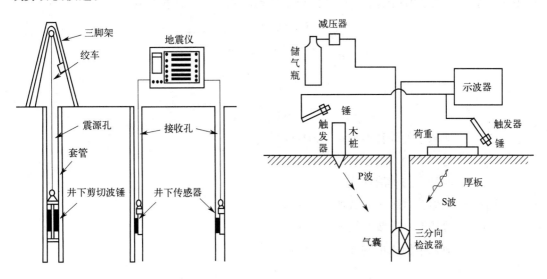

图 9-25　跨孔法测试设备及布置示意图　　图 9-26　单孔法测试设备及布置示意图

3) 面波法

面波法是直接在地表测定表面波（瑞利波）传播速度的测试方法，面波法不需要进行钻孔，激振点和接收点均设置在地表（图 9-27）。根据激振方式的不同，面波法又分为稳态震动法和瞬态震动法两种。稳态震动法将激振点和两个接收点布置在一条直线上，在固定激振频率下，调节两个接收点的相对位置，使得两接收点测得的信号具有相同的相位，则此时两个接收点的距离必然等于波长的整数倍，当然也不难找到这样的距离使得它就等于波长。知道了波长也知道了频率，波的传播速度就很容易得到了。由于不同频率的波可以反映出不同深度范围内地基土的性质（这一性质又称为瑞利波的频散性），因此可以通过改变激振频率，分别测试不同频率下瑞利波的波速来确定不同深度地基土的动力学参数。瞬态法的原理也是类似的，只是其信号分析要采用谱分析的方法进行。

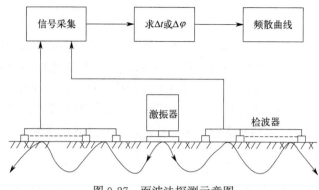

图 9-27 面波法探测示意图

2. 波速测试成果及应用

波速测试的直接成果就是各被测土层的弹性波速，它们主要被用于以下几个方面：计算小应变条件下的动剪切模量、动弹性模量和动泊松比，其计算公式为：

$$G_d = \rho \cdot V_S^2 \tag{9-30}$$

$$E_d = \frac{\rho \cdot V_S^2 (3V_P^2 - 4V_S^2)}{V_P^2 - V_S^2} \tag{9-31}$$

$$\mu_d = \frac{V_P^2 - 2V_S^2}{2(V_P^2 - V_S^2)} \tag{9-32}$$

式中 E_d——地基土的动弹性模量（kPa）；

G_d——地基土的动剪切模量（kPa）；

μ_d——地基土的动泊松比；

V_P——压缩波（纵波）波速（m/s）；

V_S——剪切波（横波）波速（m/s）；

ρ——地基土的质量密度（t/m³）。

9.5 室内试验分析方法简介

9.5.1 室内岩土测试

室内岩土测试是岩土勘察中的基础工作，通过室内岩石试验和土工试验，可以获取岩石和土的物理力学性质以及地下水水质等定量指标，以供编写报告和设计计算使用。为保证试验工作的规范化，我国专门制定了有关试验规范，即《土工试验方法标准》GB/T 50123—2019 和《工程岩体试验方法标准》GB/T 50266—2013。上述规范对各项物理力学指标的测定操作方法作出了详细规定。

室内测试项目按岩土类型及工程类型的要求而具体确定：①对黏性土、粉土一般应进行天然密度、天然含水量、重度、液限、塑限、压缩系数及抗剪强度（采用三轴仪或直接剪切仪）试验；②对砂土则要求进行颗粒粒度组成分析，测定天然密度、天然含水率、重度、摩擦角及自然休止角等；③对碎石土，必要时可做颗粒粒度组成分析，对含黏性土较多的碎石土，宜测黏性土的天然含水率、液限和塑限；④对岩石试样，一般需做饱和单轴极限抗压强度测试，必要时还须测定抗剪强度、抗拉强度等物理力学指标。

若需判定场地地下水对混凝土的腐蚀性时，需测定地下水的 pH 值、Cl^-、SO_4^{2-}、HCO_3^-、Ca^{2+}、Mg^{2+} 等以及游离 CO_2 和腐蚀性 CO_2 含量。

9.5.2 室内试验指标的选取

工程地质勘察过程中，勘探、试验、测试和监测等各项勘察任务都有大量的试验数据产生。这些数据往往是离散的，需要对勘察数据进行整理和分析。一般要求如下：

1. 工程地质单元划分

在各种岩土参数进行统计分析之前，首先必须进行工程地质单元划分，不同地质单元的数据不能放在一起进行统计。一般来说，同一个工程地质单元的岩土应具有相同的时代、成因、岩土性质和动力地质作用特征。

2. 异常数据判别

对每个统计单元所取得的试验数据逐个进行检查。对于数值过高、过低的异常数据，若由试验方法引起应抽出复查，而由其他随机原因引起的错误应予舍弃。异常数据舍弃可用三倍标准差法或 Grubbs 准则来判别。这里仅介绍三倍标准差法（大样本时）：

$$\bar{X} - 3S > 异常值 > \bar{X} + 3S \tag{9-33}$$

$$\bar{X} - 3S \pm \frac{3S}{\sqrt{2(N-1)}} > 异常值 > \bar{X} + 3S \pm \frac{3S}{\sqrt{2(N-1)}} \tag{9-34}$$

式中　　$\bar{X}$——样本平均值；

S——样本标准差，$3S$ 称为极限误差；

$S/\sqrt{2(N-1)}$——样本标准差的标准差，当样本较大时，可近似写成 $S/\sqrt{2N}$，其正负号按指标不利值考虑。

3. 岩土参数的统计方法

1) 岩土的物理力学指标按下列公式计算平均值、标准差：

$$\varphi_m = \frac{\sum_{i=1}^{n} \varphi_i}{n} \tag{9-35}$$

$$\sigma_f = \sqrt{\frac{1}{n-1}\left[\sum_{i=1}^{n}\varphi_i^2 - \frac{\left(\sum_{i=1}^{n}\varphi_i\right)^2}{n}\right]} \tag{9-36}$$

式中　　φ_i——岩土的物理力学指标数据；

n——统计单元内数据的个数；

φ_m——岩土参数的平均值；

σ_f——岩土参数的标准差。

2) 岩土参数的变异特征，可按下式计算变异系数 δ 来进行评价：

$$\delta = \sigma_f / \varphi_m \tag{9-37}$$

岩土主要参数可沿钻孔分析深度变化，进一步按变化特点划分相关型和非相关型。相关型参数宜结合岩土参数与深度的经验关系，按下式确定变异系数和剩余标准差：

$$\delta = \sigma_r / \varphi_m \tag{9-38}$$

$$\sigma_r = \sigma_f \sqrt{1-r^2} \tag{9-39}$$

式中　σ_r——剩余标准差；

　　　r——相关系数，对非相关型，$r=0$。

按变异系数，将岩土随深度的变异特征划分为均一型（$\delta<0.3$）和剧变型（$\delta\geqslant 0.3$）。

3）岩土参数的标准值中φ_k可按下式确定：

$$\varphi_k = r_s \cdot \varphi_m \tag{9-40}$$

$$r_s = 1 \pm \left(\frac{1.704}{\sqrt{n}} + \frac{4.678}{n^2}\right)\delta \tag{9-41}$$

式中　φ_m——岩土参数的平均值；

　　　r_s——统计修正系数。

式中正负号按不利组合考虑。

统计修正系数r_s也可按岩土工程的类型和重要性、参数的变异性和统计数据的个数，根据经验选用。

案例解析（扫描二维码观看）

9.6节　案例解析

思考题

9.1　简述工程地质勘察各勘察阶段的一般要求。

9.2　工程地质测绘的方法主要有哪几类？

9.3　简述电法勘探的基本原理和方法。

9.4　岩体变形测试的主要种类有哪些？它们的主要用途分别是什么？

9.5　岩体强度测试的主要种类有哪些？它们的主要用途分别是什么？

9.6　土体原位测试方法主要有哪些？静力荷载试验、静力触探试验、标准贯入试验、旁压试验、波速试验的适用条件和用途分别是什么？

9.7　岩土参数的标准值如何计算？

9.8　简述工兵圆锥仪的适用条件和主要用途。

9.9　简述适用于冲击爆炸荷载的原位测试方法。

第 10 章

重要地区地质条件概述

 关键概念和重点内容

海岸带、海岸地貌特征、岛屿类型及其主要特征、西太平洋地区大地构造、中国近海自然地理和地形地貌特征、台湾岛的地质成因、台湾岛的主要地貌分区、台湾省的海岸带类型及其分布、台湾海峡、青藏高原的地质成因、高原的地质作用和典型地貌、高原高寒地区战场环境特点。

我国幅员辽阔,地形地貌极其多样,不同的区域地质条件迥异。本章围绕几个典型地区的地质成因、地质特征展开论述,为相关研究提供参考。

10.1 海岸带和岛屿

我国海岸线曲折漫长,海岸带面积宽阔,大陆和岛屿岸线总计逾 3.2 万 km,是世界上海岸线最长的国家之一。漫长的海岸带及与其相连的近海水底不仅蕴藏着极为丰富的矿产、能源、土地等自然资源,而且是人类活动的主要场所。因此,对海岸及其与之相连的水底的地貌研究,对合理开发资源,利用自然环境具有重要的意义。

10.1.1 海岸带和海岸地貌的分类

1. 海岸带的分类

海岸带是海陆交汇的连接地带,受到多种地质因素的影响,其范围包括海岸线两侧的陆上和水下部分。发生在海岸带的海水动力地质作用主要有波浪、潮汐、潮流等,其中波浪是塑造海岸地貌最重要的外营力,潮汐在潮汐海岸对地貌有重要塑造作用。

按照海岸带受近代地质过程影响的程度,可以将海岸带划分为原生海岸和次生海岸。原生海岸指由于陆上内外营力、火山作用或构造运动而形成、没有被海洋作用所显著改造的海岸形态,包括陆生侵蚀海岸、构造海岸、火山海岸和冰川海岸。次生海岸指由于现代水动力因素作用或海洋生物作用造成的海岸形态,包括侵蚀海岸、海积海岸和生物海岸。按照底质性质,海岸带还可分为基岩海岸、砂质海岸和泥质海岸。

按海岸与陆地交界类型,海岸带可以分为山地海岸与平原海岸。山地海岸与地质构造形成的基岩直接相连，又可细分为纵海岸、横海岸和斜交海岸。平原海岸是指由河流冲积或海洋冲积而形成的海岸，可以细分为三角洲海岸、三角湾海岸、溺谷海岸和堆积平原海岸。海岸带和海岸地貌分类见表 10-1。

海岸带和海岸地貌分类表　　　　表 10-1

分类依据	大类	小类	特点	具体案例
受近代地质过程影响的程度	原生海岸	陆生侵蚀海岸	地表侵蚀而后海面上升形成的海岸	—
		构造海岸	构造作用控制形成的基岩海岸	台湾东海岸
		火山海岸	由火山喷发物堆积形成的海岸	海南省北部、广西涠洲岛
		冰川海岸	各种类型的冰川所形成的宽广海岸	南极洲海岸
	次生海岸	侵蚀海岸	海洋沉积物支出大于收入的海岸	台湾省东海岸
		海积海岸	海洋沉积物收入大于支出的海岸	台湾省西海岸
		生物海岸	由生物或生物残骸形成的海岸	海南省、台湾省南部
与陆地交界类型	山地海岸	纵海岸	地质构造走向与海岸线平行	台湾省东海岸
		横海岸	地质构造走向与海岸线垂直	福建省海岸
		斜交海岸	地质构造走向与海岸线斜交	浙江省和广东省的海岸
	平原海岸	三角洲海岸	分布于河流入海口沿岸	长江三角洲
		三角湾海岸	溺谷经潮流冲刷形成的三角形海湾两侧	钱塘江口
		溺谷海岸	海水淹没陆地低洼处形成的海岸	秦皇岛海岸
		堆积平原海岸	淤泥质淤积形成的海岸	江苏省中北部滩涂海岸

2. 海岸地貌的分类

海岸轮廓的总体特征是区域地质构造、古地貌格局和冰后期海侵共同塑造的，其中海底地形通常由内营力如海底扩张、板块碰撞等活动主导，而海岸和浅海区的形成则更多地体现了外营力如波浪、潮汐、河流等的影响。

海岸地貌可分为海岸堆积地貌和海岸侵蚀地貌两大类。

侵蚀海岸是受波浪、潮汐等地质营力侵蚀所产生的各种形态的海岸。侵蚀海岸一般由比较坚硬的岩石组成，大多比较陡峭曲折，近岸水深，易于建设优良海港，但由于水际滩头和近岸一般具有一定的高差，甚至是断崖，因此易守难攻，不利于登岸上陆。

海岸侵蚀地貌主要表现形式有海蚀崖、海蚀洞、海蚀柱等。

堆积海岸，顾名思义是由一些松散的、软细的砂质堆积而成的海岸，如三角洲海岸，有海滩、沙堤、沙嘴等。河口三角洲海岸，往往蕴藏着丰富的石油和天然气资源，而且土质肥沃，是重要的农业区。

海岸地貌还可以按照地貌与岸线的关系分为毗岸地貌（海滩）、接岸地貌（沙嘴）、封岸地貌（拦湾坝）和离岸地貌（离岸坝）。

10.1.2　海岸侵蚀地貌

波浪和潮流是塑造海岸侵蚀地貌的主要动力因素，在高纬度地带，海岸还受到冰冻的侵蚀，温暖的热带和亚热带的海岸则受到丰沛的地表水和强烈的化学风化作用的侵蚀。海岸侵蚀地貌（图 10-1）的发育过程及其具体表现，除与沿岸海水动力环境和海岸的纬度有关以外，还受到组成海岸的岩性的抗蚀能力的重要影响。结构致密、坚硬的岩石海岸，抗蚀能力较强，但因裂隙和节理发育，多发育有海蚀洞、海蚀拱、海蚀柱、海蚀崖。松软的岩石海岸抗侵蚀能力较差，海蚀崖后退较快，易形成海蚀平台，若地质历史时期发生海平面升降，则可形成海蚀阶地。主要由石灰岩构成的海岸，在海水溶蚀下往往具有独特的蜂窝状海蚀地貌。海蚀地貌通常可作为判别地区构造运动和海平面变化的标志。同时，海浪塑造的海蚀地貌壮丽多姿，常被开发为旅游胜地。

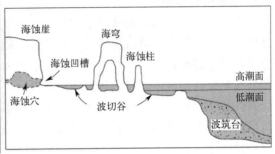

图 10-1　海岸侵蚀地貌

1. 海蚀洞（海蚀穴）、海蚀拱、海蚀柱

海蚀洞（海蚀穴）是海岸受波浪、潮流及其挟带碎屑的冲蚀、磨蚀和溶蚀形成的向陆凹陷的洞穴和凹槽。海蚀洞多沿海岸断续分布，洞顶呈穹形，洞穴的高度略高于海浪作用上界。海蚀洞在松软岩石构成的海岸发育不明显，在较硬岩石海岸沿岩石的节理、层理等抗蚀力薄弱部位特别发育。在海平面发生升降的区域，海蚀洞（海蚀穴）可分布在不同高度上。海浪继续作用，使岬角两侧的海蚀洞蚀穿贯通，可形成顶板呈拱桥状的海蚀拱。海蚀拱进一步受到侵蚀，顶板的岩体坍陷，残留于岩滩上的岩体称为海蚀柱。

2. 海蚀崖

海岸受海浪和潮流的侵蚀，逐渐崩坍后退而形成的悬崖陡壁称为海蚀崖。海蚀崖是一种近乎垂直的破碎坡，坡度一般很陡，甚至形成倒斜坡，其高度变化很大，并随着海岸线的不断后退而加高，剖面形状、后退速度与岩性以及海洋地质作用的强度有关，主要分布在基岩海岸，尤其是花岗岩和玄武岩的垂直柱状节理发育处。

3. 海蚀平台

在海浪的不断侵蚀下，海蚀崖不断向陆地后退，在海蚀崖向海一侧的岸坡上形成的微微向海倾斜的平坦台地称为海蚀平台。随着侵蚀作用的持续进行，海蚀平台可不断展宽，直到其宽度增大至波浪作用的最大范围，其宽度一般为数米至数十米。在海蚀平台上通常发育有浪蚀沟、锅穴、洼地等微地貌，以及由海蚀崖崩坠堆积形成的锥形岩体和砂砾覆盖的波蚀残丘。平台一般位于平均海面附近，具有指示海平面高度的地貌意义。由于海平面的变化以及构造运动，也可形成不同高度的海蚀台地。

4. 海蚀阶地

由于海平面升降变化而出露于水上或淹没于水下的阶状平台称为海蚀阶地。海蚀平台形成后，若陆地下沉或海平面上升，平台沉入水中，则成为水下阶地；若陆地上升或海平面下降，平台则会高出海面变成海蚀阶地。海蚀阶地是海蚀作用强度的标志，其宽度有较大差异。

10.1.3 海岸堆积地貌

近岸物质在波浪、潮流和风的搬移下沉积形成的各种形态的海岸地貌称为海岸堆积地貌。堆积海岸是在沉积物供给量大于运移量的条件下形成的。按海岸物质的组成及其形态，其可分为砂砾质海岸地貌、淤泥质海岸地貌、三角洲地貌、生物海岸地貌等。

1. 砂砾质海岸地貌

砂砾质海岸主要由砾石或砂堆积而成，主要分布在一些背靠山地或丘陵的窄狭沿岸平原地区，由源近流急的河流提供的大量颗粒较粗的碎屑物质在波浪和激岸浪的作用下发育而成。在岸边高潮位以上一般堆积着砂砾等粗大物质，沉积物多有向海倾斜的层理，磨圆度和分选良好，向海一侧物质逐渐变细，沿岸沙堤、沙咀十分发育。

砾滩由粗大的砾石组成，一般只分布在有丰富砾石供给的海崖前方。砾石的磨圆度和分选性取决于海浪的能量。砾滩有时成为略向海倾斜的平铺滩面，有时呈两坡较陡而宽度较窄的砾状堤状。

砂质海滩由砂和细砂组成，分布最广。典型砂滩可分为海岸沙丘带、后滨、前滨和临滨几个地貌单元。后滨又称滩肩，是海滩向陆倾斜的窄坡，位于平均高潮线之上，沉积物粒径较粗。前滨又称滩面，位于潮间带，向海倾斜，是海滩的主要部分，其沉积物由陆向海逐渐变细，常发育滩脊（又称滨岸堤或滨岸沙坝）。临滨位于低潮线以下。

海岸的坡度与组成物质的粗细有关，物质颗粒越粗，坡度越大，颗粒越细，坡度越小。砾石组成的海滩最陡，坡度可大于 1∶5，淤泥质海滩的坡度极缓，一般介于 1∶500～1∶2000 之间，砂质海滩介于两者之间。

2. 淤泥质海岸地貌

淤泥质海岸由淤泥或杂以粉砂的淤泥堆积而成，多分布在输入细颗粒泥砂的大河入海口及其附近开阔而平缓的海滨地区，大体可分为淤泥质河口三角洲海岸、淤泥质平原海岸、淤泥质港湾海岸（一般规模较小）三类。淤泥质海岸的发育必须有丰富的细粒沉积物来源，一般处于有利于物质堆积的长期下沉地区，河流所携带的泥砂物质在波浪能量较弱而潮汐作用较强的沿海堆积。该类型海岸地势平坦开阔，海滩可宽达几公里甚至几十公里，由于潮流作用常常发育有大小不等的潮沟。由于地势和潮流作用的不同，潮滩滩面上的地貌形态具有明显的分带性，淤泥质海岸由陆地向海洋依次分为高潮滩带、上淤积带、冲刷带和下淤积带四个地带。

我国淤泥质海岸广布，以渤海湾及江苏省中南部最为知名，台湾省西海岸中部也存在较大长度的淤泥质海岸。淤泥质海岸的沉积物的凝絮结构稳定性差，流变性强，且具有很强的触变性，尤其是当外来泥砂丰富时，岸滩发生淤积形成浮泥层，承载力极低。

仁川登陆是发生在淤泥质海岸的最为知名的大规模登陆作战行动。但一般情况下，该类海岸由于近岸水浅、岸滩宽广，且承载力很低，不利于登陆。

3. 三角洲地貌

河流进入海洋后水流能量减弱，水化学环境发生巨变，其所挟带的泥砂在河口区沉积，当堆积作用超过海洋侵蚀作用时，可形成三角洲地貌，其平面形态多呈三角形，顶端指向河流上游，底面向海。三角洲地貌的形成往往需要具备丰富的泥砂来源、海洋侵蚀搬运能力较小和外海滨地区地势平坦等条件。三角洲的具体特点主要受河口潮流作用强度和河流输砂量的影响。泥砂来源丰富的大河形成的三角洲往往面积较大、表面平坦、土层深厚肥沃，因而常常是经济发达、人口密集的区域，如长江三角洲、珠江三角洲。

河口三角洲（图10-2）地貌的特征包括口内潮流深槽、三角港水下沙滩及沙坝等，口外的三角洲、拦门沙等。当河口内出现大量泥砂沉积，形成水下拦门沙（主要表现为河口沙岛和水下浅滩）时，称为口内三角洲，如长江口。当河流输砂量较大，潮流不能全部带走而在河口以外淤积导致陆地增长时，称为口外三角洲，如黄河三角洲。三角洲前缘位于分支流河道的前端，是三角洲的主体和沉积中心。从河流携带的沉积物在此处迅速地沉积，形成分支流河口沙坝、远沙坝、前缘席状沙、水下分支流河道和水下堤等各种复杂的水下地貌。总体来说，河口三角洲地区往往河道宽阔，常发育湿地和沼泽，冲积岛、心滩、水下沙洲、沙坝等发育，且航道易受洪水影响而发生变迁，水文地质条件十分复杂。

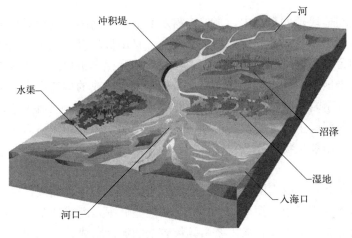

图 10-2　河口三角洲

4. 生物海岸地貌

该类地貌主要包括珊瑚礁海岸地貌和红树林海岸地貌。

珊瑚礁海岸的类型主要有岸礁、堡礁和环礁（具体见后文珊瑚岛）。

红树林海岸是由耐盐的红树科植物群落与淤泥质潮滩组合而成的海岸。红树植物根系发达，能降低潮水的流速，削弱波浪的能量，从而形成有利于细颗粒泥砂沉积的堆积环境，形成特殊的红树林海岸堆积地貌。红树林海岸可以划分为一系列与岸线平行的地带，每个地带各有特定的植物群落和地貌发育过程。从整体上看，红树林海岸具有台阶状剖面，各个地带的植物高度具有显著差异，构成植物海岸的阶梯状外形。按自海向陆的顺序依次为：①浅水泥滩带，位于低潮海面以下，水浅，淤泥质海底；②不连续的砂滩带，位于低潮位附近，砂滩被潮水沟、泥滩等分隔，间有零散的红树林分布；③红树林海滩带，宽度从几十米至几千米不等，生长着茂密的红树林；④淡水沼泽带，位于红树林海滩带后侧，夏秋季通常河水泛滥，生长有热带植物或草丛。

东南亚地区的南洋群岛是红树林海岸最为常见的地区。我国南方海岸也可见红树林海岸。海南地区的红树林发育最好，植被最高可达 10～15m，纬度更高的福建地区的红树林则多为低矮的灌木状。台湾省南部部分海岸为红树林海岸。

红树林素有"海岸卫士"的美誉，通过消浪、缓流、促淤、固土等功能在海岸形成屏障，在防御台风、海啸等自然灾害方面作用显著。与此同时，红树林纵横交错的根系不仅可以直接阻挡人员和车辆的通行，而且促使细微颗粒的淤积，形成淤泥质的底质，进一步降低岸滩的承载力和通行性。

10.1.4 岛屿类型及其地质特点

岛屿是四面环水并在高潮时高于水面的陆地。大部分岛屿位于海中，是一种特殊的海岸地貌。由于岛屿特殊的地理位置，往往成为海洋权益的基点，海域划分、海洋资源开发、海上交通线安全等问题均与岛屿归属和控制权息息相关。

我国共有大于 $500m^2$ 的岛屿 6500 多个，其中最大的岛屿为台湾岛。按照形成的地质过程，岛屿可以分为大陆岛、冲积岛和海洋岛（包括火山岛和珊瑚岛）。

1. 大陆岛

大陆岛是大陆地块延伸至海中，高处出露水面形成的岛屿，其地质特征与相邻的大陆基本相似，多为大中型岛屿，如海南岛、台湾岛、舟山群岛等。大中型大陆岛的海岸地貌与大陆无异。如台湾岛处于欧亚板块、太平洋板块和菲律宾板块的挤压碰撞处，宏观地质构造控制着其海岸地貌的基本格局：台湾岛东部为碰撞形成的构造海岸，构造线走向与海岸线基本平行，多基岩与海蚀崖；台湾岛西北部为麓山地质区，河流短急，多为砂砾质海岸地貌；台湾岛西海岸中部处于滨海平原，波浪能量弱，多为淤泥质海岸地貌；而台湾岛西南部则多泻湖海岸和生物海岸地貌。

2. 冲积岛

冲积岛也称沙岛，是由大陆河流和沿岸流所搬运的泥砂堆积而成，多分布在河口和近岸海域。冲积岛常常是三角洲海岸的一部分，其地势低平，海拔通常只有数米，在岛屿四周围绕着广阔的滩涂。由于冲积岛主要由颗粒较细的泥砂组成，结构松散，因而在外形轮廓上很不稳定。我国第三大岛崇明岛即是典型的冲积岛。

3. 火山岛

海洋岛可进一步分细为火山岛和珊瑚岛。前者主要由火山喷发物堆积而成，在环太平洋地区分布较广，面积一般都不大；既有孤立的火山岛，也有群岛式的火山岛。

火山岛主要由玄武岩组成，主要分布于板块生长边界、消亡边界即板块隐没带或热点。生长边界是板块撕裂的地方，地壳很薄，岩浆活动频繁，岩浆溢流冷却增高，露出海面即成为火山岛，如冰岛。该类岛屿属于大洋火山岛，与大陆地质构造没有联系。在消亡边界处，海洋板块俯冲进入大陆板块之下，俯冲板块向下弯曲形成海沟，板块俯冲到一定深度部分熔融形成岩浆，进而在特定条件下喷发形成火山弧。该类火山岛一般呈弧、线状分布在大洋之上，成为海洋时代的兵家必争之地，如阿留申群岛、硫磺列岛、马里亚纳群岛（包括关岛和塞班岛）、琉球群岛等。还有一类火山岛孤立或呈线状分布，其中年轻的火山岛坐落于地幔柱热点之上，如夏威夷群岛、加拉帕戈斯群岛等。

我国的火山岛较少，主要分布在台湾岛周围。台湾海峡中的澎湖列岛是以群岛形式存在的火山岛，台湾岛东部陆坡的绿岛、兰屿、龟山岛，北部的彭佳屿、棉花屿、花瓶屿等岛屿均为火山岛。我国的火山岛主要由玄武岩和安山岩喷发而成。玄武岩浆黏度较小，易于流动，形成的火山岛的坡度较缓，面积较大，高度较低，表面起伏不大，如澎湖列岛。安山岩属中性岩，岩浆黏度较稠，流动不易，形成的火山岛地势高峻，坡度较陡。有的火山岛由一定地质时期内的多次喷发形成。火山岛形成后，经过漫长时间的地质作用，岛上岩石破碎并逐步形成土壤，可显著改变岛屿形态。由于成岛时间、岛屿面积、物质组成和自然条件千差万别，火山岛的自然条件也不尽相同。

4. 珊瑚岛

珊瑚岛以珊瑚活动为基本特征。地球上30%的珊瑚礁分布在澳大利亚的北部、印度尼西亚、菲律宾和亚洲大陆之间，25%的珊瑚礁分布在太平洋其他地区，其他的分布在印度洋、加勒比海、北大西洋等地区。我国珊瑚礁主要分布于南海地区、海南岛沿岸、雷州半岛南部沿海、澎湖列岛和台湾南部海域。海南岛及雷州半岛的珊瑚礁为岸礁，礁平台宽度从数百米至两千米不等，礁平台表面有许多浪蚀沟槽和蜂窝状孔穴，大多为侵蚀型珊瑚礁。澎湖列岛是我国珊瑚礁的北界，该群岛几乎每座岛屿均发育有裙礁和堡礁。除此之外，台湾岛南部及附属的兰屿、绿岛也有岸礁发育。

珊瑚礁早期的成因学说主要有达尔文的岛屿沉降说、戴利的冰川控制说及霍夫迈斯特和莱德的先成海台说。较新的成因学说有先成岩溶地形论、扩张沉降论和热点沉降论。这里介绍较为著名的岛屿沉降说。

达尔文认为珊瑚礁的形成经历了三个阶段。如图10-3所示，由于火山爆发等原因在海洋上形成岛屿后，只要温度等因素符合珊瑚生长条件，就会在岛屿海岸附近发育出岸礁。当岛屿逐渐下沉时，其陆地面积越来越小，于是原来的岸礁远离海岸，岸礁演化为堡礁。堡礁与陆地之间有了宽阔的浅海或潟湖，岛屿继续下沉，完全没入海平面以下之后，被堡礁环绕的内部浅海开始生长发育珊瑚。随着岛屿继续下沉，底部的珊瑚因水深过大而死亡，留下其外骨骼作为基地继续支持整个珊瑚礁。上部的珊瑚为争取足够的光照，不断向外生长，使得外围的堡礁转而成为环礁，内部成为水深不超过100m的潟湖。岛礁的水下地形一般为阶梯状，礁坪上有浅凹地、浅沟、锅穴和礁斑，礁坪的坡度平缓，而后深度陡然增加，进入深水区。

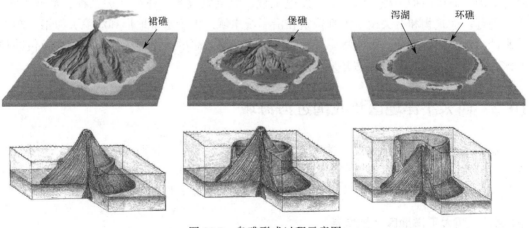

图10-3 岛礁形成过程示意图

10.1.5 海岸地貌的动态性及人类活动的影响

1. 海岸地貌的动态性

由于自然侵蚀，2021年5月18日加拉帕戈斯群岛著名景观"达尔文拱门"坍塌入海。加拉帕戈斯保护协会主任华盛顿·塔皮亚说："显然，加拉帕戈斯群岛的所有人都怀旧，因为这是我们从小就熟悉的事情，它发生了变化让人有些震惊。然而，从科学角度来看，这是自然过程的一部分……而这些都是我们这个星球上常见的事情。"

生物学家达尔文1835年曾到加拉帕戈斯群岛考察，这里也是他写《进化论》的灵感起源地。该群岛由位于太平洋上的234个岛屿、海湾和岩石组成，以其非常广泛的生物多样性而闻名，被联合国教科文组织列为世界遗产。

海岸地貌的形成是一系列地质作用综合作用的结果，而各类地质作用均是动态的，因此海岸地貌的发展变化是动态的。海平面变化、波浪、水流、风暴潮和海啸、生物作用等与地形之间的复杂交互作用不断地改变着海岸地貌的形态，形成脆弱的动态平衡。

2. 人类活动的影响

海岸带作为海陆交互作用的连接地带，且往往人口密度较大，人类活动不可避免地会对海岸地貌产生影响。沿岸建筑会影响岸线的动态平衡，对海岸地貌产生很多不良后果。码头、人工堤、丁坝、围海造地等会改变已稳定的海洋动力状况和底质输运态势，造成局部海岸侵蚀或过度淤积。入海河流上游修建水利工程，使河流入海径流和输砂量减少，会造成海岸侵蚀。如长江和黄河上游的水土保护和水利工程的拦砂作用使河口三角洲由淤涨变为侵退。海岸植被有着保护海岸的作用，分布于岸堤外的芦苇、红树林和珊瑚礁有消浪、滞流和促淤保滩功能，海岸植被和珊瑚礁破坏可使海滩丧失有效屏障，造成生态环境恶化和海岸线后退。除此之外，地下水和油气资源的过量开采会引起松散沉积层和地面下沉，造成海平面相对上升、地下海水入侵和海岸侵蚀加剧。在开展工程建设和海洋资源开发利用活动时，应充分考虑人类活动与海洋自然环境的交互作用。

在海岸带进行的各项建设工程主要包括填海造陆、滩涂围垦、海港工程、河口治理、海上疏浚、海岸防护工程、沿海潮汐发电工程、海上农牧场、环境保护工程、渔业工程、人工岛等。建筑物和有关设施大都构筑在沿岸浅水域。由于水下地形和海流、海浪、潮汐等水动力环境极其复杂，因此海岸工程也应重点考虑险恶的海洋环境对工程的严重侵蚀和冲击，最好开展工程安全评估并采取防护措施。

10.2 西太平洋地区及我国近海海域

亚太地区是亚洲地区和太平洋沿岸地区的简称，狭义上，指西太平洋地区，主要包括中国、日本、韩国、俄罗斯远东地区和东南亚地区等。进入21世纪以来，亚太地区，尤其是西太平洋地区已经逐渐成为引领世界经济发展的重要力量。

10.2.1 西太平洋地区大地构造

我们生活的地球表面的地形地貌千姿百态，处在不停的变化之中。促使地球表面发生变化的力量主要来自两个方面：一是能量来自地球内部的内力作用，包括地壳运动、岩浆活动和地震等；二是能量来自地球外部太阳辐射能的外力作用，包括风化、侵蚀、搬运、沉积和固结成岩作用等。一般来说内力作用总是希望使地表趋于"崎岖"，而外力作用总是希望使地表趋于"平坦"。在内力作用中，板块运动对于全球宏观地形的形成具有重要作用，可以说板块运动塑造了地球宏观地形的格局。大型的地貌单元，如大陆和海洋，就其基本的轮廓和展布特征来说，都是地壳构造变形所形成。根据地貌的规模，可将构造地貌分为三个等级，分别为全球构造地貌、大地构造地貌和地质构造地貌。

1. 西太平洋地区的板块作用

根据板块构造说，地球表层岩石圈被活动带分割成大小不一的板块。板块之间的运动有两种基本关系，即"彼此分离"或"碰撞挤压"。板块相互彼此分离的边界称为"生长边界"，其宏观地貌表现为大陆裂谷或大洋中脊。板块相互碰撞挤压的边界称为"消亡边界"。若是陆地板块和陆地板块相互碰撞挤压，则会形成巨大的褶皱山系和高原，比如南亚次大陆和亚欧板块相互碰撞，形成了巨大的喜马拉雅山脉和青藏高原；如果是海洋板块和陆地板块相互碰撞，则会形成海沟、岛弧或海岸山脉。

在西太平洋地区，海陆分布主要受欧亚板块、太平洋板块、北美板块和菲律宾海板块之间相互作用的影响。在太平洋北部，太平洋板块与北美板块相互挤压，形成阿留申岛弧和千岛群岛；在西太平洋中部，太平洋板块俯冲至菲律宾海板块之下，形成小笠原群岛、硫磺列岛、马里亚纳群岛、加罗林群岛等；在菲律宾海板块与欧亚板块边缘，菲律宾海板块俯冲至欧亚板块之下，形成了琉球群岛、台湾岛和菲律宾群岛；而欧亚板块与印度洋板块的碰撞，则形成了印度尼西亚群岛西部和南部的弧形轮廓。

2. 板块边界类型与地貌特点

太平洋周缘的板块边界主要是消亡边界，主要表现形式是大洋板块俯冲潜没于另一板块之下（又称俯冲边界）。如果是大洋板块和陆地板块相互汇聚挤压，大洋板块因密度较大，位置较低，便俯冲到大陆板块之下，那么在大洋板块一侧将形成海沟。陆地板块受挤上拱，形成岛弧。如果两个大洋板块相互挤压，则一般较大的大洋板块（太平洋板块）俯冲、消亡在密度较小、位置较高的较小大洋板块（菲律宾海板块）之下。

图10-4为典型海沟-岛弧边界及边缘海大地构造示意图。

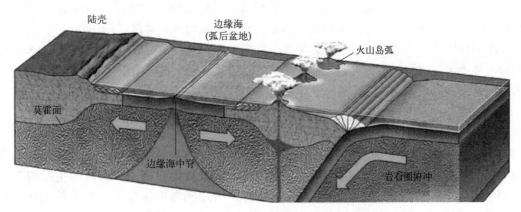

图10-4 海沟-岛弧边界及边缘海大地构造示意图

3. 西太平洋地区的地貌格局

西太平洋地区的大地构造决定了该地区的地貌格局和地理特点。我国位于欧亚大陆东部，东南两个方向被边缘海环绕。欧亚板块边缘处日本列岛、琉球列岛、台湾岛、菲律宾群岛、大巽他群岛等组成一系列岛弧。在这一弧状的岛屿群中，台湾岛距离我国大陆最近处不足130km，且直接面对东南沿海经济发达和人口稠密的地区，在地缘格局中起着核心作用。台湾岛东北的宫古海峡和西南的巴士海峡是我国与太平洋海域沟通的必经之路，同时也是南北联系的要道之一。在菲律宾海板块东缘则是由小笠原群岛、硫磺列岛、马里亚纳群岛、加罗林群岛和大巽他群岛组成了另外一条断续连绵的弧状岛屿群。

10.2.2 中国近海海洋自然地理和地形地貌

我国海域由渤海、黄海、东海、南海和台湾以东海域组成，统称中国海。渤海、黄海、东海、南海环绕亚洲大陆东南部，台湾以东海域东连太平洋海域，地处琉球群岛-台湾岛-巴士海峡以东，菲律宾海盆西北部，洋壳出露海底，具有大洋特性。我国大陆海岸线北起辽宁省鸭绿江口，南到广西壮族自治区的北仑河口，面积大于$100km^2$的岛屿共10个。

1. 渤海

渤海是一个半封闭的内海，北、西、南三面环陆，东面经渤海海峡与黄海相通。渤海为陆架浅海盆地，黄河、海河、辽河、滦河等含砂量很大的河流注入，带来了大量泥砂，致使渤海水浅。海底从辽东湾、渤海湾和莱州湾三个海湾向渤海中央浅海盆地及东部的渤海海峡倾斜，坡度非常平缓，平均坡度仅0.13‰，是中国四个海域中坡度最小的海区。渤海平均水深约18m，最大水深84m，最深处位于渤海海峡北部的老铁山水道。

渤海的典型地理单元包括辽东湾、渤海湾、莱州湾和渤海海峡。辽东湾东侧海岛较多，比较有名的有长兴岛、西中岛、海猫岛、蛇岛、猪岛、湖平岛、牛岛等，辽东湾北部和西侧也有岛屿分布，均属基岩大陆岛。渤海湾海岛大多位于河北省沿岸，均为平坦沙岛，受河道变迁、供砂量变化及海平面变化影响，岛屿的蚀、积变化活跃。渤海海峡中分布着一系列海岛，即由36个大小岛屿组成的庙岛群岛，分为南部岛群、中部岛群和北部岛群呈"一"字形展开，其中较大的有北隍城岛、南隍城岛、大钦岛、小钦岛、砣矶岛、高山岛、大黑山岛、北长山岛和南长山岛等。庙岛群岛均为基岩岛。

渤海海底多为砂质和泥质沉积物覆盖。海岸主要有粉砂淤泥质海岸、砂质海岸和基岩海岸三种类型。渤海湾、黄河三角洲和辽东湾北岸等沿岸为粉砂淤泥质海岸，滦河口以北的渤海西岸属砂质海岸，山东半岛北岸和辽东半岛西岸主要为基岩海岸。

2. 黄海

黄海位于中国大陆与朝鲜半岛之间，是以前第四纪大陆架为基底的浅海海域，属于西太平洋边缘海群的一部分，北面和西面为中国大陆，东邻朝鲜半岛，由济州海峡东经朝鲜海峡、对马海峡与日本海相通，西经渤海海峡与渤海相通。黄海的主要海湾有西朝鲜湾和中国的海州湾、胶州湾。黄海是世界诸边缘海中接受泥砂最多的海区，加之黄海的水浅、盐分少，泥砂不易沉淀，所以海水中悬浮颗粒多，海水呈现黄色，黄海之名因此而得。

中国山东半岛深入黄海，其顶端成山角与朝鲜半岛长山串之间的连线，将黄海分为南、北两部分。北黄海指山东半岛、辽东半岛和朝鲜半岛之间的半封闭海域。长江口至济州岛连线以北的椭圆形半封闭海域，称南黄海。北黄海的平均水深约38m，最大水深可达80m，位于南北黄海交界处，面积与渤海相当。南黄海平均水深46m，面积比渤海大3倍多。黄海的海底为近南北向的浅海盆，由北、东、西三面向黄海中部及东南部倾斜，但坡度变化不大，其水深呈现由东南向西北逐渐变浅的趋势。

山东半岛为港湾式砂质海岸，江苏北部沿岸则为粉砂淤泥质海岸。黄海东部和西部岸线曲折、岛屿众多，主要岛屿有外长山列岛以及朝鲜半岛西岸的一些岛屿，以基岩岛为主，冲积岛较少。

3. 东海

东海指位于中国大陆和中国台湾岛以及朝鲜半岛与日本九州岛、琉球群岛等围绕的西太平洋边缘海，它北面沿中国长江入海口到韩国济州岛一线与黄海毗邻，东北面以济州岛、长崎一线为界，南面以广东南澳岛至台湾岛南端鹅銮鼻一线与南海分隔，通过台湾海与南海相通；东面与太平洋之间以日本的九州岛、琉球群岛和中国的台湾岛为界，经对马海峡与日本海相连，平均水深338m，最大水深2322m。东海是宽广大陆架海区，有广阔的大陆架和深海槽，兼有浅海和深海的特征，包括东海陆架、台湾海峡和冲绳海槽三部分。自中国大陆流入东海的江河主要有长江、钱塘江、瓯江、闽江等。

东海海底总体上由西北向东南方向倾斜，大致呈阶梯状。从近岸至水深160m附近的大陆架边缘，基本呈舒展缓坡；水深160～200m区间范围，海底急剧变陡，为东海大陆坡；越过大陆架进入冲绳海槽深水地貌区，在轴部有一系列陡峭的海山呈串珠状分布，在槽底轴部发育断陷洼地及地堑槽。

东海岸线曲折，港口和海湾众多，其中最大的海湾是杭州湾。东海北部多为侵蚀海岸。在杭州湾与闽江口之间有港湾式淤泥质海岸，由沿岸水流搬移的细粒泥砂堆积于隐蔽的海湾而形成的。南部有部分为红树林海岸，台湾的东岸则属于典型的断层海岸。东海以东九州岛至琉球群岛、台湾岛一线，有众多的海峡、水道与太平洋沟通。

东海岛屿众多，主要包括崇明岛、舟山群岛、台湾岛及琉球群岛等。崇明岛是我国最大的冲积岛，也是面积第三大的岛屿。舟山群岛我国最大的群岛，是典型的沿岸大陆岛。台湾岛是我国最大的岛屿，也属于大陆岛，其附属岛屿多达200余个。琉球群岛位于日本九州与我国台湾岛之间，属于典型的海洋岛，大部分是火山岛。

4. 南海

南海指位于中国大陆南部与菲律宾群岛、印度尼西亚的加里曼丹岛和苏门答腊岛、马来半岛和中南半岛之间的太平洋边缘海。其北界为华南大陆，西界为马来半岛和中南半岛，东界和南界是半封闭的边缘海。南海的东面经巴士海峡、巴林塘海峡等与太平洋相通，西南面经马六甲海峡与印度洋相通；东南和南面分别与苏禄海和爪哇海相连。海域近似菱形，面积十分广阔，几乎是渤海、黄海和东海面积总和的3倍，绝大部分海域处于热带，是东亚大气运动动力、热量和水汽的发源地。南海平均水深1000m，最深处可达4000m以上。

南海海底地形整体上从周边向中央倾斜，由浅海到深海分布着大陆架及岛屿、陆坡、深海盆地和海沟等地貌类型。其中，大陆架主要分布于南海北部和南部，陆架和岛架约占南海总面积的48.15%。陆架的外缘坡折线通常为100～300m，这个范围内广泛发育着水下三角洲、阶地、浅滩等。南海陆坡及岛坡约占南海总面积的36.11%。南海北部的陆坡呈NE向展布，东西部陆坡面积较小，南部陆坡面积最大。由于岛礁的存在，陆坡与深海之间还存在一些海槽，如西沙海槽、中沙海槽。南海海盆呈现NE向分布在中央地带，约占南海总面积的15.74%。南海东部的马尼拉海沟是南海最深处，也是南海的东部外界，目前已知最深点在该海沟南端，深度达5377m。

南海海域有超过200个岛屿和岩礁，主要岛屿有海南岛、涠洲岛、东沙群岛、西沙群岛、中沙群岛和南沙群岛。其中海南岛为大陆岛，涠洲岛为火山岛，南海诸岛礁大多为珊瑚岛礁。南海属热带季风气候，雨量丰沛，海流体系复杂。

南海是我国海上战略通道和重要的贸易航路，自古以来即是我国的传统疆域。2012年6月21日，民政部公告宣布，国务院正式批准，建立地级三沙市，政府驻西沙永兴岛，管辖范围为西沙群岛、中沙群岛、南沙群岛的岛礁及其海域。近些年来，随着我国的综合实力大幅提升，对南海岛礁的开发建设也随之加强，相继通过陆域吹填建设了美济岛、永暑岛等，大大改善了驻岛人员的工作和生活环境，可为南海区域经济发展提供更好的支撑。

5. 台湾以东海域

台湾以东海域指琉球群岛以南，巴士海峡以东的太平洋水域。台湾以东海区绝大部分水深大于4000m，最大水深为7881m（位于琉球海沟）。海底地势自台湾东岸向太平洋海盆急剧倾斜，海底地形直接由岛坡过渡为深海平原。该海域位于菲律宾海板块、欧亚板块和太平洋板块相互作用的交汇处，构造复杂，由琉球沟弧带、台湾东部碰撞带和西菲律宾海盆三大构造单元组成。该区台湾东岸发育基岩港湾海岸、断层海岸、三角洲海岸及珊瑚礁海岸，是我国海岸地貌类型最为丰富的地区。台湾以东海域的岛屿主要有绿岛、兰屿、龟山岛等，均为火山岛，岛屿沿岸岸礁发育。

10.3 台湾省及台湾海峡

台湾省，简称"台"，历史上有瀛洲、夷州、东郡等多种称呼，包括台湾本岛、澎湖列岛、金门岛、马祖岛、兰屿、绿岛、钓鱼岛等附属岛屿，陆地及岛屿面积约3.6万km²。台湾岛是中国的第一大岛，位于我国大陆架的东南缘，东濒太平洋，西隔台湾海峡与福建相望。台湾本岛南北长而东西狭，呈纺锤形，为中国东南沿海的天然屏障。

10.3.1 台湾岛的自然地理特征

台湾岛地形南北狭长、高山密布，高山和丘陵面积占三分之二以上。台湾岛东部多高大山脉，中西部地势下降而多为丘陵，最后在西部海岸地区形成海岸平原。台湾的山脉大致可分成南北走向且近于平行的中央山脉、雪山山脉、玉山山脉、阿里山山脉（西部麓山带）和海岸山脉五大山脉，自东北至西南拥挤在台湾东部狭长地带，统称为台湾山脉（台湾造山带）。此外，台湾岛北端还有一个自成体系的大屯火山群，由10多座圆锥形火山组成。台湾岛有四大平原，分别为台湾岛西部的嘉南平原、南部的屏东平原、东部的宜兰平原和台东纵谷平原。盆地主要有台北盆地、台中盆地和埔里盆地。

中央山脉北起宜兰县东澳岭南抵鹅銮鼻，全长约330km，东西宽约80km，高峰连绵，将全岛分成东小、西大不对称的两部分，是全岛各水系的分水岭。雪山山脉是台湾岛最北方的山脉，最高峰雪山海拔3886m，是台湾岛第二高峰。玉山山脉北端紧邻雪山山脉，南端至屏东，全长约120km，玉山主峰海拔3952m，是全岛最高的山峰。阿里山山脉在玉山山脉以西，东坡陡、西坡缓，最高峰阿里山海拔2484m。海岸山脉又称台东山脉，北起花莲溪口，南至台东卑南溪口，西接台东纵谷，全长约140km，宽约10~15km。

台湾岛上的丘陵和台地分布在五大山脉向平原过渡的山麓地带，一般海拔在200~600m，约占台内岛总面积的四分之一，主要有基隆竹南、嘉义、丰原和恒春四个丘陵带。台湾岛的平原和盆地面约占全岛的五分之一。嘉南平原也称台南平原，北起彰化，南至高雄，南北长180km，东西最宽达43km，是台湾省最大的平原。

台湾岛的河川以中央山脉为主要分水岭，东西分流入海。从中央山脉东流的河流短小陡峻流急，西流的河流较长，水流较平缓。台湾岛主要河流有24条，其中长度100km以上的河流有浊水溪、高屏溪、淡水河、大甲溪、曾文溪、乌溪，皆为中央山脉西流的水系。台湾岛最大的天然湖泊为日月潭。

台湾岛北部与南部分属亚热带、热带气候，整体上呈现高温、多雨、多风的特点。由于地形关系，东西部交通被高大的中央山脉所阻挡，南北部交通由河流所切断，因此早期台湾岛交通极度依赖海运。目前除中部中高山区外，岛内已形成环岛公路、横贯公路、纵贯公路等纵横交错的公路交通网络，以及便捷的铁路交通、港口运输与机场空中运输。

10.3.2 台湾岛的地质成因

台湾岛位于欧亚大陆板块东南缘与菲律宾海板块的斜向聚合处、琉球岛弧与吕宋岛弧相交之处，地跨欧亚大陆板块与菲律宾海板块，是一座正在快速隆起造山同时又遭受强烈侵蚀的海岛。以台东纵谷地壳对接带为界，台湾西部属欧亚大陆板块，东部属菲律宾海板块。在台湾南部，欧亚大陆板块以南海海洋地壳为先导向东俯冲至菲律宾海板块之下，在台湾东北部，菲律宾海板块向北西俯冲至欧亚大陆板块之下，形成了独特的双俯冲带——马尼拉海沟与琉球海沟。这两个俯冲带属于典型的太平洋西缘弧陆碰撞造山带，双俯冲带显著控制了台湾岛及附近海域的地质特征及大地构造。

台湾是中国境内新生代地壳运动最为活跃的地带之一，区内以出露新生代地层为主，也分布有中生代和新生代的火山岩及侵入岩。复杂的地质构造背景与活跃的晚新生代造山带，制约着台湾岛地层、岩浆岩发育及其分布。台湾岛造山带主要由变形的前古近-新近纪地层组成，呈略向西弧凸的南北走向，以新近纪浅海-滨海相沉积地层分布最广，其次为古近纪河流-河口-滨海沉积地层与前古近纪地层。第四系主要分布在台西平原与盆地中。火山岩及火山碎屑沉积岩主要见于东部海岸山脉。

台湾岛为中国东缘境内新生代地壳运动最为活跃的逆冲-褶皱造山带。中新世中期南海海盆岩石圈沿着马尼拉海沟向东俯冲于菲律宾海板块之下，俯冲作用形成增生楔并在菲律宾海板块西缘生成一系列火山岛（吕宋火山岛弧），火山岛弧随着菲律宾海板块向西北移动而斜向拼贴逐渐接近欧亚板块边缘。中新世晚期（5.0~6.5Ma），吕宋火山岛弧最北端与欧亚大陆边缘发生斜向弧陆碰撞，增生楔抬升并接受侵蚀，台西前陆盆地开始接受沉积。在台湾岛东北，菲律宾海板块沿琉球海沟向北俯冲于欧亚大陆板块之下。随着菲律宾海板块持续地向西北运动，弧陆碰撞作用加剧并向南扩展。在随后的 3～5Ma，弧前盆地逐渐由北向南闭合，弧前盆地西侧岩层发生双向逆冲断层，增生楔不断抬升，火山活动渐趋停止。第四纪末（小于 1Ma），吕宋火山岛弧沿台东纵谷向北西加附于中央山脉增生楔东侧，成为今日海岸山脉。距今 1Ma 以来，随着菲律宾海板块向北在台湾岛东北端于琉球海沟俯冲于欧亚大陆之下，最北段的海岸山脉亦随之下陷，在台湾岛北部出现大屯火山喷发，弧后张裂的冲绳海槽向西南延伸，形成宜兰平原。目前台湾省区域弧陆碰撞（图 10-5）持续向南进行。

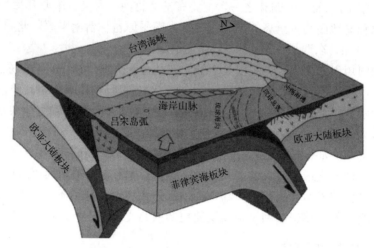

图 10-5 台湾省区域弧陆碰撞示意图

台湾岛总体地质构造受弧陆碰撞造山带影响显著，主构造线呈北北东方向，具有明显的东西分带现象。以台湾岛东部纵谷为界，以东属菲律宾海板块，以西属羌塘-扬子-华南板块，分属新生代造山带和新生代活动陆缘。台湾岛由西向东可分为台西前陆盆地、麓山-玉山逆冲-褶皱带、中央山脉俯冲增生楔、台湾岛东部纵谷地壳对接带、吕宋火山岛弧，各构造单元间主要以向西逆冲断层接触。台湾岛地质构造变形主要为褶皱与断裂，地壳运动以水平运动为主，表现为逆冲推覆构造发育。台湾岛东部纵谷并非原始板块边界，仅是弧陆碰撞过程中形成的地壳对接带和中央山脉增生楔与海岸山脉弧前盆地-火山岛弧间的碰撞缝合线。台湾岛东部纵谷是台湾岛最活跃的断层，台湾岛造山带每年的压缩量中，沿着台湾岛东部纵谷断层约占 40%～50%。

10.3.3 台湾岛主要地貌形态及其地貌分区

台湾岛的整体呈纺锤形，由山地、丘陵、台地、平原及盆地组成，地势从中部山体向外逐级递降，构成层状垂直分布。台湾岛的地形山势高峻，平原狭小，多火山，川短流急，河川下切极深，地形错综复杂。中央山脉将本岛切割成不对称的东、西两部分。高山多集中在中部偏东，中西部地势下降，最后在西部海岸地区形成广大的海岸平原。北端由于火山喷发形成较高地势，使台湾岛东部山地和北端火山群间形成了"台北盆地"。南面中央山地倾没入海，形成恒春半岛。在北部和恒春半岛发育有珊瑚礁海岸。

台湾岛第四纪分布范围较广，分布于麓山带及西部平原区面积较大，且沉积速率较高，形成了厚而质细的地层。第四纪地层由更新统泥岩、砂岩、粉砂岩、页岩和砾岩组成,海相和陆相的地层均有出现,南部石灰岩礁多数被归入更新世地层中。更新统大多出露在西部山地较靠西的山岭和山丘内。全新统多数是地表堆积物和河谷或盆地中的松散沉积物,岩性主要为砂、砾、黏土及珊瑚礁等,包括河相、湖相、河口湾相或海相的沉积物,它们在地形上大多以海岸台地、河阶台地和冲积平原出现。

台湾岛区域地貌的综合特征受宏观的新构造运动格局和大地构造基础控制。根据岩石特征、海拔等因素,可将台湾岛划分为3个三级地貌区,即西部台地平原区、中东部山地丘陵区和东部平原区。地貌区界线大部分为区域性断裂,其两侧的新构造升降幅度不同,从而造成了宏观特征的显著差异。全岛的3个陆地地貌区共可划分为17个亚区,见表10-2。

台湾岛地貌分区划分表　　　　　　　　　　　　　表10-2

一级地貌单元	东部平原和中、低山、丘陵区		
二级地貌单元	华东、华南中、低山、丘陵区		
三级地貌单元	台湾岛西部台地平原区	台湾岛中东部山地丘陵区	台湾岛东部平原区
四级地貌单元	台北盆地亚区、桃园中坜台地亚区、宜兰冲积平原亚区、台中盆地亚区、埔里盆地群亚区、西部海岸平原区、澎湖熔岩台地亚区、鹅銮鼻台地亚区	西部麓山带沉积岩丘陵区、台湾岛中部变质岩中低山区、台湾岛中东部变质岩高山区、海岸山脉火山岩中低山区、恒春丘陵区、大屯火山、东部火山岛屿	台东纵谷平原亚区、屏东冲积平原亚区

10.3.4 构造剥蚀、侵蚀地貌

台湾岛的山地分布广泛,以中央山脉为主干,由东北向西南连绵起伏。这些山脉皆南北走向,山脊走向受构造条件支配,与地质构造线的方向一致。山地大部分地区为变质岩与沉积岩组成,这些岩层对风化侵蚀的抵抗能力各有差异,在地形上也各有分别,如变质岩最为发育的地区为中央山脉,变质岩片理发达易于风化剥蚀,因此侵蚀作用程度较剧烈。而沉积岩如砂页岩地层分布地区因地层倾斜的缘故形成单斜山脊地形,火山岩发达地区则呈现出特有的地貌形态。

高山多集中于中央山脉,山势高峻,山峰高程在3500～3952m之间,山坡的平均坡度多在40°以上。河流向源侵蚀比较强烈,溪流的上游多成深峭峡谷,如太鲁阁峡谷。组成高山的岩性主要为古近纪的板岩、千枚岩、石英砂岩及变质砂岩等,岩石较坚硬,抗蚀能力强,因此形成的山峰较陡。

中山主要分布在台湾岛中部和东部地区的中央山脉、雪山山脉、玉山山脉、阿里山山脉和海岸山脉,高程在1000～3500m之间。在前四个区域,构成中山的岩石类型以变质沉积岩为主,地层的走向与山脉的延长方向平行,同时被若干走向断层所截切,河流侵蚀强烈。海岸山脉为弧陆碰撞运动中剧烈隆升的新期构造带,山脉陡峻,山脊线呈雁列式展布,基础物质为岩质坚硬、耐风化的安山岩质集块岩。

低山与丘陵主要坐落于中央山脉的外侧,海拔高度皆在1000m以下。中西部麓山区与东部海岸山脉的低山地貌形态差异较大。麓山区由于受流水的强烈切割,沟谷较发育,经刻蚀形成"V"形谷。在海岸山脉,松软的泥岩极易被雨水冲蚀,地表无法发育形成土壤层,形成恶地地形,而表面产生许多冲蚀的雨蚀沟。丘陵约占台湾岛总面积的四分之一，在地形上为纵贯全岛的狭长带状。台湾岛北部的大屯火山群与东部火山岛屿也属于该地貌类型。高丘陵主要发育于台湾岛北段及台湾岛山脉的边缘地带，为山地被河谷、沟谷剥蚀切割后形成；低丘陵主要发育于台湾岛中部、南部及接近嘉南海岸平原地区以及台湾岛西岸地区，为台地被河谷、沟谷切割后形成。组成丘陵的岩性主要以中新世的砂页岩为主。高丘陵大致河谷深狭，单斜山脊地貌甚发达，低丘陵则河谷宽广。

台地分布于台湾岛西北部的桃园中坜、南端鹅銮鼻及澎湖群岛。桃园中坜及鹅銮鼻的台地分别为砾岩与石灰岩组成，澎湖群岛为第四纪玄武岩流喷发而成的岛屿。台地地势较丘陵低平，高度均在海拔400m以下。桃园中坜台地为台湾岛西北部台地的总称，自北而南主要有林口、桃园、中坜、湖口、后里、大肚与八卦等台地。鹅銮鼻台地位于台湾岛南端恒春区域内，包括西面的西恒春台地及南面的鹅銮鼻一带，两者都为珊瑚礁台地。两者都为海成台地，为高水位时期海水侵蚀的地层记录，随着地盘上升而隆起形成。

10.3.5 构造侵蚀、堆积地貌

构造侵蚀、堆积地貌主要包括冲积平原和山间盆地。冲积平原主要包括宜兰冲积平原、屏东冲积平原、台东纵谷平原和西部平原。山间盆地主要有台北盆地、台中盆地和埔里盆地群。

1. 冲积平原

宜兰冲积平原位于台湾岛的东北部，略呈等边三角形，每边长约30km。三角形平原的西南边与西北边受地质构造的影响形成，东边则由于太平洋的波浪冲蚀而成一平直的海岸线。兰阳溪为冲积平原上的主要河流，流入平原后即呈广泛的网状流路，自平原西侧顶端东流入海。宜兰冲积平原由西向东坡度渐缓，兰阳溪流至平原东部时，流速大减，冲积物的粒度多属细致的砂石和淤泥。海岸地带的海岸沙丘极为发达。

屏东冲积平原位于台湾岛西南部，介于山麓丘陵区域与中央山脉之间，它的东、西、北三面靠山，南面濒海，纵长约50km，横宽约20km，面积仅次于西部平原，冲积物主要由砂、砾石及泥组成。屏东冲积平原东侧冲积扇极为发达。屏东冲积平原内网流现象极为常见，河床宽阔，流水缓慢，侵蚀力量微弱。该区域属于缓慢沉降性区域平原，由北向南倾斜。

台东纵谷平原是介于中央山脉与海岸山脉间的狭长而平直的谷地，北起花莲南至台东，纵长150km，宽度2～7km。台湾岛东部纵谷为一颇具规模的断层谷，谷中接纳来自中央山脉的巨量冲积物填积而成，纵谷内冲积扇及河岸阶地发达，冲积扇堆积物填布于纵谷宽度的大部分，所有河流的河道均移近海岸山脉的旁边。

西部平原位于台湾岛的西南部，北起彰化，南至高雄，纵长170km，面积约占全岛面积的1/6，主要由发源于台湾岛山脉的各大河流冲积而成。西部平原在彰化以北，有九大溪独流入海，各有平原堆积，且连成一片，呈一带状平原。西部平原的南北端尖细而中部较宽阔，最广处为浊水溪的下游地段，东西宽约40km，东与丘陵地带相接。西部平原的地面发育大致仍保持原有的完整平坦地面，沉积物物质主要源自中央山脉、玉山山脉及山麓丘陵地带的河流带来的大量冲积物和西部海岸在风向、风力和浪潮的作用下造成的旺盛堆积。因台湾岛西南部地盘仍在逐渐缓慢上升，海岸线渐向西移，故西部平原的面积现正向西扩展中。

2. 盆地

盆地指四周高，中部低，外形呈盆状的地貌单元。台北盆地位于大屯火山群、桃园中坜台地区域与山麓丘陵地带之间，外形略呈三角形状，在成因上属于构造盆地，岩层主要由未固结的泥砂、砾石等所构成，盆地内水系发达，有超过350m厚的第四系碎屑沉积物。台中盆地略呈椭圆形，位于山麓丘陵地区的八卦丘陵与中寮丘陵之间，纵长约40km，横宽约12km，为一构造盆地，盆地的堆积物以砂砾石为主。埔里盆地群为台湾岛中部的山间盆地群的总称，其南北邻近的地区分别为玉山山脉与雪山山脉，包括一连串依本岛主要构造线方向的纵列盆地，其中埔里盆地和日月潭盆地面积较大。盆地为现代冲积层所填布，皆为砂砾及黏土，盆地西南部阶地颇为发达。

10.3.6 海成地貌

1. 基岩海岸

岩石海岸在波浪、潮流等不断侵蚀下所形成的各种形态，最为典型的为岩滩，又称为海蚀平台。台湾岛的海蚀平台主要分布在北部、东部海岸、澎湖群岛及台湾岛南端。在台湾岛北部海岸，海蚀平台发育在火山角砾岩区，以海滩砾石堆和涡穴为特色，宽度在100～300m不等，高出海面的台地分布甚广。在台湾岛东北部的基隆海岸，由于近代强浪侵蚀，使石英安山岩岩体裸露成岛，四周海蚀平台广阔。从鼻头角到宜兰岸段，由于浪蚀力大，古海蚀平台发达，台面满布岩礁，由坚硬砂岩层形成，宽达250m以上。台湾岛东部海岸主要受地质构造控制，除花莲和台湾岛东部少部分地区外，均为基岩海岸。澎湖群岛由于地形平缓，降雨稀少，海蚀侵蚀作用控制整个群岛的地形发育，因此具有柱状节理厚熔岩形成的雄伟陡峭的海蚀崖和海蚀平台十分常见。钓鱼岛等安山岩小岛亦有本类地貌发育。在台湾岛南端，由于台风巨浪冲蚀而形成的宽阔海蚀平台，滩岩也非常发育。

2. 砂砾质海岸和淤泥质海岸

砂砾质海岸和淤泥质海岸主要由近岸物质在海洋动力和生物作用下堆积形成。砂砾滩发育于岬角、港湾相间的海，由被侵蚀的物质经沿岸流输送堆积而成，主要发育在台湾岛北部及西部地区。台湾岛西部地区，淡水河至曾文溪口海岸长约373.5km，沿岸发育大量广阔平直的泥砂滩。低潮时滩宽多在数百米到十几千米不等。滩外有一连串沙洲与海岸平行，滩内多潮沟、泻湖及海堤围成的海埔新生地。海岸平原向南扩展除河砂淤积，受东北冲积而来的泥砂加强外，还受风砂的影响。广阔的网状河床和海埔地都是良好沙源地，在强劲东北风吹下，沿海岸、河岸发育出成片沙丘带，沙丘最高可达30m高。

3. 生物海岸

生物海岸地貌为热带和亚热带地区特有的海岸地貌类型，主要为造礁珊瑚、有孔虫、石灰藻等生物残骸的堆积，分为岸礁、离岸礁和隆起礁。岸礁是我国热带海岸上主要珊瑚礁岸类型，在台湾岛内及附近岛屿广泛分布，其中以南端恒春半岛发育最好。澎湖列岛大部分都有岸礁发育，阔度可达1000m。岸礁地貌特点是分为礁平台和礁坡两部分。礁平台的后缘近岸处有一带状高出低潮线的礁体，礁平台上见有块状珊瑚礁体。近岸礁区则岩溶地形发育，礁块上可以发育溶蚀石沟和石芽。恒春半岛沿岸，岸礁连续分布，形成山地海岸加上生物礁的地貌。离岸礁主要分布在澎湖列岛和恒春半岛的保力溪口到猫鼻头，主要特点为向海一面发育良好，向陆一面珊瑚发育较差，多呈不连续分布。隆起礁分布在台湾岛南部、台湾岛东岸各火山岛。更新世隆起珊瑚礁在台湾岛南端恒春半岛组成一个和缓的背斜。兰屿隆起礁亦能形成60m阶地，火烧岛阶地更高达100m。

10.3.7 火山地貌与风成地貌

1. 火山熔岩台地和火山丘陵

熔岩台地主要分布于澎湖群岛。澎湖群岛位于台湾海峡，散列于北回归线附近，距台湾岛约40km，总体地势较低平，从边缘向中部逐渐升高，海拔在70m以下。澎湖群岛除个别小岛外，均为第四纪玄武岩所组成，先后经过三次喷发，层层堆叠而成，其中夹有上新世更新世的砂页岩层。玄武岩流沿地壳断裂涌上地表后，玄武岩层平缓铺遍各岛屿，形成平整台地，后被海峡风浪所侵蚀，切割分离而成各大小岛屿。各岛的海岸多呈陡峻的海蚀崖，海岸线亦极端曲折，各岛上无显著的河流发育。

火山丘陵是北部火山区安山岩锥形火山和熔岩与火山碎屑交替组合的复合式火山等地貌形式，其中以大屯火山群的火山地形保存最完整，其分布范围除以大屯山为中心的一群山岭外，还包括淡水河出口处西岸观音山及基隆、汐止两地的西北一带山地。大屯火山群为第四纪初期喷发的安山岩质熔岩流与玄武岩块的堆积物，经风化侵蚀后所成的典型火山熔岩景观，共由七星山、大屯山、竹子山等20多座火山组成，是中国火山最密集的地区。大屯火山群中的火山山体可分为锥形火山和钟形两类。大屯火山群中的大部分火山都是锥形火山，主要由喷发的熔岩和碎石堆积而成，通常高峻、陡峭、雄伟。而钟形火山由黏度大、流动慢的熔岩堆积而成，一般堆积较为低缓。

2. 沙丘和外海沙洲

台湾岛地势陡峻、雨量丰沛、输沙显著，加以台风、季风、海陆风盛行，因此海岸沙丘特别发达。台湾四周有海岸沙丘发育的海岸线约占全台海岸线长的24%。特别是台湾西部海岸滩面坡缓、海底浅平、河川堆积显著，呈现出离水堆积海岸的特征，海岸沙丘甚为发达。沙丘的沙源，主要是由河流的输沙量供给，经由波浪、潮汐等水中营力形成漂沙，往海岸搬运堆积成海滩埔地，再借由空气流动往内陆侧堆积而成沙丘。沙丘的分布与形态常因当地的地形、地质、风向、风力、沙源以及人为活动而有显著的差异。台湾西部北段海岸从崎顶到后龙溪一带，因地形向西突展，沙丘特别发达，其中以湾瓦地区规模最大，可深达内陆数千米，高度可达50m。南段嘉南平原，沙丘主要分布在北港溪、朴子溪、急水溪、将军溪沿岸及离岸沙洲上，这些海岸沙丘高度很少超过6m。另外，在恒春半岛的海口村西方海岸沙丘发达，但高度在20m以下。

古浊水溪因每逢洪水泛滥，主要河道变动频繁，所夹带的大量泥砂在云林外海形成各种沙洲，经过不断侵蚀、南移、后退、分裂、合并等演进过程，形成现存的残存沙洲，其中以外伞顶沙洲与海丰岛沙洲规模最大，统汕洲、箔子寮汕以及外伞顶洲呈东北-西南向罗列于云林金湖地区外海。岩性为中至细砂，海拔最高3m。

10.3.8 台湾海峡

台湾海峡是中国大陆与台湾岛之间连通南海、东海的海峡，西起福建省沿海，东至台湾岛西岸。台湾海峡北东向延伸，纵长约400km，南宽北窄，南口宽约400km，北口宽约200km，北部最窄处为130km。台湾海峡东岸比较平直，大部分属于砂质和淤泥质海岸，西岸比较曲折，属于基岩海岸，海底地形起伏不平，横向上等深线展布大致与海岸平行，总体上南浅北深，南部台湾浅滩是与南海的天然分界，北口通向东海陆架。海峡位于亚热带、北热带季风气候区，受黑潮影响，海峡水温较高，风浪较大。

台湾海峡水深较浅，大部分海域水深小于100m，其中海峡西侧的福建沿岸和海峡东侧的台湾沿岸水深较浅，基本上不超过60m，而海峡东南侧的水深较深。台湾海峡的地形较为复杂且颇不规则。澎湖岛与台湾岛之间的澎湖水道南北长约65km，宽约46km，为地堑式下沉形成的峡谷，水深70~160m，向南为连通南海海盆的海峡最深处，水深达1000余米。另外，东西走向的八罩水道，宽约10km，水深70余米，分澎湖列岛为南北两群，是通过澎湖列岛的常用通道。台湾浅滩位于台湾海峡与南海的交界，水深25~30m，由众多形态各异的水下沙丘组成，呈椭圆形散布，往南逐渐过渡为南海陆坡地形区。台中以西有台中浅滩，与东部阶地相连，水深最浅处9.6m。两浅滩之间为澎湖列岛岩礁区，由岛屿、礁石和许多水下岩礁组成，北部岛礁分布较集中，水道狭窄，南部岛礁分散，水道宽阔。

总的来说，台湾海峡水深具有西浅东深的不对称特点。垂直穿过台湾海峡中部的地形剖面显示，台湾海峡在中部表现为W形特征，在台湾海峡中部有高度约20m的隆起地形。这种地形特征，反映了台湾海峡两侧沉积物源的巨大差异。

10.4 青藏高原和喜马拉雅造山带

青藏高原是世界上最高大、最年轻的高原，被誉为"世界屋脊""地球第三极"，平均海拔在4000m以上。它的外缘高山环绕，壁立千仞，南起喜马拉雅山脉，北至昆仑山、阿尔金山和祁连山，西部为帕米尔高原和喀喇昆仑山脉，东西长约2800km，南北宽300~1500km，总面积约占我国陆地国土面积的1/4左右。

10.4.1 地球之巅——珠穆朗玛峰

青藏高原是由一系列东西向或南北向高大山脉组成的高原，全世界14座海拔超过8000m的高峰中有10座集中在青藏高原，其中珠穆朗玛峰为世界最高山峰。2020年12月8日，习近平主席向全世界宣布，珠穆朗玛峰（后简称珠峰）的最新高程为8848.86m。

1. 珠峰测高的历史和必要性

作为世界最高峰，珠峰的准确高度素来为世人瞩目。我国分别于1975年和2005年两次成功测定并发布珠峰高程。1975年我国首次利用传统三角交会方法，测得珠峰高程为8848.13m。2005年我国采用传统大地测量与全球卫星定位测量相结合的技术方法，首次在峰顶利用雷达探测仪测量了冰雪的深度，测得珠峰岩面高程为8844.43m。

三次测量采用的测量方法不同、设备不同，测量条件、高程测量参考点和高程基准面也存在一些差异。1975年的珠峰测量以青岛验潮站1950年到1956年验潮资料确定的黄海平均海面作为高程起算面；与1975年相比，2005年珠峰测量所参考的平均海平面上升了约2.9cm。2020年珠峰测量则采用了全球平均海平面，与2005年的平均海平面相比，起算面高了约30cm。高程基准面间的差异，必然会造成高程测量值的差异。

从三次高程测量结果和对珠峰地区长期连续观测结果可以发现，珠峰高程是不断变化的。经过长期监测，珠峰一带每年约增高 3~5mm，可以说，珠峰一直在"长高"。2015年尼泊尔发生 8.1 级地震，也对珠峰的高度造成了重要影响。测量珠峰，是人类了解和认识地球的重要标志。

2. 2020珠峰测高历程

2020 年 4 月 30 日，2020 珠峰高程测量任务正式启动。2020 年 5 月 27 日凌晨，2020 珠峰高程测量登山队携带装备向珠峰峰顶进发，11 时左右，测量登山队 8 名队员登顶"地球之巅"，在世界最高峰峰顶斜面上竖立觇标，安装了全球导航卫星系统（GNSS）天线。与此同时，地面 6 个交会点对峰顶觇标进行交会观测。测量队员们在峰顶停留了 150min，完成了峰顶雪深和气象等测量任务，并创造了中国人在珠峰峰顶停留时长新纪录。

野外测量工作完成后，技术协调组组织相关任务单位对所有外业测量数据进行整理，包括峰顶测量数据整理，外业观测成果质量检查、数据汇总校核等。之后，将全部的外业测量数据提交给数据处理团队，进行进一步的数据处理和分析。最终经过 6 个多月的数据处理、计算和审核，珠穆朗玛峰的最新高程确定为 8848.86m。

3. 2020珠峰测高的特点

在 2020 珠峰高程测量中，国产装备"大显身手"，珠峰高程测量的科学性、可靠性、创新性都比 2005 年有了明显提高，体现了国家综合实力和科技发展水平。

一是将我国自主研制、拥有完全自主知识产权的北斗卫星导航系统首次应用于珠峰峰顶大地高的计算，获取了更长观测时间、更多卫星观测数量的观测数据。北斗与 GPS 数据融合，精度提高了 2.1cm，验证了北斗系统能够获得同 GPS 精度相当的大地高结果。

二是我国先进国产仪器和测绘科技在珠峰高程测量过程中得以集中展示。国产 GNSS 接收机、国产长测程全站仪、国产重力仪、国产雪深雷达等仪器在严酷环境下的表现已经可与世界顶尖水平媲美，并首次在珠峰区域开展了航空重力和遥感综合调查。

三是获得了珠峰地区高精度似大地水准面精化模型。数据资料更加丰富，基础数据分辨率、质量、时效性有较大程度提升，大幅度提升了珠峰地区似大地水准面模型精度。

四是中国和尼泊尔首次联合构建了珠峰地区全球高程基准，成果符合性好，为两国联合发布基于全球高程基准的珠峰新高度奠定了坚实的基础。

五是首次将 5G 和北斗结合，利用通信专网和北斗数据信息化管理平台，实现了高寒、高海拔环境下北斗二号和北斗三号卫星信号的同时接收、实时解析和质量预评估，验证分析了高寒、高海拔环境下的北斗观测质量。

4. 珠峰的岩石

自 1960 年中国人首次登顶珠峰的 60 多年来，中国人对珠峰的攀登和探索从未止步，中国科学家在珠峰地区先后开展了 6 次大型综合科考。2022 年 5 月 4 日中午，我国"巅峰使命"珠峰科考队员又一次成功登顶，并在珠峰成功架设世界海拔最高的自动气象站。

那么珠峰是由哪些岩石组成，这些岩石又是如何造就了地球之巅的呢？

从珠峰北坡远眺地球之巅，珠峰山体呈金字塔状巍然矗立，山体中部有一条浅黄色岩层环绕山腰，形如腰带分布在海拔 8200~8660m 高处，该岩层由灰岩变质形成的浅土黄色-浅棕褐色钙硅酸盐岩组成，被命名为"黄带"。黄带之上的山体由灰色结晶灰岩构成，黄带之下过渡为深色的片岩、大理岩、片麻岩、混合岩以及少量的花岗岩（图 10-6）。在珠峰峰顶沉积的灰岩中还发现了化石。珠峰峰顶灰岩是什么地质年代形成的，曾经是国际地质界长期争论不休的难题。中国科学院研究人员于1973年首次测定珠峰峰顶灰岩年龄约为4.7亿年，这一结果被该区域灰岩中发现的奥陶纪海相生物化石所印证，证明了珠峰以及喜马拉雅地区远古时代曾处于特提斯海之下。

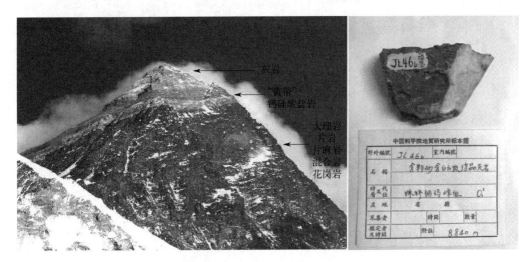

图10-6　珠峰的岩层分布及采集自峰顶的灰岩手标本

10.4.2　青藏高原隆升过程

依据板块构造说，在距今5亿年前的远古时代，喜马拉雅地区曾是浩瀚海洋，直至约6000万年前的古新世晚期，由南方漂移而来的印度板块与北方的欧亚板块相遇，发生碰撞，导致了剧烈的地壳构造运动，沉积于特提斯海的岩石逐渐隆起。在距今3000万年前，青藏高原地区由大海全部变成陆地。距今200万～300万年以来，原始高原进一步受到南北两侧水平运动的压力，导致垂直方向上的大幅度抬升，才最终造就了地球上最年轻、最高大的绵延2500km的巨大弧形山系——喜马拉雅群山。相对于地球46亿年的年龄，青藏高原十分年轻。

青藏高原的隆升是一个由南向北逐步生长隆升的过程，板块的碰撞是青藏高原隆升的原动力，初始碰撞时间大致在55±5Ma。自与欧亚板块碰撞以来，印度板块继续向北推进了约2000km。青藏高原经历了多个阶段、多幕次的隆升，在空间上大致表现为高原中南部的主体部分在始新世率先隆起，然后大约在渐新世末和中新世初开始逐渐向南北两侧扩展，中新世晚期以来高原东北部最后强烈隆起。

高原各部分大致表现为准同步但幅度不同的变形响应与隆升过程（图10-7），大致可划分为3个阶段。

早期阶段，印度板块和欧亚板块在55±5Ma汇聚后，巨大的碰撞应力使由拉萨块体和羌塘块体（即"原西藏高原"）组成的前缘地区率先隆升，"原西藏高原"地壳显著变形增厚。印度板块与欧亚板块碰撞的应力通过早期高原地区拼贴的刚性小块体向北传递到高原东北部的祁连山及其邻近地区，东昆仑山、阿尔金山、祁连山等在55～50Ma发生构

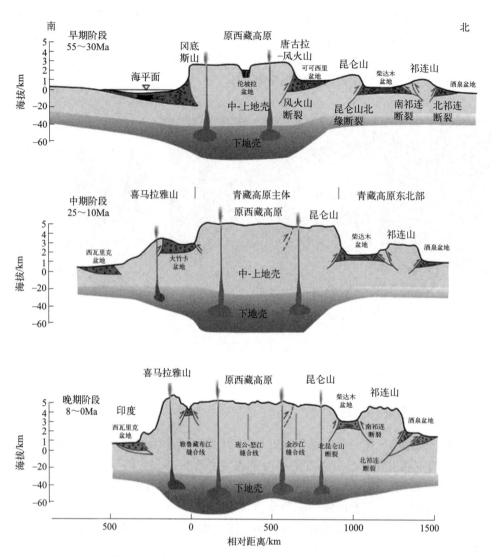

图 10-7 青藏高原隆升过程示意图（据 Wang C S 等）

造抬升作用。持续的变形在约 45~41Ma 和约 35~30Ma 呈现出两次快速隆升事件，共同组成一个早期高原变形隆升高峰期。碰撞早期"原西藏高原"外缘隆升幅度可能有限，大量生物地层学研究表明喜马拉雅地区至少在晚始新世以后海拔高度才超过海平面。

中期阶段，印度板块持续向北挤压导致的渐新世末-中新世初开始的又一期强烈构造变形，不仅使"原西藏高原"再次强烈隆升并可能达到目前的海拔高度，而且使"原西藏高原"向南、北两侧显著扩展，形成喜马拉雅山和可可西里-昆仑山组成的高原北部地区。由于巨大的阻力，在 25~10Ma 印度板块与欧亚大陆汇聚的速率减小了 40%。青藏高原隆升到最大高度的重要地质特征是高原顶部因重力作用和挤压诱发的拉张作用，在顶部形成了一系列南北向的裂谷。地貌上，约 22Ma 是现今雅鲁藏布江谷地雏形形成的重要时期，此时金沙江可能被长江袭夺，形成当代长江并东流入海。

晚期阶段，随着高原主体的形成，印度板块与欧亚板块汇聚的应力主要被南向继续生长隆升及北向剧烈地挤压缩短隆升所消解,以至于发生在高原周边山脉的构造与发生在中央高原的构造在性质上截然不同,即高原主体主要发生伸展垮塌,从造山转变成造高原,但在时间上还是基本同步。随着地形起伏的变小,地表的侵蚀营力如河流的下切幅度也开始减小。"原西藏高原"地区在晚中新世以来开始出现显著的近南北向拉张,形成一系列裂谷,而其边缘开始挤压隆升或向外扩展生长的造山作用,在各个方向又具有多幕次、后期加速、准同步异幅的特点。这期间的一系列构造事件,塑造了现今青藏高原的构造变形框架、山川地貌特征及气候生态环境格局。

10.4.3 地质作用与典型地貌

板块运动塑造了地球的宏观地形格局,新生代以来,印度板块与欧亚板块的碰撞形成了"世界第三极"——青藏高原,青藏高原的构造隆升和扩展对高原及周边区域的构造格局、地貌发育、生态环境和气候变化都产生了重要影响,形成了最独特、最复杂的自然地理单元。

1. 宏观地貌

在宏观尺度上,印度板块与欧亚板块的碰撞形成了绵延2500余公里的喜马拉雅山系。严重变形的岩层形成了大量的褶皱和断层。青藏高原高山大川密布,地势险峻多变,落差极大。与喜马拉雅山系大致平行的巨大山系自南向北依次为念青唐古拉山、昆仑山、阿尔金山和祁连山等,其间分布的大型走滑断裂和逆冲断裂带将青藏高原分割成条带状的构造单元。在青藏高原的东缘,上地壳构造应力转为东西向,形成了中国最长、最宽和最典型的南北向山系——横断山脉。横断山脉区域山川南北纵贯,东西并列,与喜马拉雅山系交汇于南迦巴瓦峰,山系中褶皱紧密,断层密布,大江大河多沿深大断裂发育,是举世罕见的地质奇观。总体上青藏高原地势西高东低,边缘地区被强烈切割,山、谷及河流相间,地形极其破碎。相对于边缘区的起伏不平,高原内部反而起伏度较低,湖泊广布,冰缘地貌发育。在广阔的高原地区,气温随海拔的增加而降低,高海拔地区发育有大量冰川,并成为多条大江大河的发源地,被誉为"亚洲水塔"。

2. 冰川作用和冰川地貌

青藏高原平均海拔4000m以上,海拔5000m以上的山峰大多终年积雪,分布着大量冰川。冰川作用包括成冰作用、冰川侵蚀和冰川沉积。冰川体对冰床和谷壁有很强的侵蚀作用。刨蚀作用造成擦痕、刻槽和磨光面等冰蚀地貌形态,同时产生大量碎屑物质;挖掘作用形成冰床阶梯和岩坎,为冰川补充冰碛岩块。冰川停滞或融化后退时冰碛物堆积,形成不同形式的冰川沉积。

青藏高原发育的现代冰川,按其活动情况可分为大陆性冰川(冷冰川)和海洋性冰川(暖冰川)。大陆性冰川受干燥大陆性气候影响,冰温很低,冰流速度低,冰川剥蚀和搬运能力较差,沉积作用较弱,冰碛地貌的规模较小。海洋性冰川发育地区降水丰富,冰内和冰下消融强烈,冰川流动速度大,冰川剥蚀和搬运能力强,冰川沉积作用强,冰碛地貌的规模也大。海洋型冰川主要分布于青藏高原东南部的横断山系、喜马拉雅山东段和南坡,以及念青唐古拉山的东段和中段,其余区域为大陆性冰川。

冰川地貌按成因分为侵蚀地貌和堆积地貌两类。冰川侵蚀地貌一般分布于冰川上游,形态类型有角峰、刃脊、冰斗等。冰川(包括冰水)沉积地貌分布于冰川下游,形态类型包括终碛垄、侧碛垄、冰碛丘陵、冰碛台地、底碛丘陵、底碛平原、漂砾扇，以及由冰水沉积物组成的冰砾阜、蛇形丘、冰水阶地台地和冰水扇等。

由于冰川独特的搬运、沉积过程，冰川沉积物（冰碛）具有分选性极差，粗大的石块和细的泥土混杂在一起，不具层理；磨圆度差，碎屑多具棱角；碎屑物无定向排列；有的冰碛石和冰漂砾上可见磨光面或冰擦痕等特点（图 10-8）。

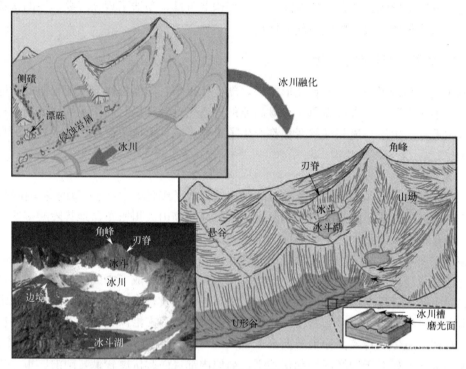

图 10-8 典型冰川侵蚀地貌

3. 冰缘作用和冰缘地貌

冰缘作用是指在寒冷气候环境下，由于气温的年度和日变化及水的相态变化引起水分迁移、冰的形成及融化、岩土变形及位移、沉积物的改造等一系列过程。由寒冻风化和冻融作用形成的地表形态称为冰缘地貌，又称冻土地貌，其地貌形态有石海和石河、多边形土和石环、冰丘和冰锥雪蚀洼地、冰丘和冰锥等。冰缘地貌是一种在严寒地区常见的地表形态，其范围大体与多年冻土区相当，部分季节冻土区亦发育有冰缘现象。

青藏高原海拔高、气温低，高原腹地年平均温度在 0℃ 以下，分布着世界中低纬地区面积最大、范围最广的多年冻土区，约占中国多年冻土面积的 70%。在青藏高原海拔较低区域内还分布有季节性冻土，也呈现出一系列融冻地貌。在剧烈的温度变化和水分反复冻融的冰劈作用下，富有节理的坚硬基岩逐渐崩解为带有锋利棱角的巨大块砾并在缓坡长期保存，称为石海。由风化碎屑物组成的石河发育在多年冻土区的凹地或谷地里，运动速度缓慢，多呈蠕动状态，大型石河又称石冰川，石河中的岩块在山麓处停积下来，可形成石流扇或石流阶地。

自更新世以来，随着高原隆升，气温逐渐下降，青藏高原的广大地区逐渐形成了大片多年冻土。由于不同地貌的物质分异和气候差异，多年冻土中的冷生构造、冻土含冰量也会呈现出不同的特点。依据气候条件，冰缘地貌可划分为海洋型、大陆型和过渡型。海洋型冰缘地貌主要分布在西藏东南部和四川西部等季风海洋性气候区，该气候区的特点是温度较高、降水量大，地表冻融过程不强烈，冰缘地貌发育微弱。大陆型冰缘地貌主要分布在青藏高原北部，该区地处大陆腹地，海拔高、气温低，地表冻融过程强烈，是世界上典型的冰缘地貌区之一。过渡型冰缘地貌介于两者之间，分布地区有藏南山地、祁连山、喜马拉雅山北坡等。

4. 地貌区域划分

根据青藏高原不同地区的地形地貌特点，可将其分为6个亚区。

藏南谷地：又称藏南山地，位于西藏自治区南部，南起喜马拉雅山，北至冈底斯山，西连日喀则地区，东至林芝地区，与印度、不丹接壤，为雅鲁藏布江等河上游河谷地，东西长约1200km，南北宽约300～500km，河谷沿岸多局部平原。

藏北高原（羌塘高原）：位于西藏自治区北部，冈底斯山、昆仑山和唐古拉山之间，平均海拔约4800m，相对高差一般仅200～500m，是青藏高原的核心部分，该区域地势西北高，东南低，主要由低山缓丘与湖盆宽谷组成，地形起伏和缓，气候干燥，四周山脉发育较大规模冰川，冰缘地貌普遍，为北半球中低纬度地带多年冻土最为发育地区。

青海高原：为青藏高原东北部分，位于青海省中、南部，高原海拔4000m左右，是黄河、长江和澜沧江的发源地，这里河流密布，湖泊与沼泽众多，是国内海拔最高、湿地面积最大、分布最为集中的地区之一。

柴达木盆地：青海省内最大的高原盆地，中国三大内陆盆地之一，属封闭性的巨大山间断陷盆地，盆地略呈三角形，东西长约800km，南北最阔处约400km，地势由西北向东南微倾，地貌呈同心环状分布，冲积、湖积平原广阔，区域内干旱少雨，风力强盛，气温变化剧烈，属干旱荒漠。

祁连山地：位于青海省东北部，河西走廊和柴达木盆地之间，由断块山脉与谷地组成，山系地势由东向西逐渐抬升，平行岭谷紧密相间，山间盆地和纵谷广泛发育，南坡地势变化相对和缓，北坡陡峭。

川藏高山峡谷区（横断山脉）：位于四川省西部、西藏自治区东部和云南省西北部，为青藏高原东南部，这里山河相间，岭谷高低悬殊，是中国最大的峡谷区，该区域山间盆地、湖泊众多，古冰川侵蚀与堆积地貌广布，现代冰川发育，山崩、滑坡和泥石流屡见，新构造运动和地震频繁。

10.4.4 主要地质灾害和工程地质问题

近些年，随着西部大开发、"一带一路"倡议等相继实施，一些重大工程，如青藏铁路、川藏铁路、雅砻江梯级电站等相继在青藏高原及周边地区建成或开工，高原上工程活动日趋频繁。一方面，工程活动已经成为重要的"地质作用"；另一方面，青藏高原复杂的地质地貌条件和严酷的自然环境为滑坡、泥石流、崩塌等地质灾害形成了良好的孕灾环境，已经对该区域的工程建设和运营维护造成了严重的困难。

1. 活动断裂的地质灾害效应

据统计，中国大陆有历史记载以来的全部8级以上强震和80%以上的7级以上强震都发生在活动地块边界带上。前文已述及，青藏高原处于印度板块和欧亚板块的碰撞带，不仅非常年轻，而且仍然处于不断地挤压碰撞过程中，因此在青藏高原内部和边缘，活动断裂和褶皱广泛发育，构造变形十分强烈，地震活动频繁。

青藏高原区域内活动断裂与海拔高度具有较好的相关性。逆冲断裂主要发生在高原周边的低海拔地区，反映了高原向周边地块的挤压作用。高原内部则以拉张性质的南北向正断裂和共轭走滑断裂为主。活动断裂的有序分布控制着地震的性质。高海拔的高原内部一般只发生正断层和走滑断层型地震，而逆冲型地震主要分布在高原周边的低海拔地区，例如喜马拉雅逆冲推覆带、龙门山断裂带（汶川地震震源）、祁连山地区等。青藏高原复杂的地质构造造成了我国大陆强震分布西强东弱的显著特征。

活动断裂是现代地壳的差异活动带构成的不稳定区，是产生各种不良地质现象的主要控制因素，除了引起地震以外，还可能引发崩塌、滑坡、碎屑流等地质灾害。板块缝合带地质灾害效应主要表现在塑造地貌、创造地形条件、劣化岩体、提供物质来源，控制地质灾害的分布和诱发地质灾害（链）四个方面。

2. 滑坡、泥石流

中国是一个滑坡灾害极为频繁的国家，尤其是在西部地区，大型滑坡更是以其规模大、机制复杂、危害大等特点著称于世。我国大约80%的大型滑坡发生在环青藏高原东侧的大陆地形第一个坡降带范围内。地形地貌、强震、极端气候条件和全球气候变化是大型滑坡发生的主要诱发因素。青藏高原大型滑坡多发的最根本原因是具有有利的地形地貌条件，尤其在青藏高原与云贵高原和四川盆地之间的坡降带，不仅地形高差大，而且发源于青藏高原的大江大河与褶皱山脉相互作用，形成高山峡谷的地貌景观，从而形成了有利于大型滑坡发生的地貌基础。同时，该地区是世界上板内构造活动最为活跃的地区，岩体破碎、地震频发，极易诱发高陡边坡发生强烈的动力过程。横断山脉地形陡升，同时受到印度洋和太平洋暖湿气流的影响，夏季多局部强降雨过程，易于触发大规模滑坡灾害的发生。青藏高原广泛分布季节性冻土，受全球气候变化和气温的季节变化影响，雪线上移、冰川后退、冻土层融化，也已经表现出对大型滑坡直接的诱发和触发作用。除此之外，人类活动的日益增多，也与滑坡等地质灾害有直接或间接的关系。

泥石流是指在山区或者其他沟谷深壑，地形险峻的地区，因为暴雨、暴雪或其他自然灾害引发的携带大量泥砂以及石块的特殊洪流。泥石流具有突然性以及流速快、流量大和破坏力强等特点。泥石流形成的条件主要有：①在地形上具备山高沟深、地形陡峻、沟床纵坡降大、流域形状便于水流汇集等特点；②具有丰富的松散碎屑物来源，常发生于地质构造复杂、断裂褶皱发育、新构造活动强烈、地震烈度较高的地区；③有突发性、持续性的搬运介质，如暴雨、大量冰雪融水、水库溃决等。青藏高原及周缘地区地形陡峭，泥砂、石块等堆积物较多，植被较少，一旦暴雨来临或冰川解冻，大大小小的石块和岩土极易顺着斜坡滑动起来，形成泥石流。

3. 冻土

冻土是含有冰的各种岩石和土壤，一般可分为季节冻土以及多年冻土（永久冻土）。中国多年冻土又可分为高纬度多年冻土和高海拔多年冻土，前者主要分布在东北地区，后者主要分布在青藏高原及其周边一些较高的山地。

冻土的特殊性主要表现在其物理力学特性都与温度密切相关，在冻土区（尤其是季节性冻土区）修筑工程面临冻胀和融沉两大危险。随着青藏铁路的建设，冻土的工程特性研究逐渐引起重视。冻土的显著特点主要表现在：①冻土作为四相介质，冰的存在一方面使冻土的强度大大增强，另一方面也大大改变了土的工程性质；②冰作为冻土的主要组分，其含量、存在部位以及与土颗粒的组合关系使冻土体的物理力学性质具有多变性；③冻土体对于温度极其敏感，其工程性质与温度具有密切联系，热干扰和温度变化会使冻土体产生巨大变化；④冻结和融化过程伴随着冻土体结构和体积的显著变化，对工程稳定性影响甚大；⑤冻土地区的不良地质现象和地质灾害具有明显随温度变化而变化的特点。

冻土本身是自然地理和地质环境长期作用的产物，大规模的人为地质作用（工程建设活动）强度和速率均超过了自然的冰缘地质作用，给工程和自然地质环境均带来了更多的不确定性。对于冻土和冻土工程的研究应立足于工程扰动对冻土环境所带来的影响，改造、利用和保护冻土环境以达到提高工程可靠性的目的，提高人类工程活动与自然地质环境的相容性，恢复自然地质环境的平衡。

10.4.5 高原高寒地区战场环境特点

一切战争都是在特定的战场环境中进行的，准确认识和合理利用战场环境是克敌制胜的基本要求。青藏高原拥有高亢的地势和广阔的腹地，可以提供巨大的战略纵深，是我国西南方向的地缘安全屏障，同时也给边境地区的作战带来了诸多困难。

1. 高寒缺氧、气候恶劣、生存不易

高寒山地是指海拔在3000m以上，气候寒冷，空气稀薄的山地。我国西部边境地区是典型的高寒山地。高寒山地特点是海拔高、气压低，空气中氧气含量仅为平原地区的60%甚至更低；昼夜温差大，紫外线辐射强，天气寒冷干燥，气压极不稳定、风沙大。在高海拔地区，人员易发生高原反应和高原病，人体机能和装备战技术性能会大幅下降。

2. 地形复杂、道路稀少、通行性差

青藏高原地区（尤其是西部和南部地区）受冰川侵蚀、河谷下切等地质营力的长期作用，地形多为沟壑纵横的高山峡谷地形，山高坡陡、沟深谷窄，相互之间通行极其困难，形成很多隔绝地带；腹地地形复杂，交通设施严重匮乏，主要依靠依山而建、绕山而行的简易公路或沿冲积河谷通路行进，路网密度小、道路蜿蜒、路宽窄、路况差，还常常因为路面积雪结冰或水毁等原因而无法通行，为车辆和人员机动带来严重影响。

3. 人口稀少、环境恶劣、保障困难

青藏高原人口稀少，社会环境较复杂，边境地区经济落后，当地资源匮乏，物资筹措困难，难以获得有效补给。油料、弹药、食品、被装、工程机械、基础建设材料等高度依赖外运，地表水分布不均，洁净的饮用水获取困难。宽大的正面、辽阔的地域、点多面广的保障需求与恶劣的交通条件相互制约，大大提高了后勤和装备的保障难度。

4. 地貌特殊、灾害多发、不确定性强

青藏高原处于地质构造活跃区，地震、滑坡、泥石流、崩塌、落石、雪崩等地质灾害多发，常对选定前进通路或后方补给线路造成严重不利影响；且由于可选道路不多，一旦发生滑坡等地质灾害，少则数天，多则数月难以抢通。在前沿地区，人类活动扰动（工程构筑、弹药爆炸等）也极易诱发地质灾害。因此对于地貌可通行性、边坡和岩体的稳定性、地下水资源调查、冰川作用和冰缘地貌等地质问题的研究对于高原山地作战显得更加

5. 信息化基础设施匮乏、通信网络建设滞后

现代战争越来越强调信息化,青藏高原地区由于受复杂地理环境和经济发展水平的制约,信息基础设施建设严重滞后,且易遭敌人和自然灾害的破坏,通信网络建设难以满足现代化战争通信容量、传输质量、传输速率和抗干扰性的要求。

思考题

10.1 海岸带地质作用形成的地貌主要有哪些类型,分别具有什么特点?

10.2 岛屿是如何形成的?有哪些主要类型?分别具有什么特点?

10.3 西太平洋地区的构造格局是怎样的?大地构造背景对地缘结构有哪些影响?

10.4 我国近海主要包括哪些区域?简述各主要区域的自然地理和地貌特征。

10.5 台湾岛是如何形成的?根据地貌形态可以分为哪些主要区域?

10.6 台湾岛的海岸可以分为哪些类型?简述其空间分布特点。

10.7 简述青藏高原的隆升过程及其对自然环境的影响。

10.8 高原高寒地区突出的地质灾害与工程地质问题主要有哪些?高原环境对军事活动有哪些方面的影响?

主要参考文献

[1] 中国地质学会. 中国地质学学科史 [M]. 北京：中国科学技术出版社，2010.
[2] 舒良树. 普通地质学 [M]. 3 版. 北京：地质出版社，2010.
[3] 吴泰然，何国琦. 普通地质学 [M]. 2 版. 北京：北京大学出版社，2011.
[4] 汪品先，田军，黄恩清，等. 地球系统与演变 [M]. 北京：科学出版社，2018.
[5] 宋青春，邱维理，张振春. 地质学基础 [M]. 4 版. 北京：高等教育出版社，2005.
[6] 冀国盛，贾军涛，吴花果. 地质学基础 [M]. 北京：中国石化出版社，2019.
[7] 刘晓煌，张露，孙兴丽，等. 现代军事地理论与应用 [M]. 北京：科学出版社，2018.
[8] F K Lutgens, E J Tarbuck, D G Tasa. Essentials of Geology [M]. 13th ed. New Jersey：Pearson Education，2016.
[9] 徐夕生，邱检生. 火成岩岩石学 [M]. 北京：科学出版社，2010.
[10] 葛振华，项仁杰，苏宇，等. 新中国地质工作主要成就 [J]. 国土资源情报，2019，12：14-20.
[11] 蔡克勤. 鲁迅《中国地质略论》解读 [J]. 国土资源科普与文化. 2016，(1)：40-43.
[12] 于德浩，龙凡，杨清雷，等. 现代军事遥感地质学发展及其展望 [J]. 中国地质调查，2017，4(3)：74-82.
[13] 唐金荣，杨宗喜，郑人瑞，等. 国外军事地质工作现状与发展趋势 [J]. 地质通报，2016，35(11)：1926-1935.
[14] 张栋，吕新彪，葛良胜，等. 军事地质环境的研究内涵与关键技术 [J]. 地质论评，2019，65(1)：181-198.
[15] Rose E, Ehlen J, Lawrence U. Military Use of Geologists and Geology：A Historical Overview and Introduction [M]. London：The Geological Society of London，2019.
[16] Haakon Fossen. Structural geology [M]. Cambridge：Cambridge University Press，2016.
[17] 巫建华，郭国林，刘帅，等. 大地构造学基础与中国地质学概论 [M]. 北京：地质出版社，2013.
[18] 吴凤鸣. 大地构造学发展简史史料汇编 [M]. 北京：石油工业出版社，2011.
[19] 肖长来，梁秀娟，王彪. 水文地质学 [M]. 北京：清华大学出版社，2010.
[20] 蓝俊康，郭纯青. 水文地质勘察 [M]. 2 版. 北京：中国水利水电出版社，2017.
[21] 梁秀娟，迟宝明，王文科，等. 专门水文地质学 [M]. 北京：科学出版社，2016.
[22] 张人权，梁杏，靳孟贵，等. 水文地质学基础 [M]. 7 版. 北京：地质出版社，2018.
[23] 中共中央党史研究室第一研究部. 红军长征史 [M]. 北京：中共党史出版社，2017.
[24] 军事科学院世界军事研究部. 战后世界局部战争史（第二卷）——冷战后期的局部战争（1969-1989）[M]. 2 版. 北京：军事科学出版社，2014.
[25] 王国军. 美军车辆软地面通过性试验方法问题分析 [J]. 军事交通学院学报，2015，17(3)：53-56.
[26] 李军，李灏，宁俊帅. 履带车辆松软路面通过性分析 [J]. 农业装备与车辆工程，2010，(5)：3-6.
[27] 张倬元，王士天，王兰金，等. 工程地质分析原理 [M]. 4 版. 北京：科学出版社，2016.
[28] 中国地震局. 原地应力测量水压致裂法和套芯解除法技术规范：DB/T 14—2018 [S]. 北京：中国标准出版社，2018.
[29] 汪旭光. 爆破手册 [M]. 北京：冶金工业出版社，2010.

[30] 《工程地质手册》编委会．工程地质手册［M］．5版．北京：中国建筑工业出版社，2018．

[31] 孙家齐，陈新民．工程地质［M］．4版．武汉：武汉理工大学出版社，2011．

[32] Jacques Monnet. In Situ Tests in Geotechnical Engineering［M］. London：ISTE Ltd and John Wiley & Sons, Inc., 2015.

[33] S K Duggal, H K Pandey, N Rawal. Engineering Geology［M］. New Delhi：McGraw Hill Education（India）Private Limited, 2014.

[34] 中华人民共和国住房和城乡建设部，中华人民共和国国家质量监督检验检疫总局．建筑抗震设计规范：GB 50011—2010（2016年版）［S］．北京：中国建筑工业出版社，2010．

[35] 中华人民共和国住房和城乡建设部，中华人民共和国国家质量监督检验检疫总局．岩土工程勘察规范：GB 50021—2001（2009年版）［S］．北京：中国建筑工业出版社，2009．

[36] 中华人民共和国住房和城乡建设部．建筑地基基础设计规范：GB 50007—2011［S］．北京：中国计划出版社，2012．

[37] 中华人民共和国工业和信息化部．岩土静力载荷试验规程：YS/T 5218—2018［S］．北京：中国计划出版社，2018．

[38] 国家铁路局．铁路工程地质原位测试规程：TB 10018—2018［S］．北京：中国铁道出版社，2018．

[39] 上海市住房和城乡建设管理委员会．地基基础设计标准：DGJ 08-11—2018［S］．上海：同济大学出版社，2010．

[40] 中华人民共和国住房和城乡建设部．建筑桩基技术规范：JGJ 94—2008［S］．北京：中国建筑工业出版社，2018．

[41] 中华人民共和国住房和城乡建设部．土工试验方法标准：GB/T 50123—2019［S］．北京：中国计划出版社，2019．

[42] 中华人民共和国住房和城乡建设部．工程岩体试验方法标准：GB/T 50266—2013［S］．北京：中国计划出版社，2013．

[43] 李灏，刘新全．基于圆锥指数评估车辆机动性能综述［J］．农业装备与车辆工程，2011，（7）：16-20．

[44] 邹志利，房克照．海岸动力地貌［M］．北京：科学出版社，2018．

[45] 张祖陆．地质与地貌学［M］．北京：科学出版社，2012．

[46] 吴自银，温珍河．中国近海海洋地质［M］．北京：科学出版社，2021．

[47] 福建省地质调查研究院，中国地质调查局南京地质调查中心．中国区域地质志·台湾志［M］．北京：地质出版社，2021．

[48] 吴时国，范建柯，董冬冬．论菲律宾海板块大地构造分区［J］．地质科学，2013，48（3）：677-692．

[49] 张为华，汤国建，文援兰，等．战场环境概论［M］．北京：科学出版社，2013．

[50] Lin Ding, Paul Kapp, Fulong Cai, et al. Timing and Mechanisms of Tibetan Plateau uplift［J］. Nature Reviews Earth & Environment, 2022, （3）：652-667.

[51] 方小敏．青藏高原隆升阶段性［J］．科技导报，2017，35（6）：42-50．

[52] Wang C S, Zhao X X, Liu Z F, et al. Constraints on the early uplift history of the Tibetan Plateau［J］. Proceedings of the National Academy of Sciences of the United States of America, 2008, 105（13）：4987-4992.

[53] 李洪梁，黄海，李元灵，等．川藏铁路沿线板块缝合带地质灾害效应研究［J/OL］．地球科学，2022. https：//kns.cnki.net/kcms/detail/42.1874.P.20220808.1704.044.html.

[54] 吴福元，黄宝春，叶凯，等．青藏高原造山带的垮塌与高原隆升［J］．岩石学报，2008，24

(1)：1-30.

[55] 张培震，邓起东，张竹琪，等．中国大陆的活动断裂、地震灾害及其动力过程［J］．中国科学：地球科学，2013，43：1607-1620.

[56] 黄润秋．20世纪以来中国的大型滑坡及其发生机制［J］．岩石力学与工程学报，2007，26（3）：433-454.

[57] 白永健，倪化勇，葛华．青藏高原东南缘活动断裂地质灾害效应研究现状［J］．地质力学学报，2019，25（6）：1116-1128.

[58] 总参测绘导航局．现代军事地理学［M］．北京：解放军出版社，2014.